实验动物学教程

王德利◎主编

吉林大学出版社

·长春·

图书在版编目（CIP）数据

实验动物学教程 / 王德利主编. -- 长春 ： 吉林大

学出版社，2024. 11. -- ISBN 978-7-5768-4208-1

Ⅰ. Q95-33

中国国家版本馆CIP数据核字第2024QB4664号

书　　名：实验动物学教程
　　　　　SHIYAN DONGWUXUE JIAOCHENG

作　　者：王德利
策划编辑：曲　楠
责任编辑：于　莹
责任校对：曲　楠
装帧设计：长春晨曦图文印务有限公司
出版发行：吉林大学出版社
社　　址：长春市人民大街4059号
邮政编码：130021
发行电话：0431-89580036/58
网　　址：http://www.jlup.com.cn
电子邮箱：jldxcbs@sina.com
印　　刷：吉林省科普印刷有限公司
开　　本：787mm×1092mm　1/16
印　　张：22.5
字　　数：487千字
版　　次：2024年11月　第1版
印　　次：2025年2月　第1次
书　　号：ISBN 978-7-5768-4208-1
定　　价：85.00元

编写委员会

主　编　王德利（吉林大学）

副主编（按姓氏笔画为序）
于小亚（吉林省动管办）
王子天（长春中医药大学）
李安意（华中科技大学）
汤海峰（吉林大学）
杨胜彩（吉林大学）
韩浩博（吉林大学）

编　委（按姓氏笔画为序）
于小亚（吉林省动管办）
王子天（长春中医药大学）
王德利（吉林大学）
邓纯纯（华中科技大学）
汤海峰（吉林大学）
刘文达（中山大学）
纪慈数（厦门大学）
李安意（华中科技大学）
李全顺（吉林大学）
李卓群（华中科技大学）
苏志杰（中南大学）
张利民（西安交通大学）
杨胜彩（吉林大学）
施建兵（复旦大学）
黄文革（中山大学）
高东梅（复旦大学）
程颖波（西安交通大学）
韩浩博（吉林大学）

序

实验动物是科学研究的"活仪器",更是连接实验室与临床实践的桥梁,在揭示生命奥秘、探索疾病机制、药物疗效及安全性评估等方面发挥着不可替代的作用。因此,培养具备扎实理论基础、熟练操作技能及良好伦理素养的实验动物专业人才,成为时代赋予我们的重要使命。实验动物学作为专业课程的教学,在国内拥有相关生物、医学、药学及农学等大学的研究生专业课程已有近四十年的发展史。实验动物专业教材是实验动物学课程的基础,至关重要。这部《实验动物教程》内容共分八章,构建了一个实验动物学完整的知识体系。首先介绍了实验动物学的基本概念、研究内容,还有对近年发展的回溯和对未来的展望;教程从实验动物遗传、微生物和寄生虫、实验动物设施环境生态和饲料营养控制等四个方面阐述了实验动物质量标准和控制核心;教程也包括常用实验动物的生物学特性、日常饲养与管理特点、生产繁殖要点等;健康标准的实验动物是科学研究的基础,疾病是影响动物实验结果的重要因素。因此,教程讲解了实验动物常见疾病及危害、实验动物疾病的控制要点、从业人员的职业安全,从人与环境涉猎实验动物与生物安全;教程阐述实验动物如何选择与应用,实验动物抓取、保定、给药、采样、麻醉、外科手术等基本动物实验技术和基础操作方法,特别是实验动物影像学和相关技术应用;人类疾病实验动物模型一直备受业内科技人员关注,教程从人类疾病实验动物模型的概念、概述和分类入手,介绍了自发性和诱发性实验动物模型,研究进展比较快的遗传基因修饰和免疫缺陷动物模型,我国特色的中医证候实验动物模型的复制与应用;教程讲解实验动物福利伦理概念与理解,着重阐述其与动物实验结果的科学性、真实性、可靠性、一致性、准确性和可重复性是相符的。福利伦理相关审查、监督的原则和方法。以对实验动物伤害比较大的应激模型(chronic unpredictable mild stress,CUMS)复制为例阐述应激与实验动物福利原理的基本关系;实验动物设施是实验动物平台的重要组成,教程也为读者提供新建实验动物设施的设计与施工、原材料选择、检测与验收等一系列方案,同时也有旧设施改造方案进行必要性分析。以及行政许可和目前公认的相关认证认可。近年来,实验动物平台运行管理重要性日益凸显,教程增加了有关实验动物硬件和软件建设与运行管理的相关内容。

该教程编写团队由多位在该领域深耕多年的专家学者组成,他们不仅拥有丰富的科研与教学经验,更对实验动物学的未来发展有着深刻的洞察与前瞻性的思考。本教材在此背景下应运而生，在生命科学日新月异的今天，旨在为读者推出意义非凡、内容特色突出、教学目标明确的教材。是生物学、医学、药学、中医学等众多领域的高等院校，科研院所的大专、本科、研究生的实验动物学教学的首推教材。

　　近年来，生物医药大健康产业的创新、脑机接口、基因治疗、异种器官移植、功能医学等作为新质生产力，发展极快。众多公司参加发展，如CRO外包、GLP评价、医疗器械评价等，都需要实验动物平台作为支撑和推动发展，有众多的实验动物专业技术人员参与，同样需要不断培训，该教程内容新颖、实用性强，推荐作为实验动物和动物实验相关技术人员的培训教材。

朱德生　北京大学实验动物中心

刘云波　中国医学科学院实验动物研究所

2024年10月18日于北京

前　　言

实验动物科学是研究实验动物和动物实验的一门新兴综合性交叉学科，是生命科学研究的基石，是医学、药学及生物学等领域科技创新最重要的基础学科和最强有力的支撑条件。随着科学技术的进步和实验动物科学的发展，现代实验动物科学被定义为关于实验动物标准化和动物实验规范化的科学。同时，日新月异的实验动物科学新知识、新技术、新发展、新趋势已渐成生命科学的前沿学科，从而引领生物医学的创新和发展。动物实验相关实验技能是生命科学领域创新型人才必备的基本能力。实验动物科学不但是一门极具专业性的系统性学科，与实验动物相关的动物饲养、科学研究、教学、检验、检定等活动还受相关法律、法规管制。在我国，只能在符合国家标准的环境设施中开展规范的动物实验。因此，培养研究生、本科生、专科生和相关从业人员掌握坚实的实验动物科学基础知识、标准规范的动物实验操作方法并深入理解实验动物相关领域的法律、法规和标准，是获得良好动物实验结果的重要前提和保障。

本教程紧跟实验动物科学发展前沿和我国相关法律、法规的制定完善历程，将经典的实验动物科学知识与新技术相结合，较为系统地丰富并拓展了实验动物科学的内涵和外延。书中详细介绍了生命科学领域实验动物科学的基本概念、技术原理及实操应用，阐述了实验动物标准化和动物实验规范化的意义和管理要求以及相关的法律、法规和国家标准等内容。强调了实验动物疾病的危害与生物安全的重要性。详述了人类疾病动物模型的定义、类型及应用，重点介绍了实验动物福利伦理概念、原理及其审查的意义、原则和方法。本书最后一章中结合了作者长期从事实验动物一线教学、科研和管理工作先进经验，阐述了实验动物平台运行与管理的先进理念、科学方法和现代化的管理手段，同时也对实验动物管理法规、国家标准和动物实验管理规范进行了系统归纳。

本书是为高等院校生命科学、医学、药学及农学等相关专业硕士、博士研究生实验动物学课程的教学而编写，同时，也可作为本科、专科学生的选修课教材以及广大实验动物从业人员的继续教育或业务培训教程。力求对从事生命科学研究中涉及实验动物和动物实验的读者们能有所启迪和帮助。书中汲取了很多实验动物科学的最新研究成果，也采纳和引用了多位专家学者公开发表的论文论著等成果。在此，谨向以上为实验动物科学发展作出重大贡献的各位专家学者们表示真诚的感谢！

囿于编者的学术水平，挂一漏万之处，恳请广大读者及各位业内同仁雅正。

王德利

2024年10月

目　　录

第一章　实验动物学概论

第一节　实验动物学基本概念

一、实验动物科学

实验动物科学（laboratory animal science）是研究实验动物和动物实验的一门新兴学科。前者是以实验动物本身为对象，专门研究其育种、繁殖生产、饲养管理、质量监测、疾病诊治和预防以及支撑条件的建立等，即如何培育出标准化的实验动物。后者以实验动物为材料，采用各种手段和方法对实验动物的可靠性、准确性和可重复性进行考验，即如何使动物实验合理化、规范化。因此，随着科学技术的进步和实验动物科学的发展，现代实验动物科学被定义为关于实验动物标准化和动物实验规范化的科学。

在生命科学研究领域内，实验动物科学的中心对象就是实验动物，其目标就是保证现代医学的实验研究可以获得质好、量足、经济、安全、方便、符合各种实验要求的实验动物，并从实验动物一环出发，探讨各种动物实验得以成功地设计、进行并完成的技术和条件，同时也探索与上述目标相关的法制建设、组织管理及人员培训等问题。

二、实验动物

实验动物（laboratory animals）指经人工培育或人工改造，对其携带的微生物实行控制，遗传背景明确或来源清楚的用于科学研究、教学、生产、鉴定以及其他科学实验的动物。

培育实验动物的目的是应用于科学研究，而科学研究要获得准确可靠的结果，就必须排除各种非实验因素对实验的干扰。因此，实验动物具有以下几个显著特征。

（1）人工培育：实验动物应是根据科学研究需要或特殊应用需求而在实验室条件下有目的、有计划地进行人工饲养繁殖和科学培育而成的动物。

（2）遗传背景明确：实验动物的遗传背景清楚明确，才能对实验结果进行分析评估。而遗传性状稳定、表型均一、对刺激敏感和反应一致，是确保实验结果的准确性和可重复性的前提。

（3）对携带的微生物和寄生虫实行控制：实验过程中，实验动物身上携带的微生物状况不清楚，将有可能导致动物自身、饲养和实验人员感染相关病原微生物，或干扰实验结果。因此，制订不同等级要求的实验动物微生物和寄生虫控制标准，对确保实验动物质量非常必要。此外，为保证实验动物质量，实验动物的饲养环境、饲料营养及饲养措施均必须符合相应的标准和规范，最大限度地排除各种非实验因素对实验结果的影响。

（4）应用范围明确：实验动物是专门用于科学研究、教学、生产、检定以及其他科学实验的动物，被称作"活的教材""活的试剂""活的天平"。它作为人类的替身，为科学发展、人类生存和健康服务。

实验动物尽管来源于野生动物或家养动物，但又远不同于野生动物和家养动物。它既有野生动物和家养动物的一些特点，如带有不同种类的细菌、病毒和寄生虫等，又有其自身的特点，如生物学特性明确、遗传背景清楚、表型均一、对刺激敏感和反应一致等。这些特点使得仅用少量实验动物就能获得精确可靠的动物实验结果，并具有良好的可重复性。

在动物实验时，应特别重视反应的可重复性。所谓反应的可重复性，是指不同的人、不同的场所、不同的时间、在相似的环境控制下用同一品系动物所做的实验几乎没有差异地能获得相同的结果。这就希望动物实验能达到像分析天平那样的精确度。对实验动物来说，要求能达到像化学试剂那样的纯度。

三、实验用动物

实验用动物（experimented animals）泛指所有用于科学实验的动物。它包括：经济动物、观赏动物、野生动物和实验动物。

（1）经济动物（economical animals）是指为了满足人类生活需要而驯养的动物。主要是家畜、家禽等。尽管经济动物是人工饲养繁育的，其遗传背景和微生物学背景相对野生动物清晰，但个体间基因型差异较大，导致特定的表型差异较大。若用于实验研究，其实验结果的重复性往往较差。同时，经济动物培育的目标是追求经济性状，即为人类社会生活提供更多更好的肉、皮、奶、蛋及役用等，其育种手段、饲养措施和效益评价都更多体现于经济利用价值。在某些科学研究中，至今还需要不同程度地使用经济动物。

（2）观赏动物（exhibiting animals）是指提供人类玩赏而饲养的动物。主要是公园动物、家养宠物等。观赏动物的遗传学和微生物学背景与经济动物大致相同，但其来源、种类有限。在全面倡导动物福利的今天，人类已经不再可能也没有必要利用观赏动物来进行动物实验了。

（3）野生动物（wild animals）是指直接从自然界捕获的未经人工繁育的动物。野生动物遗传背景不明确，个体差异大，没有微生物学的严格控制，实验结果的可靠性、重复性很差。人类为了保护生态平衡，维持资源多样性，对野生动物尤其是珍稀野生动物实行保护。因此，除特殊原因，一般不提倡使用野生动物进行实验研究。然而，某些特定的实验不得不选择特定的野生动物，如生理学实验中用青蛙、蟾蜍比用实验用大鼠、小鼠恰当得多。又如野生小鼠与实验小鼠相比，存在着生存力、抗病力、繁殖力强，基因库庞大等优势，运用野生小鼠与标准实验小鼠杂交培育，可获得来自野生小鼠染色体的系列替换群体，这类群体是研究小鼠功能基因组的绝佳材料。非人灵长类动物的组织结构、生理和代谢功能都与人类相似，是研究人类疾病的最合适动物。从实验动物培育的角度看，野生动物资源是实验动物新品种开发和培育的源泉，丰富和发展实验动物资源以满足生物医学研究需要也是实验动物科学发展的目标之一。

（4）实验动物（laboratory animals）是伴随着实验动物科学的诞生而提出来的专有名词，也属于实验用动物的概念范畴。人们在初步解决了生命现象"是什么"的问题之后，科学实验进入"为什么"的深入探索阶段。使用经济动物、观赏动物、野生动物进行实验研究的弊端逐渐暴露出来，科研工作者逐渐对实验所使用的动物提出了更加严格的要求，标准化实验动物的研究得到科学界普遍的关注，人们开始有意识地培育专门用于科学研究的动物，即实验动物。因此，实验动物与通常意义上的实验用动物是有严格区别的。可以说，标准化了的实验用动物才是实验动物。

四、实验动物与实验用动物的区别

根据二者的定义，实验动物与实验用动物主要有以下区别：

（1）人工培育的目的不同：实验动物是专门培育用于实验研究的。实验用动物主要是用于满足人类社会生活需要的。

（2）遗传质量控制措施和手段不同：经济动物的遗传学控制着眼于高生产性能的优良品种的培育以及杂交优势的利用，观赏动物和野生动物很难有明确的遗传学控制要求。实验动物为了减少动物个体差异，保证动物个体的均一性及动物实验结果的可重复性，培育近亲交配的纯系动物是其重要的育种措施，但这明显有悖于利用杂交优势提高经济动物生产力的育种目的。同时，为了满足医学生物学对人类疾病模型研究的需要，实验动物的遗传学控制还有目的地将具有某些明显遗传疾病的动物个体的基因在动物种群加以固定扩大，培育具有一定遗传缺陷及疾病特征的动物品系，这也与经济动物的遗传控制的目的及方向明显不同。

（3）微生物学和寄生虫学控制程度和目的不同：实验用动物微生物学控制重点在于动物的健康无病，着眼于动物的疾病控制。作为用于医学生物学实验研究的实验动物，为了保证动物实验的准确性、敏感性和重复性，实验动物的微生物学控制除必须控制动物疾病外还要控制动物的无症状性感染以及对动物虽不致病但可能干扰动物实验结果的病原体。同时，为了提高动物实验结果的科学性以及满足特殊医学生物学实验的需要，培育及应用洁净的超常规动物，如无菌动物、悉生动物，也属实验动物微生物学控制的范畴。但此类动物必须饲养于特殊的洁净环境，其抗病力、生产力均明显低于常规的动物。因此，实验动物的饲养环境和条件、饲料营养要求和质量检测控制措施均要远远高于实验用动物。

（4）受重视程度不同；实验动物主要是在医学、药学、生物学研究领域和药品、生物制品的鉴定、检验领域广泛应用，是在科学严谨的设计、严格规范的程序控制、符合要求的实验条件之下得以应用，对实验动物的管理和要求比较高，也被科学界及相关政府管理部门高度重视。而实验用动物尽管也可用于实验，但由于其繁育目的和自身质量标准的原因，往往被用于培训性、探索性、验证性的一些实验，缺少了科学上的严格要求。

综上所述，实验动物和实验用动物是两个不同的概念，极易混淆。

第二节　实验动物科学内容与范畴

实验动物科学是研究实验动物培育和应用的科学，随着实验动物科学的进展，实验动物科学各学科的分类也愈来愈细，概括起来主要包括以下几个方面。

一、实验动物学（laboratory animal science）

实验动物学以实验动物为对象，研究其生物学特性、营养代谢规律、遗传特点、微生物控制技术、动物疾病监测、环境控制、环境保护、动物资源开发等的科学。随着实验动物科学的发展，目前已经形成了许多分支学科，如实验动物生物学、环境生态学、遗传育种学、营养与饲料学、微生物与寄生虫学、病理学、福利伦理学等。

二、实验动物医学（laboratory animal medicine）

实验动物医学以实验动物为对象，研究实验动物的病因，疾病发生、发展机制及其诊断、治疗和预防措施，从而控制实验动物的常见病、传染病和人畜共患病的发生，保证和提高实验动物质量的科学。

三、比较医学（comparative medicine）

比较医学是指对不同种类动物的某种疾病发生、发展、转归进行比较，以求得该疾病的四维真空图像，视为比较医学。实际上它是医学和兽医学的交织点，是无所不包的动物医学，因此有人把比较医学称为"广义医学"。多年来，人们对比较医学的认识是不全面的，把这个重要的基础科学只看成是医学研究的方法，只看成是动物实验或是动物模型，甚至只限于个体模型。这种认识至少是不完全的。用"广义医学"一词已接近比较医学的真正含义：在广义的范畴内，某种疾病或感染在不同生物体（特别是在不同的哺乳动物品种）的反应，都可以相互比较，互为模型，而且不单是个体模型，包括大到疫病暴发流行模式，群体疾病消长规律，小到细胞器超微结构的功能形态变化，都是比较内容。比较医学发展至今日有很多分支，包括比较免疫学、比较流行病学、比较解剖学、比较生理学、比较组织学、比较药理学、比较病理学、比较毒理学、比较心理学、比较行为学等。

四、动物实验（animal experiment）

动物实验是指在实验室内，为了获得有关生物学、医学等方面的新知识或解决具体问题而使用动物进行的科学研究。包括以动物整体水平的综合性反应为评价指标的实验，以实验动物为对象的观测，以实验动物为材料来源的局部器官及系统的实验，以及以实验动物的各种表现参数作为权衡尺度的众多科学和生产领域中的各种实验室工作。

第三节　实验动物科学地位与作用

在疾病机制研究中，实验动物以身试病；在新药研发和生产检定过程中，实验动物以身试药；在疫苗生产和检定中，实验动物以身试毒；而且最终大多数以身殉职，为人类的健康事业和科学探索作出了不可磨灭的贡献。

一、实验动物是诺贝尔生理学或医学奖的幕后功臣

从1901年诺贝尔奖设立开始，有超过70%的关于生理学或医学的诺贝尔奖项颁给了包含动物实验的研究，为此，1990年诺贝尔生理学或医学奖的获得者Joseph Murray说："没有动物实验，今天那些受益于器官移植和骨髓移植的人们将无一生存。"

俄国生理学家巴甫洛夫用犬做了大量的动物实验，在心脏生理、消化生理和高级神经活动3个方面作出了重大贡献，提出了条件反射的概念，从而开辟了高级神经活动生理学研究，于1904年获诺贝尔生理学或医学奖。他对动物实验给予高度评价："没有对活动物进行实验和观察，人们就无法认识有机界的各种规律，这是无可争辩的。"

德国细菌学家科赫通过牛、羊的实验性感染，发现了结核杆菌，指出了传染病的发病原因，提出了沿用至今的科赫原则作为判断某种微生物是否为某种疾病的病原的准则，并因此获得1905年的诺贝尔生理学或医学奖。德国科学家Gerhard Domagk为首的研究小组在抗菌药筛选试验中，坚持把所有的候选药物都在感染小鼠体内进行筛选，而不是仅仅以在琼脂培养基上生长的细菌进行筛选。结果发现，候选药物百浪多息（Prontosil）在小鼠体内实验中极为有效，但它对体外培养的细菌却无效。进一步研究证明，活性抗菌物质磺胺是在体内由百浪多息形成的，由于通过动物实验发现了抗菌特

效药磺胺，挽救了无数感染者的生命，Domagk于1939年获得诺贝尔生理学或医学奖。

Jackson研究所的科学家Snell因运用近交系小鼠首次发现异体组织或器官移植中产生排异反应的控制基因——主要组织相容性基因（MHC），为人类自身免疫和器官移植研究铺平了道路，而获得了1980年度诺贝尔生理学或医学奖。英国剑桥大学科学家Kohler和Milstein因使用近交系小鼠成功建立淋巴细胞杂交技术，研制出单克隆抗体，为抗原鉴定、传染病诊断、肿瘤研究与治疗等带来革命性的进步，并获得1984年度的诺贝尔生理学或医学奖。Koherty和Zinkermagel进行了关于病毒侵袭小鼠脑组织的动物实验研究，发现了T细胞如何识别入侵的微生物并作出反应的奥秘，从而为传染病、免疫学以及癌症和风湿病等的研究提供了全新的研究途径，由此获得了1996年度诺贝尔生理学或医学奖。

二、实验动物是科学发展的基石

1946年，美国Lobund实验室的科学家Reyniers等人首次育成无菌大鼠，开创了悉生生物学（gnotobiotes）技术在实验动物培育领域中应用的先河，随后无菌小鼠、兔、犬、猫、猪、羊、牛、驴等无菌动物相继培育成功。无菌动物等同于活的分析纯试剂，由于排除了微生物对动物实验的背景性干扰，能够精确观察到动物机体自身的真实反应，实验结果的可靠性高、科学性强，因此一经问世，立刻被广泛应用到生物医学研究的各个领域。在此基础上育成的无特定病原体动物（SPF动物）更是由于不携带影响人类和动物健康及对实验会产生背景性干扰的特定病原体而广受欢迎，成为国际公认的标准实验动物。

1962年，英国医生Grist首先发现胸腺缺乏的免疫缺陷动物裸小鼠。1969年，丹麦科学家Rygaard首次将人类结肠腺癌移植给裸小鼠获得成功，建立了人类结肠腺癌动物模型。随后T细胞免疫缺陷的裸大鼠、B细胞免疫缺陷的CBA/N小鼠、NK细胞活力缺乏的Beige小鼠、T细胞和B细胞联合免疫缺陷的SCID小鼠等免疫缺陷动物相继培育成功。免疫缺陷动物等同于活的培养基，除了可感染各种病原体研究人类传染病外，还可接受异种（包括人类）的细胞、组织和器官移植，能够存活并生长，不会发生免疫排斥反应，因此，能建立几乎所有的人类肿瘤动物模型，进行肿瘤的机制研究和抗肿瘤药物的筛选及药效研究，受到肿瘤学家的青睐，其问世极大促进了传染病、肿瘤、免疫和遗传研究。

自1982年美国科学家Palmiter等将大鼠生长激素（GH）基因导入小鼠受精卵中获得转基因"超级鼠"以来，转基因动物已经成为当今生命科学中发展最快、最热门的领域之一。1985年，美国通过转移GH、GRF和IGF-1基因生产出转基因兔、羊和猪；同年，德国Berm生产出转入人GH基因的转基因兔和转基因猪。1987年，美国Gordon等人首次报道在小鼠的乳腺组织中表达了人的tPA基因；1991年，英国在绵羊乳腺中表达了人的抗胰蛋白酶基因。随后，世界各国先后开展此项技术的研究，并相继在兔、羊、猪、牛、鸡、鱼等动物上获得成功。转基因技术可将人类的致病基因导入背景清晰、各种条件得到严格控制的实验动物遗传组成中去，通过精确地激活或增强这些基因的表达，制作各种人类遗传疾病的动物模型，其研究结果具有较高的真实性，可用于诊断、治疗和新药筛选。1997年，英国遗传学家 Wilmut 运用体细胞无性繁殖技术成功地克隆出多莉羊。在此之前，中国台湾已用胚胎细胞克隆出了目前最长寿且能繁殖的克隆猪，以后美国又克隆出人类的近亲——两只猴子。转基因技术和克隆技术的运用，大大丰富了实验动物的资源，使生命科学研究步入了新纪元。

三、实验动物是人类的替身

在航天医学和军事医学研究中，各种武器杀伤效果，化学、辐射、细菌、激光武器的效果和防护，以及在宇宙航天科学试验中，实验动物都作为人类的替身而取得了有价值的科学数据。

在核武器爆炸的试验中，实验动物被预先放置在爆炸现场，以观察光辐射、冲击波和电离辐射对生物机体的损伤。1964年10月16日，在我国第一颗原子弹爆炸现场放置了大到骆驼、小到豚鼠的成千上万只各种种属的动物。与人类习性相近的猴子有的被放在半掩体的地面上，有的放在坦克里，有的被披上棉织物，有的被放在土墙的后面等。爆炸过后，无防护的实验动物被烧成焦炭；有防护的，例如一些猴子或狗，依然活蹦乱跳，但回收后不到几天也相继死亡。通过对上述实验动物的回收和测试，研究人员得出各种实验动物在各种距离被核弹杀伤破坏的效应。每次核爆后，距核爆点2 km范围内的实验动物们被烧得不见踪影，而8 km以外的实验动物有的可以存活下来，但是这个位置的猴子被取回来后一般是没有精神，昏昏欲睡，有的也在不久后就死亡。为了获取核爆范围内的豚鼠耳鼓膜被穿透的概率，至少要收取1 000个豚鼠样品。

第四节 实验动物科学发展概况与趋势

一、实验动物科学发展概况

我国实验动物科学的快速发展，是在党的十一届三中全会以后。随着对外改革开放步伐的加快，国内经济建设的蓬勃发展，发展实验动物科学的迫切性尤为突出，加之专家学者的呼吁，引起了政府部门的高度重视，使得我国的实验动物科学技术有了日新月异的大发展。

1980年，原农业部邀请了美国马里兰州立大学比较医学系主任徐兆光教授到我国讲学，他在北京举办了第1个全国高级实验动物人才培训班，启动了我国实验动物科学现代化的进程。

1982年，国家科委在云南西双版纳主持召开了全国第一届实验动物工作会议，开创了我国实验动物工作的新纪元。

1984年，国务院批准建立了中国实验动物科学技术开发中心。

1985年，国家科委在北京召开了第二次全国实验动物工作会议，会议制定了发展规划和实验动物法规；大大地加快了我国实验动物科学现代化的步伐。

1987年4月，中国实验动物学会成立。

1988年10月31日，国务院批准，并由当时的国家科学技术委员会以2号令颁布，我国第一部由国家立法管理实验动物的法规《实验动物管理条例》。

1994年，国家技术监督局颁布了7类47项实验动物国家标准。2001年对其进行了全面修订并重新颁布，于2002年5月1日起施行。2010年、2011年又分别对实验动物环境设施标准、饲料营养标准及微生物学标准进行了再次修订并颁布实施。2014年又颁布了《实验动物机构质量和能力的通用要求》（GB/T 27416—2014）。

1995年后，我国实验动物科学的发展进入了一个快速发展的时期。主要表现在以下6方面。

（一）法规建设

原国家科技部先后制定发布了一系列法规，如《关于"九五"期间实验动物发展的若干意见》《实验动物质量管理办法》（1997年12月）、《国家实验动物种子中心管理办法》（1998年5月）、《国家啮齿类实验动物种子中心引种、供种实施细则》（1998年9月）、《省级实验动物质量检测机构技术审查准则》和《省级实验动物质量检测机构技术审查细则》（1998年11月）、《关于当前许可证发放过程中有关实验动物种子问题的处理意见》（1999年11月）、《实验动物许可证管理办法》（2002年4月）。

2006年9月，原国家科技部制定和发布了《关于善待实验动物的指导性意见》（国科发财字〔2006〕398号），这是适应我国日益发展的实验动物事业，符合国际惯例向国际规范靠拢的重要指导性文件，对提高我国实验动物管理工作质量和水平，起到了重要的指导引领作用。

1996年，北京市人大通过了我国第一部实验动物地方法规——《北京市实验动物管理条例》（于2021年7月30日重新修订通过并开始实施）；之后一些地方也相继出台了相关的地方法规，如《湖北省实验动物管理条例》（湖北省人大常委会，2005年）；《云南省实验动物管理条例》（云南省人大常委会，2007年）；《黑龙江省实验动物管理条例》（黑龙江省人大常委会，2008年）；《广东省实验动物管理条例》（广东省人大常委会，2010年）；《吉林省实验动物管理条例》（吉林省人大常委会，2016年）。

1995年，原卫生部还颁布了第55号部长令——《医学实验动物管理实施细则》。此后许多省市也都相继制定颁布了实验动物管理办法，如《甘肃省实验动物管理办法》

（甘肃省人民政府，2005年）；《江苏省实验动物管理办法》（江苏省人民政府，2008年）；《浙江省实验动物管理办法》（浙江省人民政府，2009年）；《陕西省实验动物管理办法》（陕西省人民政府，2011年）；《湖南省实验动物管理办法》（湖南省人民政府，2012年）。这些法规的制定和发布，使实验动物管理逐步纳入法治化、规范化轨道，对实验动物发展起到了极大的推动作用。

（二）实验动物学会

中国实验动物学会于1987年成立，它由我国实验动物学科和相关学科的著名专家组成，是非政府的社会学术团体。其主要任务是承担全国实验动物相关的国内国际学术交流，参与国家实验动物法规、质量标准等的制定工作，负责本地区、国际、国内实验动物方面的学术交流活动。

中国实验动物学会目前下设17个分支机构，其中包括7个工作委员会和10个专业委员会，秘书处为学会办事机构。学会挂靠在中国医学科学院、北京协和医学院医学实验动物研究所。

7个工作委员会分别为：①组织工作委员会；②学术工作委员会；③期刊与信息工作委员会；④教育培训工作委员会；⑤国际交流与合作工作委员会；⑥科普工作委员会；⑦科技服务工作委员会。

10个专业委员会分别为：①水生实验动物专业委员会；②灵长类实验动物专业委员会；③免疫缺陷实验动物专业委员会；④农业实验动物专业委员会；⑤实验动物标准化专业委员会；⑥实验动物设备工程专业委员会；⑦中医药实验动物专业委员会；⑧实验小型猪专业委员会；⑨媒介实验动物专业委员会；⑩实验动物福利伦理专业委员会。

（三）实验动物种子中心建设

自1998年起，国家重视实验动物种子中心的建设，迄今已投资建立了6个国家级实验动物种子中心，这些项目的实施是我国实验动物科学发展的重大步骤，将为推动我国生命科学研究与国际接轨作出重要贡献。

建立国家实验动物种子中心的目的，在于科学地保护和管理我国实验动物资源，实现种质保证。国家实验动物种子中心的主要任务是：①引进、收集和保存实验动物品种、品系；②研究实验动物保种新技术；③培育实验动物新品种、品系；④为国内外用户提供标准的实验动物种子。

国家实验动物种子中心必须具备下列条件：①长期从事实验动物保种工作；②有较强的实验动物研究技术力量和基础条件；③有合格的实验动物繁育设施和检测仪器；④有突出的实验动物保种技术和研究成果。已建立的国家实验动物种子中心有：国家啮齿类实验动物种子中心（北京中心）、国家啮齿类实验动物种子中心（上海分中心）、国家禽类实验动物种子中心（简称禽类中心）、国家遗传工程小鼠种子中心（南京大学模式动物研究所）、国家犬类实验动物种子中心、国家非人灵长类实验动物种子中心

（苏州分中心）、国家兔类实验动物种子中心。

（四）质量检测网络建设

1988年，国家投资建立了国家实验动物质量检测中心，负责六个专业领域检测技术的标准化、规范化。各省市也先后投资建立了省级实验动物质量检测机构，形成了全国实验动物质量检测网络体系，为推行全国统一的实验动物生产、使用许可证制度提供了基础保障。

（五）信息网络建设

国内实验动物的网站越来越多，几乎每个省都有专门的实验动物方面的站点，但人们使用得并不多。相比之下，中国实验动物信息网和中国实验动物学会等网站的点击率较高。主要实验动物网站有：中国实验动物信息网（http：//www. Lascn. net）、中国实验动物学会（http：//www. calas. org. com）、中国遗传工程小鼠资源共享联盟（http：//cmsr. nremm. cn）、国家遗传工程小鼠资源库（南京大学模式动物研究所 http：/www. nrcmm. cn）、江苏实验动物（http：//www. jsdw. org）、北京实验动信息网（http：//www. baola. org）、湖北省实验动物公共服务平台（http：//www. hbsydw. org）、广东省实验动物信息网（http：//www. labagd. com）、国家啮齿类实验动物种子中心上海分中心（http：//www. slaccas. com）、上海市实验动物资源信息网（http：//www. la-res. cn/la-res/website/index. jsp）。

（六）产业化进程

随着我国实验动物科学的发展步伐明显加快，出现了由温州市药检所牵头，18家药厂、研究所、医学院校共同筹建的股份制实验动物中心，京津冀地区的实验动物协作网，江苏省建立了实验动物公共服务技术平台——开放性实验动物中心和动物实验服务中心，苏州市成立了股份制实验动物行业协会等。有关省市都根据各自的实际情况建立了实验动物繁育供应基地或中心，反映了我国实验动物科学事业向产业化、市场化过渡的总趋势。

二、我国实验动物工作的管理体制

科技部主管全国实验动物工作。国务院授权科技部主管全国实验动物工作，科技部条件财务司为职能司负责具体工作，各省（市）科技厅（委）负责本省（市）的实验动物工作。

各部委主管行业实验动物工作。国务院各有关部门负责管理本部门的实验动物管理工作，解放军原总后勤部卫生部负责全军实验动物工作。

科技部认定若干个单位为全国实验动物种子中心和实验动物质量检测中心，负责全国实验动物标准化、质量检测、引种、保种、供种工作。国家实验动物种子中心、国家实验动物质量检测中心（微生物、遗传）挂靠在中国药品生物制品检定研究院，国家实验动物种子分中心挂靠在中科院上海实验动物中心，国家实验动物质量检测中心（环境、病理）挂靠在中国医科院实验动物研究所，国家实验动物质量检测中心（营养）挂靠在中国疾病预防控制中心营养与食品安全所，国家实验动物质量检测中心（寄生虫）挂靠在上海生物制品研究所。

国家实行实验动物生产和使用许可证制度，科技部等7个部局于2001年12月颁布《实验动物许可证管理办法》。该办法规定从事实验动物生产、使用的单位和个人都必须首先取得实验动物生产、使用许可证。

三、国际实验动物科学协会

（一）国际实验动物科学协会

20世纪40年代后，美国、日本、法国、荷兰、联邦德国、英国、加拿大等国先后成立了实验动物学会或类似组织。1956年，联合国教科文组织（UNESCO）、国际医学组织联合会（CIOMS）、国际生物学协会（IUBS）共同发起成立了实验动物国际委员会（ICLA）。这是一个以促进实验动物质量、健康和应用达到高标准的非官方组织。1961年，ICLA的活动得到世界卫生组织（WHO）的合作，并于1979年改名为国际实验动物科学协会（International Council on Laboratory Animal Science，ICLAS）（网址：http：//iclas.org）。

（二）ICLAS的主要目标

（1）促进并协调全世界特别是发展中国家的实验动物科学发展。

（2）促进全球范围内实验动物科学知识与资源的合作共享。

（3）促进实验动物质量界定和监控。

（4）收集和传播实验动物科学相关信息。

（5）促进全球范围内实验动物饲养和使用的和谐与协调。

（6）促使人们在科学研究实验中本着科学的态度，遵循伦理原则，合理使用动物。

（7）宣传和提倡"3R"原则。

（三）ICLAS的主要成员

（1）国家会员：每个成员国仅限1人，目前有30人。

（2）科学/联盟会员：致力于ICLAS工作的学会、协会，或联盟会员。

（3）机构会员：支持ICLAS目标的高校、科研院所，或其他非商业组织。

（4）相关学会会员：致力于ICLAS目标的其他学会或个人代表。

（5）分支机构成员：与ICLAS有互动关系的组织。

（6）荣誉会员：由ICLAS常务理事会推选的对实验动物科学作出杰出贡献者。

（四）ICLAS的组织管理

ICLAS的决议由常务理事会和管理委员会作出。常务理事会每4年一届，候选人从国家会员、团体会员和科学家会员中产生。管理委员会由常务理事会从国家会员、团体会员和科学家会员中选出并对其负责，至少每年开一次会。管理委员会包括主席、副主席、秘书长、财务员及其他成员。

（五）ICLAS的检测机构

2006年，ICLAS构建了实验动物质量检测网络，主要从事实验动物质量检测和遗传质量监测。其主要目标是：改进和维护科研中动物质量；提高科学界对高质量实验动物重要性的认识。

加入网络的检测中心的主要职能是：进行世界范围内的人才培训，组织学术研讨，开展检测技术、方法的研究；承担各种形式的遗传、微生物检测任务以及向其他实验室提供检测试剂；对实验动物质量检测结果进行分析和评估。

四、实验动物科学的发展趋势

（一）实验动物资源多样化和标准化

现代科学的发展要求应用更多种类、品系，更高质量的实验动物以及各种疾病动物模型。作为应用学科的实验动物学必然以科学的需求为自身的发展方向。野生动物的实验动物化研究一直与实验动物学科同步发展，加强对实验动物科学技术的研究，还可为野生动物资源利用开辟新的途径。

应用前沿生物技术和动物培育技术，开展资源动物实验动物化、遗传育种、资源保存和标准化等关键技术研究，研发一批具有知识产权和我国动物资源优势的实验动物新品种（品系）；野生动物（如裸鼹鼠、树鼩、高原鼠兔、布氏田鼠、大仓鼠、灰仓鼠、东方田鼠等）驯化、繁育和种群的标准化，疾病研究、生物技术药物生产和质量检验用动物（如长爪沙鼠、鸭子、猫、鸽子、雪貂等）的标准化；各种模式生物（如家蚕、果蝇、鱼类、线虫、昆虫等）的标准化，家畜（如马、牛、羊等）的实验动物化及标准化，基因修饰动物模型的创建与评价的标准化，复杂性状遗传工程小鼠的研发与标准化，水生动物（如剑尾鱼、斑马鱼、红鲫）的实验动物化研究等，都必将极大推进实验动物科学和生命科学研究的快速发展。因此，实验动物资源多样化、标准化是必然趋势，也是我国实验动物科学发展的潜力和优势所在。

（二）实验动物福利伦理要求常态化

遵循实验动物福利与科学技术发展双赢原则受到社会、科学界和各国政府的高度关注，已成为实验动物科学的新常态。这就要求实验动物科学工作者从实验动物饲养管理和动物实验操作等关键环节入手，建立和完善实验动物福利科学监管体系；开展实验动物福利技术的研究，以及实验动物福利伦理审查技术规范、评价程序和技术操作规范研究，全面推进实验动物福利伦理审查制度；开展实验动物福利相关产品和相关技术的系统研究；推动替代、减少、优化（简称"3R"）研究不断深化和发展。最终使实验动物的使用量逐步减少，质量要求愈来愈高，动物实验结果的准确性、可靠性也不断提高。"3R"研究反映了实验动物科学由技术上的严格要求转向人道主义的管理，提倡实验动物福利与动物保护的国际总趋势。

（三）动物实验规范化与标准化

要保证动物实验取得准确、可靠、可信、可重复的结果，必须规范动物实验，只有规范的动物实验才有可比性。要规范动物实验，就必须实施优良实验室操作规范（good laboratory practice，GLP）。各国的GLP规范基本原则一致，内容也基本相同。因此，经GLP认证的实验室能够得到国际承认。一个与国际接轨的动物实验室，同样应通过GLP验收。概括起来，GLP规范主要包括实验室人员的组成和职责，设施、设备运行维护和环境控制，动物品系、级别和质量控制标准，质量保证部门，标准操作规程（SOP），受试品和对照品的接受与管理，临床实验室研究的实验方案，实验记录和总结报告等。GLP实验室的正常运行，人员素质是关键，实验设施是基础，SOP是手段，质量监督是保证；硬件是外壳，软件是核心。只有推进GLP规范，才能做到动物实验的规范化，在规范化的基础上进而迈向标准化。

（四）实验动物生产与动物实验的专业化与产业化

实验动物生产条件的标准化，实验动物质量的标准化，动物实验条件的标准化，动物实验操作的规范化是国际实验动物科学发展的潮流，势在必行。但由于实验动物的生产和供应投资大、维持费用高、管理要求严，必须走专业化、规模化、集约化发展的道路。国外已有一些大的实验动物公司从事实验动物的生产和供应，如美国的Charles River公司、英国的BK公司占据着美国、欧洲很大的实验动物市场。

在我国，如果要求所有使用实验动物单位都去新建或改造实验动物设施，完善动物实验条件，建立实验动物饲养和动物实验队伍，既给这些单位造成了很大的经济负担，也使这些单位背上日常维护管理的沉重包袱。造成巨大的人、财、物的占用和浪费。

在产业供应链中供应的也不再仅仅是作为原材料的实验动物，如小鼠、大鼠，而是经过加工的、有知识产权或自己特色的人类疾病的动物模型。所进行的动物实验也不再是小作坊式的零打碎敲，而是代之以专业化、特色化的动物实验服务。我们将逐步改变国内各研究单位的小而全、封闭式的单打独斗，代之以专业化、产业化、开放式的运作，实验动物的生产、供应将进入商品化的新时代，动物实验将形成区域性开放性服务网络。

根据人口健康及生物医药和生物技术产业发展的需要，统筹规划，合理布局，建立符合食品、药品、医疗器械、化学品（包括化妆品）、兽药、人口健康及环境安全等不同领域相关产品质量检验与评价的动物实验综合服务体系。建立专门化的实验动物生产供应基地和专业化的动物实验技术服务平台或基地，利用已有实验动物资源和设施，通过政策引导、资金扶持、重点建设、开放使用，即能达到共建共用、资源共享、经济节约、促进发展的目的。同时也有利于加快实验动物饲养及动物实验的产业化进程和专业化建设，引导实验动物使用向规范化、基地化方向发展，避免重复建设，减少企业和规模较小的研究检验机构所承担的风险。

（五）实验动物数据信息全球化

随着大数据时代的开启，有效利用和挖掘动物实验数据成为实验动物科学发展前沿。实验动物数据信息集成与共享将成为新的趋势和研究热点。开展实验动物和动物实验原始数据收集整理、分析和研发，有效重组和深层次挖掘技术的研究与应用，必将推进大数据在实验动物科学中的开发利用。通过提炼和优化关键字，确定数据库模型结构，利用数据库高级检索XML技术进行数据描述和传输，最终实现数据的云服务，开发统一标准的数据接口，保证实验动物数据的质量和安全；建立实验动物信息网站移动终端应用平台，为用户提供便捷的信息交流与共享的移动终端访问；建立实验动物产品电子商务平台，便于企业和用户通过平台发布和获取信息等，实验动物大数据和"互联网+"的有机结合必将促进全球实验动物信息资源的有效整合和合理利用。

第二章　实验动物质量控制与标准化

第一节　实验动物遗传学及质量控制

实验动物的遗传背景与反应特性是影响实验结果的重要因素，不同遗传背景的实验动物对同一刺激可引出不同质和量的反应。从遗传学角度讲，实验动物应是具有明确遗传背景并受严格遗传控制的，属于遗传限定性动物。

一、实验动物的遗传学分类

根据遗传特点的不同，实验动物分为近交系、封闭群和杂交群。

（一）近交系

1.定　义

在一个动物群体中，任何个体基因组中99%以上的等位基因位点为纯合时定义为近交系，又称为纯系。

经典近交系是指经至少连续20代的全同胞兄妹交配培育而成。品系内所有个体都可追溯到起源于第20代或以后代数的一对共同祖先。经连续20代以上亲代与子代交配与全同胞兄妹交配有等同效果。

2.命　名

近交系一般以1～4个大写英文字母命名，亦可以用大写英文字母加阿拉伯数字命名，符号应尽量简短。如A系、TA1系等。

3.近交代数

近交系的近交代数用大写英文字母F表示。例如当一个近交系的近交代数为87代时，写成（F87）。如果对以前的代数不清楚，仅知道近期的近交代数为25，可以表示为（F？+25）。

4.亚　系

（1）定义：亚系（substrain）是指一个近交系内的各个分支的动物之间，因遗传分化而产生差异，称为近交系的亚系。已经发现或十分可能存在遗传差异。

（2）亚系的命名：亚系的命名方法是在原品系的名称后加一道斜线，斜线后标明亚系的符号。亚系的符号可以是以下几种：

①数字，如DBA/1、DBA/2等。

②培育或产生亚系的单位或个人的缩写英文名称，第一个字母用大写，以后的字母用小写。使用缩写英文名称应注意不要和已公布过的名称重复。例如：A / He，表示A近交系的Heston亚系；CBA/J，表示由美国杰克逊研究所保持的CBA近交系的亚系。

③当一个保持者保持的一个近交系具有两个以上的亚系时，可在数字后再加保持者的缩写英文名称来表示亚系。如：C57BL/6J，C57BL/10J分别表示由美国杰克逊研究所保持的C57BL近交系的两个亚系。

④一个亚系在其他机构保种，形成了新的群体，在原亚系后加注机构缩写。如：C3H/HeH是由Hanwell（H）保存的Heston（He）亚系。

⑤作为以上命名方法的例外情况是一些建立及命名较早，并为人们所熟知的近交系，亚系名称可用小写英文字母表示，如BALB/c、C57BL/cd等。

5. 近交系名称的缩写

实际应用中，近交系小鼠名称可以缩写。常用近交系小鼠的缩写命名规则见表2-1。

表2-1　常用近交系小鼠的缩写命名规则

近交系	缩写名称
C57BL/6	B6
C57BL/10	B10
BALB/c	C
DBA/1	D1
DBA/2	D2
C3H	C3
CBA	CB

6. 近交系的特征及应用

（1）特征：

①基因位点的纯合性：近交系动物中任何一个基因位点上纯合子的概率高达99%，因而能繁殖出完全一致的纯合子，品系内个体相互交配不会出现性状分离。按照国家标准要求，近交系的近交系数（inbreeding coefficient）应大于99%。在近交系培育过程中，在兄妹交配情况下，从第4代以后，每代近交系数上升19.1%。而交配20代时，近交系数已达98.6%。因而从理论上说，经过20代以上的兄妹交配，近交系动物的绝大多数基因位点都应为纯合子；这样的个体与同品系内任何一个个体交配所生的后代也是纯合子。即同一近交系动物的基因型一致，遗传组成和遗传特性亦相同。由于近交系动物具有这样的特征，因此采用这种品系物进行实验时，因隐性基因暴露而影响实验结果

一致性的可能性很小。已经被公认的小鼠、大鼠、地鼠、豚鼠、兔等近交系都是经过长期高度的近亲交配及逐代反复严格的选择、淘汰而培育的。但鸡、鹌鹑、猪、犬、猫等若进行高度近亲交配，其繁殖力会很快下降，若按其他动物的要求，达到20代以上的近交程度是很困难的。因此，有专家主张鸡等动物的近交系数达到50%，即可认为是近交系。

②遗传组成的同源性：近交系动物群体内所有个体在遗传上是同源的，即可追溯到一对共同的祖先。由于其基因高度纯合，基因型又相当稳定，因而各个个体都极为相似。也就是说，同一个品系内每只动物的个体在遗传上都是同源的，基因型完全一致。

③表现型的一致性：由于近交系动物的遗传是均质的，故而在相同环境因素的作用下其表型是一致的。除一些定量特征，如体重、产仔数、行为等可受环境、营养等非遗传因素影响，会产生一些差异。其他那些可遗传的生物学特征，如毛色、组织型、生化同工酶以及形态学特征等，由于基因型一致，近交系内个体的表型也是相同的。因此，在实验中可用较少量的近交系动物获得具有统计意义的结果。

④长期的遗传稳定性：近交系动物尽管在遗传上并不是绝对稳定不变，但人为选择不会改变其基因型，个体遗传变异仅发生在少量残留杂合基因作用、基因突变和遗传污染三种情况下。近交系动物在遗传上具有高度的稳定性，个体遗传变异概率非常小。通过严格遗传控制（坚持近交和遗传监测），近交系动物各品系的遗传特征可世代相传。

⑤遗传特征的可分辨性：近交系动物群体内几乎不存在遗传多态性，即每个位点只有一种基因型，而不会存在其他等位基因。通过对各位点进行遗传监测，可得知有关位点的基因型。此后采用相同的遗传监测方法，对动物品系随时随地进行辨认，可以确定其遗传可靠性，也可以轻而易举地将混在一起的两个外貌近似的品系分辨出来。

⑥对外界因素的敏感性：由于高度近交，近交系动物某些生理功能的稳定性降低，因而对外界因素变化的反应更为敏感。近交系动物的这一特征，使其更容易被制备为疾病模型动物，供研究使用。仅这一特征的缺点是在饲养和实验过程中，由于很难控制外界因素对每只动物都完全相同，从而导致对实验处理的反应不同。

⑦遗传组成的独特性：每个近交系从物种的整个基因库中，只获得极少部分基因，它们构成了该品系基因的遗传组成。因而每个近交系在遗传组成上都具有独一无二的表现型。各近交系之间的差异或大或小；它们可作为相应模型动物而应用于形态学、生理学和行为学研究。正是由于每个近交系动物只代表种属的某些特质，故而采用某近交系所做实验的结果往往不直接代表整个种属的反应，而须用多个近交系做动物实验以增加其代表性。

⑧国际分布的广泛性：大部分近交系动物都已在世界各地广为应用，正是由于近交系的特性，使得各国实验室都可繁殖遗传特性几乎相同的近交系，这从理论上保证了

世界各国的学者有可能去重复或验证已取得的数据，以利于研究结果的交流。近交系动物任何一个个体均携带该品系全部基因库，引种非常方便，便于在不同国家、地区建立几乎完全相同的标准近交系，使各国研究结果具有可比性。

⑨背景资料的完整性：近交系动物由于在培育和保种过程中都有详细记录，加之这些动物分布广泛，经常使用，已有相当数量的文献记载着各个品系的生物学特性，另外，对任何近交系的每一项研究都增加了该品系的研究用履历档案。这些数据对于设计新的实验和解释实验结果提供了有价值的参考信息。目前，小鼠、大鼠、豚鼠等实验动物的近交系均有详细资料可查。这对实验设计和结果分析是非常重要的。

⑩相对较低的存活性：由于近交衰退，近交系一般具有较低的生育力和生活力。这一特征也使动物不能接受剧烈的实验处理。同时，其繁殖力低，产仔数少，对环境变化敏感，容易断种，故而饲养时需要格外精心，饲养成本也较高。

（2）应用：近交系动物因其所具备的特点，已被广泛应用于生物学、医学、药学等领域的研究中。其来源清楚、取材方便，是胚胎学、生理学、形态学研究及基因连锁分析的理想材料。而且，近交系动物个体间的均一性高，能消除杂合遗传背景对实验结果的影响，对刺激的反应一致，重复性好。因此，研究中对照组和实验组所需的动物数目都较少。近交系动物还可应用于如下研究。

①组织移植：由于近交系动物个体间的组织相容性高，因此便于组织细胞或肿瘤移植研究。其个体之间组织相容性抗原基本一致，异体移植不产生排斥反应，是组织细胞和肿瘤移植试验中最为理想的材料。

②制作疾病动物模型：每个近交系都有各自鲜明的生物学特点，如先天性畸形、肿瘤高发率、对某些因子的敏感和耐受等，这些特点在医学领域非常重要。近交使隐性基因纯合性状得以暴露，可用于复制先天性畸形和先天性疾病的动物模型，如糖尿病、高血压等。某些近交系自发或诱发肿瘤的发病率较高。许多肿瘤细胞株也可在某些近交系活体动物上传代。因而这些品系是肿瘤病因学、肿瘤药理学研究的重要模型。

③比较遗传学研究：同时以多个近交系作对比研究时，不仅可以分析不同遗传组成对某项实验的影响，还可观察实验结果是否有普遍意义。

7.其他近交系类型

（1）重组近交系（recombinant inbred strain，RI）：

①定义：重组近交系是指由两个近交系杂交后，子代再经连续20代以上兄妹交配育成的近交系。

②命名：由两个亲代近交系的缩写名称中间加大写英文字母X命名，雌性亲代在前，雄性亲代在后。由相同双亲交配育成的一组近交系用阿拉伯数字加以区分。

例如：由BALB/c与C57BL两个近交系杂交育成的一组重组近交系，分别命名为CXB1、CXB2等。

（2）同源突变近交系（coisogenic inbred strain）：

①定义：除了在一个指明位点等位基因不同外，其他遗传基因全部相同的两个近交系。简称同源突变系。同源突变系一般由近交系发生基因突变或者人工诱变而形成。

②命名：在发生突变的近交系名称后加突变基因符号（用英文斜体印刷体）组成，二者之间以连字符分开，如：DBA/Ha-*D*，表示DBA/Ha品系突变基因为*D*的同源突变近交系。

当突变基因必须以杂合子形式保持时，用"+"号代表野生型基因，如：A/Fa-+/c。

（3）同源导入近交系（同类近交系）：

①定义：通过杂交一代互交或回交（backcross）方式形成的一个与原来的近交系只是在一个很小的染色体片段上有所不同的新的近交系，称为同源导入近交系（congenic inbred strain），简称同类近交系。要求至少回交10个世代，供体品系的基因组占基因组总量在0.01以下。

②命名：同源导入系名称由以下3部分组成：a. 接受导入基因（或基因组片段）的近交系名称。b. 提供导入基因（或基因组片段）的近交系的编写名称，并与a项之间用英文句号分开。c. 导入基因（或基因组片段）的符号（用英文斜体），与b项之间以连字符分开。经第3个品系导入基因（或基因组片段）时用括号表示。当染色体片段导入多个基因（或基因组片段）或位点，在括号内用最近和最远的标记表示出来。示例：B10.129-*H-12b*，表示该同源导入近交系的遗传背景为C57BL/10sn（即B10），导入B10的基因为*H-12b*，基因提供者为129/J近交系。C.129P（B6）-*I12tml Hor*是经过第3个品系B6导入的。B6. Cg-（*D4Mit25-D4Mit80*）/*Lt*，导入的片段标记为*D4Mit25-D4Mit80*。

（二）封闭群（远交群）

1. 定　义

以非近亲交配方式进行繁殖生产的一个实验动物种群，在不从外部引入新个体的条件下，至少连续繁殖4代以上的群体，称为封闭群，亦称为远交群。

2. 命　名

封闭群由2～4个大写英文字母命名，种群名称前标明保持者的英文缩写名称，第一个字母须大写，后面的字母小写，一般不超过4个字母。保持者与种群名称之间用冒号分开。例如，N：NIH表示由美国国立卫生研究院保持的NIH封闭群小鼠。Lac：LACA表示由英国实验动物中心（Lac）保持的LACA封闭群小鼠。

某些命名较早，又广为人知的封闭群动物，名称与上述规则不一致时，仍可沿用其原来的名称。如：Wistar大鼠封闭群，日本的ddy封闭群小鼠等。把保持者的缩写名称放在种群的前面，而二者之间用冒号分开，是封闭群动物与近交系命名中最显著的区别。除此之外，近交系命名规则及符号也适用于封闭群动物的命名。

3. 特 征

目前国内外使用的实验动物大部分是近交系和封闭群。而从使用量上来看封闭群远远超过近交系，这是因为近交品系繁多，又不易大量生产，大大限制了其使用范围而封闭群因为有杂合子并避免了近交，故能保持相当程度的杂合性，从而避免了近交衰退的出现。所以，其生活力、生育力都比近交系强，具有繁殖率高等遗传学的特点，因此，封闭群动物可以大量生产，作为鉴定实验用。例如ddy小鼠、NIH小鼠、LACA小鼠、Wistar大鼠、青紫蓝兔、新西兰白兔、大耳白兔、豚鼠等均属此类。这类动物在生物制品和化学药品的鉴定上，其反应稳定性远远优于市售动物，特别是作为热源质检测试验的家兔更为明显。进行各种筛选性实验时，选用封闭群动物有一定优点，因为在这群动物中有的可能有近亲关系，有的可能没有，而保持一定的遗传差异。因而对各种刺激的反应有强一些的，也有弱一些的，但其平均的反应性有一定稳定性，故要观察筛选某一药物的初步疗效时，封闭群动物就可以反映综合的平均疗效。

4. 应 用

封闭群动物的遗传组成具有很高的杂合性，因此，在遗传学上可作为实验基础群体，用于对某些性状遗传力的研究；封闭群可携带大量的隐性有害基因，可用于估计群体对自发和诱发突变的遗传负荷能力；封闭群具有与人类相似的遗传异质性的遗传组成，因此，在人类遗传研究、药物筛选、毒性试验和安全性评价等方面起着不可代替的作用。封闭群动物具有较强的繁殖力，表现为每胎产仔多，胎间隔短，仔鼠死亡率低、生长快、成熟早，对疾病抵抗力强，寿命长，生产成本低等优点。因而广泛应用于预试验、实验教学等实验中。

（三）杂交群

1. 定 义

由两个不同近交系杂交产生的后代群体。通常使用的是杂交一代动物，亦称子一代，简称F_1。

2. 命 名

杂交群用以下方式命名：雌性亲代名称放在前，雄性亲代名称居后，二者之间以大写英文字母"X"相连表示杂交，将以上部分用括号括起，再在其后标明杂交的代数（如F_1、F_2等）。对品系或种群的名称通常使用通用的缩写名称。

示例：（C57BL/6 X DBA/2）F_1＝B6D2F_1；

B6D2F_2：指B6D2F_1同胞交配产生的F_2；

B6（D2AKRF_1）：以B6为母本，（DBAM/2 X AKR/J）F_1为父本交配所得。

3. 特 征

近交系动物在遗传上是均质的，故可获得精确度很高的实验结果，在医学研究上具有重要的价值，何必还要繁殖由两个不同近交系进行杂交获得的F_1呢？这是因为近交系与杂交群动物相比，生活力、对疾病的抵抗力以及对慢性实验的耐受性都较差，对环境变异的适应能力也不强，而且也较难繁殖和饲养。在进行慢性实验时，需要长期饲养观察，假如动物半途死亡，则实验就会半途而废，不能取得预期的效果。然而F_1具有杂交优势，克服了纯系动物的上述缺点，对长期实验的耐受能力较强，而且由环境因素所引起变异的可能性也较近交系要小。此外，F_1动物与近交系动物一样，具有遗传均一性，且生活力强，经过杂交，从亲一代获得的隐性有害基因与另一亲代带来的显性有利基因组合，成为杂合子，显性有利基因的作用掩盖隐性有害基因的作用，而呈现杂种优势。杂交一代具有许多优点，在某些方面比近交系更适合于科学研究。主要表现在以下4点。

（1）遗传和表型上的均质性：虽然它的基因不是纯合子，但是遗传性稳定，表型也一致，就某些生物学特征而言，杂交一代比近交系动物具有更高的一致性，不容易受环境因素变化的影响。

（2）具有杂交优势：杂交一代具有较强的生命力、适应性和抗病力强、繁殖力旺盛、寿命长、容易饲养等优点，在很大程度上可以克服因近交繁殖所引起的各种近交衰退现象。受精率和产仔率高于纯系动物，出生仔死亡率低于纯系动物。

（3）具有同基因型：杂交F_1代虽然具有杂合的遗传组成，但个体间其基因型是整齐一致的，具有亲代双亲的特点，可接受不同个体乃至两个亲本品系的细胞、组织、器官和肿瘤的移植。

（4）国际上分布广泛：已广泛用于各类实验研究，实验结果便于在国际上进行重复和交流。

4. 应 用

由于杂交F_1动物具有与近交系动物相似的遗传均质性，又克服了近交系动物因近交繁殖所引起的近交衰退，所以受到科学工作者的欢迎，在医学生物学研究中得到广泛应用。

（1）干细胞的研究：外周血中的干细胞是组织学中的老问题，大部分人认为大淋巴细胞或原淋巴细胞相当于造血干细胞。但在某些动物中，尽管在外周循环中发现了大淋巴细胞，一般也不认为有干细胞的存在。目前的研究可以清楚地表明，来自F_1小鼠正常的外周血的白细胞能够在受到致死性照射的亲代或非常接近的同种动物中种植和繁殖，使动物存活和产生供体型的淋巴细胞、粒细胞和红细胞，这证明小鼠外周血中存在干细胞。因此，F_1动物是研究外周血中干细胞的重要实验材料。

（2）移植免疫的研究：F_1动物是进行移植物抗宿主反应（graft versus host reaction，GVHR）良好的实验材料。可以鉴定出免疫活性细胞去除是否完全。如CBA小鼠亲代脾脏细胞经一定培养液孵育后注入D2CBAF$_1$（DBA/2XCBA）小鼠的脚掌。对侧作为对照。如CBA亲代小鼠免疫活性细胞去除干净时，则将不会产生移植物抗宿主反应，否则相反。也可采用C57BL/6脾脏细胞悬液经一定培养液孵育后注入CBAB6F$_1$（CBAXC57BL/6）小鼠脾脏，观察脾/体比重，或用2月龄DBA/2小鼠脾脏细胞经一定培养液孵育后注入D2CBAF$_1$小鼠腹腔，测定其死亡率，鉴定免疫活性细胞的去除情况。

（3）细胞动力学研究：如选用CBAB6F$_1$（CBAXC57BL/6）小鼠做小肠隐窝细胞繁殖周期实验；选用D2CBAF$_1$（DBA／2XCBA）小鼠作小肠隐窝细胞剂量存活曲线，选用B6DF$_1$（C57BL/6XDBA）受体小鼠观察移植不同数量的同种正常骨髓细胞与脾脏表面生成的脾结节数之间的关系等。

（4）单克隆抗体研究：BALB/c小鼠常被用作单抗的研究，若BALB/c小鼠对一特定抗原不产生最适免疫应答时，可采用BALB/c小鼠与其他近交系的杂交一代小鼠生产抗体腹水，效果比单独用BALB/c好。

（四）突变系

1. 定　义

突变系是指正常染色体的基因发生突变而具有特殊遗传性状。这种遗传变异造成后代的某个性状或生物反应与亲本不同，具有某种特殊性状表型的各种遗传缺陷的品系。人们把具有突变基因的动物称为突变动物，将这些突变动物按照科学研究的要求进行定向培育，使育成的动物符合实验要求，称其为"突变系"动物。

2. 特　点

自然界中生物遗传具有保守性，每个动物均可从它的双亲处获得两套基因，每套基因中存在着成千上万个基因，它们都能稳定遗传给下一代，使得生物能稳定继承它们祖先的性状。这是因为亲代的遗传物质，经过复杂的生化反应过程复制后，在一定环境条件下形成了各种不同的特定性状。但成千上万的基因复制过程中某个基因可能会偶然发生变异，即基因突变（mutation）。所谓基因突变就是DNA分子链上的碱基发生了改变，或染色体上某一位置的遗传物质发生了变异。通过生物遗传和化学分析可发现：有些变化是一个碱基被另一个碱基所替代；有些则是位置之间插入或缺失一个碱基，还包括许多碱基获得、失去或重新排列等变化。基因突变的实质是组成基因的遗传物质发生了化学变化。个别基因发生突变后可丧失原有的正常功能，使这个特定基因的性状与其亲代的基因性状产生差异，并能在子代中表现出变异的性状，且能世代相传而保存下去。因此，生物在世代相传过程中，既保持稳定而又发生变化。自然界中各种生物遗传的保守性是相对，而遗传变异则是绝对的，遗传突变是生命机体的特性之一，自然界中自发的突变率因不同的生物种类而异，正是由于持续不断地发生遗传变异，才促进了地球上各种生物的进化，才会有生物多样性的存在。

3. 类　型

自然界中生物的基因突变有很多表现形式，通常在自然条件下发生的突变称为自然突变或自发突变（spontaneou mutation），而用人工方法诱发的突变称为诱发突变

（induced mutation）。突变存在普遍性，所有影响各种生物性状的基因均可发生突变。它可发生于性细胞或体细胞，但体细胞突变一般不能传给后代。同时，突变又具有可逆性，即由甲→乙，亦可乙→甲。前者称为正突变，后者称为回复突变。突变的可逆规律对实验动物保种工作非常重要，因为突变种具有回复到野生型的可能性。

按突变对表型的影响效果可将其分为以下4种类型。

（1）可见突变：基因突变的效果可以从表型观察到，例如小鼠的无毛突变。

（2）生化突变：例如小鼠遗传性糖尿病、免疫缺陷等。

（3）致死突变：如果是显性突变，只要有一个基因突变，个体就可发生死亡，如果是隐性致死基因，必须有两个致死基因纯合才产生致死作用。

（4）条件致死突变：带有突变基因的个体在某些条件下是能成活的，而在另一些条件下是致死的。

实验动物发生基因突变后常常会导致其相应的正常生理功能丧失，称其为病理缺陷。这种病理缺陷可以代代相传。基因突变的动物，如果能留种定向培育成突变品系供某项特殊研究使用，就成为很有价值的"模型动物"。已知如射线和化学物质等许多外环境，能影响并增加突变率，但这些因素引起突变的机制和发生条件，仍是吸引人们进行深入研究的关注领域。

4. 应　用

自然界中生物的基因突变既有害又有利，但绝大多数的突变对生物机体是有害的。突变型往往也是生物所携带隐性基因的暴露，当为纯合时，将是致死的或有害的。目前国际上通过自然突变和人工定向突变，已培育出很多的突变系动物。实验动物尤其是啮齿类大小鼠在长期繁殖过程中，子代突然发生变异，其变异的遗传基因等位点可以遗传下去；或即使没有明确的遗传基因等位点，但经过淘汰的选择育种后，能维持稳定的遗传性状。通常将这种已经发生变化并能保持遗传基因特性的品系，称为突变品系。亦指正常染色体的基因发生变异后具有各种遗传缺陷的动物。

在啮齿类小鼠及大鼠中，通过自然突变和人工诱发突变，国内外已培育出很多突变系动物，如目前国际上已发现的小鼠突变基因有648个，培育的突变系小鼠有350多个品系，大鼠有50多个品系。很多重要的突变系已被广泛应用于生物医学领域的研究工作中，成为生物医学研究领域中重要的研究工具。如肿瘤学和免疫学等研究领域广泛应用的裸小鼠和裸大鼠、SCID小鼠、BNX小鼠及NOD/SCID小鼠等免疫缺陷动物；用于人类系统性红斑狼疮研究的NZB/W（杂交一代）小鼠、BXSB小鼠及MRL/Ipr小鼠；用于人类肥胖症研究的ob/ob小鼠、Yellow（Ay/a）肥胖小鼠、Zucker大鼠、LA/N肥胖大鼠等，用于人类高血压病研究SHR大鼠；用于人类糖尿病研究的NOD小鼠、db小鼠、OLETF大鼠、GK大鼠等，用于人类银屑病研究的缺皮脂（asebia，ab/ab）突变鼠、鱼鳞状皮肤（ichthyosis，ic/ic）突变鼠及无毛（hairless，hr/hr）突变鼠等。

二、实验动物的遗传质量控制

自然界中普遍存在着遗传和变异两大规律，遗传保证了物种的稳定，使之主要物种特征代代相传；变异保证了物种不断进化，以适应环境的变化，不断地产生新物种。在长期繁殖实验动物的过程中，由于杂合基因未完全去除，由于变异、遗传污染、遗传漂变等的存在，实验动物的基因结构也会发生变化，从而影响实验动物的遗传质量。因此，遗传监测的目的是证实各品系应具有的遗传特性，以及是否发生遗传突变和遗传污染等，以确保被监测的样品符合该品系的要求，控制实验动物的遗传质量。

（一）近交系实验动物的遗传质量控制

1. 近交系实验动物的遗传质量标准

近交系实验动物应符合以下要求。

（1）具有明确的品系背景资料，包括品系名称、近交代数、遗传组成、主要生物学特性等，并能充分表明新培育的或引种的近交系动物符合近交系定义的规定。

（2）用于近交系保种及生产的繁殖系谱及记录卡应清楚完整，繁殖方法科学合理。

（3）经遗传检测（生化标记基因检测法，免疫标记基因检测法等）质量合格。

2. 近交系实验动物的遗传监测方法

（1）生化标记检测：

①抽样：对基础群，凡在子代留有种鼠的双亲动物都应进行检测；对生产群，当雌性种鼠数量为100只以下时，抽样6只成年动物，雌雄各半；当雌性种鼠数量超过100只时，抽样≥6只成年动物，雌雄各半。

②生化标记：基因的选择。近交系小鼠选择位于10条染色体上的14个生化位点，近交系大鼠选择位于6条染色体上的11个生化位点，作为遗传检测的生化标记。

③判定标准：判定标准见表2-2。

表2-2　实验动物近交系遗传监测标准

检测结果	判断	处理
与标准遗传概貌完全一致	未发生遗传变异，遗传质量合格	—
有一个位点的标记基因与标准遗传概貌不一致	可疑	增加检测位点数目和增加检测方法后重检，确定只有一个标记基因改变可命名为同源突变系
两个或两个以上位点的标记基因与标准遗传概貌不一致	不合格	淘汰，重新引种

（2）免疫标记检测：

①皮肤移植法：每个品系随机抽取至少10只相同性别的成年动物，进行同系异体

皮肤移植。移植全部成功者为合格，发生非手术原因引起的移植物的排斥判为不合格。

②微量细胞毒法：按照皮肤移植法的抽样数量检测小鼠H-2单倍型，结果符合标准遗传概貌的为合格，否则为不合格。

③其他检测方法：除以上两种方法外，还可选用其他方法进行遗传质量检测，如毛色基因测试、下颌骨测量法、染色体标记检测、DNA多态性检测法、基因组测序法等。这些方法都是直接或间接检测体内某些基因的变化，但仅是其中很少部分，不能反映遗传组成全貌，但是由于检测内容不同，各种方法可以相互补充。因此，在进行遗传监测时应尽量采用不同方法。具体检测方法依据国标公布的方法进行。

3. 检测时间间隔

近交系实验动物生产群每年至少进行一次遗传质量检测。

（二）封闭群、杂交群实验动物的遗传质量控制

1. 封闭群实验动物的遗传质量标准

封闭群实验动物应符合以下要求。

（1）具有明确的遗传背景资料，来源清楚，有较完整的资料（包括种群名称、来源、遗传基因特点及主要生物学特性等）。

（2）用于保种及生产的繁殖系谱及记录卡应清楚完整，繁殖方法科学合理。

（3）封闭繁殖，保持动物的基因异质性及多态性，避免近交系数随繁殖代数增加而过快上升。

（4）经遗传检测（生化标记基因检测法、DNA多态性分析等）基因频率稳定，下颌骨测量法判定为相同群体。

2. 封闭群实验动物的遗传检测方法

（1）生化标记基因检测：按以下方法进行抽样：①随机抽取雌雄各25只以上动物进行基因型检测。②生化标记基因的选择。

选择代表种群特点的生化标记基因，如小鼠选择位于10条染色体上的14个生化位点，大鼠选择位于6条染色体上的11个生化位点，作为遗传检测的生化标记。

（2）群体评价：按照哈代-温伯格定律，无选择的随机交配群体的基因频率保持不变，处于平衡状态。根据各位点的等位基因数计算封闭群体的基因频率，进行χ^2检验，判定是否处于平衡状态。处于非平衡状态的群体应加强繁殖管理，避免近交。

（三）遗传修饰动物的遗传质量控制

1. 转基因动物的鉴定与遗传质量控制

（1）阳性动物的鉴定：通过PCR、DNA印迹等检测方法确认阳性基因在子代动物中表达。以小鼠为例，经鉴定为阳性的小鼠成为首建鼠（founder）。

（2）建系：将首建鼠与野生型小鼠交配，检测子代阳性鼠，将阳性纯合鼠同胞交配即可建系。纯合子小鼠繁殖困难的可选择杂合子进行繁殖建系。

（3）外源基因的表达鉴定：外源基因的稳定表达是转基因成功的关键环节之一，采用RT-PCR、Northern杂交等方法确认外源基因的表达，明确表达的靶器官和表达水平。

（4）质量控制：在建系过程中需要检测每代阳性鼠，确认转入基因在后代中稳定遗传。选择纯合子或杂合子交配的方式进行繁殖，同时检测靶器官表达水平，确保转基因的稳定表达和遗传。

2. 基因定位突变动物的遗传质量控制

通过分子生物学技术（Southern blot、PCR或测序等）检测纯合子或杂合子小鼠靶位点突变，选用纯合子或杂合子进行建系繁殖，确立突变品系。

3. 诱变动物的遗传质量控制

通过检测动物的突变位点，建系得到稳定遗传的品系。

（四）遗传监测制度的实施

遗传监测是定期对动物品系进行遗传检测的一种质量管理制度，其依据是遗传质量标准。近交系动物每年至少检测一次，封闭群动物也应定期进行检测。遗传监测制度作为实验动物质量控制的根本制度，须严格执行。只有实施定期检测，才能确保实验动物遗传质量符合要求，动物实验结果科学、可靠，否则，动物遗传特性的改变，可导致实验动物质的变化和实验数据的不可靠，影响实验研究结果的可信性。

第二节　实验动物微生物学与寄生虫学及质量控制

一、实验动物的微生物学与寄生虫学控制分类

实验动物微生物分级的依据包括动物本身的净化程度和动物生活环境的净化程度两个方面。根据国家标准，按照实验动物微生物与寄生虫学等级分类将实验动物分为4个级别：普通动物、清洁动物、无特定病原体动物和无菌动物。

（一）普通级动物（CV）

1. 基本概念

普通级动物是指不携带所规定的人兽共患病病原和动物烈性传染病病原的动物，简称普通动物。普通级动物饲养在开放环境中，是微生物等级要求最低的动物。普通级动物要有良好的饲养设施，在饲养管理中要采取一定的防护措施。如饲料、垫料要消毒，饮水要符合城市卫生标准；外来动物必须严格隔离检疫；房屋要有防野鼠、昆虫设备；具有送排风系统；要坚持经常进行环境及笼器具的消毒，严格处理淘汰及死亡动物。要制定科学的饲养管理操作规程和与实验动物饲养管理有关的规章制度。

2.应　用

普通级动物多用于探索性实验和教学实验。使用普通级动物存在一定的风险，必须有充分的认识和防护措施。我国国家实验动物标准中，大鼠、小鼠已取消普通级。即凡使用大鼠、小鼠开展实验必须使用清洁级及以上的动物。

（二）清洁级动物（CL）

1.基本概念

清洁级动物是指除普通动物应排除的病原外，不携带对动物危害大和对科学研究干扰大的病原的实验动物，简称清洁级动物。清洁级动物饲养于屏障环境中或IVC系统中，其所用的饲料、垫料、笼器具都要经过消毒灭菌处理，饮用水除用高压灭菌外，也可采用pH2.5～2.8的酸化水。工作人员须换灭菌工作服、鞋、帽、口罩，方能进入动物室进行实验操作。

2.应　用

清洁级动物近年来在我国得到广泛应用，它较普通级动物健康，又较SPF动物易达到质量标准，在动物实验中可免受疾病的干扰，其敏感性与重复性亦较好。这类动物目前可适用于大多数教学和科研实验，可应用于生物医学研究的各个领域。

（三）无特殊病原体级动物（SPF）

1.基本概念

无特殊病原体级动物是指除清洁级动物应排除的病原外，不携带主要潜在感染或条件致病和对科学实验干扰大的病原的实验动物，简称无特殊病原体动物或SPF动物。SPF动物来源于无菌动物，必须饲养在屏障环境中，实行严格的微生物学控制。

2.应　用

许多病原体呈隐性感染，在一般条件下，微生物与宿主间保持相对平衡，动物不显现症状。一旦条件变化或动物在承受实验处理的影响下，这种平衡遭到破坏，隐性感染被激发，动物出现疾病症状，将严重影响实验的结果。例如，绿脓杆菌对动物通常不致病，对大鼠和小鼠的繁殖也没有影响，但用感染该菌的动物进行放射性照射试验时，却能诱发动物致死性的败血症。再如消化道寄生虫，一般情况下对宿主无严重影响，但在放射性试验中，消化道因寄生虫所致的损伤部位会发生弥散性出血感染，致使动物死亡。SPF动物就不会出现这种现象，它在放射、烧伤等研究中具有特殊的价值。国际上公认SPF动物适用于所有科研实验，是目前国际标准级别的实验动物。各种疫苗等生物制品生产所采用的动物应为SPF级动物。

（四）无菌级动物（GF）

1.基本概念

无菌级动物是指无法检测出一切生命体的动物，简称无菌动物。无菌动物来源于剖宫产或无菌卵的孵化，饲育于隔离环境。另外，用大量抗生素也可以使普通动物暂时无菌，但这种动物不是无菌动物，因为这种无菌状态往往是一时性的，某些残留的细菌在适当的条件下又会在体内增殖，即使把体内细菌全部杀死，它们给动物造成的影响也是无法消除的。例如，特异性抗体的存在、网状内皮系统的活化、某些组织或器官的病理变化等。因此，无菌动物必须是生来就是无菌的动物。

2. 无菌动物的特点

（1）形态学改变：

①消化系统：无菌动物和普通动物在外观和活动方面看不出有特别的差异，有时仅见有体重增加的差别。据报道，无菌动物的盲肠（包括内容物）的总重量有的可达到体重的25%。多数情况下，其盲肠的总重量是普通动物的5～10倍。去掉内容物后的盲肠重量，无菌动物和普通动物之间并没有多大的差别，所以这是无菌动物盲肠壁伸展变薄的结果。这一现象也从组织学方面得到证明。另外，无菌动物胀大的盲肠内容物与普通动物相比较，其含水量、可溶性蛋白质、碳水化合物等均较多。无菌动物由于盲肠膨大，肠壁菲薄，常易发生盲肠扭转导致肠壁破裂而死亡。有关盲肠膨大的原因，目前尚无明确的结论。当无菌动物普通动物化或当无菌动物被梭菌、类（拟）杆菌、沙门菌、链球菌单独感染后，盲肠就会变小。

②血液循环系统：心脏相对变小，白细胞数少，且数量波动范围小，与无病原体入侵有关。

③免疫系统：胸腺中网状上皮细胞体积较大，其胞浆内泡状结构和溶酶体少。无菌动物的胸腺中以小淋巴细胞为主，其中的张力微丝含量较普通动物明显减少，胸腺和淋巴结处于功能较不活跃状态，脾脏缩小，无二级滤泡，网状内皮细胞功能下降。由于无菌动物几乎没有受过抗原刺激，其免疫功能基本上是处于原始状态。

（2）生理学改变：

①免疫功能：由于网状内皮系统、淋巴组织发育不良，淋巴小结内缺乏生发中心，产生丙种球蛋白的能力很弱，血清中IgM、IgG水平低，免疫功能处于原始状态，应答速度慢，过敏反应、对异体移植物的排斥反应以及自身免疫现象消失或减弱，用低分子无抗原性饲料喂饲无菌动物时，血清中几乎不存在丙种球蛋白和特异性抗体。

②生长率：无菌条件对不同种属动物生长率影响不同。无菌禽类生长率高于同种的普通禽类；无菌大小鼠与普通鼠差不多；无菌豚鼠和无菌兔生长率比普通者慢，可能因肠内无菌，不能帮助消化纤维素以提供机体所需的营养所致。

③生殖：无菌条件对动物生殖影响不大。大鼠和小鼠因出生无感染，身体较好，其繁殖力高于普通大小鼠；无菌豚鼠及兔比普通者繁殖力低，可能因盲肠膨大之故。

④代谢：血中含氮量少，肠管对水的吸收率低，代谢周期比普通动物长。

⑤营养：无菌动物体内不能合成维生素B和K，极易产生这两种维生素的缺乏症。

⑥抗辐射能力：无菌动物抗辐射能力强。X射线照射后，无菌小鼠的存活时间长于

普通小鼠，普通小鼠常因败血症而致死。一般认为，这种存活时间的差别是由于受损细胞的寿命在无菌小鼠与普通小鼠之间存在差别的缘故。另据报道，无菌小鼠抗实验性烫伤引起的休克死亡能力也强于普通动物。然而，无菌大鼠出血引起休克的病理变化则与普通大鼠无差异。

⑦寿命：无菌动物的寿命普遍长于普通动物。

3. 应　用

无菌动物在生物医学中具有独特作用，多年来在医学科学研究的很多方面被广泛应用。

（1）在微生物研究中的应用：

①某些疾病的病原研究：无菌动物可提供组织培养的无菌组织，提供培育具有某一种菌的已知菌动物，也可供研究病原体的致病作用与机体本身内在的关系。如猫瘟病毒，正常猫易受感染，无菌猫则不易受感，说明感染受肠道微生物的影响。

②微生物间的拮抗作用研究：菌群之间的拮抗作用是生物屏障的一种。生物屏障可能比物理屏障更有效，生物屏障原理为生物间的拮抗作用。如利用无菌动物来研究哪种微生物可拮抗假单胞菌，对放射研究甚为重要，因照射后常出现此菌。又如在把无菌动物放入SPF环境前，先分别给无菌动物喂以大肠杆菌、乳酸杆菌、链球菌、白色葡萄球菌、梭状芽孢杆菌等5种菌群，再观察这些菌群间的拮抗作用。

③病毒病研究：无菌动物是研究病毒病、病毒性质、纯病毒、安全疫苗和单一特异性抗血清的有用工具。

④细菌学研究：尤其是肠道正常菌丛细菌间的相互拮抗性及细菌和宿主细胞间的关系研究。

霍乱弧菌：口服霍乱弧菌使无菌豚鼠单菌感染时，就可使其死亡。而当该动物同时感染产生夹膜（梭状芽孢）杆菌时，就可以除去霍乱弧菌，动物可以不发生死亡。

福氏痢疾杆菌：福氏痢疾杆菌经口感染幼年豚鼠时，可以引起无菌豚鼠死亡。但在感染痢疾杆菌以前先经口接种活的大肠杆菌，就可以保护无菌豚鼠不致死亡，以后从豚鼠肠道里只能检出大肠杆菌，而没有检出痢疾杆菌。

⑤真菌感染研究：临床上有由于较长期应用某些抗生素而导致发生条件性真菌感染的现象。通过利用无菌动物实验，这一现象得到了一定的阐明。将白色念珠菌经口接种给无菌雏鸡时，产生较多的菌丝体，并侵入肠道黏膜，但接种到普通雏鸡时，只观察到酵母型菌体，很少发病。将大肠杆菌接种到无菌雏鸡后，就能完全保护雏鸡不受白色念珠菌侵犯。营养对保护机体不受真菌感染也是重要因素，用无菌小白鼠实验也得到了类似的结论。

⑥原虫感染研究：将溶组织阿米巴接种到无菌豚鼠的盲肠内不会引起感染，在普通对照组豚鼠中却能引起致死性感染。

（2）在免疫学研究中的应用：无菌动物在免疫学研究中的应用是促进发展无菌动物模型的动机之一。无菌动物血中无特异性抗体，很适合于各种免疫现象的研究。

①免疫系统功能和机体受感染后感受性改变的关系研究：由于在无菌动物机体内除去了生活的微生物，使无菌动物对感染的感受性大大增强。如将无菌豚鼠从无菌系统中转移到普通动物饲养区，常在几天内死亡。病因经常是梭状芽孢杆菌的感染。

无菌动物的免疫系统在下列各方面都明显降低：特异性抗细菌抗体；肺泡巨噬细胞的活动力；唾液中的溶菌酶和白细胞；对内毒素的全身反应等。

②丙种球蛋白和特异性抗体研究：无菌动物血清中γ-球蛋白含量下降，球蛋白来源于消化道中死亡细菌的刺激。用无抗原性饲料喂无菌动物（如无菌小鼠喂以水溶性低分子化学饲料时），小鼠血清中就可以完全缺乏两种球蛋白。在无菌小猪中用无抗原性或有限抗原性的饲料时，血清里就可以完全没有丙种球蛋白和特异性抗体存在。

（3）在放射医学研究中的应用：用无菌动物研究放射的生物学效应，就可以将由放射所引起的症状和感染而发生的症状区分开来。无菌动物能耐受较大剂量的X射线照射。在用致死剂量照射后动物的存活时间也要长些。无菌动物与普通动物相比，其因放射而引起的黏膜损伤要轻。大剂量射线照射普通动物，除照射本身的影响外，尚有肠道微生物影响。而照射对无菌动物的影响则主要为照射本身引起的后果。无菌动物受 $5 \sim 10 \ Gy$（$500 \sim 1\ 000 \ rad$）照射后可影响造血系统和骨髓细胞功能，大于$10 \ Gy$（$1\ 000 \ rad$）可致肠黏膜损伤，肠黏膜上皮细胞再生停止。同样剂量的射线对普通动物黏膜损伤大，导致肠黏膜上皮脱落。

（4）在营养、代谢研究中的应用：无菌动物是研究营养的良好模型，很多营养成分是靠细菌分解或合成的。正常动物的肠道内细菌可合成维生素B和维生素K，应用无菌动物可研究哪些菌可合成维生素B或维生素K。

（5）在老年病学研究中的应用：无菌小鼠的自然死亡期比普通小鼠要长。而且雄性无菌小鼠的寿命和雌性无菌小鼠相当或更长些。对2～3月龄无菌大鼠的检查结果表明，肾、心脏和肺没有和年龄相关的病变。这些研究说明，机体的老化和微生物因素有关，而以前一般都认为起源于内因或完全与饮食有关，通过用无菌动物对这些变化的直接原因进行研究，对合理地控制衰老有一定的裨益。

（6）在心血管疾病研究中的应用：现代医学已证明，许多心血管疾病与机体的胆固醇代谢密切相关，而肠道微生物直接影响胆固醇代谢。研究证明，肠道微生物能分解胆汁酸，胆汁酸的7α-脱羟基作用使胆汁酸在肠道中的再吸收减少，排出增加，从而使血液中胆固醇的含量降低。许多试验都证实了微生物在调节胆固醇水平方面及胆汁酸的肝肠循环中起重要作用。利用无菌动物研究肠道菌群的变化与胆汁酸代谢的关系，为控制血液中胆固醇含量和心血管疾病的研究开辟了新的途径。

（7）在毒理学研究中的应用：正常豚鼠对青霉素敏感，而无菌动物则无此反应。因此，青霉素过敏是肠道菌代谢引起的。另外，用大豆喂养普通动物，发现有中毒现象，但饲喂无菌动物则无影响。有些学者用鹌鹑进行研究，将其感染大肠杆菌后再喂豆类可引起中毒。

（8）在肿瘤研究中的应用：小鼠肿瘤常由病毒引起，有些病毒还可以通过胎盘，故无菌小鼠有研究肿瘤的价值。研究免疫抑制剂需用无菌动物，因对普通动物用免疫抑制剂可降低其抵抗力，致其继发感染而死亡。

研究致癌物质的致癌作用需用无菌动物。如苏铁素（cycasin）给无菌动物采食时不引发肿瘤，但对普通动物则致癌。这是因为普通动物机体带菌，可降解苏铁素，而苏铁素的降解物有致癌性。

（9）在宇航科学研究中的应用：宇航科学研究已离不开无菌动物，用飞船将无菌动物携带到太空或其他星球上暴露一段时间，再带回地球上研究。在宇航食品的研究中，利用悉生动物研究肠道菌群的作用及相互关系，从而研制出一种只有极低残渣的食品，宇航员食用后不会产生腹泻或胃肠胀气。

（10）在寄生虫学研究中的应用：长膜壳绦虫为大鼠的寄生虫。给无菌大鼠人工感染这种寄生虫时则寄生虫不能寄生。这可能与缺乏维生素有关。原生动物如从组织阿米巴接种至无菌豚鼠不引起肠道黏膜的损伤，而普通豚鼠则出现肠黏膜病变。

（11）在口腔医学研究中的应用：人们很早就认为龋齿的形成和微生物有关，其中，乳酸杆菌在此病中起主要作用，但一直没有得到实验证明。无菌动物的诞生，才使对龋齿的成因进行认真探索成为可能。研究表明，若没有微生物的参与，不可能形成龋齿。链球菌是引起龋齿的主要原因，而不是乳酸杆菌，其中，各种黏液性链球菌的作用最强。近来发现细菌感染与其他牙科疾病有关。目前正在用悉生动物模型进行牙周炎、齿槽脓漏的研究。无菌动物的利用不仅可以探讨病因，同时也为口腔疾患的有效预防提供依据。

（五）悉生动物

1. 基本概念

悉生动物（gnotobiotic animal，GN aninal）也称已知菌动物或已知菌丛动物（animal with known bacterilfora），是指在无菌动物体内植入已知微生物的动物。必须饲养于隔离环境。根据植入无菌动物体内菌落数目的不同，悉生动物可分为单菌（monoxenie）、双菌（dixenie）、三菌（trixenie）和多菌（plyxenie）动物。

2. 悉生动物的特性

悉生动物来源于无菌动物，其体内有已知种类的几种微生物定居，形成动物与微生物的共生复合机体。悉生动物肠道内存在能合成某种维生素和氨基酸的细菌。尽管经高压灭菌饲料不能供给足量的维生素，也不会像无菌动物那样发生维生素缺乏症。悉生动物生活力较强，抵抗力明显增强，也易于饲养管理，在有些实验中可作为无菌动物的代用动物。中国药检所的五联菌悉生动物是将大肠杆菌、表皮葡萄球菌、白色葡萄球菌、粪链球菌和乳酸杆菌等5种细菌接种于无菌小鼠，可代替无菌小鼠进行药物检定。在免疫学实验中，无菌动物不发生迟发性过敏反应，而感染一种大肠杆菌的悉生动物就可以发生迟发性过敏反应。

3. 在生物医学研究中的应用

由于悉生动物可排除动物体内带有各种不明确的微生物对实验结果的干扰，因而可作为研究微生物与宿主、微生物与微生物之间相互作用的动物模型。

（1）微生物学研究：悉生动物活跃于微生物研究领域，科研人员可根据实验研究的需要，在断奶前后的无菌动物体内，有目的地植入单一或多种细菌，从而可观察这些细菌对机体的作用。另外，只有选用悉生动物，才有可能了解到单一微生物和抗体之间的关系，也可以观察微生物与微生物之间及其与机体之间相互关系和菌群失调现象。当对某种悉生动物施予物理、化学等其他致病因子时，则可观察机体、微生物、致病因子三方面相互作用的关系。

（2）抗体制备研究：最新研究表明，普通动物消化道内约有100～200种细菌，每克肠内容物约有10^6～10^{12}个菌。一种菌就是一种抗原，因此用普通动物很难制备较纯的抗体。无菌动物缺乏抗原刺激，免疫系统处于"休眠"状态，对外来的抗原刺激有迅速、单一和持久做出反应的特性。如果将单一菌株植入无菌动物，那么可制备抗该菌的较纯的、效价较高的，且不会污染其他微生物的抗体。曾有人用自幼采食无抗原食物的无菌家兔制备了无交叉反应的诊断百日咳的抗体。

（3）克山病病因学的研究：克山病的病因学说有两种：矿物盐学说认为克山病是体内缺硒引起的；生物学说认为镰刀状黄曲霉菌是引起克山病的元凶。中国农业大学用植入黄曲霉菌动物的实验研究证明，动物的症状与克山病病人的症状相似，但硒不足只能加重病情，而不会诱发克山病。

（4）微生物和寄生虫相互关系的研究：很多实验研究表明，宿主消化道的微生物状况直接或间接影响着寄生虫在宿主体内的寄生能力。

（5）其他方面的研究：悉生动物还广泛应用于人类和动物的骨髓移植、人类和动物肿瘤及其治疗、病毒学和免疫学、营养代谢和生理学、外科病人感染控制等方面的研究中。

二、实验动物微生物与寄生虫质量监测

（一）实验动物微生物与寄生虫感染的危害

1. 影响实验结果

实验动物感染微生物和寄生虫可不同程度干扰实验结果，从而影响研究工作的准

确性和可靠性，甚至得出错误的结论。隐性感染可导致：动物生理生化指标的改变，使实验得不到应有的结果；可使动物生存期缩短，妨碍长期实验观察；可引起动物痛苦或不安，降低对实验的耐受性；造成的组织学改变影响实验结果的判定。

2. 影响动物生产

一方面，传染性疾病的暴发和流行能引起大批实验动物死亡，如鼠痘或兔出血热等烈性传染病一旦暴发流行，将引起大批实验动物死亡，幸存的实验动物也不能留用，需要全群淘汰重新建群，造成惨重的经济损失；另一方面，各种实验动物疾病都会影响动物的生产能力，导致生长缓慢，质量下降，给实验动物生产带来很大难度，大大增加了实验动物的生产成本。

3. 危害实验动物工作者的健康和安全

许多实验动物的感染性疾病为人兽共患病，这些疾病可在人与动物之间传播，对从事实验动物的饲养、管理和实验人员的健康构成威胁。特别是那些对动物呈隐性感染，而对人类呈致死性感染的病原微生物，更应引起高度重视。

4. 污染实验材料

如果病原微生物污染了细胞培养物、肿瘤移植物或以动物组织和细胞为生产原料的生物制品，不仅干扰实验，而且还可将病原扩散，以至危害人类的健康。

5. 寄生虫对实验动物的影响

掠夺宿主的营养；体外寄生虫对动物的骚扰；对宿主机体产生机械性损伤；对宿主产生毒性作用；对宿主生理、生化和免疫系统产生影响。

（二）实验动物微生物与寄生虫质量监测的意义

实验动物微生物与寄生虫质量监测的意义在于保证实验研究的顺利进行和工作人员的身体健康，确保实验数据的准确性和可重复性，是保证实验动物质量，实现标准化的必要手段。实验动物微生物与寄生虫质量监测可以掌握实验动物群体中微生物和寄生虫的感染状况，及时发现问题并进行有效控制，保证实验动物的微生物等级质量。

（三）实验动物微生物与寄生虫质量监测方法

实验动物的微生物、寄生虫检测具体操作方法详见《GB／T 14926.1～64实验动物微生物学检测方法》和《GB/T 18448.1～10实验动物寄生虫学的检测方法》。

检测方法归纳起来有病原学检测和血清学检测。

细菌、真菌和寄生虫以病原学检测为主，血清学检测为辅；但有些病原体也逐渐使用血清学方法检测，如支原体、泰泽氏病原体、弓形体等。

病毒的常规定期检测以血清学为主，而疾病诊断则以病原学检测为主。

1. 血清学检测

适用于各级各类实验动物的经常性检测和疫情普查。

常用的方法：酶联免疫吸附试验（ELISA）、免疫荧光试验（IFA）、免疫酶染色试验（IEST）、血凝试验（HA）、血凝抑制试验（HI）、病毒中和试验（VN）、补体结合试验（CFT）、琼脂扩散试验（AGP）等。

2. 病毒学检测

适用于动物群中有疾病流行，需要检出病毒或确认病毒存在的情况。

检测方法：病毒分离与鉴定，病毒颗粒、抗原或核酸的检出，潜在病毒的激活，抗体产生试验等。例如，采用免疫组化的方法在光镜下检查病变组织中的特异性抗原；采用HA方法检查患病动物排泄物或组织悬液中的血凝素抗原；采用电镜技术或免疫电镜技术检查组织或排泄物中的病毒颗粒；采用聚丙烯酰胺凝胶电泳（PAGE）检查病毒的蛋白质；采用核酸分子杂交技术或聚合酶链式反应（PCR）检出组织或排泄物中的病毒核酸。

3. 检测频率

普通动物、清洁动物、无特定病原体动物每3个月至少检测1次。无菌动物每年至少检测1次，每2~4周检测1次动物粪便标本。

三、实验动物疾病的类别

（一）实验动物感染性疾病

1. 实验动物感染性疾病概念

病原微生物侵入动物机体，并在一定的部位定居、生长、繁殖，从而引起机体一系列病理反应的过程称为感染或传染。凡是由病原微生物引起的疾病统称为感染性疾病，其中，传染性较强并且可以引起宿主间相互传播的疾病称为传染病。实验动物的感染性疾病包括细菌性疾病、病毒性疾病、寄生虫病、真菌性疾病、霉形体性疾病、立克次体和衣原体疾病。

2. 实验动物感染性疾病的诊断

（1）流行病学诊断：调查发病时间、季节、发病率、引进动物的检验记录、动物生产部门的发病情况，综合分析其流行特点，为诊断提供依据。

（2）临床诊断：临床症状的观察是最直接的诊断方法，有些疾病根据特征性症状可作出初步诊断。

（3）病理学诊断：包括剖检和病理组织学检查，根据病理学变化作出诊断。

（4）病原学诊断：

①细菌感染检查：

a. 涂片检查：临床标本或分离培养物涂片直接或染色后用光学显微镜观察，根据有无病原体及其大致数量、病原体形态、染色特征等，可以迅速作出初步诊断。

b. 分离培养与鉴定：临床标本在选择性或非选择性培养基上分离培养，观察细菌的菌落形态、生化反应和毒素产生等，并用特异性血清抗体鉴定临床标本中或分离培养物中未知的细菌，以确定致病菌的属、种和血清型等。

c. 分子生物学检测：用PCR技术直接扩增病原体基因的保守序列，配合DNA探针杂交、DNA序列分析和基因芯片技术等，检测样品中细菌的核酸，可以对感染的细菌作出明确诊断。

②病毒感染检查：

a. 病毒的形态：利用光学显微镜能观察到大型病毒和病毒感染后体细胞胞质或胞核内出现的包涵体、电子显微镜可直接观察到临床标本或培养物中有特征性的病毒颗粒。

b. 病毒培养：由于病毒是专性细胞寄生，需要在活细胞或动物体内才能分离培养，一般采用活组织培养、鸡胚接种和动物接种。最常用、敏感而特异的方法为鸡胚接种。

c. 病毒抗原检测：用免疫荧光或免疫酶等技术检测标本中的特异性病毒抗原。

d. 分子生物学检测：检测病毒核酸的序列或特异基因可确定存在病毒核酸，定量PCR可对标本中的病毒进行量化分析，对病毒感染的诊断和治疗有重要意义。

③其他病原体感染的检查：

a. 寄生虫感染的检查：检查出寄生虫病原体是确诊寄生虫感染性疾病的最直接依据。采集适当的样品，如血液、粪便、阴道分泌物、毛发等，涂片检查虫卵、虫体和包囊等是目前最可靠的确诊方法。

b. 真菌感染的检查：直接涂片显微镜检查可简便、快捷地作出初步诊断。对真菌进行培养，根据真菌培养的菌落形态、菌丝和孢子、染色特点和生化反应可以进行鉴定。分子生物学诊断在真菌感染的检查中应用较少。

c. 支原体感染的检查：革兰氏染色时支原体不易着色，直接涂片检查无临床诊断意义，一般用分离培养进行鉴定。PCR结合核酸杂交试验与基因序列分析，可以敏感、快速诊断各类支原体感染。

d. 衣原体感染的检查：涂片检查可在被感染细胞的细胞质内查到包涵体，具有一定的诊断价值。免疫荧光染色如检查到被感染细胞内的衣原体抗原，可以快速诊断为衣原体感染。

e. 立克次体感染的检查：立克次体是一类微小的杆状或球杆状，除极少数外仅在宿主细胞内繁殖的微生物。免疫荧光染色可检查被感染组织标本中的立克次体抗原，分子生物学检测可以早期诊断立克次体感染。

（5）血清学诊断：动物感染某种病原体时，体内能产生特异性抗体，通过血清学检查，确诊率相当高。血清学诊断包括：酶联免疫吸附试验、凝集试验、血凝-血凝抑制试验、补体结合试验和变态反应试验等。

3. 实验动物感染性疾病的治疗

动物感染性疾病的治疗，一方面是为了挽救患病动物的生命，减少损失；另一方面在某种情况下也是为了消灭传染病。因为实验动物是不同于其他动物的特殊群体，所以当出现危害性较大的疾病时，应该慎重地采取措施。对于传染病和寄生虫病，一般不提倡治疗，直接采取淘汰的措施。犬、猴等大动物在不影响实验结果的前提下，可以酌情用药治疗。

（1）特异疗法：是指应用针对某种传染病的高免血清、痊愈血清（或全血）等特异性生物制剂所进行的治疗。因为这些生物制剂只对某种特定的感染性疾病有效而对他种无效，所以称为特异疗法。

（2）抗生素疗法：合理地使用抗生素是发挥抗生素疗效的重要保障。不合理地应用或滥用抗生素往往引起不良后果。一方面可能使敏感病原体对药物产生耐药性；另一方面可能对动物机体引起不良反应，甚至引起中毒。

（3）化学疗法：是指用化学药物消灭或抑制动物体内病原体的治疗方法。治疗动物传染病最常用的化学药物有抗菌范围很广的磺胺类药物、甲氧苄啶和呋喃类药物等。

（4）对症疗法：是指按症状性质选择用药的疗法，是为了减缓或消除某些严重症状、调节和恢复机体的生理机能而进行的一种疗法。如体温升高时，用氨基比林或安乃近解热；伴发心脏衰弱时，用樟脑、咖啡因或洋地黄强心；咳嗽时用氯化铵等。

（5）护理疗法：对患病动物加强护理，改善饲养条件，多饲喂新鲜可口、柔软、易消化的饲料。若动物无法自食，可用胃管灌服米汤、稀粥等流质性食物，以免动物因饥饿或缺水而病情加重。此疗法对疾病的转归影响很大，不可忽视。

（二）实验动物非感染性疾病

1. 实验动物非感染性疾病概念

非感染性疾病是指由生活与行为方式以及环境因素引起的疾病，包括营养性疾病、外科疾病和与管理有关的疾病等。

（1）豚鼠维生素C缺乏症：豚鼠在非灵长类动物中是比较独特的，机体本身不能合成维生素C，必须由饲料中添加获取营养。由于在配合饲料中维生素C含量不稳定，所以常常会引起实验用豚鼠维生素C缺乏症。试验结果表明，若饲料中缺乏维生素C，则豚鼠在10～20 d内就会出现缺乏维生素C的症状。

本病明显的临床症状表现为不愿活动，跛足和关节肿大，皮下出血，特别是在关节外和腹部皮下出血，有时肋软骨明显增大。严重缺乏维生素C可引起维生素C缺乏病，特征为出血。

本病的诊断需要检测饲料中维生素C的含量是否达到要求，确诊要进行血浆中维生素C和白细胞中维生素C含量的测定。

向动物饮水中添加维生素C是预防本病的较好方法，患病时剂量增加。

（2）外科急腹症：此类病常发生在犬、猫、猴等大动物。

①肠套叠：是指一段肠管套入与其相连的肠腔内，导致肠内容物通过障碍，发生腹痛、呕吐及腹部包块，引起动物呻吟、嚎叫和身体蜷曲等。若不能自然缓解，须立即

手术治疗。

②脱肛：见于体弱动物用力排便时，发生直肠脱出。患病动物须在全麻下进行复位，再用热敷疗法使其恢复。

③难产：因胎位不正、胎头过大、宫缩无力和骨盆不正等因素，导致动物有时发生难产。表现为产程过长、动物痛苦不堪。处理方法为人工助产或碎胎后取出。

（3）应激综合征：是指机体受到内外非特异性有害因素刺激所表现出的防御反应和机能障碍。应激的发生与不同的刺激因素有密切关系。如运输途中缺水少食、烈日暴晒或车厢通风不良，动物表现精神沉郁、体温升高、呼吸加快，往往挤压而死；有的动物因惊吓或挤压，未见任何症状而突然死亡；在应激情况机体抵抗力下降时，大肠杆菌、沙门菌、链球菌和巴氏杆菌等条件致病菌的毒力增强成为致病菌，可引发相应的疾病。

一旦发生应激病症状，应立即解除应激因素，在饲料中适当添加矿物质和微量元素，加倍使用多种维生素，少食多餐，改善饲料品质。

（4）感冒：是由寒冷刺激而引起的以急性发热和鼻黏膜卡他性炎症为特征的全身性疾病。是家兔的常见病之一，通常个别发生，若治疗不及时往往会继发支气管炎和肺炎。

临床症状表现为鼻腔中流出多量稀水样的黏液，打喷嚏、咳嗽、鼻尖发红和两眼流泪。还可见一系列的全身反应，表现为食欲不振、口腔无力、体温升高和全身发抖等。

治疗应采用抗生素和消炎类药物，也可通过鼻腔给药。常用的药物有对乙酰氨基酚、复方阿司匹林、卡那霉素、青霉素和链霉素等。

在治疗的同时，应改善饲养管理条件，采取必要的防寒、防湿措施，并加强护理。

（5）毛球病：是由于动物误食了大量的毛后，阻塞幽门或肠管而引起的疾病，兔经常发生此病。

病兔表现为好卧少动、食欲不振、精神不佳、喜饮水，病程较长时身体消瘦。由于粪便带毛，故有时排出串状的干结粪便。病兔衰竭贫血，当发生肠梗阻或胃阻塞时可造成死亡。用手触诊时，可摸到硬块状物。

本病的治疗原则是促进毛球软化、幽门松弛和兴奋胃肠以促进毛球排出。治疗时可灌服植物油或矿物油，如配合腹部按摩效果更好。

预防上主要是加强饲养管理，保持营养平衡，防止动物相互间吞食绒毛而发生食毛癖。

（6）氯仿中毒：在用氯仿施行无痛苦死亡技术时，由于不小心打破瓶子等意外原因而扩散出浓烈的氯仿气体，使实验用鼠的肾脏发生损伤，从而导致大批动物死亡。

不同种的鼠对氯仿的易感性不同，CBA和DBA品系的鼠易感，一般情况下雄鼠比雌鼠容易受影响。

预防措施是避免在动物舍的周围使用氯仿，如一定要使用，则必须在化学保护罩内进行，并且要选择通风良好的地方。

（7）其他疾病：

①饮水不当：水是动物不可缺少的物质，如果饮水不足会引起脱水。如小鼠一夜不饮水就会引起脱水。动物摄入过多的盐会引起大量饮水，可能会因饮水过多而发生腹泻。如鸡因饮水过多引起腹泻时会影响产蛋率。

②蛋白质缺乏：长期蛋白质缺乏会造成动物发育迟缓、体质衰弱、贫血和浮肿等。雌鼠缺乏蛋白质会引起不孕、胎儿发育不良和产后无乳。

③脂肪摄入不当：摄入过多时，高脂血症、脂肪肝、腹泻，动物过于肥胖可造成不孕。摄入过少时，体弱无力、皮肤干燥、被毛无光泽。

④碳水化合物摄入不当：摄入过多时某些动物，如长爪沙鼠能引起糖尿病和龋齿。摄入过少时身体虚弱、痉挛、昏厥。

⑤消化不良：更换饲料配方导致消化不良：动物适应一种饲料后，更换配方可能引起动物消化不良、食欲下降或腹泻；寒冷性腹泻：动物长期处于低温环境中，水分蒸发减少，加上肠蠕动增强常发生腹泻；进食不当性消化不良：食入腐败变质饲料或大量青饲料常引起腹泻；乳糖酶缺乏性腹泻：幼龄猫缺乏乳糖酶，若喂食牛乳和奶油等乳制品会引起消化不良性腹泻。

四、实验动物微生物与寄生虫质量控制

（一）实验动物微生物与寄生虫控制的意义

实验动物微生物学与寄生虫学监测，是保证实验动物质量及标准化的重要手段。通过监测可掌握不同等级实验动物种群中病毒、细菌及寄生虫的流行状况，及时诊断发现感染性疾病并控制其传播，以保证实验动物以及实验人员的健康。根据我国颁布的《实验动物微生物学等级及监测》国家标准的要求，对实验动物携带的微生物及寄生虫必须进行严格控制，尤其是可引起实验动物暴发烈性传染性疾病的病原微生物及引发严重侵袭性疾病的寄生虫，如鼠痘、兔球虫病、犬细小病毒出血性肠炎等可引起动物大批死亡，导致动物群体的质量下降，使得动物实验不能顺利进行或被迫中止，造成难以估量的直接或间接经济损失。即使是携带一般性的病原微生物和寄生虫，也都必须按照国标的要求进行严格控制。因为实验动物的微生物和寄生虫感染，可以不同程度地干扰动物实验数据，影响实验结果的准确性和可靠性。某些实验动物疾病还是人畜共患的传染性疾病，如流行性出血热、狂犬病及弓形虫病等，都对饲养人员和动物实验人员的健康危害极大。除了要对人畜共患病进行控制防止造成大规模扩散以外，对这些疾病进行实验研究还需要具备生物安全防护的特殊动物实验条件，以免影响人类的健康。

（二）不同微生物等级实验动物的特点

不同微生物等级实验动物需要不同的饲养繁殖条件，也适合用于开展不同的动物

实验。根据不同种类实验动物的生物学特点，对饲养环境条件的要求、用于动物实验的数量及范围等，按照我国颁布《实验动物微生物学等级及监测》国家标准划分的实验动物等级，并与寄生虫学等级相对应，我国将实验小鼠及大鼠的微生物等级分为清洁级、无特定病原体级（SPF）和无菌级3个级别；豚鼠、地鼠和兔分为普通级、清洁级、SPF级和无菌级4个级别，犬和猴则分为普通和SPF级2个级别。不同微生物等级的实验动物，在饲养特点及实验应用范围也各有差异（表2-3，表2-4，表2-5）。GF动物及GN动物的生命活动全部在隔离环境内维持，其饲养管理程序复杂，且无菌状态的保持难、产量低、价格高，实际应用数量有限。GN动物多用于研究微生物与微生物、微生物与宿主间相互关系的动物模型。SPF动物主要在屏障环境及隔离环境中维持，与GF动物及GN动物相比，它具有易管理、产量大、价格低的优势。SPF动物不携带病原体，几乎不影响实验结果。作为国际标准级别的实验动物，目前其在发达国家已广泛应用。CL动物较普通级动物健康，又较SPF动物更容易达到质量标准，在动物实验研究中可免受动物疾病的干扰。CL动物的实验敏感性及重复性较好，是目前国内生物医学研究领域中，大多数动物实验研究要求使用的标准级别动物，近年来在我国已得到了广泛重视及应用。这也是我国根据国情制定不同实验动物微生物等级标准的重要依据。根据不同等级动物的特点和应用范围，科研项目的重要性及水平，选用与之相匹配的实验动物微生物学等级。一般而言，教学示范和预实验选用普通级动物；清洁动物是国内大多数科研项目必须要求的标准动物，而SPF动物则是国际标准的实验动物。某些具有国际交流意义的重大科研项目，最好选用SPF动物。无菌动物以及悉生动物作为非常规动物，仅在特殊科研课题需要时才选用。

表2-3　不同微生物等级实验动物的特点比较

实验项目	无菌动物	无特殊病原体动物	普通动物
传染病	无	无	有或可能有
寄生虫	无	无	有或可能有
实验结果	明确	明确	有疑问
应用动物数	少数	少数	多（或大量）
统计价值	很好	可能好	不准确
长期实验	可能好	可能好	困难
自然死亡率	很少	少	高
长期实验存活率	约100%	约90%	约40%
实验的准确设计	可能	可能	不可能
实验结果的讨论价值	高	中	低

表2-4 不同微生物等级实验动物饲养特点比较

微生物级别	饲养环境	空气	人员与动物关系	饲养人员	饲养费用
无菌动物	隔离环境	超高效过滤	间接接触	专门训练	高
悉生动物	隔离环境	超高效过滤	间接接触	专门训练	高
无特定病原体动物	屏障环境	中高效过滤	直接或间接接触	专门训练	较高
清洁动物	屏障环境	中高效过滤	直接或间接接触	专门训练	较高
普通动物	普通环境	不过滤	直接接触	一般	低

表2-5 生物医学研究领域应用不同等级实验动物的选择

| 研究领域 | 不同微生物级别实验动物 | | | | | | 普通动物 |
| | 无菌动物 | | 已知菌动物 | | SPF 动物 | | |
	短期实验	长期实验	短期实验	长期实验	短期实验	长期实验	
老年病学	?	+	?	+	–	–	+
微生物学	+	+	+	+	–	–	x
病毒学	+	+	–	–	–	?	?
肿瘤学	+	+	+	+	–	–	x
免疫学	+	+	–	–	–	–	x
药理学	–	+	+	+	+	–	x
生物化学	+	+	+	+	–	–	+
生理学	+	+	+	+	+	?	?
营养学	+	+	+	+	–	–	x
遗传学	?	+	?	+	–	?	?
病理学	+	+	+	+	+	?	?
器官移植	+	+	+	+	–	–	?
实验外科	?	+	+	+	+	–	?

注："+"可能或必须用;"–"不可能或适用;"x"不用或不能用;"?"有疑问

（三）微生物与寄生虫对实验动物和动物实验的影响

不同微生物与寄生虫对实验动物和动物实验的影响主要表现在以下几个方面。

1. 人畜共患病病原

不仅可引起实验动物的严重疾病，而且也是人类的重要致病病原，应坚决予以排除，以确保饲养人员和动物实验人员的健康和安全，如流行性出血热病毒、狂犬病病毒、布鲁氏菌、沙门菌、螨虫、弓形虫等。

2.影响动物健康的烈性传染病病原

虽然不引起人员发病，但可严重影响动物群体健康，使实验研究中断，造成人力、物力和财力的巨大浪费，如鼠痘病毒、鼠棒状杆菌、泰泽病原体等。

3.影响和干扰实验的病原

某些微生物与寄生虫存在时可能会干扰实验结果，影响其生理参数和实验的重复性，包括组织病理学改变、免疫学参数和血液生化指标的变化等，这些变化又将对动物实验结果产生不同程度的干扰和影响。如仙台病毒和绿脓杆菌存在时，如果把动物用于放射或使用免疫抑制剂的实验时，可引起动物发病死亡；1978年，国内某单位声称在实验动物中分离到28株乙脑病毒，但经鉴定其中21株为鼠痘病毒，占75%。

4.潜在感染或条件致病病原

有些动物貌似健康，实际上潜在感染某些微生物。潜在感染可使动物机体发生各种变化（包括反应性、体内代谢、功能等的改变），或导致体内菌丛失衡，进而引发显性疾病，使实验动物机体发生病变或导致死亡。如仙台病毒（Sendai virus）感染孕鼠后，可使其繁殖力降低，新生幼崽死亡率增加。有些细菌，如金黄色葡萄球菌等，一般不引起动物自然发病，而当动物在某些诱因的作用下（如免疫抑制剂的使用、射线照射、营养失调、潮湿、拥挤、氨浓度过高、动物实验处理或给药等），机体抵抗力下降，则会导致疾病发生，甚至流行。此外，许多正常菌群成员在受到内外环境的变化而发生菌群失调时，会发生数量的变化和位置的改变，由非致病菌转变成为致病菌。

综上所述，实验动物微生物与寄生虫学质量控制是实验动物标准化的重要内容之一，是保证实验动物质量和动物实验结果的一个重要方面。

第三节 实验动物营养学及质量控制

一、实验动物的营养

实验动物营养是指动物从自然环境中摄取为维持自身生命所必需的物质及其消化、吸收和排泄的过程。人们把动物自发寻求到的营养物质称为食物，而把人类饲喂给动物的食物称为饲料。饲料中凡能被动物用以维持机体正常的生理、生化、免疫功能，以及生长发育、新陈代谢等生命活动的物质称为养分。饲料中的养分全面与否满足动物机体对各种养分的需求等都对实验动物的质量产生深远影响，必须首先对实验动物的营养需要进行全面细致的研究。到目前为止，已清楚实验动物和其他动物一样所需的养分根据化学物质组成的不同有50多种，可概括为蛋白质、脂肪、碳水化合物、矿物质、纤维素、水和维生素七大类。就其主要功能可大略分为三大类：作为能量来源的有脂肪、碳水化合物、蛋白质；作为机体构成成分的有蛋白质、矿物质；调节机体功能的有蛋白质、纤维素、矿物质。

（一）蛋白质

1. 蛋白质及其营养作用

蛋白质是饲料中含氮物质的总称，包括纯蛋白质与氨化物两部分，饲料中的含氮化合物叫作粗蛋白质。蛋白质是构成细胞的基本物质，因此，蛋白质是生命活动必需的营养成分。

（1）非必需氨基酸和必需氨基酸：从饲料营养上讲，组成蛋白质的氨基酸分为必需氨基酸和非必需氨基酸两大类。非必需氨基酸指动物机体内能够合成，不依赖饲料供给的氨基酸，包括天冬氨酸、丙氨酸、谷氨酸、酪氨酸、丝氨酸、胱氨酸、甘氨酸等；必需氨基酸是指在动物机体内不能合成或合成的速度及数量不能满足动物正常生长需要，必须由饲料来供给的氨基酸，包括精氨酸、苯丙氨酸、赖氨酸、蛋氨酸、组氨酸、缬氨酸、苏氨酸、异亮氨酸、亮氨酸、色氨酸，但对于成年动物，缬氨酸、组氨酸属非必需氨基酸。

在单胃动物中，由于不同氨基酸在体内合成上的差异，则有必需、非必需和半必需氨基酸之分。而在反刍动物，由于瘤胃微生物能利用多种氮源合成动物体所需的各种氨基酸，所以就不存在必需和非必需之分。

限制性氨基酸是指一定饲料或饲粮所含必需氨基酸的量与动物所需的蛋白质必需氨基酸的量相比，比值偏低的氨基酸。由于这些氨基酸的不足，限制了动物对其他必需和非必需氨基酸的利用。其中，比值最低的称为第一限制性氨基酸，其后依次为第二、第三、第四……限制性氨基酸。举例来说，对于猪，赖氨酸常为第一限制性氨基酸；对于家禽，蛋氨酸一般为第一限制性氨基酸。

（2）饲料的氨基酸平衡与失衡：所谓氨基酸平衡饲料中各种必需氨基酸必须保持平衡，即饲料中各种氨基酸在数量上和比例上同动物特定需要量相符合。只有氨基酸平衡才能保证有效利用。进行饲料氨基酸平衡主要是根据限制性氨基酸选择相应的、必需氨基酸含量不同的饲料，进行合理搭配，以改善饲料氨基酸间的比例，使不同饲料的氨基酸起到互补作用。

2. 蛋白质的利用率

蛋白质营养价值的高低，主要取决于其氨基酸组成是否平衡。在饲养实践中常用多种饲料搭配或添加部分必需氨基酸的方法来提高饲料蛋白质的利用率。

（二）脂　类

1. 脂类的组成

脂类是广泛存在于动植物体内的一类有机化合物，由碳、氢、氧三种元素组成。根据其结构的不同，可分为脂肪和类脂两大类。脂肪是由3分子脂肪酸与1分子甘油结合而成的脂类化合物，又称甘油三酯。

2. 脂类的营养功能

脂类是提供动物体热能的主要原料，脂类的化学组成中碳的比例相对较大而氮的比例相对较小，是在体内化学能贮备的最好形式。脂肪比相同重量的碳水化合物产生更多的热能，饲料中脂肪含量越高，所含能量也越高。正是由于脂肪以较少的体积含有较多的能量，所以，它是供给动物能量的重要原料，也是动物体贮备能量的最佳形式。

脂类是构成动物组织的重要原料，动物体内各种器官和组织，如神经、骨骼、肌肉及血液等均含有脂肪、各种细胞膜也占有一定比例的脂肪，主要是卵磷脂、脑磷脂和胆固醇。作为饲料中脂溶性维生素的溶剂，脂类可保证动物体对脂溶性维生素的消化、吸收和利用。

另外，脂类有很好的防护作用。水禽的尾脂腺对羽毛的抗湿作用特别重要；沉积于动物皮下的脂肪具有良好的绝热作用，在水中或冷环境下可防止体热散失过快。

（三）碳水化合物

1. 碳水化合物的概念

碳水化合物是植物光合作用的产物，是自然界存在最多的有机物。碳水化合物中均含碳、氢、氧三种元素，所含氢与氧原子之比都为2:1，与水中所含氢与氧的比例相同，故称之为碳水化合物。碳水化合物主要包括淀粉、纤维素、半纤维素、糖、木质素和果胶等。

2. 碳水化合物的功能

碳水化合物是动物不可缺少的一种重要营养物质，普遍存在于机体各种组织中，是形成组织细胞的必需物质；碳水化合物是动物机体重要的能量来源，在动物体内，通过三羧酸循环，形成高能磷酸化合物，氧化产生热能，以满足能量需要。它还是动物体的营养储藏物质。碳水化合物除了氧化供能以外，多余部分在体内转化成肝糖原、肌糖原或脂肪贮存起来以备不时之需。碳水化合物是合成乳糖和乳脂肪的重要原料。碳水化合物参与某些脂肪酸及氨基酸的生物合成，在合成糖脂、糖蛋白、核酸及黏多糖中也起着非常重要作用。另外，当机体碳水化合物供能不足时，将动用贮存的蛋白质和脂肪产能。因此，充足的碳水化合物有助于节约蛋白质和脂肪。

（四）维生素

维生素是动物维持机体健康、促进生长发育和调节生理机能所必需的营养素，是一类小分子的有机化合物，以辅酶或酶前体的形式参与酶系统工作。虽然动物的需要量甚微，既不参加组织构造也不供给能量，但对调节和控制机体代谢的作用甚大，属于活化剂。哪怕只缺少一种维生素，也会导致动物生长发育迟缓，免疫力下降，甚至死亡。除个别维生素外，大多数在动物体内不能合成，也不能大量贮存在组织里，必须经常由饲料或肠道寄生的细菌合成后提供。根据溶解性不同分为脂溶性维生素及水溶性维生素两大类。

1. 脂溶性维生素

包括维生素A、D、E和K，可溶于脂肪和脂肪溶剂中，不溶于水。由于吸收后可在体内贮存，短期内供给不足不会对生长发育和健康产生不良影响。维生素A、D在体内积蓄过多可引起中毒。除维生素K可由动物消化道微生物合成所需的量外，其他脂溶性维生素都必须由饲料提供。

2. 水溶性维生素

水溶性维生素主要有B族维生素和维生素C。水溶性B族维生素包括B_1、B_2、B_3、B_4、B_5、B_6、B_7、B_{11}、B_{12}等。

（五）矿物质

元素周期表中的所有元素都存在于动物体内的各种器官组织细胞中，其中很多元素在机体中的作用至今尚不明了。动物对各种元素的需要主要由饲料来满足，部分从饮水中补给。我们把饲料充分燃烧后所剩余的物质称为矿物质，或称为灰分，主要为钾、钠、钙、磷等。矿物质是动物生长发育和繁殖等所有生命活动中不可缺少的一类金属和非金属元素。

在动物体内，矿物质是构成机体组织的重要成分，对维持体液渗透压恒定和酸碱度平衡有重要作用，并对其他养分在体内的溶解度有一定的影响。

矿物质对动物的营养有其独有的特征，其在体内不能产热，但却与产生能量的碳水化合物、脂肪及蛋白质的代谢密切相关。在动物体内既不能合成，也不能在代谢中消失，只能排泄于体外。虽然在动物体内含量少，但对机体的生命活动却很重要。

（六）水

动物体内水的含量约为60%～70%，较为恒定。如果断水，失去其体内含水量的20%就会很快死亡。所以说，水对动物的重要性仅次于氧气，没有水的存在，动物的任何生命活动都将无法进行。

水的营养作用如下。

（1）参与生化反应：动物体内营养物质的消化、代谢过程中的许多生化反应都必须有水的参与。

（2）参与物质的输送：水是体内运输气体、营养物质、激素和排泄物的重要媒介。

（3）参与体温调节：水的比热值大，使体温不易因外界温度变化而发生明显改变，因此，水对维持正常体温具有重要意义。

（4）参与维持组织器官形态：水是构成机体组织器官的不可缺少的材料，使其呈现一定的形态、硬度和弹性。

（5）水是机体内各种润滑液的重要成分：使骨关节和内脏组织器官保持润滑和活动自如，减少摩擦。

二、实验动物的营养需要

实验动物的营养需要是指实验动物摄取外界营养物质以维持生命活动的全过程，包括每一种动物每天对能量、蛋白质、矿物质和维生素等养分的需要，是对各种实验动物生物学，特别是消化代谢特点进行综合研究的结果。实验动物所需营养物质的种类和数量因动物的种类、性别、年龄、生理状态及生产性能的不同而有别。目前基本都采用美国国家研究委员会（National research council，NRC）的标准。

实验动物的饲养标准是指动物所得的一种或多种养分在数量上的叙述或说明，是依据动物的种类、性别、年龄、体重、生理状况和生产性能等情况，应用科学研究成果及结合生产实践经验所规定的每只动物应供给的能量和各种营养物质的数量。是设计饲料配方、加工配制饲料、使用营养添加剂、规定动物食量、规定动物采食量的依据，而动物的营养需要又是制定动物饲养标准的依据。

1. 实验动物生长的营养需要

生长发育是动物生命活动过程中的重要阶段，营养则是生长发育的物质基础。要求饲料营养能满足动物不同的生长阶段与体内同化过程所需的各种营养物质。动物生长是指通过机体的同化作用进行物质积累、细胞数量增多、组织器官增大，从而使动物的整体及其重量增加的过程。从生物学角度看，生长是机体内物质合成代谢超过分解代谢的结果。从解剖学角度看，动物在不同生长阶段，不同组织和器官的生长强度和占器官总体生长的比重不同。

2. 实验动物维持的营养需要

所谓的维持是指在正常情况下，实验动物的体重不增不减，不进行生产，体内合成与分解代谢处于动态平衡状态。在这种状态下，动物对能量、蛋白质、矿物质、维生素等营养的需要称为维持营养需要。维持营养需要中很大一部分营养物质主要用于消耗能量。

3. 实验动物繁殖的营养需要

动物繁殖过程包括雌、雄动物的性成熟，性欲、性功能的维持，精子、卵子的生成，受精、妊娠及哺乳过程，其中任何一个环节都可能受饲料营养影响而发生障碍。繁殖需要要求能够满足动物母体自身的营养需要和为胎儿生长发育和哺乳提供充足的营养物质以保证实验动物繁衍过程的正常进行。

三、实验动物饲料的质量控制

饲料作为保证实验动物良好状态的基础，提供必需的营养元素及健康保障。按照相应饲养标准，根据配方进行配比，实验动物配合饲料应无毒、无害，不得掺入抗生素、驱虫剂、防腐剂、色素、诱食剂、促生长剂以及激素等添加剂。从原料的选择、加工、运输、贮藏，直至饲喂，整个过程的管理都属于质量管理的范畴。保证每个环节的质量安全，才能避免影响饲料质量，从而防止对饲料生产或动物饲养单位造成损失。

（一）饲料的种类及营养特点

1. 按来源分类

（1）植物性饲料：是畜禽饲料中来源最丰富、用量最多的饲料，如谷物籽实、青绿饲料、饼粕、豆类等。

（2）动物性饲料：是利用动物性产品加工而成的饲料，其营养价值一般高于植物性饲料，如奶粉、鱼粉、蚕蛹、肉骨粉、羽毛粉等。

（3）矿物质饲料：包括天然和工业生产的矿物质，以补充畜禽对矿物质的需要，如石粉、食盐、硫酸铜等。

（4）微生物饲料：利用微生物包括酵母、霉菌、细菌及藻类等生产的饲料。

（5）人工合成饲料：利用微生物发酵、化学合成等方法生产的饲料，如合成氨基酸、尿素、维生素、抗生素等。

2. 按物理性状分类

（1）颗粒料：是最常见的实验动物饲料，是以粉状为基础经过颗粒机加压处理而制成的块状饲料。有时在制作时会加黏结剂以增加颗粒品质，其形状一般为圆筒状。颗粒饲料的优点为：便于运输、储存、使用；控制和减少动物养殖室内的粉尘；可避免动物挑食原料成分；加工过程中高温作用使蛋白质变性和淀粉α化，动物容易消化吸收；相对其他形式的饲料，易掌握每日摄食量，同时在动物采食时减少浪费；加工过程中高温具有杀菌作用，防止饲料变质；加工过程中高温能灭活原料中有害物质，提升饲料品质；这种饲料密度大，体积小，改善了适口性，适合于啮齿类动物啃咬习性，并保证了全价饲料成本高的特点。缺点为颗粒形成后，不易再添加欲测试的物质于饲料中。

（2）粉状饲料：是指把按一定比例混合好的饲料原料粉碎成颗粒大小相对均匀的料型。这种饲料养分含量和动物的采食较均匀，品质稳定，饲喂方便、安全、可靠。其常被用于动物实验的原因在于：易于将测试物与饲料混合，便于开展实验。缺点为：容易引起动物挑食；如不配备特殊饲料槽，易造成浪费，降低饲料利用率；养殖室内易产生粉尘过大的问题，影响空气质量，不便于清洁；测试物质若具有毒性，需在操作时特别小心，避免粉尘危害周遭的环境和生物。

（3）膨化饲料：与颗粒饲料不同之处在于其是在高温高压下挤压定型。骤然降压后形成一种膨松多孔的饲料，因此密度比颗粒饲料低。具备良好的适口性，经膨化过程处理的饲料，香味增加，能刺激动物食欲；蛋白质、脂肪等有机物的长链结构变短，更易消化；释放原料分子中的油脂，钝化脂酶，减少油脂成分的酸败；减少了原料的细菌、霉菌和真菌含量，降低动物患病风险；降低淀粉糊化程度，从而减少淀粉使用量，能够进一步为其他原料的选择提供更多余地，提高低质原料效价，降低成本，且保证产品品质。多用于鱼、龟等动物，以降低沉降，减少饲料中水溶性物质的损失、保证饲料的营养价值。也可用于狗、猪、猴子等动物。但因其密度低、松散，采食时容易造成浪费，且制作成本比颗粒饲料高，不适用于啮齿类动物。

（4）碎粒饲料：是将颗粒饲料压碎或破碎，加工成细度为几毫米的碎粒，再利用筛网区分出颗粒大小，用来分别饲喂不同动物，包括鸟类和鱼类。其特点与颗粒料相同，特别适用于蛋鸡、雏鸡和鹌鹑。理论上这种饲料的每个颗粒都应含有均衡的营养成分。虽然没有粉状饲料的缺点，但是不常用于啮齿动物。

3. 按营养特性分类

将饲料分为以下七大类。

（1）粗饲料：含粗纤维18%以上，特点为粗纤维含量高，钙、磷及维生素D含量同样较多，例如苜蓿干草、脱水蔬菜。

（2）青绿饲料：含叶绿素的植物性饲料，特点为天然水分含量≥60%，蛋白质较多且品质好，含有多种维生素，钙、磷亦较多且比例适当，适口性好，例如天然牧草、树叶、水果等。

（3）青贮饲料：水分大于45%，在厌氧条件下，经过以乳酸菌为主的微生物发酵后调制而成，其特点为青绿多汁，例如秸秆秕壳青贮。

（4）能量饲料：含粗纤维18%以下，蛋白质低于20%的禾本科籽实，特点为能量高，蛋白质含量偏低，易消化，粗纤维少，矿物质含量较少且不平衡，例如淀粉质的块根、大米、玉米、高粱、大麦、米糠、麦麸、马铃薯、甘薯、木薯。

（5）蛋白质饲料：干物质中粗蛋白含量为20%以上的饲料，特点为蛋白质和粗脂肪含量高，例如豆类籽实，大豆、黑豆。动物性蛋白特点为蛋白质含量高、品质好，含较多矿物质，钙磷比例适当，富含维生素B，例如鱼粉、肉骨粉、血粉。饼粕类特点为蛋白质含量30%～45%，氨基酸组成齐全，B族维生素丰富，但含抗胰蛋白酶、棉酚等。

（6）矿物质饲料：补充动物所需的矿物质，特点为含有对动物生命所必需的矿物元素，例如蛋壳粉、石灰石、贝壳粉。

（7）维生素饲料：指酵母、鱼肝油、各种人工合成或提纯的单一维生素或复合维生素制剂。特点为工业合成或提纯的单一维生素或复合维生素，但不包括某些维生素含量较高的天然饲料。

4. 按营养成分分类

（1）全价配合饲料：又叫全日粮配合饲料。该饲料按照规定的饲养标准配合而成，其含有的各种营养物质和能量均衡全面，能够满足动物的各种营养需要，不需要添加任何成分就可以直接饲喂，并能获得最大的经济效益，是理想的配合饲料。它是由能量饲料、蛋白质饲料、矿物质饲料、维生素、氨基酸以及各种饲料添加剂所组成。

（2）精料混合料：主要用于牛、羊等反刍家畜的一种补充精料，主要由能量饲料、蛋白质饲料和矿物质饲料组成，用于补充草料中不足的营养成分。

（3）代乳料：也叫人工乳，是专门为哺乳期幼畜配制的，用来代替自然乳的全价配合饲料，优点是既可以节约商品乳，又可以降低培育成本。

5. 按实验目的分类

（1）日常标准饲料：可作为对照组实验动物饲粮、实验开始前适应期的日粮或日常一般饲喂。

（2）营养元素改变模型饲料：

①单一营养元素缺乏，其他营养元素处于标准水平。矿物质缺乏，例如缺钠饲料；维生素缺乏，例如缺维生素A、维生素B_6饲料；膳食纤维缺乏，例如缺可溶性膳食纤维饲料；脂肪或脂肪酸缺乏，例如低脂肪饲料或缺多不饱和脂肪酸饲料；蛋白质或氨基酸缺乏，例如，无蛋白质饲料或缺精氨酸饲料；碳水化合物缺乏，例如低碳水化合物饲料。

②两种或多种营养元素缺乏，其他营养元素处于标准水平。

③改变营养元素之间比例模型，改变脂肪、碳水化合物或蛋白质之间的比例，或改变两种或者多种营养元素之间的比例。

④各种营养元素过多，单一营养元素过多，或多种营养元素过剩。

（3）非营养物质或抗营养物质模型饲料：饲料中除了营养物质之外的，对动物体具有调节作用的物质为非营养物质或抗营养物质。

①增强营养的非营养素和抑制或降低营养的抗营养物质，可以在对照饲料中添加需要观察的物质：例如是否添加植酸酶，是否添加植物雄激素，是否添加酶抑制剂等。

②特殊颜色和形状的饲料，应用于诱食剂或着色剂的开发，或动物行为学的研究。

（4）代谢病模型饲料：针对人类所患疾病开发出的模型饲料。例如肥胖模型饲料、高脂血症模型饲料、胰岛素抵抗模型饲料、2型糖尿病模型饲料、胆结石模型饲料、肝硬化模型饲料、酒精液体饲料、痛风模型饲料、致癌模型饲料。

（二）饲料质量管理的内容

饲料品质的优劣对实验动物的质量和动物实验的结果均能产生直接影响。因此，研究实验动物营养和饲料质量的控制是实现实验动物标准化的重要条件之一。

1. 来源管理

原料不仅要按配方要求对其营养素含量、有无污染和价格高低等进行优选，还应对其来源产地有所了解。不同来源地的饲料原料营养价值、保存期限存在一定差异，且不同季节采摘的原料营养成分也有不同。同时，对各种添加剂的生产单位、有效期、进货渠道等必须经严格审查确立可靠后方可采用。原料尽量新鲜、不变质、农药残留不应超过国家规定标准，有效成分的含量需要进行测定；美国NRC标准建议下列物质不应存在于饲料中，包括杀虫剂、害虫、细菌、细菌毒素及微生物毒素、天然的植物性有毒物质、营养成分的分解物、亚硝酸盐类、重金属、抗营养因子；确保无任何其他添加剂，例如防腐剂、抗氧化剂、抗生素、色素、抗冻剂等的掺入。

2. 运输和贮藏管理

饲料在运输途中可能受到外力的挤压，造成原料破损、包装破损，导致原料污染；部分含水量大或含油量大的原料不宜长时间运输，避免造成潮解、霉变和氧化。

配合饲料所用的原料、半成品、成品在贮存过程中尽量保持干燥和低温，远离高湿、光照、氧气充足的环境，以防止营养成分分解及饲料霉变；防止野鼠、昆虫和有毒有害物质的污染；每批饲料购进时的质量和数量都应标志清楚、明显，分类堆放，调整存货位置，以符合先购进的饲料先使用的原则；饲料储存时应用栈板、架子或台车，确保饲料与地面保持一定距离；不同种类的饲料由于其特性不同，需要分开存放，例如油脂和微量元素；不同种饲料原料的保质期不同、使用量不同，需要按照动物的饲喂量适当添加，并且提前及时补充；猫、狗、猴等所用的鲜肉、青菜、水果的贮运要低温、冷藏条件；定期到相关权威质量检测部门对饲料原料中营养成分含量进行测定，防止因长期储存导致饲料营养成分损失，而影响配合饲料的最终营养含量；需要灭菌的饲料应调整饲料配方，以弥补灭菌过程对饲料养分造成的损失；灭菌后的饲料需尽快使用，并做好灭菌日期和时长的记录；化学性、生物性及病原菌等项目如果影响动物品质，则须列为检测项目对其进行排查；定期对运输工具、贮藏室、饲料储存容器及动物料槽进行消毒，安排专人进行管理。

3. 废弃饲料的管理

食物残渣和开封后未使用完的饲料应放在防止虫害和细菌滋生的容器内，避免产生污染或传播疾病；剩余饲料不宜灭菌再利用。余弃饲料需经灭菌或消毒后方可交付指定处理厂或焚烧销毁。

第四节 实验动物环境与设施及质量控制

一、实验动物环境与设施基础

（一）实验动物环境的概念

实验动物环境是指实验动物生长、发育，动物实验操作所处的周围环境的总称。因为野生动物生活在大自然中，可以自由地寻找适合自己生存的条件，而实验动物是人工饲养、繁殖的，生活在人类为其提供的场所内。所以，环境条件的设定与环境设施的管理是否科学，直接影响到实验动物的质量，影响到实验动物生物学特征的改变，影响到动物实验结果的重复性和准确性。

（二）影响实验动物的环境因素

影响实验动物因素有内因和外因两方面。

内因是实验动物本身的因素，包括：动物种属、品种、品系、年龄、体重、体型、性别、生理状态、健康状况等，由遗传因素起决定性作用。外因是实验动物的环境因素，包括：温度、湿度、照度、噪声、气流速度、空气中气体成分（二氧化碳、氨气等）、设施、设备、笼具、食具、饮水器和垫料、饲料、水也会对实验动物产生影响，群体内的社会地位、饲养密度、势力范围、求偶争斗、微生物、寄生虫、其他种属生物以及人类的饲育管理和实验操作等也会对实验动物产生影响。

环境对实验动物的影响不是仅限于上述各因素中各个单一因素的作用，而是多种因素的共同作用。如实验动物的体温受环境温度、湿度、气流速度、笼具内有无垫料等诸多因素的影响。因此，研究实验动物环境时，应该按照复合环境状态予以考虑。

另外，实验动物的局部环境与设施内部环境也不尽相同。局部环境是指实验动物笼具内、外局部的温度、湿度、照度、噪声、风速、空气组分及颗粒物含量等。一般来说，局部环境的温度、湿度以及气态和所含颗粒物的浓度要高于设施内部环境，照度往往低于设施内部环境。设施内部环境又受到设施以外的环境和该设施的类别、布局、动物密度、管理措施等诸多综合因素的影响。

实验动物的环境控制主要是指对设施内部环境，包括局部环境中一切影响环境的因素的控制，目的是给实验动物提供一个安全、稳定、舒适的环境条件，同时要避免环境内的有害物质污染外部环境，以避免带来相应的安全隐患。

二、实验动物设施

（一）实验动物设施的概念

实验动物设施是指用于实验动物生产繁育或利用实验动物进行科学研究、教学、生物制品和药品及相关产品生产、检验的建筑物及其配套设备的总和。实验动物设施的合理设计、建设和管理，是保障各种环境因素都处于适当和可控范围之内，是维护实验动物的健康与福利，保持稳定的生物学特性，确保使用实验动物的科研、教学、质量检验，保护工作人员健康与安全的必要条件。

（二）实验动物设施的分类

1.按其功能分类

（1）实验动物生产设施：是指用于实验动物生产的建筑物和设备的总和。主要用于实验动物的保种、繁殖、育成和供应。

（2）实验动物使用设施：也称动物实验设施，是指以研究、实验、教学、生物制品和药品及相关生产、检验为目的而进行动物实验的建筑物与设备总和。包括实验动物特殊实验设施，即感染动物实验设施、应用放射性物质或有害化学物质进行动物实验的设施等。

2. 按空气净化程度分类

（1）普通环境：是实验动物居住的基本要求，需要控制人员、物品和动物的出入，不能完全控制传染因子，适用于饲养普通级动物或使用普通级动物进行动物实验。

普通环境对温度、湿度、换气次数、气流速度、氨浓度、噪声、照明等环境因素有一定的要求，但没有压差、空气过滤等要求，其对空气洁净度、微生物等环境因素控制较弱，环境因素的变动范围较大。

普通环境中病原微生物传播概率相对较高，需使用来源清楚的合格的实验动物，并尽可能地提高环境硬件设施条件，严防野生动物进入，制定严格的卫生防疫制度和科学的饲养管理制度，同时建立完善的个人防护措施，降低感染概率。我国于2001年修订的国标中取消了普通级小鼠和大鼠，原因之一就是为了防止人畜共患病，如流行性出血热等的交互感染。

（2）屏障环境：符合动物居住要求，严格控制人员、物品和空气的进出，适用于清洁级、SPF级实验动物饲养或实验。屏障环境设施是生产和使用清洁级、SPF级实验动物最多的环境设施。所有进入屏障系统的物品（饲料、垫料、水、器具、消耗品等）必须经过消毒灭菌处理（常用的消毒灭菌方法有蒸汽高压、干热、药品熏蒸和γ射线辐照等）；进、出空气须经过高效过滤器处理；人员须淋浴、穿戴无菌服后才可进入；进入的实验动物也须经包装物表面无菌处理（清洁级、SPF级动物）或彻底的淋浴、药浴消毒处理（普通级动物）。设施内空气、人员、物品、动物和污物的走向采用单向流路线。

屏障环境设施通常通过加大换气次数来提高控制环境的清洁程度；通过提高控制环境的压强来阻挡外来环境中有害因子的侵入；通过降低控制环境的压强来阻挡环境中有害因子的逸出。

（3）隔离环境：通过无菌的隔离装置来保证控制环境内的无菌或无外来污染物状态。进入隔离装置内的空气与屏障环境一样经过特殊处理。通过加大换气次数提高控制环境的清洁程度，通过改变控制环境压强的方式来阻挡有害因子的侵入或逸出。动物和物料的传递经特殊的传递系统。该系统既能保证与环境的绝对隔离，又能满足动物和物料转运时与内环境保持一致。

与屏障环境不同的是，在隔离环境内人与动物是不直接接触的，而屏障环境内人与动物是直接接触的。因此，隔离环境能够更好地保证实验动物免受外来因子的影响。适用于饲育SPF级、悉生及无菌级实验动物。常用的设备有隔离器、独立通风笼具、通气排风笼具系统等。需要说明的是，严格来说隔离环境是指隔离设备置于屏障环境之下使用的环境，如在普通环境之下使用隔离设备，就很难达到预期的效果。

（三）设施的清洗、消毒、灭菌

1. 设施的清洗

对于新建成的实验动物设施在使用前，必须进行彻底的消洗。一般用清水对设施的表面进行擦洗，尤其注意设施的一些死角，要认真擦洗，除去建设过程中留下的灰尘等。对于运行中的设施要制定日常清洗制度，并按制度进行清洗。每日对饲养设施进行清洗，清除动物产生的排泄物、灰尘、垫料和洒落的饲料等，保持环境清洁，减少氨等有害气体的产生。对于饲养结束后的实验动物设施，应进行彻底清洗，包括设施的地面、墙壁、棚顶、动物饲养器具等，清洗完毕后再作相应消毒处理。

2. 设施的消毒

（1）设施使用前的消毒：新建设施或设施在长期停用后重新启用前应先对设施进行清洗，清洗完毕后，对设施进行彻底的消毒。通常用消毒剂先对设施的表面进行擦拭消毒，然后用熏蒸的办法对设施的所有空间进行消毒。

（2）日常消毒：要求定期对饲养间、笼架具、饮水等进行消毒，以预防疾病的发生。常用的办法有擦拭、喷雾等。

（3）随时消毒：是指在动物饲养期间有传染病发生时所采取的消毒措施。消毒对象包括感染动物所在的饲养间、隔离场所及被感染动物污染的笼具架等。通常在解除封锁前，应定期多次消毒感染动物的隔离舍和随时进行消毒。

（4）终末消毒：在实验动物整体出栏或动物实验结束后，应对整个动物设施进行彻底消毒。常用的方法有擦拭消毒、喷雾和熏蒸消毒，对于笼具架不易被消毒的部分可采用火焰烧烤的办法。

3. 常用消毒方法

（1）物理消毒灭菌方法：

①干热法：

焚烧：利用点燃燃料或在焚烧炉内燃烧的方法，主要用于有传染性的废弃物残体和染有强毒的垃圾等。

灼烧：直接在火焰上灼烧灭菌，主要用于不易被其他方法消毒的笼具架。

干烤：利用电热法依靠空气传导加热物体，使其达到消毒或灭菌的目的，在实验中主要用于金属、玻璃等器材的消毒灭菌。

②湿热法：

蒸煮法：将物品放于水中，利用加热至水沸腾使其得到消毒。蒸煮20 min可杀灭细菌繁殖体、病毒、真菌和细菌芽孢，但破伤风芽孢和肉毒杆菌芽孢及后者的毒素则要煮5 h才能破坏。一般用于临时性消毒。

巴氏消毒：主要用于血清、疫苗和牛奶的消毒，可分别加热至56℃、60℃和65℃。

流通蒸汽消毒：在常压条件下，利用流通蒸汽加热物品使其得到消毒。

压力蒸汽灭菌：在加压条件下提高蒸汽的温度，通过蒸汽置换冷空气或用真空泵抽出冷空气，使蒸汽充分与物品接触放出潜热加热物品，主要用于一些耐热物品的灭菌。

③电磁波法：

红外线消毒：红外线是一种电磁辐射，照射于物体会产生热效应，起到杀菌作用，主要用于物体表面的消毒杀菌。

微波消毒：微波是一种电磁波，照射于物体时，引起物体内部分子间运动摩擦，在有水分存在时产生热效应，可杀灭所有微生物。

紫外线消毒：紫外线是一种低能量电磁波，是一种不可见光，穿透能力极低，遇到障碍物反射能力也极弱，但紫外线具有强大的杀菌能力，只要直接照射、强度足够即可杀灭各种微生物。波长253.7 nm的紫外线杀菌能力最强。

电离辐射法：电离辐射灭菌的辐射源有^{60}Co-γ射线、电子加速器产生的高能电子束射线和高能电子束打在重金属靶上产生的X射线。以上这三种射线均能对医疗卫生用品进行灭菌；^{60}Co-γ射线灭菌应用比较普遍，在实验动物方向一般用于饲料、垫料的消毒。

（2）化学消毒灭菌方法：化学消毒灭菌方法是利用化学因子杀灭物品上污染的微生物。

①浸泡法：将清洗干净的物品浸没于消毒剂中，作用足够时间后取出，用灭菌蒸馏水冲洗残留的消毒剂。

②擦拭法：用浸有消毒剂的敷料反复擦拭受污染的物品，适用于光滑表面的消毒。

③喷雾法：利用机械力将消毒剂雾化或喷洒，适用于多孔或粗糙物品表面的消毒。

④熏蒸法：将消毒剂加热气化或使其产生烟雾发挥其杀菌作用，如气体消毒剂：甲醛、环氧乙烷等。

三、实验动物设备及备品

（一）笼　具

实验动物需要用笼具来饲养或者进行动物实验，如禽类、灵长类、兔等。笼具的材质应符合动物的健康和福利要求，即无毒、无害、无放射性，耐腐蚀、耐高温、耐高压、耐冲击，易清洗消毒。笼具的内外边角应圆滑、无锐口，动物不易噬咬、咀嚼。笼具内部无尖锐突起，以免伤害到动物。笼具的门或盖有防备装置，能防止动物自己打开笼具或打开时发生意外伤害或逃走。笼具的设计应限制动物身体的伸出，以免伤害到工作人员或者笼具内的动物。另外，动物笼具的大小应满足相关规定和要求。实验用大型动物的笼具尺寸应满足动物福利的要求和操作要求。根据动物的习性在笼具内配置相应的玩具。

（二）隔离器

隔离器是采用隔离环境措施进行设计和制造的一种特殊的饲育设备。在设备内可以保持一个无菌状态或可防止外来物污染，能有效地防止病原微生物的扩散，不仅为隔离器内的动物提供屏障保护，同时保护感染设施内的大小环境不被病原微生物污染。

隔离器是由隔离包、通风净化系统（送／排风机、中效和高效过滤器、密封式风道）和各种控制电器组成的隔离环境动物饲育设备。隔离器与外环境保持绝对的隔离，内外的静压差要求不低于50 Pa。空气必须经过外围设备的温、湿度调节，再经过自身高效过滤器进入和排出，空气洁净度至少要达到百级（5级）。饲料、饮水、垫料和用具都要经灭菌处理后，再经无菌传递系统传递。进出隔离器的动物也要由无菌传递系统传递。隔离器内操作都要通过隔离器所配置的长袖手套进行。隔离器适于饲养无特定病原动物、无菌动物、悉生动物以及免疫缺陷动物。

（三）独立通风笼具

独立通风笼具（IVC）是由笼盒、通风净化系统（送/排风机、中高效过滤器、静压箱、密封式通道）和各种控制电器组成的饲育设备。独立通风笼具的笼盒是由面罩、底盒、中间的水料槽、周围的进出风口和锁紧扣等组成的密闭式笼盆。其工作原理是采用先进的微隔离技术，向每个动物饲养笼盒内部输送经初、中、高效过滤的空气，以获得保持一定压力和洁净度为百级（5级）的隔离环境。同时，每个笼盒之间的空气完全隔离，最大限度地避免了饲养中的交叉污染。

独立通风笼具的温、湿度由设备外空气状态决定，通常配置在屏障环境设施内。该设备每个笼盒为一个独立的单元，每个单元之间无交叉污染风险。如果配置在普通环境设施内，首先要确保设施要具备温、湿度调节功能，另外还要配套超净工作台或生物安全柜。更换垫料、饮水、添加饲料等必须在超净工作台或生物安全柜内进行，以实现无菌操作目的，但这往往是很难做到的。

实验动物笼具系统的发展经历了开放式笼具至独立通风笼具的过程。近来又发展出了通气排风笼具（EVC）。与开放式笼盒相比，EVC继承了IVC的优点，笼盒相互独立，采用单方向负压通风，防止交叉感染，避免了实验动物产生的过敏物质及严重的臭气对实验人员的危害，更适用于生物安全实验室。此外，EVC系统还能够高效地排放产生的废气，优化实验动物的生存环境；不使用主机，因而无噪声；饲养密度大幅度提高。

（四）实验动物垫料

垫料是用于满足实验动物保暖、营巢等舒适性和行为习性，并吸附动物排泄物和臭气以维持卫生状况的铺垫物。是影响实验动物健康、动物实验结果和动物福利的重要环境因素之一。目前，在小型啮齿动物饲养上多以优质木屑、刨花为垫料。欧美国家垫料生产有专业工厂，经选料、破碎、除尘、干燥、包装、灭菌等工序制作，质量要求非常严格，造价较高。日本的垫料生产多从美国、俄罗斯等国进口木材，造价更高。我国已开始使用专门生产的优质垫料，但多数单位仍使用木材加工厂废弃的刨花、木屑做垫料，虽价格低廉但质量差。

实验动物的垫料分为接触性垫料和非接触性垫料。非接触性垫料用于吸尿、吸湿、接粪等，如干养家兔笼具下面接粪盘中的垫料——纸板状垫料、塑料布垫料、木屑等。最为常用的是接触性垫料，用于吸尿、吸湿、做窝、保暖等，如大鼠、小鼠笼盒中的垫料——纸屑、刨花、玉米芯，牛栏、猪圈中的稻草等。近年国外应用吸水材料压制成纸板状垫料，具有方便、卫生等优点，但成本较高。

1. 垫料的种类

国内常用的垫料主要有以下几种。

（1）木屑（锯末）：是木材加工过程中产生的附属物，有粗细之分。因为容易粘在动物被毛上，一般不作为接触性垫料使用。

（2）刨花：也是木材加工过程中产生的附属物，有大小之分。接触性垫料常选用小刨花。由于刨花来源的树种不同，其化学、物理特性有明显的差别。通常以桦木、椴木小刨花最好，杨木的小刨花次之，而松木含有芳香物质，具有一定毒性，应该忌用。

（3）玉米棒芯：由玉米棒芯粉碎后加工而成，国内较多单位都在使用。

（4）干草：主要有稻草、麦秸等，可以用于某些喜草动物，如豚鼠、猪、马、牛、羊等；蒲草是生长于浅水塘中的多年生草本植物，常与芦苇相伴生长，是很好的垫料原料；棕毛也常被用作垫料。

（5）纸屑：具有良好吸水性的纸屑也是很好的垫料，但由于来源及成本所限，很少应用。

（6）棉花：虽然很好但成本太高。

其他如蛭石、尿不湿等。

2. 垫料的质量要求

垫料的质量包括垫料的物理、化学和生物性状3个方面。

（1）物理性质指标：实验动物垫料的主要作用是保温、隔热、吸收水分和臭气，其物理性能应得到合理的控制。对于垫料颗粒大小和形状，应该以动物的喜好来评价，太大或太小都会影响动物的健康和生长。若颗粒过大则舒适性差；若颗粒太小则灰尘多，而垫料粉尘是实验动物环境污染的主要来源，严重影响设施内环境的空气洁净度，常引起实验动物呼吸道和皮肤疾患，降低实验动物的免疫力。实验动物啃咬和误食垫料，异物会造成胃肠和呼吸道的损伤。在质量评定时要检查颗粒的均匀性、吸水性、柔软性，有无异物、针刺物等。

（2）化学污染指标：实验动物垫料化学污染指标包括化学污染物、重金属污染物等，影响实验动物的生长、发育，干扰实验结果。总体来说，垫料应保证无芳香类、无挥发性化学物质，无农药，无重金属等。在质量评定时，要检查化学杀虫剂，真菌毒素、亚硝胺、消毒剂的残留和重金属等。

（3）生物污染物指标：垫料易受微生物、寄生虫和昆虫等污染，成为严重的生物污染源，是体外寄生虫和节肢动物的主要感染源（尤其是螨）。在质量评定时要求检查细菌、病毒、寄生虫和真菌种类等。总之，实验动物垫料的质量应该达到以下标准。

①吸湿性强，吸臭性强，柔软舒适，无尘土，保持干燥和清洁。

②不引起实验动物皮肤、黏膜的损伤。

③易于高压消毒灭菌、易于贮存。

④动物不采食、能筑巢。

⑤无异味，不含芳香类和挥发性化学物质。

⑥无农药、无重金属污染。

⑦不变质、腐败、霉变，不引起实验动物变态反应，无其他化学物质的污染。

⑧无微生物、寄生虫、昆虫等污染，无虫蛀。

⑨价廉易得，资源丰富，来源清楚，生态价值小，利于环保。

（4）垫料对动物的影响：垫料直接与实验动物接触，是实验动物不可或缺的用品，它可吸附动物的排泄物，降低笼内氨气浓度，保持笼内干燥，保温。其质地又符合啮齿类动物啃咬的生活习惯，动物可在其中做窝，营造实验动物生长繁殖的舒适环境，维持笼盒和动物的清洁卫生。因此，垫料是影响实验动物的生活环境和实验动物质量的重要因素之一。

鼠盒的空间很小，大小鼠的排泄物中的氨气、硫化物等刺激性气体，对饲养员和动物是不良刺激，极易引发呼吸道疾病；排泄物也是微生物繁殖生长的优良介质，如不及时更换，很容易造成动物被污染。每周应至少更换两次垫料。换垫料时将饲养盒一起移走，在专用的房间倾倒垫料，可以降低饲养室内气溶胶的产生。每次更换垫料时必须把盒内的脏垫料全部清理干净。鼠盒用清水冲洗干净后消毒液浸泡3~6 min，然后再用清水冲洗干净、晾干、消毒、灭菌备用。换下的脏垫料及时移出饲养室并做无害化处理。更换垫料不及时会使饲养室氨浓度急剧上升。氨是一种刺激性气体，当其浓度升高到一定浓度时，可刺激动物眼结膜、鼻腔黏膜而引起流泪、咳嗽，严重者产生急性肺水肿而引起动物死亡。长期处于高浓度氨的环境下，动物上呼吸道可出现慢性炎症，使这些动物失去实验用价值。

垫料可以有效减少饲养室内有害气体的污染。动物粪尿等排泄物发酵分解产生的污染物种类很多，一般有氨、二硫化甲基、三甲氨、乙醛、硫化甲基、苯乙烯和硫化氢等。硫化氢对呼吸道黏膜具有强烈刺激性作用，引起发炎；硫化氢也能刺激动物神经；浓厚的雄性小鼠汗腺分泌物的臭气也能招致雌性小鼠性周期紊乱。

5. 垫料的消毒与灭菌

任何级别实验动物使用的垫料，使用前都必须进行高温高压消毒灭菌，严格控制微生物、寄生虫及其他生物污染。使用后的垫料中通常含有大量粪尿、饲料残渣，是微生物良好的培养基和寄生虫、昆虫的滋生场所，所以必须经严格的生物无害化处理。

由于垫料不存在营养破坏问题，为了彻底灭菌，可以适当增加灭菌温度、压力和时间。常用的灭菌方法包括高压、高温灭菌法和辐射法。

6. 储存与管理

垫料的储存和管理可以参照饲料。垫料的包装应使用完全密封的、一次性包装材料，为了维持垫料品质及减少被污染的机会，垫料在储存过程中均宜用垫板、架子或台车来与地面隔离。垫料要保存在干燥、凉爽、远离污染源的地方，与饲料相比，垫料的吸湿性强，更需注意保持储存室的干燥，保质期一般不超过一年。

灭菌后垫料会吸收一定的湿气，必须有充分的排气和干燥时间。灭菌后的垫料不宜长时间存储。

7. 垫料的质量检测

实验动物垫料质量检测指标包括：感观指标检查（垫料料形、均匀情况、异物、残渣等）；物理学指标检查（水分检测、吸水性、吸氨性、保暖性、适应性观察）；化学指标检查（芳香、挥发性物质，农药、重金属指标，真菌毒素，亚硝胺，消毒剂残基）；生物学指标检查（微生物、寄生虫和昆虫等）；毒性检测（急性毒性、亚急性毒性、长期毒性实验和三致试验）。

四、实验动物的运输、检疫与隔离

（一）实验动物的运输

实验动物的运输包括设施内移动、设施间转移和国内、国际长途运输。运输过程中，要考虑实验动物的安全、健康及福利。要维持动物日常生活的洁净环境。设施内移动、设施间转移使用内部自用转运器具，如转运笼盒、转运隔离箱等。转运工具应符合所转运动物的微生物等级要求，能够遮蔽光线，转运动作要轻盈、迅速。

长途运输实验动物应办理检疫、准运手续，应使用专用笼盒。运输不同种类的动物需要不同的容器。尽可能地使用环境因素可控的专用运输车辆。在运输过程中运输用车辆和容器应确保实验动物的健康、安全，防止机械及微生物损伤事故的发生。容器应考虑到大小、形状、结构、制造材料、防止动物逃逸、一次性使用、可消毒、通风及温湿度问题，保证动物在舒适、安全的环境下运输。车辆应配备通风、恒温装置。不同种类、等级的动物不能一起运输，生病和受伤的动物只有运输目的是治疗、诊断和紧急处死时才允许运输。怀孕的动物需特别护理，妊娠后期的大、小动物不得运输。

（二）实验动物的检疫与隔离

动物经过运输到达目的地后，马上进行验收。首先要确认提货单和发货单是否一致。然后按照既定SOP打开笼具（装有SPF动物的运输容器应在饲养观察室内开封，防止微生物污染），仔细检查动物品系，健康状况、日龄、体重、性别、数量以及附带的资料。

在进入主设施前，要把动物放在隔离室观察，尽早发现异常动物。来自不同渠道或不同品系的实验动物要分房间，分笼放置。这是因为拥挤会影响动物身体发育，对疾病敏感和对寄生虫的耐受力增加并影响动物进食、体重和大脑发育。此外，居住条件对动物繁殖能力也有重要影响。验收后对动物进行检疫，须做微生物学（细菌、病毒、寄生虫）检测、病理学检测以及其他必要的检验，如尿理化检查，血液临床和生化检查及脏器功能检查等。确保动物无规定疾病。在确认无感染后，方可进入主体实验设施。

实验动物设施的隔离检疫区应独立设置，以避免隔离检疫动物污染设施内实验动物。隔离检疫区一般设置成负压，排出空气经过高效过滤器过滤，以防止潜在致病微生物扩散到环境中。一个标准的隔离检疫区其实就是一个标准的负压设施。

五、实验动物屏障环境设施的运行管理

（一）屏障环境设施人员管理

1. 从业人员要求

实验动物设施所配备的人员，一般包括负责人、兽医、饲养繁殖人员、饲养观察人员、实验技术人员、机械设备管理和维修人员、后勤保障和清洁人员等。实验动物从业人员应经过实验动物管理部门的培训，取得资格证书，熟悉实验动物相关的法规和标准，执行本单位制定的各种规章制度和标准操作规程。另外，从业人员每年必须进行一次体检，重点检查有无皮肤病、呼吸道疾病、消化道疾病、泌尿道疾病、肝炎等常见传染病；同时，要根据所从事的岗位特点，有针对性地检查皮肤真菌、结核杆菌、布鲁氏菌、流行性出血热、狂犬病、弓形虫等人畜共患病。

2. 人员进出屏障环境设施的管理

实验动物屏障环境设施为净化环境，无关人员不得进入设施内。工作人员进出设施内时，应采取防护及消除污染的措施。防护及消除污染方法见表2-6。

表2-6　人员进出动物房的防护及消除污染方法

进出动物房实施事项		屏障环境	普通环境	备　注
穿的衣服	换上衣	/	常用	/
	换贴身衣服	要求用	/	/
	穿密闭防护衣	少数情况用	/	一般不进行淋浴时

进出动物房实施事项		屏障环境	普通环境	备　注
全身消除污染	空气淋浴	常用	/	/
	淋浴	要求用	/	/
	洗澡	常用	常用	/
	药浴	少数情况用	/	非常严格时
脚	换鞋	要求用	常用	/
	脚消毒	常用	/	光脚
手	手指消毒	要求用	常用	/
	戴手套	常用	常用	/
头	戴一次性帽子	要求用	常用	/
	戴口罩	要求用	常用	/

工作人员必须严格执行进、退出程序。进入屏障内的办公休息室、洗刷消毒等辅助区时，应穿已消毒的外区拖鞋；进入一更间后，将随身携带物品放入储柜内，脱去全部衣物（无淋浴间者，只脱去外衣），然后进入淋浴间（无淋浴装置者，应有消毒间）进行淋浴（或进行手消毒处理并脱去外区拖鞋）；淋浴后将淋浴物品放在淋浴间内，赤脚进入二更，穿上已灭菌处理的衣帽、口罩、手套，经风淋或缓冲后，进入净化区内开展相关工作。进入净化区之后要遵循规定的路线。双走廊设施，应按照最洁净区（清洁走廊、洁净库房）→洁净区（生产间或实验间）→次洁净区（污染走廊、出口缓冲间）→非洁净区的顺序；单走廊设施，应按照洁净区（清洁走廊）→最洁净区（洁净库房、饲养间或实验间）→洁净区（清洁走廊）→次洁净区（污染走廊、出口缓冲间）的顺序流动。回到一更间后，将工作服脱下并换便衣。最后，于屏障设施入口换便鞋，离开屏障设施。

（二）实验动物屏障环境设施的运行管理

1.出入屏障环境设施的物品的管理

与动物生产或实验无关的一切物品均不得传入设施内。需要传入设施内的有关物品进入设施前，必须进行相应的消毒处理。凡能耐高温高压的物品，如垫料、工作服、笼具、饮水瓶、工具和未经^{60}Co-γ射线照射灭菌的饲料等均应先经过包装处理再经过高压蒸汽灭菌柜灭菌后传入屏障环境；对不宜用高压蒸汽灭菌柜灭菌但能用药物浸泡表面消毒的物品，如拖鞋、塑料容器和一些工具均应经过药物浸泡，由渡槽传入屏障环境；不宜用高压蒸汽灭菌也不能用药物浸泡的物品，如记录用纸、笔、一些工具和实验材料等须经传递窗或传递间进入屏障环境。

实验动物进入屏障环境设施先经过有关人员验收交接。清洁级及以上动物对运输容器表面消毒后进入隔离观察室，转入隔离观察笼具。普通级动物经过淋浴、药浴、热风吹干体表被毛后进入隔离观察室。

使用过的物品与用具都由人员携带至污物走廊和缓冲间传出屏障设施。

2. 屏障环境设施内清洁卫生管理

（1）屏障环境设施启用前的清洁卫生管理：新建（改建）和停用后的屏障环境设施在使用之前必须进行净化处理。首先要通过除垢、清扫、擦拭等方法，将设施内吊顶、墙面、地面、设备表面等所有区域的粉尘清除干净，然后对整个区域进行喷雾和熏蒸消毒。具体操作步骤如下。

①将所有饲养和使用的仪器、设备、笼架具、超净工作台等移入洁净区，对怕腐蚀的仪器设备要进行保护。

②开启送排风机，调整好风量、风速、各区域的压差，设备稳定运行48 h。

③清扫洁净区，包括天花板、墙壁、笼架具、仪器设备、实验台，最后清洁地面。

④关闭送排风机，关闭与外界相通的所有通道。

⑤工作人员穿戴好防护服，将配制好的消毒液装入喷雾器，进行喷雾。常用的消毒剂为过氧乙酸，其使用浓度为2%过氯乙酸，用量为10 mL/m³，喷雾后保持2~3 h。

⑥工作人员穿戴好防护服，进入清洁区，解封各通道，排风30 min后开始送风，送风换气24 h以上。

⑦甲醛熏蒸：熏蒸程序与喷雾程序相同，但工作人员必须穿戴好防护服和防毒面具。熏蒸方法采用氧化法，一般使用剂量为10%浓度的甲醛40 mL/m³中加入30 g/m³高锰酸钾于一上敞口的不锈钢质容器中，产生气体后工作人员迅速退出，并封闭门，保持24 h以上。或者使用多聚甲醛在硅油内加热熏蒸，熏蒸后最好用氨气回收甲醛气体，以减小公害。

⑧工作人员穿戴好无菌防护服，戴好防毒面具进入洁净室，启封各通道口排风1 h后送风换气24 h，再进行落下菌数量、空气洁净度检测。

（2）屏障环境设施运行中的清洁卫生管理：屏障环境设施启用后，通常应保持连续运行状态，要使洁净度达到规定要求，需要一系列的控制和防护，加强清洁卫生管理，才能达到使用的要求。具体要求如下。

①制定消毒清洁规程，定期对设施内进行清洁消毒。包括日常消毒、动物出栏后消毒、动物实验后消毒等。

②制定消毒剂使用规程，消毒剂应定期轮换，切忌长期使用同一种消毒剂。

③每日记录设施内压差、温度、湿度，发现异常情况应及时由专业人员处理。

④定期对设施内的换气次数、风速、尘埃粒子、压强、沉降菌、噪声和照度进行检验，以保证设施处于正常状态。

⑤定期对设施维护结构检查，发现有破损、裂缝等情况应立即修补后对室内进行检测，合格后方可继续使用。

⑥工作人员要养成良好的卫生习惯，按照既定SOP搞好并保持个人卫生。

⑦皮肤有损伤、炎症者或对化学纤维、化学药品有过敏者不能进入洁净区。

⑧禁止化妆后进入洁净区、吸烟后30 min内不能进入洁净区，严禁酒后进入洁净区。

⑨禁止将一切个人物品，如手机、手表、钥匙、戒指等带入洁净区。

⑩未按规定处理的任何物品不能带入洁净区，洁净区内严格执行人流和物流的走向和顺序。

⑪洁净区内使用的任何工具、用具都必须是专用的，而且尽可能使用耐消毒材料制作。

3. 屏障环境设施中净化空调系统的运行管理

屏障环境设施属于净化环境，净化的实现必须依靠送、排风机的空气交换和初、中、高效过滤器的三级过滤。为确保空调净化系统能够在饲养和实验周期内连续运行，必须装配可靠的断电报警装置、备用风机和备用电源，全自动控制，或安排人员24 h值班。在日常管理中，重点要监测四个指标：风速、风量、洁净度和压差。设施启用时已经将这四个指标调试到设计的最佳状态，但经过一段时间的运行后，风量、风速、风阻都会发生改变，导致各区域之间的压差梯度出现偏差，空气交换量不足或不均衡。其主要原因是送、排风系统阻塞或泄漏，设施内门窗不严或维护结构损坏等。这就要求设施维护人员每日检查压差情况，并做记录。定期检查送、排风系统，对风管定期检漏，对维护结构定期巡查。

各级滤材是检查的重点，尤其是初、中、高效滤材，发现有阻塞或破损的应立即更换或清洗。一般在各级滤材进风的前后有压力差显示报警装置，在空调控制中心的电脑上可以显示出来。各种滤材的更新或清洗频率应视具体情况通过验证而定。一般的，建议初效滤材每周清洗一次，每月更换一次，中效滤材每季度更换一次，高效滤材每年更换一次，或根据检测情况而定。更换时要有可靠的防污染措施，更换后要进行检测。

另外，对空调系统的各种设备也要定期检查和维护，如降温、加热、加湿、除湿、电机、风机等。组合式空调系统多用表冷、热器来实现降温和加温，由于表冷、热器构造的特殊性，其翅片之间易积灰尘，不易清洗，须定期检查，需要清洗时须请专业人员用专用清洗剂来清洗；电机定期检查接线盒处接线是否牢靠，有无老化现象，需要加注润滑油的须按要求加注；风机主要检查皮带有无缺损或老化，如果皮带老化后变松会使电机带动风机容易丢转，造成风量减少；有电加热装置的应检查电热管是否完整，有无损坏。接线处是否有老化现象，并清除积尘。

风口、风道、阀门的维护和保养。集中空调系统在长时间运行后，在管道、风口等处容易积聚灰尘。若不及时清扫和清除，则灰尘会随着气流的流动重新进入空调房间，使室内空气受到二次污染，使空气质量严重下降。在机组停机期间，每年应对系统风道进行清扫一次。采用专用设备逐段进行清扫，灰尘通过风道检修孔清除掉。风口在运行一段时间后，表面会积累一些灰尘和油垢，特别是回风口。对新风口，由于积尘主要成分为泥土，用水进行清洗即可，每季度应清洗一次。对回风口和送风口可采用除油垢的消洗液进行消洗，每年消洗一次。对于集中空调系统，多数阀门在风量调整完毕后，阀门的开度一般保持不变。当阀门长时间不操作时，容易导致阀门的活动机构失灵。在机组停机期间，应当对阀门进行检修。对电动调节阀，应转动手柄或拉杆，检查是否灵活。对连接轴，每年应加一次润滑油。对锈蚀严重的阀门应拆卸维修。

六、屏障和隔离环境的实验动物饲养管理

屏障和隔离环境的实验动物饲养管理技术是一项有较深、较广的专业知识的技术。无菌动物（悉生动物）、SPF动物、清洁动物，都要求饲养于屏障或隔离环境内。

（一）无菌动物（悉生动物）

1. 无菌动物培育

（1）无菌动物的饲育：无菌动物是指不带有任何可被检出的活的微生物和寄生虫的动物。无菌动物饲养于隔离设备中，输入的空气，需经过高效过滤，一般要求其滤过率应在99.97%以上（微粒直径>0.3 μm）；饲料、饮水及垫料均需经过严格灭菌；废气的排出也要经过滤器，以防止外界空气逆流入隔离器，导致隔离设施内被污染。无菌动物也是SPF动物、清洁动物的原种来源。

（2）剖宫取胎：无菌动物来源于剖宫取胎。方法：将临产动物用麻醉或颈椎脱臼法处死后，消毒腹部，用无菌技术取出子宫，经过消毒液浸泡后移入隔离器，通过隔离器上的胶皮手套操作取出胎儿。用消毒纱布擦拭鼻、口及全身，促其呼吸，然后用灭菌眼科剪刀或尖头手术剪刀切断脐带（一般在胎儿取出10 min后切断脐带）。以上操作应在37℃环境中进行。由母动物的处死到胎儿的取出时间应力争短暂，一般大鼠、小鼠要在10 min内完成。通过上述方法取得的无菌新生仔，由无菌代乳母鼠代为哺乳。代乳母鼠应是提前1~2 d内分娩的，全部或部分取出其所产的幼崽（应注意代乳母鼠毛色与被代为哺乳鼠毛色不同方可部分取出亲生仔，反之不可），换入刚剖腹取得的新生仔。此新生仔放入前应以代乳母鼠所产仔的尿液或其窝内铺垫物涂抹体表进行"染味"，使代乳母鼠不能识别。

如果没有无菌代乳母亲，则剖出的无菌新生仔需要采用人工哺育。人工哺育新生仔最好饲喂人工制作的初乳，以使新生仔从人工初乳中获得抗体（被动免疫），保证新生仔健康生长。

如果采用药物方法排除动物群中各种病原及非病原性微生物是很难达到目的的，

而且药物的使用亦将影响某些动物实验结果，所以不是理想的方法。

2. 悉生动物培育

（1）悉生动物的饲育：悉生动物又名已知生物体动物或已知菌动物，是以特定微生物接种于无菌动物培养而成，所以也是动物体内微生物的复合体。悉生动物是研究微生物与宿主关系的理想实验动物。悉生动物必须饲养在隔离器中，饲养方法与无菌动物相同。悉生动物应定期进行微生物检查，一方面检查是否被污染，另一方面检查接种的微生物是否仍定居在体内。对未能定居的菌株应及时补充接种。

（2）悉生动物与无菌动物的关系：无菌动物肠道里没有细菌，所以不能在肠道内合成机体所需的某些维生素和氨基酸，必须在日常的饲养中加以补给。无菌动物饲养管理极为困难，动物的生活能力极差，故需选择几种对机体有益的肠道细菌，如大肠杆菌、表皮葡萄球菌、乳酸杆菌、白色葡萄球菌等，通过饲料、饮用水喂给或铺垫物接触等方法使其在无菌动物的肠道内定居，成为悉生动物。这种悉生动物的生活能力强，饲养管理也比较容易，在各种科研试验中完全可以取代无菌动物。

（二）SPF动物

培育SPF动物的目的是提供没有传染病也没有影响科研结果的微生物与抗体的健康实验动物。SPF动物应饲养于屏障系统以上环境，超净生物层流架和无菌隔离器内，实行严格的微生物控制。

1. SPF动物的来源

SPF动物的建立，其原种必须来源于无菌动物或悉生动物，一般常将悉生动物饲养于屏障环境的高效过滤饲养室中，使之自然感染特定病原体以外的一般微生物，但应严格防范特定病原体的污染，并需定期检查。

SPF动物的概念内涵不够明确，因为在特定条件下，非病原体可转变成为病原体，而且有些病原体仍无有效的检查手段。在尚无统一名称之前，仍暂时沿用此命名。

2. SPF动物的微生物控制

对SPF动物定期按规定的方法检查有无致病菌（即特定的病原体）的污染。污染的动物依不同情况应降低等级或全部淘汰处理。一旦发生污染应彻底调查污染原因，在检查中常发现被污染的屏障环境中的工作人员，往往附着有与污染动物相同的微生物，这点应引起注意。

SPF动物能否培育成功与设施装置有密切关系。房屋的损坏，停电事故，漏洞及空气过滤装置的故障等往往是发生污染的主要原因，最大的污染源是工作人员。所以屏障设施的一切规章制度必须严格遵守，不能随意更改。在屏障系统中管理动物的工作人员，必须受过严格的技术训练。

采用剖宫净化方式是制作SPF动物的常用方法，此方法可以避免经产道传播（垂直传播）的疫病病原的感染，例如，对于经检测合格的孕母猪进行剖宫取仔，制作SPF仔猪直接用于疫病研究。SPF代乳母猪获得比较困难，新生仔猪只能使用人工乳，这在某种程度上更有利于疫病研究的开展，因为新生仔猪不采食初乳，就不能获得母源抗体，可以很好地避免母源抗体对于研究的影响。

（三）免疫缺陷动物

机体免疫缺陷在临床上出现的复杂综合病状，往往使医生难以作出准确的诊断和及时有效的治疗，因此，寻找与培育适宜的实验动物模型，应用于各种类型免疫缺陷症的临床表现与发病机理的研究，是基础医学、生物医学与临床医学工作者多年的夙愿。实验动物科学工作者，经过几十年的努力，已培育出一系列的免疫缺陷动物模型。裸鼠被广泛地应用于免疫学、遗传学和肿瘤学等很多方面的研究工作。

1. 裸鼠一般特性

（1）全身无毛：裸鼠因此而命名，无毛是由于毛囊角化不全所致。有时可在裸鼠的背部见到稀疏、纤细、卷曲的短毛及少量几根弯曲的胡须。随着鼠龄增长，皮肤变薄，两耳尤为明显，薄中透明，颈项部可见皮肤皱褶。出生后3~5 d内借助短而稀少的触须与有毛鼠予以识别。

（2）发育迟缓：新生仔有毛杂合子（半裸）及裸鼠体重1.3~1.66 g，两者无多大差别。随着鼠龄增加，裸鼠和同窝有毛仔鼠相比明显瘦小，易于分辨。在裸鼠发育阶段，雄性裸鼠体重仅相当于同窝有毛鼠的70%~90%，成年后体重差别逐渐减少。

（3）抵抗力低：普通环境下裸鼠一般仅能生存6个月，在SPF环境条件下，前5个月成活率达100%，13个月后成活率仍可达到68%，所以裸鼠一定要在屏障环境条件下或隔离的环境条件下饲育。裸鼠易患肝炎、慢性间质性肺炎，常常死于消耗性疾病。

（4）雌性裸鼠母性差：因雌裸鼠受孕率低，母性差，有食仔恶习。故繁殖裸鼠时应取雄性纯合子裸鼠（nu/nu），与雌性半裸杂合裸鼠（nu/+）交配。其仔鼠中可获得约50%的裸鼠；也有用雌雄半裸鼠（杂合子）交配的，其仔鼠中可获得约25%的裸鼠。这两种交配方法取得的裸鼠比例虽低些，但鼠群体质强壮健康，产仔多，仔鼠成活率高。

（5）胸腺发育不全及T细胞缺失。此为裸鼠最突出的特征。

2. 裸鼠的繁殖方法

（1）纯合子裸鼠交配（nu/nu × nu/nu）：这种交配方法的优点是产生的仔鼠全部为裸鼠，但由于雌性裸鼠的母性较差，产后不给哺乳或极不善抚育仔鼠故幼鼠成活少，断奶成活率低，所以不能满足大量的需要，故一般多不采用这种交配方法。

（2）杂合子裸鼠交配（nu/+ × nu/+）：这种交配方法产生的仔鼠仅有25%为纯合子裸鼠，其余则为杂合子（nu/+）小鼠及无nu基因的正常小鼠（+/+）。nu/+和+/+的小鼠在外形上是无法加以区别的。因此，大量繁殖裸鼠时，采用这种方法也不适用。

（3）雄性纯合子裸鼠与雌性杂合子裸鼠交配（nu/nu × nu/+）：大量繁殖裸小鼠时

多采用这种交配方法。由此产生的仔鼠中纯合子裸鼠约占半数。因此，采用这种交配系统的繁殖方式能在短期内产生较多的裸鼠，这对满足大量需要无疑是比较理想的方法。

保持与裸鼠相应的有毛鼠品系，要严格根据裸鼠保种的特殊生产制度，为了保持遗传特性需要保种相应的近交系，采用兄妹交配方式保种。

还要有一个群体是带有nu纯合基因的（用于回交），采用回交和互交方法维持种群。在此法上建立起来的裸鼠及半裸鼠，保持着nu等位基因的纯合子和杂合子状态即扩大群。

上述动物是生产群用种的来源，它既能使品系遗传背景得到可靠的保证，又能为屏障环境的大量饲养和繁殖提供坚实基础，一个生产周期为6～20个月。

七、实验动物设施废弃物的处理

实验动物在饲养和实验过程中会产生很多废弃物，主要包括污水、废气、污物、动物尸体、剩余试剂等。这些都必须经过分类收集，按照国家有关环境保护的规定或行业要求进行无害化处理，以达到不污染环境的目的。各单位对废弃物的处理要由专人领导和专人负责，并制定相应的规章制度来强化管理，随时接受环保部门或上级主管部门的检查。

（一）废弃物的储存与管理

1. 废弃物的种类及危害

（1）废弃物的种类：

①固体废弃物包括垫料、动物排泄物、实验动物尸体、脏器、纸张、实验材料（手套、口罩、针头、针管、试剂盒等）以及接触了动物体液或血液的其他物品。

②液体废弃物包括动物的尿液、清洗设施及实验器械的污水、剩余的实验用注射液等。

③气体废弃物是由实验动物粪尿排泄物所产生的废气。以氨气为主，还包括粉尘等。

（2）废弃物的危害：实验动物在饲养、实验过程中会产生大量固体、液体和气体废弃物，其中有些对人和动物有生物性、化学性或放射性的危害，如不妥善处理，不但会影响动物实验的准确性，也极易污染环境，直接或间接地影响工作人员或周围群众的生活和健康安全。

2. 废弃物的储存与管理

废弃物需要定期清理。有资格做动物实验的单位，应有足够的贮存空间来贮存暂时无法立即处理的废弃物。废弃物贮存区应与其他功能区域分隔，尽量远离动物饲养区、人员休息区及主要运输路线。贮存室必须密闭，避免臭气外泄，有苍蝇、蟑螂、蚊子及啮齿类动物侵入的设施。废弃物除用塑胶袋密封外，应以贮存桶盛载，避免搬运中泄漏，贮存容器及设施应经常清洗保持清洁。感染性废弃垫料要包装密封于有生物危害标志的专用塑胶袋中，贮存在独立场所。在清理时工作人员要采取防护措施并注意避免气溶胶的产生。放射性废弃垫料要用有黄色放射性物质标志的塑料包装，于特定的容器中暂时贮存，待容器装满后由专人收集处理。清理时工作人员需穿戴防护装备并避免产生气溶胶。生物性废弃物需冷藏以免分解腐败。废弃物需分类储存。黑色包装容器（袋）装一般生活垃圾，有生物危险标识的黄色包装容器（袋）装实验或医疗废弃物。

（二）实验动物生产及一般实验活动产生废弃物的处理

1. 固体废弃物的处理方法

（1）垫料：垫料是数量最大的废弃物，其数量涉及处理费用的高低。减少废弃物的量是解决废弃物污染问题的最佳途径。可依据饲养动物的种类、最大动物饲养空间、更换垫料的频率来估算废弃垫料的生产量，以安排贮存空间、运送工具和人力，其次，废弃物清理、搬运、收取、储存及处理应建立一套工作规范，一切操作按有关法令规定执行。工作人员穿戴防护装备，如工作眼罩、口罩、面罩、手套和长筒靴等。不同污染程度的废弃垫料应以不同方式处理。一般性无害废弃垫料，指单纯动物实验所清理出来的垫料，可直接进行最终处理，常用方法包括堆肥和苗圃处理、焚烧、经下水道排放或视作一般废弃物掩埋。

（2）动物尸体：动物尸体是实验动物设施产生的主要废弃物之一，应交由专业的有资质的环保单位处理。设施中必须设置容量充足的冷藏设备暂时贮存尸体。

2. 液体废弃物的处理方法

在实验动物设施内，每天清洗笼、舍、器械及地板，有大量污水从动物室、洗笼机、洗涤间经下水道排放。这些废水主要含有动物排泄的粪尿，如符合排放标准，可直接排入废水处理系统，不会造成环保问题。实验动物设施需定期清洁消毒。所使用的消毒剂一般含有抗菌物质、清洁剂、pH缓冲剂、去毛剂和除臭剂等。要按指示稀释浓度使用消毒剂，避免过量使用造成污水增加。使用后要彻底清洗，避免残留物形成不溶性化合物，对动物有害。啮齿类动物设施一般不设排水口，必须有排水口的动物房，其排水口的位置、口径大小、排水沟及地板斜度必须符合标准，避免排水困难造成积水，并能做到有效密封。排水管与主干道间应直接连接，不宜弯曲太多。

3. 气体废弃物的处理方法

动物粪尿发酵分解产生的氨、氯、硫化氢和硫醇等具有特殊气味的有害气体中，氨的浓度最高，因而其浓度作为判断有害气体污染程度的指标之一。有害气体浓度过高，可直接刺激实验动物和人的眼结膜、鼻腔及呼吸道的黏膜导致流泪、咳嗽并损害动物与人的健康。为减少臭气、粉尘的产生而造成的影响，在规划实验动物设施时就应予以足够的重视，如实验动物设施单独设置、与办公室分开、安装独立的空调系统或脱臭设备、利用压差控制臭气的外泄等。对啮齿类动物，降低饲养密度、增加垫料更换次数、增加动物室的通风换气次数、使用通风换气的IVC饲养盒、使用隔离器及层流架等都可减少废气的产生和扩散。大型动物可通过增加清洗排泄物次数、保持室内干燥、定期药浴控制体外寄生虫感染来减少臭气的产生。废气须经高效过滤方可向大气中排放，各种过滤器应定期清洗、消毒或者更换，排风口不能设置成垂直向上。

粉尘又称气溶胶，是指空气中浮游的固体粒子、液体粒子或固体和液体粒子在气体介质中的悬浮物。动物室的粉尘主要来源于未经过滤的空气以及室内的动物皮毛、排泄物、饲料屑及垫料等。作为变应原，粉尘可引起动物和人的呼吸系统疾病和过敏性皮炎，还是病原微生物的载体，可促使微生物扩散而引起多种疾病。清理废弃垫料时，使用气罩可减少粉尘的产生。粉尘需经高效过滤方可向大气中排放，各种过滤器应定期清洗、消毒或者更换。更换过滤器应防止粉尘溢出污染环境，更换的过滤器应进行焚烧等无害化处理。

（三）特殊动物实验产生废弃物的处理

特殊动物实验包括病原体感染动物实验、应用放射性物质或有害化学物质进行动物实验，以感染动物实验最为常见。应用放射性物质或有害化学物质进行动物实验产生的废弃物须严格按照国家、行业有关规定进行在线收集、临储和无害化处理。

1.感染实验动物产生废弃物的种类

（1）接触实验动物的感染性废物包括动物尸体或解剖后的废物，实验动物的排泄物、组织液及被血液或体液污染的废材料。

（2）感染动物排出的不易收集的粪尿、解剖废液及洗涮用水，还包括淋浴或化学淋浴排水。

（3）实验器材废物：包括废弃的手套、一次性工作服、口罩、注射器、输液管和辅料等。

（4）含有传染性生物因子的废弃样本、培养物及死亡的感染动物。

（5）实验室废水处理产生的污泥、实验室废弃的空气净化材料等。

（6）其他被细菌、病毒污染的废物。

2.感染动物实验产生废弃物的处理

（1）对于实验后废弃的样本、培养物和其他生物材料应弃置于专用的并有标记用于处置危险废弃物的容器内。生物废弃物容器的充满量不能超过其设计容量。针头和玻璃等锐器应弃置于金属容器内。所有废弃物经高压蒸汽灭菌后传出，再按照有关环保要求处理。对一些可循环使用的物品，如工作服、贵重手术器械等，须经高温消毒灭菌后在清洁区内清洗干净、干燥后打包，再次高温消毒后传入实验区内备用。

（2）对实验动物排出可收集的排泄物、垫料等装入专用的收集袋，收集袋要有标记。注意要剔除一些尖锐物品以免扎破收集袋。然后装入高压蒸汽灭菌器内灭菌后再做处理。

（3）实验后的动物尸体应装入专用的尸体袋内，如动物未死亡应采用安乐死办法处死。大型动物处死后，经肢解装入尸体袋内。如不能及时处理可装入冰柜或冷库内，防止动物尸体发生腐烂和放出气味，等待处理。常采用的方法为蒸汽高温高压法，一般在设施内有专用的双扉蒸汽高压灭菌器用于处理动物尸体和废物。还有碱解法和焚烧法等，但由于环保要求焚烧法已被禁止使用。

（4）动物实验产生的污水，又称为活毒废水，处理方式有两种：化学法和物理法。根据不同的对象和要求，采用不同的方法对污水进行处理。无论采用什么方法处理都要进行验证。

①化学处理法：

a. 消毒剂的种类及其选择：化学消毒剂按其杀菌能力的强弱可分为灭菌剂、消毒剂和抑菌剂。灭菌剂能杀灭细菌芽孢、病毒和一般病原菌。消毒剂指不能杀灭细菌芽孢的一般消毒剂。抑菌剂不能杀灭病原菌，但能抑制细菌的生长和繁殖。按化学性质不同，消毒剂可分为氧化性消毒剂和非氧化性消毒剂。氧化消毒剂主要是指有较强氧化性的消毒剂，如含氯消毒剂和过氧化氢消毒剂，非氧化消毒剂主要是指季铵盐类消毒剂。

b. 投药技术：污水消毒原则上要采用相关的发生器、虹吸投药法和高位槽投药法。也可以在污水入口处投加。投放液氯要用加氯机，投放二氧化氯要用二氧化氯发生器，投放次氯酸钠要用发生器或液体剂，用臭氧消毒要有臭氧发生器，过氧化氢要用过氧化氢发生器。配制和使用消毒药物要注意工作人员的个人防护，穿戴好必要的防护服，以防止消毒剂或污水对工作人员造成危害。

c. 消毒处理：一般在污水消毒处理段建有至少两个消毒池或消毒罐，交替使用。不管是消毒池还是罐体都必须密闭。通气处必须加装呼吸器，呼吸器内配有高效过滤芯，以免危险物质泄漏。投入消毒剂后要进行搅拌，使消毒剂与污水充分接触，达到最佳消毒灭菌效果。达到消毒灭菌时间后，经抽样检验合格后方可排放。

②物理处理法：物理处理法多数是用热力法对污水进行消毒灭菌处理。常用的是通过蒸汽高温高压的方式对污水进行处理，目的是使污水在尽可能短的时间内得到处理，避免引起污染扩散。目前，热力法处理污水的方式有两种：连续式和批次式。连续式就是不用对污水进行囤积，及时对产生的污水进行不间断的处理。批次式就是将污水积攒到一定量后进行集中处理。

a. 连续式污水处理：处理过程就是动物实验产生的污水经过单独的管道汇集后，从污水入口进入缓冲罐（产生的废气通过高效滤器除菌后从透气管排出）。当水位达到一定高度时，污水出水阀门自动打开，同时启动流速控制泵，泵要一用一备。将污水以设定的流速压入预加热/冷却柜进行预加热，然后进入电加热灭菌器，在灭菌器内污水通过电加热盘管进行高温灭菌。已灭菌的污水再进入预加热/冷却柜经缓冲管进行冷却，冷却后的污水通过污水口排出。如需二次处理，则通过回流管回流至储液罐或直接进行再次连续处理。预加热/冷却柜是通过热交换器，使已灭菌的高温污水对待进入的、待处理的污水进行预加热，同时自己也得到冷却，这样可以节约能源。也可根据需要混合使用化学法和热力法进行处理。

b. 批次式污水处理：批次式污水处理过程就是动物实验后产生的污水通过单独的管道汇集到预处理罐，在预处理罐内除去污水中废渣、大颗粒物等。预处理罐内设有废物储存网筐，网筐积满固形物后，向罐体内通入蒸汽高压灭菌后再进一步处理。经网筐过滤的污水由带铰刀的泵提制温控灭活罐，进行消毒灭菌处理，在温控灭活罐内保持灭活的温度并停留一定时间，待病原微生物全部杀死后，向灭活罐夹层通入冷却水进行冷却处理，或者排至专用的污水冷却池内冷却，当水温降至40℃时排放。灭活罐的体积大小可根据实验产生的污水量来确定。灭活罐至少两个交替使用或一用一备。如果冷却后的污水需要进行pH调节，则需要有后处理工艺，在专用的调节罐中调整pH，达到6～9后排放。

八、实验动物环境设施的质量控制检测

新建或改建的实验动物设施和动物实验设施在启用前必须进行环境检测，正在实验的设施根据需要定期对部分环境指标进行检测，以确保环境指标达到标准要求。环境检测项目包括：温度、湿度、气流速度、换气次数、压差、噪声、照度、尘埃粒子、沉降菌和氨气。检测仪器应经过计量或校准，并确认在有效检定期内。

（一）温度的测定

在设施竣工空调系统运转48 h后或设施正常运行之中进行测定。测定时，应根据设施设计要求的空调和洁净等级确定动物饲育区及实验工作区，并在区内布置测点。

1. 测定点选择

一般饲育室应选择动物笼具放置区域范围为测定点；恒温恒湿房间离围护结构0.5 m、离地面高度0.5～1.0 m处为测定点；洁净房间垂直平行流和乱流的饲育区与恒温恒湿房间相同。

2. 测量仪器

精密度为0.1以上标准水银干湿温度计及热敏电阻式数字型温湿度测定仪。应在有效检定期内。

3. 测定方法

当设施环境温度波动范围大于4℃，室内相对湿度波动范围大于10%，温湿度测定宜连续进行8 h，每次测定间隔为15～30 min。乱流洁净室按洁净面积不大于50 m²至少布置5个测点，每增加20～50 m²增加3～5个测点。

（二）气流速度测定

在设施运转接近设计负荷，连续运行48 h以上进行测定。

1. 测量仪器

精密度为0.01以上的热球式电风速计或智能化数字显示式风速计，校准仪器后进行检测。应在有效检定期内方可使用。

2. 测定方法

应根据设计要求和使用目的确定动物饲育区和实验工作区，要在区内布置测点。一般空调房间应选择放置在实验动物笼具处的具有代表性的位置布点，尚无安装笼具时在离围护结构0.5 m，离地高度1.0 m及室内中心位置布点。

当无特殊要求时，于地面高度1.0 m处进行测定。乱流洁净室按洁净面积不大于50 m²至少布置测定5个测点，每增加20～50 m²增加3～5个点。

3. 数据整理

每个测点的数据应在测试仪器稳定运行条件下测定，数字稳定10 s后读取。乱流洁净室内取各测定点平均值，并根据各测定点各次测定值判定室内气流速度变动范围及稳定状态。

（三）换气次数测定

在设施运转接近设计负荷，连续运行48 h以上进行测定。

1. 测量仪器

精密度为0.01以上的热球式电风速计或智能化数字显示式风速计或风量罩，校准仪器后进行检测。应在有效检定期内方可使用。

2. 测定方法

通过测定送风口风量（正压式）或出风口（负压式）及室内容积来计算换气次数。风口为圆形时，直径在200 mm以下者，在径向上选取2个测定点进行测定；直径在200～300 mm时，用同心圆做2个等面积环带，在径向上选取4个测定点进行测定；直径为300～600 mm时，做成3个同心圆，在径向上选取6个点；直径大于600 mm时，做成5个同心圆测定10个点，求出风速平均值。

风口为方形或长方形者，应将风口断面分成100 mm×150 mm以下的若干个等分面积，分别测定各个等分面积中心点的风速，求出平均值，作为平均风速。在装有圆形进风口的情况下，可应用与之管径相等、1 000 mm长的辅助风道或应用风斗型辅助风道，按圆形风口所述方法取点进行测定。

使用风量罩测定时，直接将风量罩扣到送（排）风口测定。根据测定数据计算换气次数。

（四）压差测定

静态检测在洁净实验室动物设施空调送风系统连续运行48 h以上，已处于正常运行状态，工艺设备已安装，设施内无动物及工作人员的情况下进行检测。动态检测在设施已处于正常使用状态下进行检测。

1. 测量仪器

精度可达1.0 Pa的微压计。应在有效检定期内方可使用。

2. 测定方法

在实验动物设施内进行，根据设施设计和布局，按人流、物流、气流走向依次布点测定，每个测点数据应在设施与仪器稳定运行的条件下读取。

（五）空气洁净度检测

在实验动物设施内环境净化空调系统正常连续运转48 h以上，工艺设备已安装，室内无动物及工作人员的情况下进行静态检测。在实验动物设施处于正常生产或实验工作状态下进行动态检测。

1. 检测仪器

尘埃粒子计数器，应在有效检定期内方可使用。

2. 检测方法

（1）静态检测：应对洁净区及净化空调系统进行彻底清洁；测量仪器充分预热，采样管必须干净，连接处严禁渗漏；采样管长度应为仪器的允许长度，当无规定时，不宜大于1.5 m；采样管口的流速宜与洁净室断面平均风速相接近；检测人员应在采样口的下风侧。

（2）动态检测：在实验工作区或动物饲育区内，选择有代表性测点的气流上风向进行检测，检测方法和操作与静态检测相同。

（3）测点布置检测：在实验工作区时，如无特殊实验要求，取样高度为距地面1.0 m高的工作平面上；检测动物饲育区内时，取样高度为笼架高度的中央，水平高度约为0.9～1.0 m的平面上；测点间距为0.5～2.0 m，层流洁净室测点总数不少于20个测点；乱流洁净室面积不大于50 m²的布置5个测点，每增加20～50 m²应增加3～5个测点；每个测点连续测定3次。

（4）采样流量及采样量：5级要求洁净实验动物设施（装置）采样流量为1.0 L/min，采样量不小于1.0 L，7级及以上级别要求的实验动物设施（装置）采样流量不大于0.5 L/min，采样量不小于1.0 L。

（5）结果计算：每个测点应在测试仪器稳定运行条件下采样测定3次，计算求取平均值，为该点的实测结果。

对于大于或等于0.5 μm的尘埃粒子数确定：层流洁净室取各测定点的最大值。乱流洁净室取各测点的平均值作为实测结果。

（六）空气沉降菌检测

在实验动物设施内环境通风、净化、空调系统正常连续运转48 h后，工艺设备已安装，室内无动物及生产实验工作人员的条件下进行检测。

每4～10 m²设置1个测定点，将培养皿放置于地面上。平皿打开后放置30 min，加盖，放于37℃恒温培养箱内培养48 h后计算菌落数（个/皿）。

（七）噪声检测

在实验动物设施内环境通风、净化、空调系统正常连续运转48 h后，工艺设备已安装、室内无动物及生产实验工作人员的条件下进行静态检测。在实验动物设施处于正常生产或实验工作状态条件下进行动态检测。

1. 检测仪器

声级计，应在有效检定期内方能使用。

2. 测定方法

面积小于或等于10 m^{2}的房间，于房间中心离地1.2 m高度设一个点；面积大于10 m^{2}的房间，在室内离开墙壁反射面1.0 m及中心位置，离地面1.2 m高度布点检测；实验动物设施内噪声测定以声级计A档为准进行测定。

（八）照度检测

实验动物设施内照度，在工作光源接通，并正常使用状态下进行测定。

1. 测定仪器

便携式照度计，应在有效检定期内方可使用。

2. 测定方法

在实验动物设施内选定几个具有代表性的点测定工作照度。距地面0.9 m，离开墙面1.0 m处布置测点；关闭工作照度灯，打开动物照度灯，在动物饲养盒笼盖或笼网上测定动物照度，测定时笼架不同层次和前后都要选点；使用电光源照明时，应注意电压时高时低的变化，应使电压稳定后再测。

（九）氨气浓度检测

在实验动物设施处于正常生产或实验工作状态下进行，垫料更换符合时限要求。

1. 检测原理

实验动物设施环境中氨浓度检测应用纳氏试剂比色法进行。其原理是氨与纳氏试剂在碱性条件下作用产生黄色，比色定量。此法检测灵敏度为2 μg/10 mL。

2. 检测仪器

大型气泡吸收管、空气采样机、流量计（0.2～1.0 L/min）、具塞比色管（10 mm）、分光光度计、基于纳氏试剂比色法的现场氨测定仪。应在有效检定期内方可使用。

3. 检测方法

应用装有5 mL吸收液的大型气泡吸收管安装在空气采样器上，以0.5 L/min速度在笼具中央位置抽取5 L被检气体样品。

采样结束后，从采样管中取1 mL样品溶液置于试管中，加4 mL吸收液，同时按表配制标准色列，分别测定各管的吸光度，绘制标准曲线。

4. 注意事项

当氨含量较高时，会形成棕红色沉淀。需另取样品，增加稀释倍数，重新分析甲醛和硫化氢对测定的干扰；所有试剂均需用无氨水配制。

第五节　实验动物标准化

实验动物在生物医学乃至整个生命科学研究领域发挥着不可替代的重要作用。在现代科学交流、成果鉴定、测试结果的认同上，使用相同标准的合格实验动物已成为重要的"国际语言"，成为实验动物相关产品、技术准入的科学条件，也是使科研成果具有科学性及严谨性的需要。

一、实验动物标准化的定义

对于普通的加工产品来说，给它规定一个产品标准是相对简单的。例如一种原材料可以从尺寸、强度、韧性、密度、颜色等方面给出具体的规定。但实验动物就不同了，它是活的复杂的生命体，它的标准化所涉及的技术面非常多，实验动物标准化工作是一项系统化工程。1944年，美国科学院首次把实验动物标准化的问题提上议事日程，由此开启了实验动物标准化的序幕。

（一）什么是标准化

标准化实质上是指为适应科学发展和合理组织生产的需要，在产品质量、品种规格、生产条件、实验条件等方面统一技术标准，并通过规范措施，使得相关因素达到标准，从而确保最终产品达到标准的过程。

（二）什么是实验动物标准化

所谓实验动物标准化是指实验动物遗传背景清楚、微生物控制、环境、营养、饲养条件、饲养管理等均符合相应标准规定，动物实验达到规范化管理要求，常规公认的动物实验检测项目执行国家或行业标准，即实验动物饲养管理和动物实验实行标准化管理。实验动物标准化是提高实验动物科学研究水平，控制实验动物质量的根本保证和重要手段。

（三）实验动物标准化的组成部分

实验动物标准化由实验动物生产条件的标准化、实验动物质量标准化、动物实验条件的标准化、实验动物管理标准化以及动物实验规范化等几个部分组成。只有各个组成部分配套实施、平衡发展，才能构成完整的实验动物标准化体系。其中，动物生产条件的标准化和实验动物实验条件的标准化是指实验动物生产和实验设施的各项环境指标必须达到指定要求，包括静态环境指标和动态环境指标。实验动物质量标准化指生产出来的实验动物必须在微生物学质量控制（参照GB 14922.2—2011）、遗传学质量控制

（参照GB 14923—2010）、营养学质量控制（参照GB 14924.3—2010）等方面达到指定要求。实验动物管理标准化指实验动物主管部门从中央到地方到生产、实验单位均须加强管理水平，做到管理中有章可循，严格执行相关法规条款和相应的标准作业程序，这是实验动物标准化中的软件条件部分，不容忽略。所开展的动物实验项目要求在标准化的条件下进行，实行规范化管理，实验操作程序化、标准化，制定并执行相应的标准作业程序。

二、实验动物标准化的要求

（一）实验动物国家标准和管理规范

1994年1月，原国家质量技术监督局颁布了实验动物国家标准，2001年8月29日颁布的实验动物国家标准共8类83项，规定从2002年5月1日起正式实施（2010年又做了最新修订），全国对实验动物施行一个实验动物国家标准。2001年12月，国家7部局联合下发《实验动物许可证管理办法（试行）》，该办法规定从事实验动物生产、使用的单位和个人都必须首先取得实验动物生产、使用许可证，这同样是实施实验动物标准化的重要步骤。1997年12月11日，原国家科委、国家技术监督局联合颁发《实验动物质量管理办法》，规定全国执行统一的实验动物管理制度，对全国实验动物质量体系的建立、实验动物种子中心的建设与任务、实验动物国家标准的制定、实验动物生产和使用许可证制度的确立都做了明确规定。规定凡从事实验动物研究、保种、繁育、饲养、供应、使用、检测以及动物实验等一切与实验动物有关的领域和单位都适用该办法。

（二）实验动物种子中心与实验动物种源基地

目前，我国有7个实验动物种子、种源基地及数据信息资源中心。全国所有生产单位需要引种实验动物均需到这些种子、种源基地购买。它们分别是：①国家啮齿类实验动物种子中心——包括北京中心和上海分中心；②国家遗传工程小鼠种子中心——落户在南京大学浦口校区；③国家禽类实验动物种子中心——依托于中国农业科学院哈尔滨兽医研究所；④国家兔类实验动物种子中心——依托中科院上海实验动物中心；⑤国家犬类实验动物种子中心——落户广州医药研究总院有限公司；⑥国家非人灵长类实验动物种子中心（苏州分中心）——位于苏州西山岛；⑦国家实验动物数据资源中心——依托广东省实验动物监测所。其中，国家实验动物资源库主要收录、整合、保存国家各实验动物种子中心提供的实验动物生物学特性数据信息，提供完善的实验动物数据资源库及其查询管理系统，是国家自然科技资源平台科学数据的重要组成部分；中国实验动物信息网主要为生命科学、医学、药学以及相关学科的发展提供数据资源、技术服务和信息资源共享服务。同时，为更好地提供针对性、特色性的行业服务，国家实验动物数据资源中心旗下先后建立了国家实验动物质量检测管理平台、实验动物在线产品中心、实验动物许可证查询管理系统等多个应用管理系统，为行业人群和企业提供特定服务。

（三）实验动物生产条件的标准化

实验动物生产条件的标准化是对干扰实验动物的周围环境因素进行控制，重点是建筑设施、笼具、饲料、垫料等物质条件的标准化以及饲养室内环境各种参数（即温度、湿度、气流、风速、换气次数、氨浓度、噪声、照明和空气净化程度等）的标准化，具体标准参照GB 14925—2010。按照饲养实验动物的等级不同，其环境分为开放环境、屏障环境、隔离环境，分别用于饲养普通级动物、清洁级动物、SPF级和无菌级动物。

另外，饲喂实验动物的饲料中的蛋白质、脂肪、钙、磷、氨基酸、维生素等各类营养物质含量应配比均衡，以维持实验动物正常的生理功能，避免因营养不良而影响实验结果。清洁级以上动物的饲料应灭菌处理。饲料质量标准化的重点在于优质的原料、合理恒定的配方、饲料的颗粒化及其适宜的灭菌方法。我国实验动物国家标准（GB 14924—2010）对主要实验动物的饲料营养和卫生标准均有明确的规定。

（四）动物实验条件的标准化

动物实验过程中，应注意实验条件（参照GB 14925—2010）和实验操作的标准化。实验条件的标准化是指动物实验条件应与动物生产条件相配套，确保动物生产与使用条件的一致性，避免高级别实验动物进入低级别的实验设施。实验条件不仅仅是指环境条件，还有设施、设备条件、药品试剂标准等。这些条件都应尽可能做到标准化。而实验操作也是条件之一，因为实验操作是影响动物实验结果的重要因素，不同的人在相同的实验条件下，做相同实验，往往由于实验方法不同或细节的偏差而导致实验结果的不一致。因此，动物实验追求实验反应的重复性，而良好的反应重复性涉及具体的动物实验方法、操作，包括分组、编号、麻醉、给药、标本采集、病理学检查、尸检、尸体处理等，必须开展规范化研究，制定科学、合理、统一的规范。科研人员严格按照符合国际惯例的规范或标准进行实验。

（五）实验动物质量检测体系标准化

我国实验动物质量检测机构，分国家和省两级管理，统一培训检测人员，统一生产试剂盒。国家培训省级实验动物质量检测机构人员。各级实验动物检测机构执行国家标准《检测和校准实验室能力的通用要求》（GB/T 15481）。实验动物质量检测机构必须取得中国实验室国家认可委员会的认可并遵守有关规定。

（六）实验动物管理标准化

科技部主管全国实验动物工作，科技部条件财务司为职能司负责具体工作，各省（市）由科技厅（局）负责实验动物管理工作，属行政许可管理项目。

随着生物科学和技术的发展，人们对实验研究、鉴定和测试结果的可靠性和精确度的要求愈来愈高，要求试验结果具有准确性、重复性及可比性，而正确地选择与应用标准实验动物是达到这一目的的前提和保障。实验动物标准化已被国际公认。科研工作中使用符合标准的实验动物，是遵守国际惯例的表现，也是使科研成果具有科学性及严谨性的需要。1980年以前，我国对实验动物标准化的认识和研究不够，使得实验结果的严谨性、科学性受到质疑，阻碍了我国生命科学成果在国际上的交流。从1980年开始，我国着手进行实验动物标准化研究，充分吸纳国际通行的先进标准及管理原则，相继颁布了一系列实验动物管理条例和实验动物国家标准，各地区和各有关部门依据国家有关法规相继制定了各自的实验动物管理细则，以立法形式规范实验动物管理，形成了从中央到地方、纵横结合的3级实验动物管理体系，实施了实验动物质量合格证管理、动物实验设施条件和实验动物生产条件许可证制度，对从事实验动物工作人员实施注册、上岗证制度管理等，从制度上和机构上基本保障了标准化实验动物的生产、研究和应用。但实际工作中依然存在许多现实问题需不断完善。例如，一些单位虽然具备标准繁育措施，但墙上挂的各种相应规章制度、标准和守则等仅以应付上级主管部门检查为主，单位主管人员仅关注相应经济指标而无法启动有关监督程序。上级有关部门的定期检验结果有时只有一个静态参数，对动物质量不进行随时抽查，很难保证所饲养动物各项指标长期不变，此背景下所繁育的动物就很难成为标准实验动物，其相关实验结果很难具有重复性、科学性。

（七）全国实验动物标准化技术委员会

2005年3月18日国家标准化管理委员会正式批准成立了"全国实验动物标准化技术委员会"，编号为SAC/TC 281（国标委计划2005年第18号文件）。全国实验动物标准化技术委员会秘书处设在中国医学科学院实验动物研究所。全国实验动物标准化技术委员会成立后，由国家标准化管理委员会直接领导。工作范围包括在实验动物专业领域内，负责实验动物相关标准化技术归口工作；负责组织实验动物国家标准和行业标准的制定、修订和复审工作；负责组织实验动物国家标准和行业标准的宣传、解释、咨询等技术服务工作；对实验动物领域已颁布标准的实施情况进行调查和分析，承担实验动物专业标准化范围内产品质量标准水平评价工作；承担国际标准化组织对口机构的标准化技术业务工作以及对外开展标准化技术交流活动；承担实验动物专业引进项目的标准化审查工作，提出实验动物专业、行业、团体标准的制定、修订计划项目的建议。

三、实验动物标准化的保证体系

（一）实验动物的法制化管理

1988年，经国务院批准，国家科学技术委员会颁布了第2号令《实验动物管理条例》，是我国实验动物管理工作的第一个法规，这一法规的建立，标志着我国实验动物工作向标准化、法制化迈进。1994年10月，我国制定并颁布了控制实验动物质量的中华人民共和国国家标准，1998年原卫生部颁布第55号令《医学实验动物标准》；这一系列标准的建立，规章的颁布，使我国实验动物质量管理有章可循。随着国家实验动物种子中心的建设，实验动物质量管理办法、许可证管理办法、省级实验动物质量检测机构技术审查准则及细则等管理法规的出台，实验动物标准化工作取得了显著进展。

（二）实验动物从业人员的专业化

实验动物从业人员的素质，对实验动物科学的发展起关键性作用。目前约有不到三分之一的实验动物从业人员具有相关专业本科以上学历，很大比例的从业人员并非实验动物专业。我国各行业普遍采用了实验动物从业人员岗位资格认可的制度，经过多次各种形式的岗位工作专业技术培训，使实验动物从业人员取得岗位资格证书，能够胜任本职工作。国内现有不少高校正在进行或计划进行实验动物学的专业建设。可以预期，实验动物科技人才队伍结构将会逐步得到优化，从而保证实验动物标准化目标的实现。

（三）基础条件建设

基础条件建设是实验动物标准化的硬件保证。需要考虑的问题有：实验动物设施的选址是否符合要求；人流、物流布局是否合理；不同系统的饲养和管理设施是否分开；室内环境是否合格；动物笼器具是否达标；仪器设备能否满足工作需求，校正保养情况如何，质量检测监督工作是否到位等。这些都是保证实验动物标准化所必须考虑的细节问题。

（四）GLP和GMP

GLP（good laboratory practice）即优良实验室操作规范。经GLP认证的实验室，国际公认。GLP实验室的正常运行，人员素质是关键，实验设施是基础，标准操作规程（SOP）是手段，质量监督是保证。要保证动物实验取得准确、可靠、可重复的结果，必须规范动物实验；要规范动物实验，就必须实施优良实验室操作规范。推进GLP规范，做到动物实验规范化是大势所趋。

GMP（good manufacturing practice）即优良制造标准。随着GMP的发展，国际上实施了药品GMP认证。美、日、德等发达国家制药行业所执行的GMP标准中，把实验动物标准化管理摆到了相当重要的地位，视实验动物质量为产品质量保证的重要内容。我国于1993年由原国家科委第16号令《药品非临床研究质量管理规定（试行）》中重点强调了动物实验中标准操作规程的制定和管理，以法规形式对药品非临床研究中实验动物标准化管理作出了要求。实验动物与动物实验标准化的管理水平，是影响相关产业的重要因素，是相关产业的产品质量保证的前提。使用标准的实验动物进行标准的动物实验是药品GMP认证的基础条件之一。

四、实验动物许可证管理

科技部等7个部局于2001年12月颁布《实验动物许可证管理办法（试行）》，该办法规定从事实验动物生产、使用的单位和个人都必须首先取得实验动物生产、使用许可证。规定了取得实验动物生产许可证和实验动物使用许可证条件，以及在取得许可证之后应遵循的使用与管理原则。

《实验动物许可证管理办法（试行）》规定未取得实验动物生产许可证的单位不得从事实验动物生产、经营活动。未取得实验动物使用许可证的单位，或者使用的实验动物及相关产品来自未取得生产许可证的单位或质量不合格的，所进行的动物实验结果不予承认。这是推进实验动物标准化进程的重要步骤，是适合中国国情的实验动物标准化管理的有效手段。

（一）申请实验动物生产许可证的条件

（1）实验动物种子来源于国家实验动物种子中心或国家认可的种源单位，遗传背景清楚，质量符合现行的国家标准。

（2）具有保证实验动物及相关产品质量的饲养、繁育、生产环境设施及检测手段。

（3）使用的实验动物饲料、垫料及饮水符合国家标准及相关要求。

（4）具有保证正常生产和保证动物质量的专业技术人员、熟练技术工人及检测人员。

（5）具有健全有效的质量管理制度。

（6）生产的实验动物质量符合国家标准。

（7）法律、法规规定的其他条件。

（二）申请动物实验使用许可证的条件

（1）使用的实验动物及相关产品必须来自有实验动物生产许可证的单位，质量合格。

（2）实验动物饲育环境及设施符合国家标准。

（3）使用的实验动物饲料、垫料及饮水符合国家标准及相关要求。

（4）有经过专业培训的实验动物饲养人员和动物实验人员。

（5）具有健全有效的管理制度。

（6）法律、法规规定的其他条件。

（三）实验动物许可证的适用对象

实验动物生产许可证，适用于从事实验动物及相关产品保种、繁育、生产、供应、运输及有关商业性经营的组织和个人。实验动物使用许可证适用于使用实验动物及相关产品进行科学研究和实验的组织和个人。

（四）实验动物许可证的审批和发放

各省、自治区、直辖市科技厅（科委、局）负责受理许可证申请，并进行考核和审批。申请被受理后相关部门专家组会对申请单位的申请材料及实际情况进行审查和现场验收，出具专家组验收报告。专家审查时会按照《关于当前许可证发放过程中有关实验动物种子问题的处理意见》（国科财字〔1999〕044号）对申请生产许可证的单位的实验动物种子进行确认。对于评审合格的申请单位，各省、自治区、直辖市科技厅（科委、局）签发批准实验动物生产或使用许可证的文件，发放许可证，同时各会将有关材料（申请书及申请材料、专家组验收报告、批准文件）报送科技部及有关部门备案。实验动物许可证采取全国统一的格式和编码方法。

（五）实验动物许可证的管理和监督

凡取得实验动物生产许可证的单位，应严格按照国家有关实验动物的质量标准进行生产和质量控制。在出售实验动物时，应提供实验动物质量合格证，并附符合标准规定的近期实验动物质量检测报告。实验动物质量合格证内容应该包括生产单位、生产许可证编号、动物品种品系、动物质量等级、动物规格、动物数量、最近一次的质量检测日期、质量检测单位、质量负责人签字，使用单位名称、用途等。

具有实验动物使用许可证的单位在接受外单位委托的动物实验时，双方应签署协议书使用许可证复印件必须与协议书一并使用，方可作为实验结论合法性的有效文件。

实验动物许可证不得转借、转让、出租给他人使用。

许可证实行年检管理制度。年检不合格的单位，由省、自治区、直辖市科技厅（科委、局）吊销其许可证，并报科技部及有关部门备案，予以公告。

未取得实验动物生产许可证的单位不得从事实验动物生产、经营活动。未取得实验动物使用许可证的单位，或者使用的实验动物及相关产品来自未取得生产许可证的单位或质量不合格的，所进行的动物实验结果不予承认。

已取得实验动物许可证的单位，违反《实验动物许可证管理办法（试行）》规定生产、使用不合格动物的，一经核实，发证机关有权收回其许可证，并予公告。情节恶劣、造成严重后果的，依法追究行政责任和法律责任。

第三章　常用实验动物及其饲养管理

在实验动物相关工作中，对实验动物饲养和动物实验人员来说，了解并掌握常用实验动物的生物学特性和解剖生理特点，是养好实验动物的基础，也是做好动物实验的前提。只有充分了解了实验动物的特点和特性，才能够在实际工作中采取科学合理的饲养管理方式，科学地选择实验动物，合理地应用实验动物，正确地分析实验结果，得出准确、可靠的结论。

第一节　常用实验动物及其生物学特性

一、小　鼠

小鼠，拉丁学名*Mus musculus*，在生物分类学上属脊索动物门、哺乳纲、啮齿目、鼠科、小鼠属、小家鼠种。野生小家鼠经过长期人工饲养和选择培育，已育成许多品种（品系）的小鼠，并广泛应用于生物学、医学、兽医学领域的研究、教学以及药品和生物制品的研制和检定工作。

（一）生物学特性

（1）体型小：小鼠是哺乳动物中体型较小的动物，出生时体重仅1.5 g，体长20 mm 左右，1月龄体重达18～22 g，供实验使用；2 月龄体重达30 g左右。成年小鼠体重可达到30～40 g，体长110 mm 左右，尾长和体长通常相等，雄性动物体型稍大。由于体型小，适于操作和饲养；且占据空间小，适于大量生产。

（2）生长期短发育快：小鼠出生时赤裸无毛，全身通红，两眼紧闭，两耳粘贴在皮肤上，嗅觉和味觉功能发育完全；3日龄时脐带脱落、皮肤由红转白，有色鼠可呈淡淡的颜色，开始长毛和胡须；4～6日龄，双耳张开耸立；7～8日龄，开始爬动，下门齿长出，此时被毛已相当浓密；9～11日龄，听觉发育齐全，被毛长齐；12～14日龄，睁眼，上门齿长出，开始采食饮水；3周龄可离乳独立生活。寿命2～3年。

（3）成熟早、繁殖力强：雌鼠一般在35～45日龄，雄鼠在45～60日龄性发育成熟。雌鼠属全年多发情动物，发情周期为4～5 d，妊娠期19～21 d，哺乳期20～22 d，有产后发情的特点，特别有利于繁殖生产，一次排卵10～20个，每胎产仔数8～15只，年产6~9胎，生育期为1年。

（4）性情温顺，胆小怕惊，对环境反应敏感：小鼠经过长期培育驯养，性情温驯，易于抓捕，一般不会咬人，但在哺乳期或雄鼠打架时，会出现咬人现象。小鼠对外界环境的变化敏感，不耐冷热，对疾病抵抗力差，不耐强光和噪声。

（5）小鼠喜黑暗环境：习惯于昼伏夜动，其进食、交配、分娩多发生在夜间。

（6）喜欢啃咬：因门齿生长较快，需经常啃咬坚硬物品。

（7）雄鼠好斗：性成熟后的小鼠群居时易发生斗殴。

（8）小鼠有20对染色体。

（二）解剖学特点

（1）齿式：2（门1/1，犬0/0，前臼0/0，臼3/3）=16，门齿终生不断生长。

（2）肝脏分4叶：左叶、右叶、中叶和尾叶。雄鼠脾脏比雌鼠明显大，可超过50%。

（3）雄鼠生殖器官中有凝固腺：在交配后分泌物可凝固于雌鼠阴道和子宫颈内形成阴道栓。

（4）雌鼠子宫为双子宫型：出生时阴道关闭，从断奶后到性成熟才慢慢张开。

（5）雌鼠有5对乳腺，3对位于胸部，可延续到背部和颈部。2对位于腹部，延续到鼠蹊部、会阴部和腹部两侧，并与胸部乳腺相连。

（6）淋巴系统特别发达，性成熟前胸腺最大，35~80日龄时渐渐退化。

（7）小鼠无汗腺，有褐色脂肪组织，参与代谢和增加热能。

（三）生理特点

（1）不耐饥饿：小鼠的胃容量小，功能较差，不耐饥饿；肠道短，且盲肠不发达，以谷物性饲料为主。

（2）不耐热：小鼠体温正常情况下为37~39℃。对因环境温度的波动发生的生理学变化相当大。由于小鼠的体表蒸发面与整个身体相比所占的比例大，因此，对减少饮水比大多数哺乳动物更为敏感。所以小鼠特别怕热，如饲养室温度超过32℃，常会造成小鼠死亡。

（3）肠道菌群丰富：与其他动物一样，小鼠肠道内存在大量的细菌，约有100多种。这些细菌有选择地定居在消化道不同部位，构成一个复杂的生态系统。其生理作用有：①抑制某些肠道病原菌的生长，从而增加对某些致病菌的抗病力；②正常菌群可合成某些必需维生素，供小鼠体内生命代谢的需要；③维持体内各种重要生理机能的内环境稳定。

（4）对多种病毒、细菌敏感：小鼠对流感、脑炎、狂犬病、支原体、沙门菌等病原体尤其敏感。

二、大　鼠

大鼠，拉丁学名*Rattus norvegicus*，在生物分类学上属脊索动物门、哺乳纲、啮齿目、鼠科、大家鼠属、褐家鼠种。大鼠是野生褐家鼠的变种，18世纪后期开始人工饲养，现已广泛应用于生命科学等研究领域。

（一）生物学特性

（1）大鼠是昼伏夜动的杂食动物：大鼠白天喜欢挤在一起休息，晚上活动量大，吃食多，食性广泛，每天的饲料消耗量为 5 g/100 g 体重，饮水量为 8～11 mL/100 g 体重，排尿量为5.5 mL/100 g 体重。

（2）生长发育快：初生仔无毛，闭眼，耳粘贴皮肤，耳孔闭合，体重 6～7 g，3～5 d耳朵张开，约7 d可见明显被毛，8～10 d门齿长出，14～17 d开眼，19 d第一对臼齿长出，21 d第二对臼齿长出，35 d第三对臼齿长出，60 d体重可达到 180～240 g，可供实验用。寿命一般3～4年。

（3）繁殖力强：大鼠为全年多发情动物。雄鼠2月龄、雌鼠 2.5月龄达性成熟，性周期4.4～4.8 d，妊娠期19～21 d，哺乳期21 d，每胎均产仔 8 只。生育期 1 年。

（4）性情较温顺：大鼠不似小鼠那样好斗，行动迟缓，易捕捉。方法粗暴、环境恶劣时容易被激怒，此时捕捉易咬手，尤其是哺乳期母鼠，常会主动咬手。

（5）喜安静，喜啃咬：大鼠对噪声敏感，噪声能使其内分泌系统紊乱、性功能减退、吃仔或死亡。所以大鼠宜居黑暗、安静环境。大鼠门齿较长，有啃咬习性。

（6）嗅觉灵敏：大鼠对空气中的灰尘、氨气、硫化氢极为敏感。如饲育间不卫生，可引起大鼠患肺炎或进行性肺组织坏死而死亡。

（7）对于湿度要求严格：大鼠饲养室内应保持相对湿度40%～70%。如空气过于干燥，易发生环尾病，可发展为尾巴节节脱落或坏死。湿度过高又易产生呼吸系统疾病。

（8）对外界刺激反应敏感：大鼠的垂体、肾上腺功能发达，应激反应敏感，行为表现多样，情绪敏感。

（9）大鼠有 21 对染色体。

（二）解剖学特点

（1）齿式：2（门1/ 1，犬0/ 0，前臼0/0，臼3/3）=16，门齿终生不断生长。

（2）大鼠垂体较弱地附于漏斗下部，胸腺由叶片状灰色柔软腺体组成，在胸腔内心脏前方，无扁桃体。

（3）食管和十二指肠相距很近。胃分前后两部分，前胃壁薄，后胃壁厚，由腺组织构成。肠道较短，盲肠较大。

（4）肝分6叶，再生能力强。没有胆囊。胰腺分散，位于十二指肠和胃弯曲处。

（5）肾为蚕豆形，单乳头肾，肾浅表部位即有肾单位，肾前有一米粒大肾上腺。

（6）有6对乳头：胸部和鼠蹊部各有3对乳头。

（7）大鼠的汗腺不发达：仅在爪垫上有汗腺，尾巴是散热器官。大鼠在高温环境下，靠流出大量的唾液来调节体温。

（三）生理学特点

（1）大鼠对营养缺乏非常敏感：特别对氨基酸、蛋白质、维生素的缺乏十分敏感。尤其是维生素A缺乏会使大鼠性情暴躁，易咬人。

（2）心电图特点：大鼠（包括小鼠）心电图中没有S-T段，甚至有的导联也不见T波。

（3）生殖特点：成年雌性大鼠在发情周期不同阶段，阴道黏膜可发生典型变化，采用阴道涂片法观察性周期中阴道上皮细胞的变化，可推知性周期各个时期中卵巢、子宫状态及垂体激素的变动。有产后发情的特点，大鼠发情多在夜间，排卵多在发情后第2天早上2—5时，于交配后在雌性大鼠阴道口形成阴道栓，但阴道栓常碎裂成3～5块，乳白色，可能带有血液落入粪盘中。

（4）不能呕吐：大鼠胃中有一条皱褶，收缩时会堵住贲门口，导致不能呕吐。

三、豚　鼠

豚鼠，拉丁学名*Cavia porcellus*，又名天竺鼠、海猪、荷兰猪，系哺乳纲、啮齿目、豚鼠科、豚鼠属、豚鼠种。由于豚鼠性情温顺，后被人工驯养。1780年首次用于热原试验，现分布世界各地。

（一）生物学特性

（1）形态特征：豚鼠头颈粗短，身圆，四肢较短，没有尾巴，不善于攀登跳跃，但奔跑迅速。

（2）采食行为：豚鼠属草食性动物，其咀嚼肌发达，胃壁较薄，盲肠发达，喜食禾本科嫩草，对粗纤维需要量比家兔高，两餐之间也有较长的休息时间。一般不食苦、咸、辣和甜的饲料，对发霉变质的饲料也极敏感，常因此引起减食、废食和流产等。

（3）喜群居，喜干燥：豚鼠喜群居，一雄多雌的群体形成明显的稳定性，其活动、休息、采食多呈集体行为，休息时紧挨躺卧。豚鼠喜欢干燥清洁的生活环境且需较大面积的活动场地，单纯采用笼养方式易发生足底部溃烂。

（4）性情温顺：豚鼠很少发生斗殴，斗殴常发生在新集合在一起的成年动物中，特别是其中有两个以上雄性种鼠时较常发生。豚鼠很少咬伤饲养管理和实验操作人员。

（5）反应能力：豚鼠胆小易惊，对外界突然的响声、震动或环境的变化十分敏感，常出现呆滞不动，僵直不动，可持续数秒至20 s后四散逃跑，此时表现为耳郭竖起（即普赖反射），并发出一种吱吱的尖叫声。

（6）生活习惯差：经常会在食盆或料斗中、饮水盆中大小便，在食盆中盘桓，弄脏饲料、饮水。

（7）生长发育快：豚鼠出生时胚胎发育完全，被毛长齐，眼睁开，有门齿，能走路，出生后4～5 d就能吃饲料，一般出生后15 d体重比初生时增加1倍左右，2月龄能达到400 g左右，5月龄体成熟时的体重，雌鼠为700 g，雄鼠在750 g左右。豚鼠生长发育的快慢与其品种、品系、胎次、哺乳只数、雌鼠哺乳能力以及饲养条件等相关。

（8）繁殖率低：豚鼠是非季节性的连续多次发情动物。豚鼠的性成熟，雌性为30～45日龄，雄性为70日龄。豚鼠的性成熟并非体成熟，只有达到体成熟时才能交配繁殖后代。豚鼠性周期为13～20 d（平均16 d），发情时间多在下午5点到第2天早晨5点。豚鼠的怀孕期58～72 d，平均胎产仔数2～3只，繁殖率较低。在分娩后12～15 h后出现1次产后发情，可持续19 h，此时受孕率可达80%。豚鼠生育期约1.5年。

（9）豚鼠的寿命4～5年：寿命与品种、营养及饲养环境关系密切，有报道可存活8年。

（10）豚鼠有32对染色体。

（二）解剖学特点

（1）齿式：2（门1/1，犬0/0，前臼1/1，臼3/3）=20。36块脊椎骨，趾上的爪锐利。耳蜗网发达，故听觉敏锐，听觉音域广，两眼明亮。耳壳较薄，血管鲜红明显，上唇分裂。

（2）肺分7叶，右肺4叶，左肺3叶，胸腺在颈部，位于下颌骨角到胸腔入口之间，有两个光亮、淡黄细长椭圆形充分分叶的腺体。肝分5叶，胃壁很薄，主要是皱襞。肠管较长，约为体长的10倍。盲肠极大，占腹腔容积的1/3，充满时，大约占体重的15%。

（3）雄性豚鼠精囊很明显，阴茎端有两个特殊的角形物，雌鼠有左右两个完全分开的子宫角，有阴道闭合膜，仅有1对乳腺，位于鼠蹊部，左、右各1个。

（三）生理学特点

（1）体内不能合成维生素C：豚鼠体内不能合成维生素C，必须从饲料中添加。

（2）对抗生素敏感：豚鼠对青霉素、四环素、红霉素等抗生素特别敏感，给药后易引起急性肠炎或死亡。对青霉素敏感性比小鼠高100倍，无论其剂量多大，途径如何，均可引起小肠炎和结肠炎，使其发生死亡。

（3）体温调节能力差：豚鼠自身体温调节能力比较差，受外界温度变化影响较大，新生的仔鼠更为突出。当室内温度反复变化比较大时，易造成豚鼠自发性疾病流行，当室温升至35～36℃时，易引起豚鼠急性肠炎（由链球菌和大肠杆菌等细菌所致）。饲养豚鼠最适温度在20～22℃。

四、地　鼠

地鼠又名仓鼠，属哺乳纲、啮齿目、鼠科、地鼠亚科。实验用地鼠由野生地鼠驯养而成。作为实验动物的地鼠主要是金黄地鼠（golden hamster）、中国地鼠（Chinese hamster）。

（一）生物学特性

金黄地鼠成年体长16～19 cm，尾粗短，耳色深呈圆形，眼小而亮，被毛柔软。常见地鼠脊背为鲜明的淡金红色，腹部与头侧部为白色，由于突变，毛色和眼的颜色产生诸多变异，可有野生色、褐色、乳酪色、白色、黄棕色等，眼亦有红色和粉红色。

昼伏夜行，一般晚20—23时活动频繁，不敏捷，易于捕捉。牙齿很坚硬，胆小，警觉敏感，嗜睡。常有食仔癖。喜居温度较低，湿度稍高环境。

中国地鼠灰褐色，体型小，长约9.5 cm，眼大、黑色，外表肥壮，吻钝，短尾，背部从头顶至尾基部有一暗色条纹。行动迟缓，喜独居，晚上活动，白天睡眠。地鼠好斗，雌鼠比雄鼠体型大且凶猛，非发情期不让雄地鼠靠近。性成熟30日龄左右，性周期4～5 d，妊娠期14～17 d（平均15.5 d），是妊娠期最短的哺乳类实验动物。哺乳期21 d，窝产仔数4～12只，有假孕现象。生长发育迅速。寿命约2～3年。金黄地鼠有22对染色体，中国地鼠只有11对且大多数能相互鉴别，尤其Y染色体形态独特。

（二）解剖学特点

（1）齿式：2（门1/1，犬0/0，前臼0/0，臼3/3）=16。

（2）地鼠颊囊缺乏腺体和完整的淋巴管通路。

（3）金黄地鼠颊囊位于口腔两侧，由一层薄而透明的肌膜组成，用以运输和贮藏食物。雌鼠乳头6～7对。

（4）中国地鼠颊囊容易牵引翻脱。无胆囊，胆总管直接开口于十二指肠。大肠相对短，其长度与体长比值约为金黄地鼠的一半。细支气管上皮为假复层柱状上皮，与人类相近。睾丸硕大，占体重的3.5%。雌鼠乳头4对。

（三）生理学特点

（1）发情排卵受光照影响明显：排卵的早晚和照明时间有关，如果人工控制光照，变黑暗后2～3 h即可发情。排卵后阴道内有大量分泌物，甚至可排出阴门外，黏稠的分泌物可拉15～20 cm长，白色奶油状不透明，有明显气味。

（2）皮肤移植反应特别：地鼠对皮肤移植的反应很特别，同一封闭群内个体间的皮肤移植常可存活，并能长期生存下来，而不同群个体间的移植100%被排斥。

（3）颊囊无排异反应：颊囊缺少组织相容性，可进行肿瘤移植。

（4）有嗜睡习惯：地鼠嗜睡，睡眠很深时，全身肌肉松弛且不易弄醒，甚至有时被误认为死亡。室温4～9℃时金黄地鼠会发生冬眠，此时，体温、心率和呼吸数下降，但保留触觉和对热刺激的反应。从冬眠恢复正常需2～3 d，而进入冬眠多在12 h内完成。中国地鼠无冬眠现象。

五、兔

兔，拉丁学名*Oryctolagus cuniculus*。系哺乳纲、兔形目、兔科、穴兔属、穴兔种。实验兔是由野生穴兔经驯养选育而成的。

（一）生物学特性

（1）穴居性：兔具有打洞居住的本能。

（2）生长发育迅速：仔兔出生时全身裸露，眼睛紧闭，出生后3～4 d即开始长毛；10～12 d眼睛睁开，出巢活动并随母兔试吃饲料，21 d左右即能正常吃料；30 d左右被毛形成。仔兔出生时体重约50 g，1月龄时体重相当初生的10倍。

（3）繁殖力强：兔属常年多发情动物。性周期一般为8～15 d，妊娠期30～33 d。哺乳期 25～45 d（平均42 d），窝产仔1～10只（平均7只）。适配年龄，雄性7～9月龄，雌性6～7月龄。正常繁殖年限2～3年。雌兔有产后发情现象。

（4）具有夜行性和嗜睡性：兔夜间十分活跃，而白天表现十分安静，除喂食时间外，常常闭目睡眠。

（5）有食粪癖：兔有夜间直接从肛门口吃粪的特性。兔排泄两种粪便，一种是硬的颗粒粪球，在白天排出；一种是软的团状粪便，在夜间排出。

（6）胆小怕惊：L听觉和嗅觉都十分灵敏，突然来临的噪声、气味、其他动物都可使其受到惊吓，受惊吓后会乱奔乱窜。

（7）性情温驯但群居性较差：如群养同性别成兔经常发生斗殴咬伤。

（8）厌湿喜干燥：家兔喜欢居住在安静、清洁、干燥、凉爽、空气新鲜的环境，对湿度大的环境极不适应。

（9）具有啮齿行为：家兔喜磨牙，具有类似啮齿动物的啃咬行为，在设计、配置笼舍和饲养器具时应予充分注意。

（10）兔染色体为22对。

（二）解剖学特点

（1）齿式：2（门2/1，犬0/0，前臼3/2，臼3/3）=28，与啮齿类动物不同的是有 6 颗切齿。上唇纵裂，形成豁嘴，门齿外露。

（2）胸腔由纵隔分成互不相通的左右两部分，因此，开胸进行心脏手术不需做人工呼吸。

（3）小肠和大肠的总长度约为体长的10倍；盲肠非常大，在回肠和盲肠相接处膨大形成一个厚壁的圆囊，这就是兔所特有圆小囊（淋巴球囊），有 1 个大孔开口于盲肠。圆小囊内壁呈六角形蜂窝状，里面充满着淋巴组织，其黏膜不断地分泌碱性液体，中和盲肠中微生物分解纤维素所产生的各种有机酸，有利于消化。

（4）雄兔的腹股沟管宽短，终生不封闭，睾丸可以自由地下降到阴囊或缩回腹腔。雌兔有2个完全分离的子宫，为双子宫类型。左右子宫不分子宫体和子宫角，2个子宫颈分别开口于单一的阴道。有4对乳腺。

（三）生理学特点

（1）草食性：兔是草食性动物，喜食青、粗饲料，其消化道中的淋巴球囊有助于对粗纤维的消化，对粗纤维和粗饲料中蛋白质的消化率都很高。

（2）幼兔易发生消化道疾病：幼兔消化道发炎时，消化道壁变为可渗透的，这与成年兔不同，所以幼兔患消化道疾病时症状严重，并常有中毒现象。

（3）对环境温度变化的适应性，有明显的年龄差异：幼兔比成年兔可忍受较高的环境温度，初生仔兔体温调节系统发育很差，因此体温不稳定，至10日龄才初具体温调节能力，至 30 日龄被毛形成，热调节机能进一步加强。适应的环境温度因年龄而异，初生仔兔窝内温度30～32℃；成年兔15～20℃，一般不低于5℃，不高于25℃。

（4）对热源反应灵敏恒定：家兔被毛较厚，主要依靠耳和呼吸散热，易产生发热反应，对热源反应灵敏、典型、恒定。

（5）刺激性排卵：家兔性周期不明显，但雌兔可表现出性欲活跃期，表现为活跃、不安、跑跳踏足、抑制、少食、外阴稍有肿胀、潮红、有分泌物。通常需要交配刺激诱发排卵，一般在交配后10～12 h排卵。

六、犬

犬，拉丁学名*Canis familiaris*，属于脊索动物门、哺乳纲、食肉目、犬科、犬属、犬种。犬是最早被驯化的家养动物，其历史约有12万年之久。其发源地至今未知。一般认为狼、狐和胡狼等犬科动物与犬有一定的亲缘关系。从20世纪40年代开始，犬才作为实验动物应用。

（一）生物学特性

（1）聪明机警，爱好近人：犬易于驯养，善与人为伴，有服从人的意志的天性，能够领会人的简单意图。

（2）对外环境的适应能力强：犬能适应比较热和比较冷的气候。

（3）肉食性：犬为肉食性动物，善食肉类和脂肪，同时喜欢啃咬骨头以磨利牙。

（4）运动性：犬习惯不停地活动，因此要求有足够的运动场地。对生产繁殖的种犬，更应注意应有足够的活动场地和活动量。

（5）情绪性：犬常用摇尾、跳跃表示内心的喜悦，吠叫可以是诉求，也可能是进攻的前兆。犬在饲养管理过程中如被粗暴对待，往往容易恢复野性。

（6）易建立条件反射：犬的神经系统较发达，能较快地建立条件反射。犬的时间观念和记忆力都很强。

（7）归向感好：犬远离主人或住地，仍能够回家。

（8）繁殖特性：犬属于春秋季节单发情动物，性成熟 280～400 d，性周期180 d（126～240 d），发情期 13～19 d，妊娠期60 d（58～63 d），哺乳期 60 d，胎产仔数1～8只，适配年龄雄犬1.5年，雌犬1～1.5年。

（9）寿命10～20年。

（10）染色体39对。

（二）解剖学特点

（1）乳齿齿式：2（门3/3，犬1/1，前臼3/3，臼0/0）=28；成年齿式：2（门3/3，犬 1/1，前臼4/4，臼2/3）=42。

（2）眼水晶体较大。嗅脑、嗅觉器官、嗅神经、鼻神经发达，鼻黏膜上布满嗅神经，无锁骨，肩胛骨由骨骼肌连接躯体。食管全由横纹肌构成。

（3）具有发达的血液循环和神经系统，内脏与人相似，比例也近似。胸廓大，心脏较大。肠道短，尤其是小肠。肝较大，胰腺小，分两支，胰岛小，数量多。

（4）皮肤汗腺极不发达，趾垫有少许汗腺。

（5）雄犬无精囊和尿道球腺，有一块阴茎骨。雌犬有乳头4～5对。

（三）生理学特点

（1）有不同的神经类型：犬一般分成活泼型、安静型、不可抑制型、衰弱型。神经类型不同，导致性格不同，用途也不一样。

（2）嗅觉特别灵敏：犬的嗅脑、嗅觉器官和嗅神经极为发达，所以犬的嗅觉特别灵敏。能够嗅出稀释千万分之一的有机酸。尤其是对动物性脂肪酸更为敏感。实验证明，犬的嗅觉能力是人的1 200倍。

（3）听觉敏锐：犬的听觉很敏锐，大约为人的16倍，犬不仅可分辨极细小的声音，而且具有对声源的判断能力，还可根据音调、音节的变化建立对简单语言的条件反射。

（4）视觉较差：犬的每只眼睛有单独视野，视角不足25°，并且无立体感。犬对固定目标，50 m以内可看清，但对运动目标，则可感觉到825 m远的距离。犬视网膜上没有黄斑，即没有最清楚的视点，因而视力较差。犬是红绿色盲，所以不能以红、绿色作为条件刺激物来进行条件反射试验。

（5）味觉极差：犬的味觉迟钝，很少咀嚼，吃东西时，不是通过细嚼慢咽来品尝食物的味道，主要靠嗅觉判断食物的好坏和喜恶。因此，在准备犬的食物时，要特别注意气味的调理。

（6）消化过程与人类似：犬有与人相似的消化过程，但对脂肪酸的耐受力比人强，对蔬菜的消化能力比人差。

七、小型猪

猪在生物学分类上属哺乳纲、偶蹄目、野猪科、猪属。

（一）生物学特性

小型猪体型矮小，性情温顺。为杂食性动物，有用吻突到处乱拱的习性。成年猪的体重一般在80 kg以下，无毛或有稀疏的被毛。毛色白、黑、黑白及褐色。为全年性多发情动物，性成熟早，小型猪性成熟时间，雌猪为4~8月龄，雄猪为6~10月龄，性周期16~30 d，发情持续时间为1~4 d；排卵时间至发情开始后25~35 h，最适交配期在发情开始后10~25 h，妊娠期114 d，每胎产仔2~10头。寿命最长达27年，平均16年。

（二）解剖学特点

小型猪的皮肤组织结构与人类很相似，具有皮下脂肪层。其汗腺为单管状腺，皮脂腺有发达的唾液腺，但消化纤维能力有限，只能靠盲肠内少量共生的有益微生物将纤维素分解。小型猪的脏器重量近似于人类。胃为单室混合型，在近食管口端有一扁圆锥形突起，称憩室。盲肠较发达。肺分叶明显，叶间结缔组织发达。两肾位于 Ⅰ~Ⅳ 腰椎水平位，呈蚕豆状。汗腺不发达，幼猪和成年猪都怕热，猪的胎盘类型属上皮绒毛膜型，母源抗体不能通过胎盘屏障，只能从初乳中获得。

（三）生理特点

喜食甜食，舌体味蕾能感觉甜味；胃内分泌腺分布在整个胃内壁上，这与人很接近；消化特点介于食肉类与反刍类之间；消化过程、营养需要、骨骼发育以及矿物质代谢都与人极其相似；心血管分支、红细胞成熟时期、肾上腺及雄性尿道等形态结构以及血液生化部分指标都与人接近；胆囊浓缩胆汁能力低；具有广泛的遗传多样性。

八、猕　猴

非人灵长类包括除人以外的所有灵长类动物，属于哺乳纲、灵长目。非人灵长类是人类的近属动物，其组织结构、生理和代谢功能与人类相似，应用此类动物进行实验研究，最易解决与人类相似的病害及其有关机理，是极为珍贵的实验动物，其价值远非其他种属动物所能比拟。非人灵长类动物有数十种，包括最原始的树鼩，近人类的长臂猿、猩猩，以及应用最多的猕猴。目前，实验用猕猴已从野外捕捉为主转为人工饲养繁殖为主。

非人灵长类动物既具有哺乳动物的共同特征，又具有自身的特点，现以生物医学使用最多的猕猴为代表，介绍其生物学特征及解剖、生理特点等方面的内容。

（一）生物学特性

（1）喜居山林：猕猴一般生活在山林区，有些猴群则生活在树木很少的石山上。

（2）群居性强：猕猴群与群之间喜欢吵闹和撕咬。每群猴均由一只最强壮、最凶猛的雄猴做"猴王"。在"猴王"的严厉管制下，其他雄猴和雌猴都严格地听从，吃食时"猴王"先吃，但"猴王"有保卫整群安全生存的天职。

（3）杂食性：猕猴是杂食性动物，以素食为主。

（4）聪明伶俐：猕猴聪明伶俐，胆小。吃食时，先将食物送进颊囊中，不立即吞咽，待采食结束后，再以手指将颊囊内的食物顶入口腔内咀嚼。

（5）繁殖特性：雄猴性成熟为3岁，雌猴为2岁。雌猴为单子宫，月经周期为28 d（变化范围为21～35 d），月经期多为2～3 d（变化范围为1～5 d）。雌猴在交配季节，生殖器官周围区域发生肿胀，外阴、尾根部、后肢的后侧面、前额和脸部等处的皮肤都会发生肿胀。雌猴怀孕期为156～180 d（平均为164 d），哺乳期为7～14个月。每年可怀1胎，每胎产1仔。

（6）母婴协调：母猴对婴猴照顾特别周到，新生婴猴不需母猴协助，能以手指抓母亲的腹部皮肤或背部，在母亲的携带之下生活。母猴活动、跳跃时婴猴都不会掉落。出生后7周左右，离开母猴同其他婴猴一起玩耍。

（二）解剖学特点

（1）乳齿齿式：2（门2/2，犬1/1，前臼2/2）=20；恒齿齿式：2（门2/2，犬1/1，前臼2/2，臼3/3）=32。

（2）猴的大脑发达，具有大量的脑回和脑沟。

（3）猴的四肢没有人类发达。四肢粗短，具有五趾，前肢比后肢发达，后肢的大拇指较小而活动性大，可以内收、外展。前肢的大拇指与其他4指相对，能握物攀登。猕猴的趾甲为扁平状，这也是高等动物的一个特征。

（4）猕猴属的各品种都具有颊囊，颊囊是利用口腔中上下黏膜的侧壁与口腔分界的。颊囊是用以贮存食物的，这是因为摄食方式的改变而发生的进化特征。

（5）猕猴的胃属单室，呈梨形。小肠的横部较发达，上部和降部形成弯曲，呈马蹄形。盲肠发达，为锥形的囊。胆囊位于肝脏的右中叶，肝分6叶。

（6）猕猴的肺为不成对肺叶，右肺为3～4叶（最多为4叶），左肺为2～3叶，宽度大于长度。

（三）生理学特点

（1）体内不能合成维生素C：猴体内缺乏维生素C合成酶，自身不能合成维生素C，需要从饲料中摄取。

（2）神经系统较发达：猕猴有发达的神经系统，因而它的行为复杂，能用前后肢操作。

（3）视觉较人敏感：猴的视网膜上有一黄斑，黄斑上的锥体细胞与人相似；猴有立体视觉能力，能分辨出物体间位置和形状，产生立体感；猴也有色觉，能分辨物体各种颜色，它还具有双目视力。

（4）嗅觉稍差：猴的嗅觉器官处于最低的发展阶段，嗅脑不十分发达，嗅觉的强度退化，但嗅觉在猴的日常生活中还起着重要的作用，当它们初次接触到任何物品时，都需先嗅一嗅。

（5）对特定细菌敏感：猕猴对痢疾杆菌和结核杆菌极敏感，并常携带有B病毒。B病毒可感染人，严重者可致死亡。

第二节 常用实验动物的饲养管理

一、小 鼠

（一）饲养管理

（1）小鼠喂给颗粒状饲料，饲料中蛋白质含量应在18%～22%，可增加0.1%～1%的鱼肝油。小鼠对维生素A的过量敏感，尤其是妊娠小鼠会出现繁殖紊乱、胚胎畸形。小鼠喜吃淀粉含量高的饲料，碳水化合物比重可稍大些。不同品系小鼠对饲料组成要求有一定差别。

（2）小鼠属于杂食性动物，胃容量较小，有随时采食习性，夜间更为活跃。一周喂水、料2～3次即可，但应经常检查料斗、水瓶是否有足够量的饲料、饮水。各种动物的饲料、饮水摄取量和粪尿排泄量如表3-1。随着小鼠生长发育和繁殖阶段不同，饲料消耗量及要求有所不同，对开眼和断奶鼠，应加喂营养较高的颗粒料或饲料。哺乳期可加喂葵花籽，生产用种母鼠还可加喂大麦芽（3～5 g/d）和加有鸡蛋的饲料。配种的雄鼠不宜过肥。

表3-1 各种动物每日的饲料、饮水需要量及粪尿排泄量

动物品种	饲料需要量	饮水需要量	粪便量	尿 量
小鼠（成熟龄）	2.8～7.0 g	4～7 mL	1.4～2.8 g	1～3 mL
大鼠（50 g）	9.3～18.7 g	20～45 mL	7.1～14.2 g	10～15 mL
豚鼠（成熟龄）	14.2～28.4 g	85～150 mL	21.2～85.0 g	15～75 mL
兔（1.4～2.3 kg）	28.4～85.1 g	60～140 mL/kg 体重	14.2～56.7 g	40～100 mL/kg 体重
金黄地鼠（成熟龄）	2.8～22.7 g	8～12 mL	5.7～22.7 g	6～12 mL
小型猪（成熟龄）	227～907 g	1～1.91 L	0.9～1.8k g	0.9～1.91 L
犬（成熟龄）	226.8 g	25～35 mL/kg 体重	118～340 g	65～400 mL
猫（2～4 kg）	113～227 g	100～200 mL	56.7～227 g	20～30 mL/kg 体重
红毛猴（成熟龄）	113～907 g	200～950 mL	110～300 mg/kg 体重	110～550 mL

（3）每周更换垫料和清洗鼠笼1~2次。保持室内卫生，定期彻底清洗。室内每天选用0.1%新洁尔灭、0.1%消毒灵等消毒液湿抹笼架、墙壁和拖地。也可使用吸尘器吸尘后再进行湿抹和拖地。

（二）繁　殖

（1）留种：种鼠要求健康、活泼，亲代具有较强的生殖能力、泌乳能力，封闭群窝产仔在11只以上，生长发育快，个体大，断奶重在12 g以上，头部宽广，颈长适中，背宽平直，躯干匀称，腹紧胸满，四肢短而有力，生殖器官正常等，一般在2~3胎的仔鼠中选后备种鼠。封闭群的生产群留种时，同窝中一般只留单一性别作扩繁种用。近交系应按品系要求选留。

（2）建立卡片档案：离乳时，雌雄即应分开饲养，不同饲育室盒中的待发群雄鼠不要轻易合群，以防打斗。

（3）保证种鼠营养，采取繁殖雌雄鼠长期同居的生产方式：生产群种母鼠要保证足够的营养，及时调整哺乳仔鼠的数量，雌雄长期同居，可利用雌鼠产后发情，增加生产胎次。

（4）供实验用的待发鼠群要注意品系、日龄、体重等资料的完整。动物一旦发出，不得再返回动物室收养。

（5）小鼠的繁殖方式：根据近交系、杂交一代、突变系、封闭群的不同要求采用不同方式配种。种群和扩大繁殖群要分开。

二、大　鼠

（一）饲养管理

（1）大鼠喂给颗粒饲料，饲喂方法同小鼠。喂料量随不同生长发育阶段，如妊娠、带仔、交配的需求做适当调整。

（2）每周可添加一次葵花籽、多维素片。每日检查动物的活动情况，并详细记录。

（3）保持室内安静、干燥，避免强光刺激，每日光照12~13 h。饲养室内湿度控制要特别注意，不能高湿，更不能低湿。大鼠肝脏微粒体酶活性极易受某些化学药物影响，使用杀虫剂、消毒剂要谨慎。

（4）大鼠病原体多是通过气溶胶携带传播，过度拥挤、通风不良、氨浓度过高等，易导致大鼠呼吸道感染，特别是支原体病的发生。

（5）大鼠的皮屑、毛、血清等作为人的变应原会影响饲养人员。

（6）认真做好饲养管理的工作记录，如生产繁殖情况，环境、微生物检测情况，卫生消毒情况，供应使用情况等。

（二）繁　殖

繁殖方法基本同小鼠。种鼠从2~3胎、窝产仔10只以上的仔鼠中选留。断奶后，雌雄分开饲养。随时淘汰吃仔的母鼠。雄性种鼠可使用1年左右。

三、豚　鼠

（一）饲养管理

（1）豚鼠可喂给颗粒饲料，由于不能合成维生素C，需经常补给新鲜蔬菜，如甘蓝、胡萝卜等，补给青草和干草，保持不断，任其自由采食，每日上、下午各喂1次。随豚鼠各发育阶段调整喂饲量，饲料质量要严格控制，不轻易更换。食具也应注意不要随意调换。

（2）经常保持饮用水的新鲜，维生素C也可按0.2～0.4 mg/L加入饮用水中，但不能加于含氯水中。垫料可用刨花，也可以用玉米芯或粗的锯末，一定要及时做好清洁卫生工作。

（3）饲养室内环境力求恒定，变化要小，注意防暑、防湿、防止贼风。笼养时笼底要平整光滑，以免弄伤腿脚。要保持饲养室内安静。

（二）繁　殖

繁殖一般采用1雄与10个以下雌性豚鼠长期同居交配法，亦可采用1雄1雌定期同居交配法。种鼠从2～4胎仔鼠中选留，平均繁殖年限1.5年。离乳后，雌雄鼠分开饲养，防止由于性成熟早而出现早配现象。做到适时配种，太早、太迟、过胖的豚鼠均易发生难产。

四、地　鼠

（一）饲养管理

（1）可用小鼠饲料喂地鼠。每周加喂含20%鸡蛋的玉米粉软料1次，青绿饲料每周3次或每日1次。种雄鼠和幼鼠饲料的蛋白质含量应不低于20%，注意补充维生素，给予充足的清洁饮水。

（2）可用笼养或池养，垫料每周更换1次。妊娠后，笼内加入巢材。仔鼠离乳后，雌雄分开饲养，种鼠最好从春夏季出生的2～3胎仔鼠中选择。保持室内安静，空气流通，相对湿度在50%～60%较好。

（二）繁　殖

交配时将发情雌鼠放入雄鼠笼内，交配完毕后取出单养。也可采用长期同居方式，但要注意雄鼠易被咬伤。

五、兔

（一）饲养管理

（1）兔应饲喂颗粒状饲料。兔饲料配方中除需要蛋白质、维生素、矿物质外，还应有适量的粗纤维饲料，粗纤维不得少于日粮的11%，可补喂苜蓿草、新鲜青饲料，也可把脱水蔬菜、苜蓿粉加入颗粒料内。添加饲料以一昼夜吃完为度，防止暴食。随兔发育不同时期而调整饲料量及添加物。切忌突然更换饲料，如要更换亦应采取渐进的方法。

（2）饮水要充足，可使用自动饮水器或水瓶。要经常检查饮水装置有无堵塞或漏水。食盆、饮水装置要定期清洗、消毒。

（3）饲养可用悬挂式兔笼，人工或自动冲洗清扫装置，但干养的环境优于湿养。待产母兔单笼饲养，需提供筑巢用材，供给充足的饮水，防止吃仔。

（4）保持环境清洁、干燥。每日照明14 h。仔兔对温度要求较严，要做到冬暖夏凉。

（二）繁　殖

（1）种兔选择上，除近亲交配外，同窝仔兔应只留一种性别，初期可同性别2～4只同笼饲养，性成熟时每笼1只。繁殖时，即使是近交系也不用同胞兄妹交配，而用其他近亲交配方法。

（2）要经常交换雄种兔来防止种兔退化。配种可用人工授精，也可把发情雌兔送入雄兔笼中，每笼可饲养实验用兔4只左右。

（3）繁殖的兔应尽可能打上永久性的耳号，以便于谱系记录、选种选配、生产力比较等，需长期饲养的慢性实验用兔也应打上耳号，以利于分组和检验的开展。

六、犬

（一）饲养管理

（1）犬可采用散养和笼养。生产群、待用犬可散养，需要向阳、有运动场的房舍。一般每舍不超过10条，要按大小、强弱分群饲养。仔犬和实验用犬可笼养。

（2）犬吠声大，需要独养在一个独立区域，为了排除吠声对周围环境的干扰，在不影响实验的情况下，可采用除吠手术，能大大减少吠叫的程度。

（3）犬的饲料多样，可用颗粒饲料，也可喂煮熟的米饭、窝头等。应注意各种营养成分的配合。喂量以体重而定，以吃饱不致肥胖为度，每日喂食2次。保证饮用水的充足，自由饮用，每只犬每天每千克体重约需水100～150 mL。

（4）要加强临床观察，1月龄时驱蛔虫1次。8周龄、10周龄和13周龄时各注射1次三联苗（犬瘟热、犬肝炎、犬细小病毒性肠炎），并于3月龄注射狂犬疫苗。

（5）保持环境卫生清洁，注意冬暖夏凉。每天打扫粪便，进行地面冲洗，刷洗食盆和水盆。经常刷、梳犬身，除去浮毛和污物。夏天可用水给犬洗澡。

（6）做好隔离检疫工作，新购入犬须有检疫和注射狂犬病、犬瘟热、犬细小病毒等疫苗的证明，隔离饲养21～28 d，此期间做临床观察和血液检查，并驱虫、注射狂犬疫苗。

（7）要认真做好工作记录，尤其是防疫档案、配种记录、疾病诊疗记录必须健全。

（二）繁　殖

（1）种犬应选短毛、均衡型犬，按雄：雌＝1：（4～6）留种。雌雄分开喂养，交配应在雌犬见红（阴道出现血性分泌物）后11 d进行，把雌犬放入雄犬运动场。配种前不宜喂食，否则易呕吐。为提高受孕率，可次日或隔日重复配种1次。

（2）雌犬妊娠后期（约50 d左右）即需放入产房单独饲养。要保暖，可加垫草。雌犬生产前外阴和乳房肿胀，体温下降0.5～1℃，躁动不安，产前不食或少食。生产过程4～12h，两犬的生产间隔1 h左右，超过6 h可能难产，应注意人工撕破胎衣，清除胎儿口、鼻黏液，防止窒息。

（3）新生仔犬可自己吮奶，奶水不足时应人工哺乳，20日龄时开食。未人工哺乳的仔犬40日龄时开食，小犬喂养应细致。4个月以内，1 d加喂4次；4～6个月每天喂3次。

七、小型猪

（一）饲养管理

（1）小型猪的饲养管理与普通猪的饲养管理方法基本相同，但要求有所不同。首先，小型猪的饲养目的主要是用于实验研究，有明确的质量等级标准，饲养中要求通过限食量措施来达到防止过肥、过重的目标。要根据遗传学控制要求采取相应的繁殖生产方式，保持其品种品系特性，满足实验的需要。

（2）饲喂猪可用混合饲料或固体饲料，饲喂要定时、定量，按体重2%～3%喂给，每日喂食1～2次。仔猪自由采食，生长期料含蛋白质16%、脂肪3%、粗纤维5.5%；维持期料含蛋白质16%、脂肪2%、粗纤维14%。有些小型猪品种，尤其是有肥胖特性的需采取限食措施。对于供实验用小型猪，应在每天采食量大于1 kg时，开始限食。微型猪2月龄后开始限食，每天0.5 kg，饮水要充分供给，最好用自动饮水器。

（3）保持清洁卫生的环境，每天更换垫草1次，定期进行预防注射。所有实验用猪应驱虫。

（二）繁　殖

小型猪多采用围栏饲养。室内最少8 h低度光照，新生仔猪需保暖，24 h光照。繁殖用猪雌雄分开饲养，每只雄猪可配5～7只雌猪。有条件时可采用人工授精方法繁殖。仔猪断奶后约1周，母猪会再度发情，要适时配种。妊娠母猪产前进入产房，单圈饲养。

八、猕　猴

（一）饲养管理

（1）饲养猕猴的方法主要有两种，笼养和舍养。检疫驯化群、隔离群、急性实验群用笼养，繁殖群和慢性实验群可舍养。饲养笼要配有锁或门闩固定系统，笼底下设废物盘，并使动物不能碰到。合理安置料斗和饮水器。舍养房分内、外室，内室可避风、雨，防寒，外室供活动。

（2）饲喂食物多种多样，由谷类主食和瓜菜等组成，但也需一些动物性食物，如蛋类、鱼粉、牛奶等。饲料中应含有足够的维生素C和矿物质。成年猴450～500 g/d饲料，其他谷物150～200 g，瓜菜300 g，食物要煮熟或加工成饼干，每日定时定量分3次以上投喂，要保证饭菜饲料质量、卫生，满足饮水，饮水量350～400 mL/d。

（3）保持环境清洁卫生。定期消毒笼舍、食具。注意关门上锁，防止猴外逃。勤观察，随时挑出老、弱、病猴，可从齿序变化和体重变化估计年龄，调整猴群。捕捉猴时，可用捕猴网、挤压笼，小心谨慎，防止被猴咬伤、抓伤。

（4）隔离检疫对新入场猴是必需的。在完全隔离情况下进行检疫期至少1个月以上。人和猴有很多危害严重的共患病。因此，不仅要检查猴，还要定期对工作人员进行健康检查，每年至少1次。平时被猴抓、咬伤要特别注意及时处理和治疗。工作时佩戴必需的防护用品，尽量避免将手表、手机等易引起猴好奇的物品带入饲养室。

（二）繁　殖

（1）舍养时，1只雄猴配置3～12只雌猴。笼养时，则待雌猴月经后第11～17天，性皮肤肿胀最明显时转入雄猴笼，经过观察相合后，任其自行交配，交配后分笼饲养。

（2）交配后及时通过观察雌猴体征，月经、奶头变化，直检或激素试验，超声检查进行妊娠诊断。母猴分娩多在夜间，分娩时非遇难产不需人工护理。母猴通常有很好的带仔性，但单笼饲养时，产第1胎时母猴带仔性往往较差。

（3）仔猴3月龄开始采食，需增加饲喂量。6～7月龄可完全采食成年猴食物。母猴缺奶或不愿带仔时需要人工哺乳，喂给大米粥或加糖牛奶，特别注意室温维持在20℃左右。

第三节　实验动物饲料、垫料与饮水管理

一、实验动物饲料管理

（一）饲料的质量管理

饲料的质量管理包括了饲料的配方设计、优选，原料的选择、采购与贮存，饲料的配合、加工与制粒，成品的贮运直至饲喂的全过程。各个环节均应严格管理把关，才能确保饲料的质量。

饲料的原料要精心选择，保证新鲜、无生物性及化学性污染物质，如细菌毒素、微生物毒素、杀虫剂、虫害、植物性有毒物质、营养成分分解物质、亚硝酸盐类、重金属等。

不使用异味、霉变、虫蛀原料，菜籽饼、棉籽饼、亚麻仁饼等作为饲料原料。

饲料加工的环境条件、生产设备、生产工艺、生产人员、操作规程都应按实验动物管理机构的规定和要求去执行，避免意外污染的发生。

饲料生产过程中要有专门的质量管理人员进行监督，从饲料原料的粉碎、配合饲料的准确称量混合、制粒直至分装，均要严格执行操作标准和工艺要求。

配合饲料中不得掺入抗生素、驱虫剂、防腐剂、色素、促生长剂以及激素等添加剂。

（二）影响饲料品质的因素

饲料的营养价值会受到外界环境因素的影响而遭受破坏，这些因素包括光线、空气、热源、熏蒸消毒剂、辐照、运输与贮存条件等。

（1）光线：饲料中多种成分经光照射后会起化学变化而破坏分解。常见者如核黄素、叶酸及维生素B_{12}，因此，在制作、贮存、运送时应将饲料放在阴暗处以减少营养成分的破坏。

（2）空气：饲料制作过程中如搅拌过度，会增加营养成分，如维生素A的氧化，添加抗氧化剂有助于减缓氧化的过程。

（3）加热处理：饲料经干热和蒸汽处理会导致营养成分的变化，甚至产生有毒的物质和抗养分吸收的物质。一般而言，破坏的程度与温度及时间成正比，例如加热不当时氨基酸在蛋白质中会形成键结，或氨基酸与脂肪和碳水化合物键结而形成不可消化的物质。多数维生素在高温下也会破坏，特别是维生素B_1、维生素B_6、维生素A和维生素C。加热处理对饲料的物理性状也会有影响。如颗粒饲料凝结成块、变硬、焦化，产生异味而降低适口性。另外，加热处理不当，会导致饲料发霉、脂肪酸氧化、适口性下降。清洁级、SPF级实验动物配合饲料应进行121℃ 20 min高压消毒灭菌。饲料经高压灭菌后的成分变化见表3-2。

（4）钴-60辐照（^{60}Co）处理：以谷类为主的饲料通常采用^{60}Co辐照处理，其承受5 Mrad的照射，通常不会出现营养物质的破坏，维生素B_1、维生素B_6、维生素E可能会受到轻微的影响，而蛋白质成分几乎不受任何影响。饲料中若有水汽存在，经照射后会产生OH—自由基，不仅使维生素氧化增加，动物吃下后，也会对动物组织器官造成损害。饲料经3 Mrad ^{60}Co辐照灭菌后的成分变化见表3-2。

表3-2　饲料经灭菌后的成分变化

项　目	高压灭菌	放射性（^{60}Co）
色泽	颜色变深	几乎无变化
颗粒（小鼠、大鼠饲料）	硬度增加 1.2 ~ 1.6 倍	几乎无变化
颗粒（豚鼠、大鼠饲料）	硬度增加 0.7 ~ 0.9 倍	由软变硬（90% ~ 95%）
一般成分	几乎无变化	几乎无变化

项　目	高压灭菌	放射性（^{60}Co）
饲料消化率	劣—无变化	几乎无变化
粗蛋白质消化率	劣—无变化	几乎无变化
粗脂肪消化率	无变化	几乎无变化
维生素 A 残存率 /%	53 ～ 100	50 ～ 100
维生素 E 残存率 /%	90 ～ 100	52 ～ 100
维生素 B_1 残存率 /%	15 ～ 40	75 ～ 96
维生素 B_2 残存率 /%	85 ～ 100	83 ～ 100
维生素 C 残存率 /%	22 ～ 82	90 ～ 100
大鼠（生长）	几乎无变化	几乎无变化
大鼠（繁殖）	很少变化—无变化	几乎无变化

（5）熏蒸：较常使用的饲料熏蒸消毒剂是环氧乙烷气体，经其处理的饲料营养成分变化不大，但必须放在室温环境中充分地通风，以免药剂残留，影响动物生理特性。否则残留的物质被吸收后，在动物肝脏中被代谢分解，可能对肝脏造成毒性。

（6）运输：运输过程造成饲料损害的原因有：因挤压造成粒状饲料的破碎，包装破损和运输环境不良导致营养成分的丢失、变质或污染。可选用硬质容器、塑料袋、厚纸袋包装。硬质容器可防止饲料被压碎；塑料袋可隔潮，但饲料本身必须干燥，以防长期存放而长霉；厚纸袋通气性好，最好混合使用上面的包装材料。国外有采用冷藏、充氮运输车运送饲料的，在封柜前将氮气充入货柜。

（三）商品化饲料的标签要求

商品化饲料必须附有标签，以确保使用单位了解所购饲料的有关内容，包括：配合饲料名称、饲料营养成分分析保证值和卫生指标、主要原料名称、使用说明、净重、生产日期、保质期（注明储存条件及储存方法）、生产企业名称、地址及联系电话等。还可以标注商标、生产许可证、质量认证标志等内容。标签不得与饲料的包装物分离。

二、实验动物垫料管理

实验动物垫料是一种可影响动物健康和动物实验结果的可控制的环境因素。可供使用的垫料很多，可根据所饲养动物的种类及等级选用不同类型的垫料。

（一）垫料的基本要求

（1）容易获得，易于运输，便于储存，价格便宜。

（2）无灰尘、无污染，无芳香烃类气味，对人和动物无害。

（3）干燥，有良好的吸湿性，舒适，便于做窝，具有良好的保温性。

（4）没有营养，不被动物食用，容易清理并处置。

（二）垫料的类型、特性及使用注意事项

见表3-3。

表3-3 垫料的类型、特性及使用注意事项

垫料名称	使用方式	吸湿性	尘埃	可否焚烧	注意事项
锯末屑	直接 间接	很好	极多	可	灭菌后使用，储存时防止污染，使用新鲜松木锯屑应避免尘埃
软木刨花	直接 间接	好	较多	可	常用于啮齿类和其他哺乳类小动物
硬木刨花	直接 间接	极好	较多	可	多用于猫窝
玉米芯	直接 间接	极好	多	可	可粉碎成不同的颗粒使用
脱脂棉	直接	较好	无	可	用于高等级的啮齿动物
尿不湿	直接	较好	无	可	用于高等级的啮齿动物
煤渣	间接	极好	较多	否	对减少动物舍内气味很有益
次级棉	直接	极好	少	可	可能会把幼崽缠在一起
碎稻草	直接 间接	较好	极多	可	可铺垫在圈内
碎纸片	直接 间接	极好	少	可	作为啮齿动物的垫料很好

（三）垫料卫生

垫料是实验动物最直接的生活环境，必须按照各种动物对垫料的要求提供。使用前要除尘灭菌。污秽的垫料应勤予清除并换以新垫料，以保持动物的清洁、干爽。更换的频度视动物的大小、密度、粪尿排出量、垫料的脏污程度而定，一般每周更换2次，如发现垫料被水浸湿，鼠盒内有死鼠，必须及时更换垫料。在有些情况下垫料更换不应过度频繁，例如怀孕后期、哺乳初期等阶段。清理垫料应在污物走廊或处理间进行，清理出来的垫料必须及时由有资质的专业公司进行无害化处理。

三、实验动物饮水管理

水是动物体内各种器官、组织的重要组成部分，是饲料消化、营养物质吸收的溶剂。水对动物体的正常物质代谢有特殊作用，是动物最重要的营养物质之一。因此，饮水管理是实验动物饲养管理的重要环节。

（一）总　则

（1）实验动物的饮用水应符合卫生部门颁发的人饮用水的质量和卫生指标。

（2）微生物质量等级不同的动物应供应与其级别相适应的饮用水，这些饮用水通常都采用高压、过滤、酸化等灭菌处理措施进行处理。

（3）实验动物饮用水应由新鲜、纯净的水源直接提供，而不要由贮存桶贮存后间接供给动物饮用。

（4）实验动物的饮用水需先经处理，以除去可能的污染源，如微生物、有机物和化学性污染物。

（二）饮水量

各种动物饮水量主要受动物的生理阶段、饲料性质及环境温度的影响。幼年动物、哺乳动物饮水量较多。蛋白质代谢后除产生水分外还产生尿素，正常情况下尿素会随尿液排出体外，喂饲高蛋白饲料时，如不能供应动物充足的水，动物体内尿素无法有效排出，会导致动物细胞中毒。饲料中的矿物盐及粗纤维的含量高时，饮水量也会增加；环境温度升高时，动物的饮水量明显增加。

（三）饮水设备

实验动物的饮水方式决定其饮水设备，各种动物都有所不同。大鼠、小鼠、沙鼠及金黄地鼠一般使用250 mL饮水瓶，灌满水后任其自由吸饮，豚鼠一般使用饮水盆，兔多采用自动饮水器自由吸饮，猫、犬等较大动物较多使用饮水盆。现在越来越多的单位使用自动饮水装置，满足动物自由饮水需要。

饮水设备应符合以下要求：①无毒、无味；②流水通畅；③不漏水；④便于动物吸取；⑤保持饮水不被污染；⑥便于清洗，耐化学或高温消毒。

（四）饮水卫生

饮水卫生直接关系到实验动物的健康。不同级别的实验动物，其饮水的卫生标准是不一样的。对普通级动物来说，符合卫生标准的城市居民饮用水即可供其直接饮用。对于清洁级及其以上级别的实验动物来说，其饮用水必须经过高温高压灭菌处理。亦可应用酸化水（pH 2.5～3.0）。

给水设备必须按各级别实验动物的管理要求定期清洗消毒。饮水应每天更换，不要随意将饮水瓶由一个鼠盒移到另一个鼠盒上。

第四节　实验动物日常记录管理

一、记录的内容

为了全面准确地了解实验动物饲养管理的基本情况，记录应尽可能全面、细致、准确、及时，应包括如下情况。

（1）环境质量状况：温度、湿度、照明、噪声、气味等。

（2）动物繁殖情况：种群数量、配种及产仔数、离乳日期数量、留种情况、待发群数量、规格、性别。

（3）谱系资料：动物的来源、品系、代数、双亲号、仔代号。

（4）动物生活状况：实验动物的饮食、外观、排粪、排尿、生病、死亡、淘汰等情况。

（5）动物供应情况：供应品种、品系、性别、时间、规格、数量。

（6）动物生长发育情况：品种、品系、日龄、体重、身长、胸围等。

（7）生产消耗情况：饲料、垫料、笼盒、工具、低值易耗品、药品、试剂。

（8）人员往来情况：进入饲养室或实验室的人员、时间、事由。

（9）消毒灭菌情况：笼器具、饲料、垫料的消毒灭菌情况，房舍的消毒方法、时间、耗材。

（10）实验动物微生物质量定期检测情况：检测动物的品种、品系、标号，抽检的房舍、动物数量、检测结果、检测人。

（11）工作记录：工作人员变动、病事假、健康状况，更换垫料、安全检查、工作报告、报表等。

（12）其他情况：停电、停水、仪器设备运行状况、故障时间、原因、维修情况等。

二、常用实验动物记录卡片

实验动物记录卡片种类很多，各个单位、各个实验室、每个人都应根据自己的管理特点和要求制定相应的卡片，以利于饲养管理。通常使用的卡片有以下几种。

（1）配种卡：多用于较大的雄性种用动物，如兔、犬、猪等。

（2）大动物繁殖卡：多用于较大的雌性种用动物，如兔、犬、猪等。

（3）小动物繁殖卡：多用于雌性大鼠、小鼠、沙鼠等繁殖记录。

（4）近交系繁殖卡见表3-4。

表3-4　近交系繁殖卡

名称：　　　　　编号：　　　　　繁殖：　　　　　代数：

出生日期：　　　　配种日期：　　　　双亲号：　　　　身份号：

生产日期	产仔数	离乳日期	离乳数	子代身份号

注：①颜色：繁殖卡的颜色有白、绿、黄、红四种；　②名称：指品系名称；　③编号：笼盒的数字编号，每一代次笼号按1、2、3……的序号编排；　④代次与胎次：代次按F_1、F_2、F_3……顺序编排，胎次以大写字母A、B、C……表示，如F4B即近交系第4代，第2胎的个体；⑤繁殖号：代次号+胎次号+编（笼）号，如F4D12表示第4代第4胎，笼号12的繁殖对；⑥亲代编号：系繁殖对♂、♀的父母编号，核心群的♂、♀应为同胞兄妹；⑦出生日期：繁殖对♂、♀的出生日期；⑧配种日期：繁殖对♂、♀的同居日期；⑨身份号：与配偶双方的个体号；⑩子代身份号：留种子代的繁殖号加个体号

（5）试验观察卡见表3-5。

表3-5　试验观察卡

单位/课题组：　　　　　　品系：　　　　　　试验日期：　　　　　　组别：

试验处理情况	
观察项目	
观察要求	
情况记载	

三、常用实验动物记录表格

（1）实验动物生产报告单（每周）：包括动物品系、总数、配种数、产仔数、断奶数、发出数、待发数、淘汰数、死亡数、饲料消耗量等内容。

（2）实验动物生产月报表：包括现有动物状况：配种总数、本月配种数、怀孕数、生产数、留种数、待发数；全月产仔数、断奶数、发出数、待发数、淘汰数、死亡数、饲料消耗量等。

（3）生长发育情况登记表：包括窝仔数、窝重、各日龄段体重。

（4）实验动物供应情况统计表。

（5）代养试验观察动物登记表：包括动物品种、数量、试验内容、开始时间、结束时间。

（6）品系繁殖情况汇总表：包括品系名称、编号、繁殖号、胎号、产仔情况、子代去向。

（7）温、湿度记录表：记录每日温、湿度情况。

第五节　实验动物的繁殖与生产管理

一、生产计划

（一）生产计划的制订原则

（1）不同种类、品种、品系分别制订生产计划。

（2）根据教学科研、销售计划制订生产计划。

（3）要保证种群的正常淘汰、更新和后备。

（4）要留有余地。

（二）生产计划的内容

（1）供应计划：统计各个品种品系、级别实验动物的逐月（最好以10 d为一单元）供应数。

（2）配种计划：根据供应数制订各品种、品系的配种时间、数量。

（3）计划的落实：所制订的生产计划一定要及时落实到相应的责任人，付诸实施。

（三）生产计划实例

我们以小鼠生产为例来说明生产组织的过程。为保证小鼠按计划生产，按时足量供应，在确定了需要小鼠的日期及所用小鼠的体重规格后，即可大概计算配种日期。

计划配种日期=使用日期−需要天数

需要天数=基数（大、小鼠为26 d）＋所要求小鼠体重的成长时间（由各单位饲养水平决定）。

注：基数=妊娠天数＋性周期

配种数（♀）=计划使用数÷6（根据各单位的受孕率、繁殖成活率以及使用时的选择比例来决定）。

例：明年3月25日需要18～22 g体重的小鼠500只应在何时配种？配多少对？

如所要求体重18～22 g小鼠成长所需的时间为28 d，则（28+26）d=54 d即为需要天数。则计划配种日由3月25日倒推54天，即1月31日。计划配种数=500÷6=84对，即至少配84对。种鼠繁殖5～6胎后即予淘汰，近交系小鼠繁殖3～4胎后，繁殖成绩明显下降。

必须注意，不论生产计划的有无和多少，各单位都应根据本身规模，确定每月新配、淘汰的基数，以使种群得到不断地更新。

以上是指封闭群小鼠的生产管理。至于近交系及其他一些特殊的品系则应根据它们各自不同的特点采取不同的饲养管理措施并组织生产。

二、生产指数

生产指数能从不同的角度反映一个单位的实验动物饲养管理水平的高低以及实验动物群体的生产水平。有以下几项指数。

（1）受胎率 $= \dfrac{\text{妊娠雌性动物数}}{\text{配种雌性动物数}} \times 100\%$

（2）群体产仔能力 $= \dfrac{\text{动物实际产仔平均数}}{\text{标准窝产仔数}} \times 100\%$

（3）成活率 $= \dfrac{\text{断奶时成活仔数}}{\text{实际产仔总数}} \times 100\%$

（4）死亡率 $= \dfrac{\text{断奶后死亡数（到发出使用时为止）}}{\text{断奶时成活数}} \times 100\%$

或：$\dfrac{\text{购进后动物死亡数（到发出使用时为止）}}{\text{购进动物总数}} \times 100\%$

（5）使用率 $= \dfrac{某待发群体实际使用数}{某待发群体总数} \times 100\%$

（6）日饲料消耗 $= \dfrac{每天饲料消耗总量}{饲养动物数} \times 100\%$

（7）每只动物的饲料成本=平均饲养天数×日饲料消耗×饲料单位价格

定期综合分析记录资料及生产指数，可为实验动物饲养管理者及动物实验者提供较为详尽可靠的基础资料及背景材料，从而有利于实验结果的分析和讨论。

三、不同遗传背景实验动物的繁育生产

（一）封闭群的繁育方法

1. 随机交配的意义和应用

所谓随机交配是指在一个有性繁殖的生物群体中，任何一个雌性或雄性的个体与任何一个不同性别的个体交配的概率都相同。对于一个随机交配的群体而言，其基因频率和基因型频率总能保持恒定。

为了尽量保持封闭群动物基因的异质性及多态性，避免随繁殖代数增加导致近交系数的过快上升，应对封闭群动物采取随机交配的繁育体系。

2. 随机交配的方法

将群内雌雄动物分别编号，按照数字表或其他随机方法进行配对，但要排除近亲配对，尽可能不安排3代以内近亲交配。留种时，每对均要按要求保留雌雄动物，以保持一定的群体数量。

3. 封闭群动物的维持与生产

（1）引种原则：作为原种的封闭群动物遗传背景必须明确、来源清楚、有较完整的资料，引种数量要足够多，小型啮齿类封闭群动物引种数目一般不能少于25对。

（2）繁殖方法：为了保持封闭群动物的遗传基因的稳定，封闭群应足够大，并尽量避免近亲交配。

对于繁殖生产的核心群，应根据种群大小选择适宜的繁殖交配方法。每代交配的雄种动物数目为10～25只时，一般采用最佳避免近交法，也可采用循环交配法；每代雄种动物数目为26～100只时，一般采用循环交配法，也可采用最佳避免近交法；每代交配的雄种动物数目多于100只时，一般采用随选交配法，也可采用循环交配法。具体方法如下。

①最佳避免近交法：核心群的每个繁殖对，分别从子代留1只雄性动物和1只雌性动物才作为繁殖下一代的动物种群。动物交配时，尽量使亲缘关系较近的动物不配对繁殖，编排方法尽量简单易行。对于生殖周期较短、易于集中安排交配的动物，可按下述方法编排配对进行繁殖：假设一个封闭群有16对种用动物，分别标以笼号1，2，

3，……，16。设 n 为繁殖代数（ n 为自1开始的自然数），交配编排见表3-6。

表3-6　最佳避免近交法的交配编排

$n+1$ 代笼号	雌种来自 n 代笼号	雄种来自 n 代笼号
1	1	2
2	3	4
3	5	6
⋮	⋮	⋮
8	15	16
9	2	1
10	4	3
⋮	⋮	⋮
16	16	15

　　对于生殖周期较长的动物，只要种群保持规模不低于10雄20雌，交配时尽量避免近亲交配，则可以把繁殖中每代近交系数的上升控制在较低的程度。

　　②循环交配法：适用于中等规模以上的实验动物封闭群，既可以避免近亲交配，又可以保证动物对整个封闭群有比较广泛的代表性。可按下述方法进行循环交配：先将核心群分成若干个组，每组之间以系统方法进行交配（见表3-7）。如：一核心群有80对种用动物，先将其分成8个组，每组有10对。各组内随机留一定数量的种用动物，然后在各组之间按以下排列方法进行交配。

表3-7　循环交配法组间交配编排

新组编号	雄种动物原组编号	雌种动物原组编号
1	1	2
2	3	4
3	5	6
4	7	8
5	2	1
6	4	3
7	6	5
8	8	7

　　③随选交配法：当核心群数目在100个繁殖对以上，不易用循环交配法进行繁殖时，可用随选交配法。即从整个种群随机选取留种用动物，然后任选雌雄种用动物交配繁殖。

（二）近交系动物的繁育方法

1. 近交系数

近交系数是用以计算在一定近亲交配形式下各代减少杂合基因的百分率从而了解不同代次基因纯化程度。全同胞兄妹交配，每进一代杂合基因减少19%；亲子交配，常染色体的杂交基因减少19%，性连锁基因纯合率增加29%；亲堂表兄妹交配，每进一步近交率仅上升 8%；半同胞交配形式近交系数上升率为11%。由此可见，交配亲体的亲缘关系越近越好。

Falconer（1960年）的研究认为头几代的近交系数不恒定，全同胞兄妹交配，前4代近交系数上升率分别为25%、17%、20%和19%，以后每代上升率是恒定值为19%。

Falconer提出近交系数计算的公式：$Fn=1-(1-\Delta F)n$。F表示近交系数，n表示近交代数，ΔF表示每进一代的近交系数上升率。前20代全同胞兄妹或亲子交配的近交系数变化见表3-8。

表3-8　前20代全同胞兄妹或亲子交配的近交系数变化

世代数	近交系数
1	0.250
2	0.375
3	0.500
4	0.594
5	0.672
6	0.734
7	0.785
8	0.816
9	0.859
10	0.886
⋮	⋮
20	0.985

2. 选择繁育方法的原则

近交系繁育的基本原则是保持近交系动物的同基因性及基因纯合性，因为在所有的交配方式中，采用全同胞兄妹交配、亲子交配的方式近交系数上升最快，但是实际生产中全同胞交配的方式简单易行，所以要采用严格的全同胞兄妹交配方式进行繁育。

作为繁殖用原种的近交系动物必须遗传背景明确，来源清楚，有较完整的资料（包括品系名称、近交代数、遗传基因特点及主要生物学特征等）。引种动物应来自近交系的基础群。

3. 近交系繁育的基本方法

常采用以下3种方法。

（1）单线法：每代通常选用3～4对种鼠，但仅有一对向下传递，生产的种鼠个体均一，选择范围小，由于只有单线的子代，有断线的可能。

（2）平行线法：有3～5根平行的向下传递线，每根线每一代留1对种，选择范围大，但线与线间不均一，易发生分化。

（3）选优法：每代常有6～8对种鼠，通常选择2～3对向下传递，系谱常呈树枝状。向上追溯4～6代通常能找到一对共同祖先。它兼有以上两个体系的优点。

3种繁育方法见图3-1。

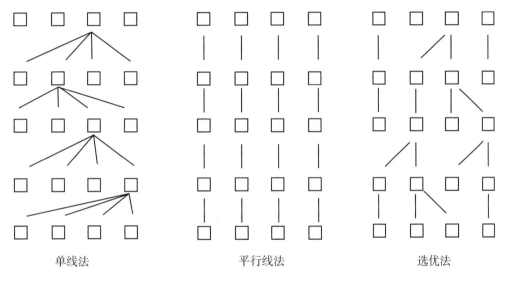

单线法　　　　　　　　平行线法　　　　　　　　选优法

图3-1　近交系的繁殖方法

4. 近交系的红绿灯繁育体系

近交系动物常采用红绿灯繁育体系（图3-2）。在红绿灯繁育体系中，近交系动物可分为基础群（foundation stock）、血缘扩大群（pedigree expansion stock）和生产群（production stock）。

（1）基础群：基础群的目的是保持近交系自身的传代繁衍以及为扩大繁殖和生产提供种用动物。基础群应严格以全同胞兄妹交配方式进行繁殖，设动物个体记录卡，包括品系名称、近交系代数、动物编号、出生日期、双亲编号、离乳日期、交配日期、生育记录等，要建立繁殖系谱。

（2）血缘扩大群：血缘扩大群的种用动物来自基础群，使用全同胞交配方式进行繁殖，设个体繁殖记录卡。

（3）生产群：生产群的目的是生产供应实验用近交系动物，其种群的动物来自基础群或血缘扩大群。一般以随机交配的方式进行繁殖，设繁殖记录卡，随机交配繁殖代数一般不超过4代。

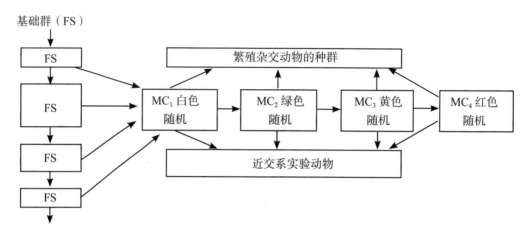

图3-2 红绿灯繁殖体系

（三）杂交群的繁育方法

杂交群动物主要是利用其杂交优势，以利于实验研究。通常都是使用杂交一代动物，或称子一代动物，或简称F_1。动物亲代来自两个不同的近交系，杂交一代动物全部作实验用，一律不留种，否则后代会发生性状分离。除非为了特殊研究目的而要繁殖F_2、F_3……或者是多元杂交动物，而有目的地留种。

应选择具有优势遗传特性的品系或具有试验要求的品系进行杂交，生产出杂交群供生产、试验用。杂交一代群体应用在单克隆抗体中十分具有优越性。由于BALB/c小鼠的繁殖性能差、抗病力弱，将雄性BALB/c小鼠与远交群小鼠KM、ICR或NIH的雌性小鼠杂交，所产生的杂交一代保留了BALB/c小鼠的特性，接种淋巴细胞杂交瘤，可产生大量腹水。该方法利用了KM、ICR或NIH雌性小鼠繁殖能力强的优点，产生的杂交一代还具备生长发育快、体型大、抗病力强等杂交优势。

（四）特殊类型近交系动物的繁育方法

1.同源突变近交系的保种和生产

同源突变近交系简称同源突变系，是某个近交系在某基因位点上发生突变而分离、培育出来的新的近交系。它有别于通常所说的近交系亚系分化，因为这里的突变相当明确地改变了原近交系的遗传组成，而且研究者更关注突变基因的研究。

如果原近交系和发生突变的亚系长期分开保种，两者之间的基因组成就会产生越来越大的差异。为了避免发生此类情况，在保持突变基因个体的同时还要保持正常基因的个体，生产中必须通过纯合体和杂合体的同胞交配，才能保种同源突变近交系。

2.同源导入近交系动物的保种和生产

同源导入近交系简称同源导入系，是通过杂交与互交（cross-intercross）、回交

（backcross）等方式将一个目的基因导入某个近交系的基因组内，而培育出来的新的近交系。

将近交系动物与新发现的有突变性状的动物进行交配，F_1中选择有突变基因的个体，再与近交系回交，继代以此类推下去，最终突变基因导入近交系内。级进交配的导入率以$1-(1/2)n$表示（n为回交系数），F_1导入率为1/2，F_2为3/4，F_3为7/8。实际上，第8世代以后原来的近交系相应的基因位点基本上被突变基因所代替。

如果突变基因是显性，继代级进交配中容易选择突变个体，但如果突变基因为隐性，必须通过测交才能确认其基因型。例如，C57BL/6系对FRIEND病毒（一种小鼠白血病病毒）抵抗力强（基因型为Frv/Frv），而DDD系对该病毒易感（基因型号为Fsv/Fsv）。若要将DDD系的易感基因导入C57BL/6系中，首先将C57BL/6与DDD系进行交配，F_1与C57BL/6系进行回交，然后对F_2进行病毒易感性检测，并确定基因型。其方法是，将病毒接种于所有的同窝仔鼠，若一窝仔鼠均易感，其双亲基因为Fsv/Fsv。若易感受性与抵抗性各占1/2，其双亲基因型为Fsv/Frv。若所有仔鼠均具有抵抗性，其双亲为Frv/Frv。除了上述导入白血病病毒基因小鼠以外，常见的还有导入组织相容性基因小鼠、导入抗癌基因小鼠、导入抗肠炎菌基因小鼠等。

对该类动物进行保种和生产时，必须不断利用回交、测交，同时进行基因型测定，保留实验所需的个体。

为目的基因提供背景的近交系称为配系（partner strain），提供目的基因的品系称为供系（donor strain）。配系必须是近交系，而供系可以是带有目的基因的任何一种基因类型的动物。在基因导入过程中，与目的基因紧密连锁的其他基因可能随目的基因一起导入近交系的基因组中，这些随之带入的基因称为乘客基因（passenger gene）。因此，同源导入近交系不仅是目的基因与原近交系不同，而且是带有目的基因的一小段染色体的不同。因此在实际应用中，有必要注意可能存在的乘客基因。

同源导入近交系与同源突变近交系的不同之处在于与原来那个近交系比较，前者是一个染色体片段的差异，后者是一个位点单个基因的差异。

3. 分离近交系的保种与生产

分离近交系是以近交系本身为背景的品系，其繁殖仍保持兄妹交配，只是兄妹双方在已知位点上有一个强制杂合子的繁育体系。

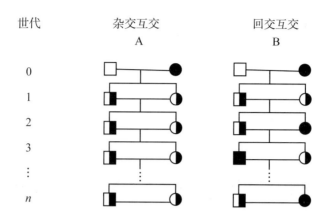

图3-3　分离近交系的繁育体系

分离近交系的保种与生产包括强制性杂合子互交的兄妹近交（图3-3A）和强制性杂合子回交的兄妹近交（图3-3B）两种繁殖体系，□、○、＋/＋表示纯合子、非转移子，D/＋、r/+表示杂合子、转移子，■、●、D/D、r/r表示纯合子、转移子，显示了特性。两种繁殖体系都可用于共显性有活力、显性有活力、隐性有活力的突变中，只有互交体系可用于隐性致死性突变中。两个体系除了一个控制位点外，其他完全和兄妹近交系一样。在回交体系里，开始是杂交产生F_1，F_1互交产生F_2，自F_2起都是纯合子和杂合子的兄妹交配，因而称为有强制性杂合子回交的兄妹近交。在互交体系里，自F_1起每一代都是杂合子与杂合子的兄妹交配，因而称为有强制性杂合子互交的兄妹交配体系。

无胸腺裸鼠因为有nu基因，在SPF条件下雄鼠具有繁育能力，而母鼠繁育能力差，乳腺先天发育不良，不能哺育幼仔。为了获得较多的裸鼠后代，裸鼠采用分离近交系的繁殖体系，每一代都是带有强制性杂合子的兄妹回交，即每一代选留有毛的杂合子nu/＋母鼠与纯合子nu/nu裸公鼠配种繁殖（图3-4）。

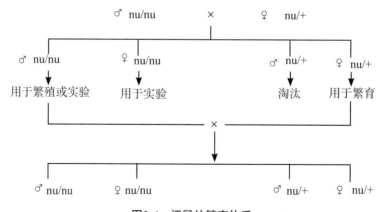

图3-4　裸鼠的繁育体系

以上3种近交系的遗传组成特征极为相似，相互之间有时难以区分，只好用培育过程的不同加以区分。例如，当一个已育成的近交系某个基因位点发生突变后，如果保持这个突变基因的杂合状态，则其遗传组成特征和分离近交系是一样的，只是培育方法不同。又例如通过遗传育种手段培育的同源导入近交系，当该品系所带有的特殊基因需要采取分离近交系的繁殖方法进行保种繁殖时，则也接近于同源突变系的遗传特征，有时也要采取分离近交系的繁育措施。不同的突变系各有特点，因其突变多为病态，其生活力较差，对饲养管理要求严格，繁殖保种较为困难，如裸鼠、肥胖症小鼠、糖尿病小鼠、肌肉营养障碍症小鼠、侏儒症小鼠等。必须采取恰当的繁殖保种措施，才能进行生产。

（五）遗传工程小鼠繁育方法

遗传工程小鼠保种繁殖均采用r/＋或D/＋/＋，即每一代都是带目的基因r、D杂合子小鼠，向背景品系的小鼠回交，每一代都必须做目的基因检测，由于背景品系的近交系是在高度遗传监视下的标准化品系，所以每一代遗传工程小鼠的回交都可视为其背景品系的纯化。这样的繁育体系也不会因为目的基因的纯合而使某些遗传工程小鼠生活活力下降，丧失生活能力，甚至死亡而断线。在转基因小鼠中，由于转入目的基因通常呈共显性，处于杂合子状态下即会得到表达。在基因剔除小鼠中，如果剔除的是隐性基因，用杂合子互交，每一代可以得到1/4带隐性目的基因的遗传工程小鼠。由于C57BL/6小鼠是继人类基因组计划后第二个完成测序工程的哺乳类动物，目的基因只有导入C57BL/6小鼠上，才能有一个稳定的已知的遗传背景，所以遗传工程小鼠的背景品系多选用C57BL/6小鼠。背景品系不同，遗传工程小鼠目的基因的表达可能不同，选用作遗传工程小鼠背景品系的其他品系还有CBA、DBA/2、BALB/c、129、FVB等。

第四章　实验动物疾病与生物安全

第一节　实验动物常见疾病及危害

一、实验动物常见病毒性疾病

（一）鼠痘（小鼠传染性脱脚病）

鼠痘（Mouse-pox）是由鼠痘病毒（poxvirus of mice，MPV）引起的一种烈性传染病，多呈暴发性流行，致死率较高，常造成啮齿类小鼠全群淘汰，危害极大。临床表现以四肢、尾和头部肿胀、溃烂、坏死甚至脚趾脱落为特征，故又称传染性脱脚病。鼠痘可严重影响机体的体液和细胞介导的免疫应答；引起小鼠自发性自体免疫疾病；抑制吞噬细胞的吞噬能力；对移植免疫的影响可加速同种异系，甚至同系小鼠间皮肤移植的排斥；干扰致瘤作用的研究，被感染后的组织易被误诊为浸润性肺癌；能抑制某些化学药的致瘤作用。

（1）分布和病原：MPV属痘病毒科痘病毒亚科正痘病毒属，它对干燥、低温抵抗力较强，对酸敏感。甲酸可破坏病毒的传染性，可在Vero、Hela、仓鼠细胞上生长。

（2）流行病学：本病的自然宿主为小鼠，不同品系小鼠的易感性差异很大，BALB/c、A、DBA/2、CBA和C3H小鼠为易感染的品系，而C57BL/6和AKR小鼠对感染有抵抗力，能迅速产生免疫反应。本病常常感染野生小鼠，使野生小鼠成为另一种危险的传染源。MPV病毒主要经皮肤接触和呼吸道感染。被感染的动物于10 d左右皮肤损伤部位出现特征性病变。妊娠母鼠可将病毒垂直感染给胎仔。此外，在动物实验中如病毒传代和肿瘤移植，也可将病毒直接接种给小鼠而导致小鼠感染。

（3）临床症状：可呈现急性、亚急性、慢性或隐性等型。急性感染易死亡。首次感染的小鼠多呈急性型发病，病鼠被毛粗乱、食欲减退，于4~12 h内死亡。病理变化可见肝坏死严重，脾、肠也可见到坏死灶。亚急性型（皮肤型）病鼠面部水肿，皮下丘疹，脚、脸、耳和尾巴皮肤糜烂，或者是四肢和尾巴坏死腐脱，还可引起孕鼠流产。病理变化可见脾脏肿大和淋巴结肿大，皮肤炎性水肿、坏死。慢性型病鼠由上两种病型鼠迁延转化而来，见于本病流行后期，其生长发育缓慢、产仔数明显减少。隐性感染外观健康无病变，但在小鼠体内有病毒增殖，成为带毒动物。

（4）诊断：鼠痘可通过临床症状、病理学变化、血清学检验、病毒分离或在组织中检查病毒抗原等方法进行诊断。组织病理学诊断，确认特征性坏死病变，发现嗜酸性包涵体及电镜下见到痘病毒即可作出明确诊断。

（5）预防与控制：①对引进的小鼠和小鼠组织作隔离及检测；②消除感染的小鼠和组织，以及消除房舍内的污染；③停止繁殖，怀孕期间子宫内的感染，导致剖宫产可能无法完全避免污染。禁止非工作人员出入饲养区，防止野生动物接触小鼠。发病动物立即全群淘汰处死，并将尸体焚烧，污染的器具及感染鼠接触过的实验用具等均需用甲醛、次氯酸钠等灭菌消毒或高压灭菌消毒。饲养室熏蒸消毒，封闭3个月。

（二）淋巴细胞性脉络丛脑膜炎

此病是由淋巴细胞性脉络丛脑膜炎病毒（lymphocytic choriomeningitis virus，LCMV）引起的以神经系统异常为特征的人兽共患传染病，主要侵害中枢神经系统，呈现脑脊髓炎症状。小鼠感染表现为大脑型、内脏型和迟发型3种。人类感染表现为流感样症状和脑膜炎。

（1）分布和病原：LCMV属砂粒病毒科、砂粒病毒属，为单股RNA病毒，仅有1个血清型。该病毒对化学消毒剂敏感，耐酸、碱能力极差，极不耐热；偏酸或偏碱、紫外线、加热均可将其灭活。LCMV可在小鼠、地鼠、猴、牛等多种动物和人的细胞生长。啮齿类鼠科和仓鼠科动物是LCMV的自然宿主。LCMV能在T、B细胞和巨噬细胞中大量复制，抑制机体的体液和细胞免疫应答；在肿瘤学研究中，常引起移植肿瘤污染，对肿瘤学研究及代谢研究有影响。

（2）流行病学：小鼠、豚鼠、地鼠、犬、猴、鸡、兔和棉鼠均对LCMV易感，而大鼠则不易感。主要通过皮肤、黏膜或吸入途径感染。只有带毒小鼠和金黄地鼠可以向种内或种间动物传播病毒。可经唾液、鼻腔分泌物和尿液排毒，LCMV可经胎盘垂直传播。

（3）临床症状：自然感染或人工接种的小鼠，可因年龄、品系、感染途径以及毒株的不同，表现出脑型、内脏型和迟发型3种病型。幼龄地鼠和豚鼠较为敏感，自然感染的成年豚鼠多为隐性感染。

（4）诊断：用中和试验可测抗体，被检血清与LCMV混合后，接种小鼠或豚鼠足掌，阴性者不产生足掌肿胀。还可采用病毒分离与鉴定和血清学试验等进行诊断。

（5）预防与控制：首先防止野鼠进入动物房，防止野鼠污染。饲养室应降低饲养密度，加强管理。对洁净群应实施自繁自养，对污染群则采取全部淘汰，对健康种群应进行定期检疫，淘汰阳性鼠。若为非常珍贵的小鼠品系，可筛选无病毒血症及抗体阴性的种鼠。LCMV可经胎盘垂直传播，通过剖宫产净化可以建立无LCMV的鼠群。

（三）流行性出血热

流行性出血热是由流行性出血热病毒（epidemic hemorrhagic fever virus，EHFV）

感染引起的一种重要的人兽共患性传染病。本病毒主要存在于野生啮齿类动物中，可通过各种途径传播给人。实验大鼠携带本病毒可暴发流行性出血热流行，并危害与动物接触的人员健康。各种品系的实验大鼠对本病毒普遍易感。

（1）分布和病原：该病毒属布尼亚病毒科（Bunyaviridae）的汉坦病毒属，负性单链RNA病毒。该病毒对脂溶剂敏感，pH 5.0以下，60℃，1 h可使其全部杀死，紫外线照射30 min也能灭活病毒。可在人肺癌细胞、绿猴的肾细胞上生长。血清学分型中已被WHO认定的有4型：1型汉坦病毒——野鼠型（Hantann virus）；2型汉城病毒——家鼠型（Seoul virus）；3型普马拉病毒——棕背鼠型（Puumala virus）；4型希望山病毒——田鼠型（Prospect Hill virus）。我国流行的主要是1型和2型，前者毒力强，感染后病情重。

（2）流行病学：大鼠、小鼠、沙鼠、兔及人等均可感染本病。自然宿主主要为小型啮齿类动物。除啮齿类动物外，其他一些哺乳动物，如猫、兔、犬、猪等也携带EHFV。实验大鼠感染主要是与带毒野鼠接触，感染后长期向外排毒，从而危及人类健康。实验动物主要由于螨叮咬，带毒血、尿污染伤口而感染；人感染是由于接触带毒动物及其排泄物，或吸入污染的尘埃飞扬形成的气溶胶。我国20世纪后期多次发生人类感染流行性出血热病毒，特别是实验人员感染较多，在多个省市均有发生。

（3）临床症状：实验大鼠和野鼠感染本病毒后呈隐性感染或持续带毒状态，不表现任何临床症状。人感染后轻者出现感冒症状，重者则表现为高热、出血、肾衰竭及尿毒症，以及外周循环障碍，甚至导致死亡。

（4）诊断：定期进行血清学检测。早期患者的血清、外周血的中性粒细胞、淋巴细胞和单核细胞，以及尿和尿沉渣细胞，可检出汉坦病毒抗原。常用免疫荧光或ELISA法，胶体金法则更为敏感。荧光定量PCR技术也常用于大鼠肾综合征出血热病毒的检测。

（5）预防与控制：实验大、小鼠群定期进行血清学检测，发现感染及时处理。加强实验室管理，消灭野鼠，防止饲料垫料等被野鼠排泄物污染；防止动物外科损伤伤口被鼠类排泄物污染；工作人员和实验人员应加强防护措施，定期体检。与大、小鼠接触或进入动物房应戴口罩，防止被其咬伤。

（四）仙台病毒感染

小鼠仙台病毒（Sendai virus）引起的疾病很难控制，常呈隐性感染，急性型多见于20日龄左右乳鼠，表现为呼吸道症状。仙台病毒感染可对实验研究结果产生严重干扰，如改变机体体液和细胞介导的免疫应答，并可改变被感染肿瘤细胞的表面抗原及其致癌性。

（1）分布和病原：仙台病毒属副黏病毒科副黏病毒属。核酸型为单股负链RNA，只有1个血清型，在世界范围内分离到许多不同的毒株。小鼠仙台病毒的自然宿主是啮齿类动物。开放环境下饲养的实验小鼠仙台病毒感染非常普遍，曾是世界范围内传染病控制的难题。仙台病毒对热及乙醚敏感，酸性条件下极易灭活。仙台病毒可凝聚和溶解多种动物，如小鼠、豚鼠、人、鸡、大鼠、绵羊及兔的红细胞。仙台病毒可特异性地在气管上皮细胞中复制，并于第3天从上皮细胞出芽释放。

（2）流行病学：本病以冬春季多发，未感染过病毒的易感动物种群中，新生鼠和幼鼠最易感，常发生严重的肺炎，于3～5 d内死亡。NIH、C3H、DBA/2等品系小鼠对本病毒敏感，而C57BL/6、BALB/c等品系小鼠对其抵抗力较强。本病毒主要通过直接接触和空气传播。鼠群中35～49日龄的小鼠，主动免疫力尚不成熟，接触本病毒后更易于感染，并成为鼠群中的传染源。

（3）临床症状：小鼠感染本病后可有两种表现型。慢性型多见于幼鼠至42日龄的小鼠，呈亚临床感染，病毒在鼠群中长期存在，并呈地方性流行。急性型病鼠常表现临床症状，即被毛粗乱、呼吸困难、消瘦等。孕鼠死胎率提高，新生乳鼠死亡率上升。

（4）诊断：本病可依靠小鼠特异的发病日龄作出初步诊断。然后可进行病毒分离和血清学检查。依靠血凝试验、补体结合试验或免疫荧光试验检查病毒或抗体，即可确诊。

（5）预防：本病防治的关键是建立无病毒感染的鼠群，严格控制新动物的引进，及时而定期进行检疫，发现病鼠立即淘汰整个鼠群，用剖宫产技术建立新的种群，或仅保留鼠群中的成年鼠，停止繁殖40 d以上，然后再恢复繁殖。

（五）小鼠病毒性肝炎

由小鼠肝炎病毒（mouse hepatitis virus，MHV）引起实验小鼠的一种传染性较高的疾病，临床表现为肝炎、脑炎和肠炎。特征是在正常情况下多数为不显性感染，在一些因素的作用下，可激发为急性致死病变，主要表现肝炎和脑炎变化，对实验研究影响极大。MHV可改变机体各种免疫应答参数，影响酶的活性，从而对实验产生严重的干扰。

（1）分布和病原：MHV属冠状病毒科冠状病毒属，为单股RNA病毒。它有多个毒株，可分为两类，即常在呼吸道增殖的毒株和主要在肠道增殖的毒株。对氯仿和乙醚敏感，对脱氧胆酸钠有一定抵抗，对甲醛敏感，对热敏感，56℃ 30 min能灭活，在−70℃下保存良好，至今MHV已分离到很多株，各株的毒力有差异，对不同品系鼠的致病性有差别，可在小鼠的原代巨噬细胞上生长。

（2）流行病学：自然状态下仅感染小鼠。通常呈隐性或亚临床感染，但具高度传染性，在一定因素作用下会呈急性致死性表现。MHV的自然传染是经口和呼吸道途径，感染的小鼠经粪便、鼻咽渗出液，甚至尿液向环境中排出病毒，直接接触感染小鼠或污染的粪便和垫料等是主要的传播途径。不同品系的小鼠对MHV的易感性不同，BALB/c及ICR小鼠较易感。

（3）临床症状：成年鼠一般呈隐性感染，只有在应激因素作用下方会发生肝炎。急性发病时，病鼠具有明显的临床表现。幼鼠感染可见后肢麻痹，乳鼠感染后发病急、病程短，其发病率和死亡率均很高。裸鼠感染弱毒株后，常呈亚急性或慢性肝炎变化。

小鼠感染低毒力的MHV时常呈隐性感染，成为鼠群中的严重传染源。剖检以肝脏病变为主，肝脏表面散在出血点和灰黄色坏死点，也可伴有黄疸，带血的腹腔渗出液和肠道的出血。嗜神经毒株感染时，可产生中枢神经系统的病变，主要为脱髓鞘性脑脊髓炎。

（4）诊断：取病鼠肝脑组织制成组织悬液，接种DBT细胞，观察特征性的巨大融合细胞或蚀斑可对MHV感染作出初步诊断。也可用ABC染色法染色病鼠肝脾组织，观察其细胞质内MHV抗原，即可作出诊断。

（5）预防：所有引进的小鼠必须来自无MHV的种群，种群一旦感染，必须全部淘汰。未感染鼠群，应加强饲养管理和环境消毒，严禁病毒侵入，通过剖宫产净化消毒，阻断传播。定期检测，搞好环境卫生。

（六）乳鼠流行性腹泻

乳鼠流行性腹泻（epidemic diarrhea of mice，EDIM）的病原体是小鼠轮状病毒（mouse rota virus），高发于15日龄内的小鼠仔鼠，乳鼠可表现为腹泻、发育迟缓和脱水等症状，偶尔死亡。EDIM在世界范围内分布，我国开放饲养的小鼠中本病发病率也很高。

（1）分布和病原：EDIM病毒属呼肠孤病毒科轮状病毒属，为双股RNA病毒，其外壳上具有区别于其他轮状病毒的特异性抗原。EDIM病毒对热敏感，pH 3～9条件下稳定，无血凝素，对乙醚、氯仿、脱氧胆酸盐和胰酶有抵抗力。EDIM病毒不能在鸡胚中生长，也不能在体外细胞培养中传代。

（2）流行病学：小鼠是EDIM病毒的唯一自然宿主，小鼠对本病的易感程度随日龄的增长及免疫力的提高而下降，通常15日龄内的小鼠最为易感。C3H小鼠对其敏感，而C57BL小鼠则具有相对的抵抗力。本病通过消化道和呼吸道传播，是一种高度接触性传染病。

（3）临床症状：EDIM主要高发于第1胎、15日龄以内的乳鼠。乳鼠感染后早期腹泻、脱水、消化不良，皮肤皱缩，肩背皮肤上有干燥白色痂皮，有时皮肤发绀，透过腹壁可看到胃内充满白色乳汁，后躯粘满黄色稀便。后期粪便变干而阻塞肠道，甚至引起直肠嵌塞而死亡。乳鼠可正常吃奶，但因消化不良而积于胃中。轻型病例，2～5d可自行康复。成年小鼠呈隐性感染并不断向外排毒。

（4）诊断：根据流行病学、临床症状和病理解剖特点可作出初步诊断。然后，取小鼠小肠内容物进行病毒分离，再接种4～14日龄无菌小鼠，4 d后取小肠研磨提纯，电镜下可见典型病毒粒子。病理解剖可见病鼠消瘦、小肠膨胀、大肠内无成形粪便。小肠绒毛上皮细胞空泡内偶见圆形嗜酸性包涵体。亦可用免疫荧光试验和酶联免疫吸附试验检测病毒抗体。由于EDIM病毒不能在细胞培养中生长，可用牛和猴的轮状病毒做抗原检测抗体。

（5）预防：本病的预防应依靠建立无EDIM病毒的小鼠繁殖群，并彻底截断病毒传播途径。采用剖宫产技术可建立无EDIM病毒的种子群，然后再扩大繁殖。加强饲养管理，搞好消毒灭菌，以彻底切断传播途径。一旦发生本病，应立即淘汰整个鼠群，尸体焚烧，饲养室彻底消毒。

（七）兔病毒性出血症

它是由兔出血症病毒（rabbit hemorrhagic disease virus，RHDV）引起兔的一种急性、热性、败血性和毁灭性的传染病，又称"兔瘟"，特征是传染力极强、发病急、病程短，呼吸器官和实质器官有出血点，发病率和死亡率很高。

（1）分布和病原：兔出血症病毒属细小病毒科、细小病毒属。本病毒能凝集人"O"型、大鼠、绵羊和鸡的红细胞，尤其对人"O"型红细胞最敏感。病毒对氯仿和乙醚不敏感，能耐酸，病毒对紫外线和干燥等不良环境的抵抗力较强。

（2）流行病学：本病四季均可发生，各种家兔均易感，尤其长毛兔特别敏感。3月龄以上的青年兔和成年兔发病率和死亡率最高，断奶幼兔有一定的抵抗力，哺乳期仔兔基本不发病。传染源主要是病兔和带毒兔，可通过呼吸道、消化道、皮肤等多种途径传染。自然条件下，空气传播是主要的传播方式，人工感染经多途径接种均可引起发病。

（3）临床症状：潜伏期较短，通常为3~5 d。临床可分为超急性型、急性型和慢性型3种病型。前2种类型多见于青年兔和成年兔，慢性型则多见于流行后期或断奶后的幼兔。感染后恢复的兔则成为带毒者而感染其他家兔。病理剖检可见动物各脏器呈现广泛性充血和出血等特征性病理变化。

（4）诊断：确诊可通过病毒接种试验、红细胞凝集试验和红细胞凝集抑制试验等予以证实。兔瘟在临床上常会被误认为兔巴氏杆菌病、兔魏氏梭菌性肠炎，要注意鉴别诊断。

（5）预防：本病尚无特效药物治疗，预防接种是防止兔瘟的最佳方法。平时定期进行检测，引种时要严格检疫。一旦发生兔瘟，立即封锁兔场，隔离病兔，发现病兔及时淘汰，未发病的兔要紧急接种疫苗，死兔必须深埋或烧毁。笼具、兔舍及环境应彻底消毒。

（八）狂犬病

狂犬病是由嗜神经病毒即狂犬病毒（rabies virus）引起的急性直接接触性为主的人兽共患病。多见于犬、狼、猫等肉食动物，人多因被咬伤而感染。主要特征：侵害中枢神经系统，呈现狂躁不安、意识紊乱，最后麻痹死亡。临床表现为特有的恐水怕风、咽肌痉挛进行性瘫痪等。恐水症状比较突出，故本病又名恐水症（hydrophobia）。

（1）分布和病原：狂犬病的病原体是弹状病毒科、弹状病毒属、狂犬病病毒。目前普遍认为狂犬病病毒有4个不同的血清型。狂犬病病毒抵抗力非常弱，在表面活性剂、甲醛、升汞、酸碱环境下会很快死去，并且对热和紫外线极其敏感。

（2）流行病学：犬、狐、狼等动物都是病毒的储存宿主，蝙蝠的唾液腺也带毒。无症状的隐性感染动物可长期排毒，并成为人和动物狂犬病的传染源。病毒主要存在于机体中枢神经组织和唾液腺内。人类主要通过病犬咬伤或皮肤、黏膜的损伤而传染。

（3）临床症状：人狂犬病的临床表现可分为潜伏期、前驱期、兴奋期及昏迷期4期，根据个人体质潜伏期的时间从几天到数年不等，进入兴奋期及昏迷期后大多数患者最终因衰竭而死。犬的狂犬病的临床表现可分前驱期、兴奋期和麻痹期3期：前驱期的病犬缺乏特征性症状，呈现轻度的异常现象。狂暴期的病犬高度兴奋，攻击人畜，狂暴与沉郁常交替出现，随着病程发展，陷于意识障碍、反射紊乱、流涎等。麻痹期的病犬流涎显著，后躯及四肢麻痹，最后因呼吸中枢麻痹或衰竭而死亡。

（4）诊断：可以通过临床症状或实验室检验诊断。临床诊断主要根据上面所述临床症状诊断。实验室诊断可通过脑组织内基小体检验；荧光免疫方法检查抗体；分泌物动物接种实验；血清学抗体检查和反转录PCR方法检查病毒RNA等方法。病理切片检查可见大脑海马神经细胞的胞质内包涵体。

（5）防治：加强犬和猫的饲养管理，定期注射狂犬疫苗，控制动物之间的传播。发病的犬、猫应立即处死及焚毁。人和犬怀疑被病犬咬伤时，应彻底消毒伤口、挤出淤血，并用血清治疗或免疫接种。

（九）犬瘟热

犬瘟热是由犬瘟热病毒引起的一种高度接触性、致死性传染病。此病的特征是犬呈现复相热、鼻炎、支气管炎及呼吸和消化严重障碍，少数病例出现脑炎症状。

（1）分布和病原：犬瘟热病毒属于副黏病毒科麻疹病毒属，RNA型，犬瘟热病毒粒子呈现多形性，多数为球形，病毒粒子的直径为110～550 nm，大多数在150～330 nm，亦有畸形和长丝状的病毒粒子。

（2）流行病学：本病四季均可发生，但以冬春多发。主要发生于3～12月龄的幼犬，其他年龄也可感染。除犬以外，狼、狐等野生动物也发生，特别是水貂、雪貂极易感染。病犬的眼、鼻分泌物，以及唾液及粪尿中都含有病毒，通过上呼吸道黏膜感染。本病呈高度接触性传染，以呼吸道、飞沫和食物饮水为主要传播方式，也可经胎盘传播。犬瘟热潜伏期随传染源来源的不同长短差异较大。来源于同种动物的潜伏期为3～6 d，来源于异种动物的潜伏期有时可长达30～90 d。

（3）临床症状：犬瘟热病毒侵害中枢神经系统的部位不同，症状有所差异。根据临床症状和病变特点可分为卡他型、消化道型及两种不同的神经型等4种类型。

（4）诊断：根据临床症状作出疑似诊断。要确诊必须从感染的组织内找到包涵体；更主要的是用血液分离病毒和通过荧光抗体技术诊断。

（5）防治：主要采取综合性防疫措施，定期进行疫苗接种，发现病犬及时隔离治疗、严格消毒，防止互相传染和扩大传播。病死的犬尸要焚毁，对被污染的环境、场地、犬舍以及用具等必须彻底消毒。

（十）犬细小病毒病

犬细小病毒病（病毒性肠炎）是一种急性、烈性、致死性传染病，特征是非化脓性心肌炎或出血性肠炎。

（1）分布和病原：该病毒对乙醚抵抗，能耐热，对甲醛敏感，紫外线能将其灭活。病毒在猫肾细胞皮上繁殖最好。在宿主体内，病毒在肠上皮细胞和心肌细胞上繁殖，引起肠炎和心肌炎。本病毒和猫瘟热（泛白细胞减少症）病毒有相似的抗原性，两者存在着血清学交叉反应。

（2）流行病学：犬是主要的自然宿主，幼犬特别易感，其他犬科动物，如郊狼、丛林犬、食蟹狐和鬣犬等也可被感染。随着病毒抗原漂移，病毒已经可以感染猫、浣熊及貉等动物。自然感染主要通过直接和间接接触。病犬的粪、尿、呕吐物和唾液中都含有病毒。隐性感染的犬以及康复犬的排泄物，都是本病危险的传染源。

（3）临床症状：该病潜伏期为1～2周，多数呈现肠炎综合征，少数呈现心肌炎综合征。肠炎病犬初期精神抑郁、厌食，偶见发热，软便或轻微呕吐，随后发展成为频繁呕吐和剧烈腹泻，病犬迅速脱水、衰竭而死。从病初症状轻微到严重一般不超过2 d，整个病程一般不超过1周。心肌炎型多见于4～6周龄幼犬，一般不表现症状或仅有轻度腹泻，突然衰竭，出现呼吸困难死亡。

（4）诊断：根据流行病学和症状可作初步诊断，确诊靠测定抗体滴度及粪便血凝素滴度。

（5）防治：一旦发病，应迅速隔离病犬，其余犬接种疫苗。对病犬污染的犬舍饲具、用具、运输工具进行严格的消毒。对饲养员应该严格消毒，并限制流动，避免间接感染。注射疫苗免疫是预防本病的根本措施。

（十一）犬传染性肝炎

犬传染性肝炎是由犬腺病毒Ⅰ型（Canine Adenovirus Type Ⅰ）所引起的急性病毒性传染病，主要造成肝、肾、脾及肺脏的损伤而引起全身性循环障碍。急性病例可于24～36 h内死亡，感染7～10 d会因眼角膜水肿导致眼睛变成蓝色，所以又称蓝眼症。

（1）流行病学：本病经由直接接触含病毒的分泌物而感染，任何犬种、性别和季节皆会发生，以年幼及年老的犬最易感。病犬的唾液、粪、尿均带毒，病愈的犬可长期排毒。该病经口或接触传染。由于病毒对外界环境的抵抗力强，故病犬接触过的笼具等要彻底消毒。

（2）临床症状：潜伏期3～5 d，病初体温升高达41℃，精神萎靡、食欲废绝，烦渴（过度饮水后呕吐，而后再饮）。口腔黏膜充血、鲜红色，扁桃体发炎，颌下淋巴结明显肿大。眼有浆性—脓性分泌物，怕光。皮肤、黏膜出血，偶有黄疸、腹痛、腹泻，有时便血，拱背。肝区触痛，病犬痛苦呻吟，小便深黄或红茶色。白细胞减少，

20% ~ 30%的犬出现角膜混浊。有的病犬伴有神经症状，四肢和颈部肌肉痉挛，运动共济失调，后肢麻痹或昏睡。病犬痊愈后有持久的免疫力。

（3）诊断：由于本病常与犬瘟热并发感染，故诊断要细心。确诊要依赖发现肝细胞核内包涵体，以及补体结合试验的结果。

（4）防治：病犬应及时隔离，场地用3%氢氧化钠消毒液消毒。新进犬要隔离检疫。疫病流行期间幼犬要皮下注射健康犬血清，每周1次，每次3 mL，共注射2次。

（十二）猴B病毒病

猴B病毒病是由猴B病毒（simian B virus infections）感染引起人和猴共患的一种传染病。猴是本病毒的自然宿主，感染率可达10% ~ 60%，多数情况下呈良性经过，仅在口腔黏膜出现疱疹和溃疡，病毒可长期潜伏在呼吸道或泌尿生殖器官附近的神经节，也可长期潜伏在组织器官内，产生B病毒抗体。人类感染主要表现为脑脊髓炎症状，多数患者发生死亡。

（1）分布和病原：猴B病毒又称为猴疱疹病毒1型（cercopithecine herpesvirus type 1）。属于疱疹病毒科、疱疹病毒亚科、单纯疱疹病毒属。B病毒对乙醚、脱氧胆酸盐、氯仿等脂溶剂敏感，对热敏感，56℃ 30 min即可灭活。紫外线也可将其灭活。

（2）流行病学：猴B病毒可感染猴、兔、豚鼠及小鼠。野生猴B病毒抗体阳性率远高于自繁猴。病毒主要经性交、咬伤或带毒唾液经损伤的皮肤或黏膜直接传播，也可以通过污染物间接传播。B病毒可由感染处经外周神经传到中枢神经系统，形成潜伏感染。病毒还可长期潜伏于上呼吸道或泌尿生殖器官附近神经节及组织器官，可经唾液、尿液、精液间歇性排毒。随着年龄增长，B病毒的感染率增加。

（3）临床症状：猴感染B病毒后，初期在舌表面和口腔黏膜与皮肤交界的唇缘有疱疹，最后形成溃疡面，有纤维素性坏死痂皮，1 ~ 2周自愈。人感染该病毒后症状非常严重，主要呈上行性脊髓炎或脑脊髓炎。

（4）诊断：血清抗体检测是主要的诊断方法，多用ELISA及免疫荧光检测方法。由于猴B病毒对人的危害性较大，病原分离的诊断方法一般不提倡。近年来病毒核酸检测方法也应用于猴B病毒感染的病原检测，可以检测到低于10个拷贝的病毒DNA。

（5）预防：定期检疫，淘汰阳性猴，建立B病毒阴性的隔离区。与猴接触的人员要重视自身防护工作，一旦抓伤要立即用肥皂水洗净伤口，再用碘酒消毒，并隔离观察3周，出现临床症状，及时对症治疗。

二、实验动物常见细菌性疾病

（一）布鲁氏菌病

布鲁氏菌病（Brucellosis）是由布鲁氏菌引起的一种人兽共患的急、慢性传染病，又称马耳他热或波状热。牛、羊和猪是主要传染源，犬也易患布鲁氏菌病，雌性动物感染后可引起流产，人因接触动物或食用被布鲁氏菌污染的肉或奶制品而感染。

（1）分布和病原：布鲁氏菌属是一群革兰阴性的球状杆菌或短杆菌，多单在，很少呈短链。此属细菌为呼吸型代谢，专性需氧。布鲁氏菌可分为羊、牛、猪、鼠、绵羊及犬6个种别，20个生物型。实验动物中，以犬、猪和羊3种动物的布鲁氏菌病最为多见。布鲁氏菌对自然环境因素的抵抗力较强，对湿热的抵抗力不强，对消毒剂的抵抗力也不强。

（2）流行病学：布鲁氏菌不产生外毒素，但有毒性较强的内毒素。本菌的不同种别和生物型，甚至同型细菌的不同菌株，其毒力亦会有差异。马耳他布鲁氏菌的毒力最强，猪布鲁氏菌其次，流产布鲁氏菌毒力较弱。不同种类的布鲁氏菌虽有其主要宿主动物，但也存在着相当普遍的宿主转移现象。本属细菌能感染的动物种类极多，有60多种动物，其中包括各种家畜、野生哺乳动物、啮齿类动物、鸟类、爬虫类、两栖类和鱼类。实验动物中以犬和豚鼠最为易感，小鼠和兔则较有抵抗力。

（3）临床症状：本菌感染动物后大多数呈慢性或隐性感染，感染的潜伏期不定，在2周至半年之间。布鲁氏菌感染犬后，妊娠雌犬多在怀孕40～50 d后发生流产，流产的胎仔常有组织自溶、水肿及皮下出血等特点。部分妊娠雌犬则并不发生流产，妊娠早期胎仔死亡，被母体吸收。雌犬流产后可发生慢性子宫内膜炎，且屡配不孕。本菌感染雄犬后，可见睾丸炎、附睾炎、前列腺炎和包皮炎症状。病犬除发生生殖系统炎症外，还可发生关节炎、腱鞘炎，运动时出现跛行症状。

（4）诊断：主要依靠血清学检查及变态反应检查作出诊断，当雌性动物出现流产或其他特殊情况，如雌犬不孕或雄犬出现睾丸炎及附睾炎时，则必须对动物进行微生物学检查。

（5）预防：加强饲养管理，严格消毒设施，定期检疫确诊。对犬应每隔3个月或半年就必须进行血清学检查，发现呈阳性和可疑反应的犬应及时隔离，及时处理。对猪或羊等其他实验用动物，则必须来源于无本病感染的地区或单位，或用布鲁氏菌弱毒苗免疫接种。

（二）沙门菌病

沙门菌病，又名副伤寒（paratyphoid），是由沙门菌属（Salmonella）细菌感染引起的疾病总称，也是一种重要的人畜共患病。感染后多表现为败血症和肠炎，也可使妊娠动物发生流产。

（1）分布和病原：本菌为革兰阴性短杆菌，本菌抵抗力较强，对低温有较强的抵抗力，在干燥的沙土可生存2～3个月，在干燥的排泄物中可保存4年之久。本菌可被酚类、氯制剂和碘制剂等消毒药杀灭。

（2）流行病学：本菌属的许多血清型菌株对人和实验动物均有致病性，一年四季本病均可流行。幼龄动物感染常致肠炎，成年动物则多呈慢性或隐性感染。自然感染的潜伏期平均为2周，人工感染的潜伏期为2～5 d。患病与带菌动物是本病的主要传染源，经口感染是其最重要的传染途径，而被污染的物品与饮水则是传播的主要媒介物。实验动物中啮齿类动物可感染本病，豚鼠、大鼠及小鼠均对本菌敏感，但豚鼠呈高度敏感并有严重的临床症状；大、小鼠则常以亚急性感染的形式而长期带菌；兔、长爪沙鼠和地鼠则对本菌不易感。

（3）临床症状：本病感染主要分为急性型、亚急性型和慢性型3种形式。急性型发病迅速，多见急性食物中毒，1周内动物即可大批死亡。亚急性型则肠炎症状明显，慢性型则症状很轻，多呈隐性感染形式而成为长期带菌者。

（4）诊断：根据流行病学、临床症状和病理检查即可作出初步诊断，确诊尚需进行本菌的分离和鉴定。

（5）预防：加强饲养管理，消除发病原因，防止野鼠进入。一旦动物种群中发现本病感染，应立即隔离消毒，必要时要及时对感染动物淘汰处理。

（三）结核病

结核病是由各型结核杆菌引起的一种慢性传染病，也是一种人畜共患病。犬主要由人型或牛型结核杆菌感染而引起结核病。猴感染则主要由结核分枝杆菌、牛型结核分枝杆菌以及非结核性分枝杆菌等引起，最常见的是结核分枝杆菌。

（1）分布和病原：结核分枝杆菌属于分枝杆菌属，是革兰阴性杆菌，细菌在外界环境中生存力较强，但加热60℃ 30 min即可被杀死，10%的漂白粉很有效。链霉素、卡那霉素、异烟肼和对氨基水杨酸可抑制细菌生长。

（2）流行病学：结核病患者及患结核病的动物为本病的传染源，尤其是开放性结核患者，能通过多种途径向外界散播病原。感染主要通过呼吸道和消化道途径。猴感染结核病后可通过痰液、粪、尿等排出大量结核杆菌，被这种排泄物污染的尘埃就成为主要的传播媒介。犬则主要是由于舔食结核病患者的痰或吸入含细菌的空气而感染。

（3）临床症状：临床上以慢性过程为主，故病犬在相当一段时间内不表现症状，以后出现食欲不振、容易疲劳、虚弱、进行性消瘦和精神不振等。肺结核表现咳嗽（干咳），后期转为湿咳，并有黏液脓性的痰。消化道结核表现消化功能紊乱顽固性下痢、消瘦、贫血，常有腹腔积液。皮肤结核多发生于颈部，有边缘不整齐溃疡，溃疡底为肉芽组织。猕猴一旦感染结核病，很快发展成进行性疾病，很少像人一样出现慢性抑制性症状。笼养猴一般看不到临床症状，严重患病猴可见咳嗽、消瘦、呼吸困难，听诊有啰音，体温升高不明显，X射线透视可见明显的结核阴影、淋巴结肿大、脾肿大和肝大。有的皮肤产生结核性结节，有渗出物流出。结核分枝杆菌和牛型结核分枝杆菌在感染猴的肺、淋巴结、脾、肝等器官后都能形成弥散性的黄白色干酪样病灶。

（4）诊断：可疑患病的动物可通过结核菌素眼睑皮内变态反应试验确定。确诊主要通过结核菌素试验、X射线透视，以及红细胞沉降率测定、细菌学检验和病理检查等。

（5）预防：对结核菌素检测阳性的实验动物应立即捕杀淘汰，并对同群饲养动物进行隔离检疫；或对其他动物接种卡介苗，患病动物一般无治疗价值。动物处理后应实行彻底消毒。

（四）泰泽菌病

泰泽菌病（Tyzzer's disease）因Ernest Tyzzer首先描述而命名。病原菌为毛状芽孢杆菌。小鼠、大鼠、豚鼠及兔对本菌均易感。感染后的典型症状为出血坏死性肠炎和弥漫性或灶性肝坏死。

（1）分布和病原：本病呈世界性分布，动物群一旦感染可导致"全军覆灭"。毛状芽孢杆菌为革兰阴性杆菌，周身鞭毛，有运动性，可形成芽孢，具多形性，专性细胞内寄生，其生长对细胞的选择非常苛刻，无细胞的培养基上不能生长，可通过卵黄囊途径接种鸡胚来增殖。其芽孢在体外可生存数年，在尸体内很易自溶。

（2）流行病学：本病可通过食入被本菌污染的食物经消化道感染。本菌可垂直传染。过分拥挤、环境内高温高湿、长途运输、X射线照射、使用皮质类固醇药物等应激因素可促使本病的发生。在免疫学研究中，当动物处于免疫抑制状态时，可引起隐性感染的小鼠暴发本病。

（3）临床症状：小鼠感染后多呈隐性感染，当机体免疫力下降时发病。本病的首发症状是出现突然的死亡。其他动物表现为被毛逆立、嗜睡、严重腹泻，粪便呈水样或黏液状。动物脱水，食欲废绝，2~4 d死亡。病理解剖可见肝脏肿大，表面散布灰白色、黄色圆形坏死灶。小肠内充满黄色液体，肠壁淤血、水肿，回盲结合部有出血、溃疡灶。镜下可见肝细胞发生固性坏死和溶解，病灶周围有中性粒细胞浸润，病灶边缘的肝脏活细胞内可见成束的状似毛发的杆菌。肠上皮细胞坏死脱落，肠壁固有层及黏膜下层组织水肿，有中性粒细胞和淋巴细胞浸润，上皮细胞内可查到菌体。

（4）诊断：毛状芽孢杆菌不能在人工培养基上生长。本菌的诊断应取病鼠肝脏组织或肠组织作涂片，镜下观察典型的成束、细长的杆菌可确诊。也可取病料接种经可的松激发的小鼠，观察小鼠的典型病理变化而确诊。

（5）预防：应严格饲养管理，防止饲料污染，加强饲养室的消毒。提高动物体质，防止应激因素。利用无本病的小鼠进行剖宫产手术，建立SPF鼠群。

（五）钩端螺旋体病

钩端螺旋体病是由致病性钩端螺旋体引起的自然疫源性急性人兽共患传染病。人因直接接触感染动物的尿或组织，或间接地通过与其他污染环境的接触而感染，损伤的皮肤或暴露的黏膜是病原体进入人体的常见门户，潜伏期为2~20 d。

（1）分布和病原：钩端螺旋体是一种纤细的螺旋状微生物，菌体有紧密规则的螺旋。菌体的一端或两端弯曲呈钩状，沿中轴旋转运动。旋转时，两端较柔软，中段较僵硬。在暗视野显微镜下的黑色背景下可见到发亮的活动螺旋体。钩端螺旋体对热、酸、干燥和一般消毒剂都敏感。

（2）流行病学：钩端螺旋体病遍及世界各地，尤以热带和亚热带为主。我国绝大多数地区都有不同程度的流行，尤以南方各省最为严重，对人体健康危害很大，是重点防治的传染病之一。我国已从67种动物分离出钩端螺旋体，它的宿主非常广泛，很多哺乳动物及野生动物等均可成为传染源。但最主要的传染源为鼠类、猪和犬。

（3）临床症状：按照症状可将钩端螺旋体病分为败血症期和免疫反应期，亦可将本病按照发展过程分为早期、中期和晚期。钩端螺旋体病的临床症状极其悬殊，轻者可无任何自觉症状或仅有类似上呼吸道感染的症状，重者可出现肝、肾衰竭，肺大出血甚至死亡。

（4）诊断：通过常规检查、特异性病原体检测分离、血清学试验及钩端螺旋体DNA探针技术即可诊断。红细胞沉降率（血沉）增快是本病重要特征，一般可持续2～3周。动物接种也是可靠的方法，但所需时间太长。DNA探针杂交技术是一种敏感性高的早期诊断方法。聚合酶链反应（PCR）的DNA扩增技术目前已引入钩端螺旋体病的诊断领域，此方法简便，适用于大数量标本的流行病学调查。

（5）防治：要彻底消灭动物室周围的鼠类，减少接触鼠类和污染水的机会。重视个人防护，搞好环境卫生，加强消毒工作。对犬等大动物应注射钩端螺旋体多价菌苗进行免疫。

（六）支原体病

支原体（mycoplasma）又称人形支原体，是一种简单的原核生物，其大小介于细菌和病毒之间。它对猪、牛、禽以及啮齿类实验动物等具有广泛的致病性，主要以侵害呼吸系统和生殖系统为主，还能引起关节炎、乳腺炎以及眼部感染。

（1）分布和病原：支原体体积微小，无细胞壁，可通过滤菌器，呈高度多形性，革兰染色阴性，但不易着色，以吉姆萨染色较佳。它种类繁多、分布广泛、造成的危害相当大，涉及人、动物、植物及昆虫等多个领域，给人类健康和科研工作带来不利影响。支原体易被清洁剂和消毒剂灭活，对干扰细胞壁合成的抗生素不敏感，但对干扰蛋白质合成的抗生素敏感。

（2）流行病学：支原体广泛分布于自然界，也存在于人、家禽、家畜及实验动物体内。许多支原体属于非致病性微生物。如猫和犬等动物的呼吸道，即使在多病原感染时，支原体也比正常动物多，但是单独不致病。某些支原体确实可以致病，例如肺支原体，但一般病情不严重；当有仙台病毒或巴氏杆菌合并感染时，病情则比单病原感染要严重得多。支原体主要危害实验大鼠、小鼠。此外，嗜神经支原体可流行并引起小鼠翻滚病，关节炎支原体可引起大鼠、小鼠关节病。

（3）临床症状：不同的支原体，可引起不同的组织或器官患病。大鼠感染支原体的常见部位是呼吸道和关节，感染后主要表现为炎症反应，包括充血、水肿以及浆液性分泌物形成。嗜神经支原体引起的小鼠翻滚病，其头部震颤，身体翻滚，数小时内小鼠可死亡。

（4）诊断：临床症状结合实验室检查才能确诊。实验室检查主要通过血象、培养法、血清学及分子诊断技术等方法的结合来确诊。鉴于PCR法快速、简便、特异且敏感，尤其对难以培养的支原体，PCR技术对支原体感染的早期诊断有极其重要的意义。

（5）防治：加强饲养室的卫生消毒工作，对饲养室周围的环境进行化学药物消毒。控制本病最有效的办法是确保无支原体感染的动物种群，可采取剖腹取胎方式净化种群。

（七）鼠棒状杆菌病

鼠棒状杆菌（*Corynebacterium kutscheri*）病的自然宿主是小鼠和大鼠，其感染多呈隐性形式，应激条件下可暴发，并导致动物群全部覆灭。

（1）分布和病原：本病在鼠群中隐性感染非常普遍。本病的病原体是鼠棒状杆菌，革兰染色阳性，呈小棒槌状，无运动性，不形成芽孢。普通培养基或5%血液培养基37℃ 48 h形成1 mm左右的白色菌落，呈突起半球状，半透明，表面光滑不溶血。

（2）流行病学：本菌可经口鼻或皮肤伤口而感染，可在盲肠长期存在，机体抵抗力下降时进入血液而发病。某些应激因素如强烈照射、手术处理、运输、营养不良等可诱发本病，使隐性带毒的小鼠群暴发本病。

（3）临床症状：隐性感染的小鼠一般不表现临床症状。发病时多呈急性症状，发病率、死亡率均较高。慢性感染时，动物临床症状不明显。病理解剖可见肠黏膜出血溃疡，有小脓肿形成，肠系膜淋巴结肿大。本菌可进入血液形成脓毒败血症，经血液循环扩展到各个脏器，在肺、肾、心、肝及淋巴结形成脓肿，呈灰白或黄色结节，内有干酪样渗出物。其他部位可发生皮肤溃疡、化脓性关节炎、腹膜炎病变等。病理切片可见脓肿周围有巨噬细胞和中性粒细胞浸润，实质细胞发生坏死。

（4）诊断：取病鼠的脓肿组织涂片，观察查找致病菌。取病鼠鼻咽气管分泌物及肾、肺的病灶组织进行培养，取可疑菌落做生化鉴定或用抗血清做玻片凝聚试验。结合以上结果即可确诊。

（5）预防：应健全饲养管理制度，切断传播途径，建立无棒状杆菌感染的鼠群，从而排除本病对实验的严重干扰。

（八）嗜肺巴氏杆菌

由嗜肺巴氏杆菌（*Pasteurella pneumotropica*）引起的小鼠、大鼠、豚鼠和地鼠均可感染的疾病。临床表现为呼吸困难，有咕噜咕噜的呼吸音，动物体重减轻，出现结膜炎、眼炎、乳腺炎、不孕、流产、皮下脓肿等症状。

（1）分布和病原：本菌革兰染色阴性，无运动性，是多形性球状杆菌，菌体两端着色较浓。可生产吲哚、尿素酶、硫化氢，可分解木糖、海藻糖。

（2）流行病学：本菌感染动物后可呈隐性感染，成为动物呼吸道及消化道的常在菌，当动物抵抗力下降、菌体毒力高或细菌数量多时引起动物发病。健康动物通过呼吸道、消化道感染，也可经过外伤及生殖器官感染。

（3）临床症状：嗜肺巴氏杆菌为条件致病菌，常与其他细菌混合感染而引起动物发病。如本菌与仙台病毒混合感染可引起致命性肺炎；与肺炎支原体混合感染可引起并发症而使病情复杂化。本菌感染小鼠多呈散在发病。病理解剖可见肺有散在性脓肿，在裸鼠表现非常明显；也可表现化脓性中耳炎、泪腺炎、子宫炎、淋巴结炎及泌尿系统的化脓性炎症。

（4）诊断：诊断采用细菌分离培养，也可做生化检查或用标准血清做凝聚反应，即可确诊。

（5）预防：本病的预防应依靠建立良好的环境卫生条件，可通过剖宫产建立无巴氏杆菌的小鼠群。

三、实验动物常见寄生虫疾病

实验动物的寄生虫种类繁多，从寄生虫的分类学角度可分为原虫、蠕虫和节肢动物，蠕虫又可分为吸虫、绦虫和线虫。寄生部位也有体内、体外、血液及细胞内。

（一）体内寄生虫

1. 弓形虫病

弓形虫病（Toxoplasmosis）又称弓形体病，是由刚地弓形虫（*Toxoplasma gondii*）所引起的人兽共患病。在人体多为隐性感染，发病者临床表现复杂，其症状和体征又缺乏特异性，易造成误诊。本病与艾滋病（AIDS）的关系密切。

（1）分布和病原：弓形虫是专性细胞内寄生虫，寄生于细胞内，随血液流动，可到达全身各部位。其生活史中出现5种形态，即滋养体速殖子（tachyzoite）；包囊（可长期存活于组织内）呈圆形或椭圆形，破裂后可释出缓殖子（bradyzoite）；裂殖体；配子体和卵囊（oocyst）。前3期为无性生殖，后2期为有性生殖。弓形虫生活史的完成需要双宿主：在终宿主（猫与猫科动物）体内，上述5种形式俱存；在中间宿主（包括禽类、哺乳类动物和人）体内则仅有无性生殖而无有性生殖。无性生殖常可造成全身感染，有性生殖仅在终宿主肠黏膜上皮细胞内发育造成局部感染。弓形虫体的卵囊对低温、干燥和化学消毒剂有很强的抵抗力。

（2）流行病学：几乎所有哺乳类动物和一些禽类均可作为弓形虫的储存宿主。弓形虫主要寄生在猫的肠上皮细胞内。小鼠、大鼠、豚鼠和人等其他哺乳动物等也可感染弓形虫而成为其中间宿主。感染后的小鼠会严重干扰实验结果，如T、B细胞免疫功能长期抑制。猫科动物的粪便中，常带有卵囊。猫的身上和口腔内常有弓形虫包囊和活体。犬的身上和口腔内常有包囊或活体，接触犬的人不小心也可能感染。先天性弓形虫病系通过胎盘传染，孕妇在妊娠期初次受到感染，无论为显性或隐性感染均可传染胎儿。后天获得性弓形虫病主要经口感染，食入被猫粪中感染性卵囊污染的食物和水，未煮熟的含有包囊和假包囊的肉、蛋或未消毒的奶等均可受染。猫和犬等动物痰和唾液中的弓形虫可通过密切接触，经黏膜及损伤的皮肤进入人体。

（3）临床症状：一般分为先天性和后天获得性两类，均以隐性感染为多见。

（4）诊断：主要依靠病原学和免疫学检查。病原学检查包括直接镜检、动物接种或组织培养、DNA杂交技术等方法；免疫学检查主要检测抗体和抗原，采用染色试验、间接荧光抗体试验、间接血凝试验、酶联免疫吸附试验、放射免疫试验等方法，这些方法均是早期诊断和确诊弓形虫感染的可靠方法。

（5）预防：加强饲养管理，严格遵守操作规程，做好个人防护，避免与猫和犬等动物直接接触。及时处理可能被动物污染的食物、饮用水和饲料，定期消毒，搞好环境卫生。

2. 兔球虫病

兔球虫病是由艾美尔属的多种球虫寄生于兔的小肠或胆管上皮细胞内引起的一种原虫。寄生于兔的球虫约为13种，均属艾美尔球虫。兔球虫病主要表现为食欲减退，精神抑郁，行动迟缓，眼、鼻分泌物及唾液分泌增多，腹泻和便秘交替出现，病兔消瘦，死亡率40%～70%。

（1）分布和病原：目前我国已发现7种艾美尔球虫可寄生于兔的小肠和胆管。球虫卵囊在外界环境中，当温度为20℃，相对湿度55%～75%时，经2～3 d即可发育成为感染性卵囊，具有感染性。卵囊对化学消毒药物和低温的抵抗力很强，但对日光和干燥很敏感，直射阳光数小时内能杀死卵囊。紫外线对各个发育阶段的球虫都有很强的杀灭作用。

（2）流行病学：兔球虫病是家兔最常见、危害最严重的一种原虫病，本病四季皆可发生，但多见于春暖多雨时期。断奶至4月龄的幼兔感染率及死亡率都很高，成年兔一般为隐性感染而成为感染的来源。接触球虫污染的饲料、饮水、笼具及衣物，以及人、工具、野鼠和苍蝇等均可成为本病的传播媒介。

（3）症状：按球虫的种类和寄生部位不同，该病的临床症状可分为肠型、肝型和混合型，临床上多见混合型。

（4）诊断：根据流行病学、临床症状和病理变化可作出初步诊断，确诊需进一步作实验室诊断。实验室诊断主要是镜检卵囊，必要时取粪便用饱和盐水漂浮法检查卵囊。

（5）防治：加强兔场管理，成年兔和幼兔应分开饲养；断乳后的幼兔要立即分群，单独饲养。兔笼具等应严格消毒，搞好环境卫生，消灭兔场内可能的传染源，及时清除粪便，定期消毒，杜绝传染 。

（二）体外寄生虫

体外寄生虫主要包括螨、蚤、虱等，常常引起实验动物皮炎、脱毛、剧痒、囊肿、瘦弱、贫血、繁殖力下降。

1. 螨　病

螨病是由疥螨和痒螨寄生而引起的一种实验动物慢性寄生虫病。特征性症状是皮肤发炎、剧痒、脱毛等，严重者可引起动物死亡。

（1）流行病学：主要发生于冬季和秋末春初，健康动物可通过接触患病动物和带有螨虫的用具而感染，饲养员也可起到传播作用。疥螨寄生于皮下、腹股沟及被毛深部；痒螨寄生于皮肤表面和外耳道内。

（2）临床症状：嘴、鼻周围及脚爪发炎，动物表现不安、剧痒，会用脚搔嘴、鼻，患部结痂、变硬，病变部位出现皮屑和血痂，患部脱毛，皮肤增厚失去弹性，形成褶皱。

（3）诊断：根据流行病学、临床症状，结合病变部位皮肤刮去皮屑检查虫体，如发现大量螨虫虫体可确诊。

（4）防治：发现患病动物立即隔离、淘汰并对笼器具彻底消毒，保持房舍干燥通风。加强动物饲养管理和卫生防疫，加强检疫，增强动物的抗病力。治疗可用阿维菌素、灭虫丁注射液，并采取内外结合的方法。

（三）血液寄生虫病

感染实验动物的寄生虫除体内寄生虫和体外寄生虫外，还有一类重要的寄生虫，就是血液寄生虫。血液寄生虫由于寄生部位比较特殊，其危害性也较大。血液寄生虫有的寄生在血液中，有的仅仅是在移行过程中经过血管。血液寄生虫主要感染犬、猫等动物，常见的有钩虫病、丝虫病等。这类疾病的传播与节肢动物密切相关，因此要加强卫生防疫管理，切断传播途径。

第二节　实验动物健康与疫病防治

一、实验动物健康观察

实验动物的健康状况是饲养管理人员最关心的问题。健康观察应成为实验动物饲养、管理和选择使用的重要内容，可以及早发现异常，保证动物质量，并为疾病的诊断和预防提供依据，但实验动物大多个体小，又不会说话，仅能从外表进行观察。因此，要按一定方法细致进行。

（一）健康观察内容与方法

（1）行为习性：不同种属动物具有不同的生物习性，如大多数啮齿动物于夜间活动、交配，地鼠和部分猴将食物储存于颊囊，猪食后躺卧，豚鼠和兔有食粪习性，兔用足掌扑打发声和临产前拉毛做窝，地鼠熟睡时难以惊醒，室温降至临近4℃进入冬眠。习性的反常，常表明动物健康异常。

（2）体态营养：健康动物应当肌肉丰满结实，体态强壮，身体结构匀称，背平直，保持正常行走姿态。如过于肥胖或瘦小，头脸歪斜或水肿，背穹隆，骨骼棱突，关节肿胀变形，行走失去平衡或打转，头颈后仰如观天等共济失调，均属异常。

（3）神态及反应性：健康的实验动物眼睛明亮有神，活泼好动，对光照、声响、捕捉反应灵敏，行动快速。如表现过度兴奋，狂暴，骚动不安，或精神沉郁，眼半闭，独居一隅，甚至对捕捉不反抗，应视为异常。

（4）被毛和皮肤：健康实验动物的被毛浓密而有光泽，清洁贴身，皮肤有弹性，提起皮肤放开后很快恢复平展，部分动物足、尾、耳等部位皮肤红润，血管清晰可见。如被毛粗乱，蓬松稀少，无光泽或沾染粪污，皮肤粗糙无弹性，干燥龟裂，有皮屑脱落，皮下气肿、水肿或脓肿，血管发绀，甚至皮肤破损出血、溃烂结痂，均属异常。

（5）采食饮水：健康实验动物食欲旺盛，有一定的采食饮水量。如发现食欲减退，对饲喂操作无反应或想吃又吃不进去，食后呕吐，突然饮水过多或恐水，均属异常。

（6）粪尿：正常粪便有一定形态、色泽、数量和硬度，如小鼠粪便呈圆粒状，光滑成形；白天兔粪与豌豆相仿，呈圆粒有弹性，尿液有一定的色泽和气味。当粪尿过少或缺无，粪不成形，粪粒表面有胨状黏液和肠道黏膜脱落，粪尿带血，尿液浑浊、色泽改变时为异常。

（7）呼吸、心搏与体温：健康实验动物的呼吸、脉搏与体温均有正常的生理值、节律、变化范围与规律，呼吸不发出声音。如呼吸急促呈腹式，咳嗽，手感皮温或测温过高，心搏频率过速或过慢，均为异常。

（8）天然孔、可视黏膜及分泌物：正常天然孔干净无分泌物，可视黏膜红润。如有流涎，鼻涕鼻痂，眼屎，肛门及尾部污湿，阴户有恶露，直肠或阴道脱出，可视黏膜苍白或发绀、充血出血、眼睑红肿，均为异常。

（9）妊娠哺乳：健康母种有正常妊娠哺乳期，妊娠各阶段有不同的体态、行为和采食反应，母性好的哺乳母种常将幼仔集于窝内，哺乳期幼仔发育及增重有明显规律。如妊娠母种体态行为异常，发生流产、死胎或难产，拒绝哺乳，弃离幼仔和吃仔，均为母种异常。

（10）生长发育：幼仔经哺乳期后即可离乳育成，至性成熟或成年时，达一定体重，具品种品系体貌。如发育迟缓，瘦小或畸形，应视为异常，并应对亲代动物的健康与质量提出怀疑。

（二）实验动物健康观察注意事项

（1）应当全面细致，如对乳房、阴茎、睾丸等隐蔽部位也不应忽视，对有传染病异常症状的动物应特别注意观察。

（2）不同种属、品种及模型动物有其特异性，应与其他动物相区别，如犬、猪的鼻端经常保持油状湿润，以手背触之有阴凉感；又如以Wistar大鼠筛选出来的P77大鼠具有听源性癫痫特性，约52%受铃声刺激后即奔跑、惊厥。

（3）必要时应进行微生物学、寄生虫学、营养学、病理学、血清免疫学检查以协助诊断。

（4）发现动物异常时，应从流行病学角度对环境设施设备、卫生管理、饲料质量、外界疫情、气候季节、人员、动物（包括外采样本）、物资来往等作综合分析。

二、实验动物疫病防治

（一）实验动物防疫的意义

随着生命科学、医药学、畜牧兽医学等的不断发展，对实验动物的质量要求越来越高。除大型或稀有实验动物、珍贵动物模型外，对实验动物疾病一般不主张采取药物治疗，因为药物治疗可能会影响实验动物在科学研究中的数据结果。因此，在实验动物的饲养和动物实验过程中，只有采取严格的、科学的饲养管理和卫生防疫措施才能预防动物疾病，特别是传染性疾病的发生，从而保证实验动物的质量。

（二）实验动物疫病传播的基本环节

病原微生物遵循一定的途径侵入动物体后，在机体内生长繁殖，破坏了动物体的正常生理功能而引起发病，并能把病原体传染给其他同类健康动物，引起同样的疾病，这一类疾病称为传染病。实验动物传染病的流行过程，就是从实验动物个体感染发病，发展到实验动物群体发病的过程，即传染病在实验动物群体中发生发展的过程。该过程必须具备3个基本环节：传染源、传播途径和易感动物。

1. 传染源

传染源可分为人源性和动物源性两种。所谓人源性传染源，是指一些不注意个人卫生的或违反标准化操作规程的实验动物饲育人员以及动物实验人员所携带的实验动物病原体。动物源性传染源包括：患病并有明显临床症状的动物或携带病原体的动物，后者是指处于传染病的潜伏期和恢复期动物所携带病原体的实验动物。

2. 传播途径

研究传染病病原体的传播途径，就是为了有效地控制病原体的传播。这是预防控制实验动物传染病的重要环节。

（1）直接接触传播：直接接触传播是指不通过任何媒介，由携带病原体的工作人员或动物，经与健康动物直接接触，使其感染上某种传染病。如人畜共患的结核杆菌、溶血性链球菌、沙门菌、皮肤真菌、B病毒等，以及动物间传染的体外寄生虫，如泰泽病原体、支原体、布鲁氏菌、仙台病毒、鼠痘病毒等，均可经直接接触而引发传染病的流行。其中传播方式（方向）包括以下两种。

①水平传播：水平传播是指实验动物群体中个体间的相互传播。病原体可经消化道、呼吸道、皮肤或黏膜创伤等途径传播。如沙门菌通常经过消化道，支原体通常经过呼吸道，皮肤真菌通常经过皮肤创伤等途径传播。

②垂直传播：垂直传播是指病原体通过母体的胎盘、子宫、产道传染给胎儿的传播方式。如淋巴细胞脉络丛脑膜炎病毒、细小病毒、支原体等的垂直传播。

（2）间接接触传播：间接接触传播是在外界环境因素的参与下，病原体通过传播媒介使实验动物感染的方式。其中主要包括以下两种。

①生物性传播媒介：节肢动物苍蝇、蚊子、蟑螂、蚤、螨、蜱；野生动物野猫和野鼠；新引进未经质量检定的实验动物；不注意个人卫生或违反标准化操作规程的实验动物饲育人员等。

②非生物性传播媒介：空气（飞沫、尘埃）；饲料或垫料；饮水或饮水瓶；笼具或器械等。

3. 易感动物

易感动物是指对某种传染病病原体敏感的动物。实验动物对某种病原体易感性的高低，虽与该病原体的种类和毒力强弱有关，但实验动物的遗传特性和特异的免疫状态（尤指犬、猫、猴等大型实验动物）等也是决定性因素。不同种类的实验动物对同种病原体表现的临床反应有很大的差异；同种异系的动物对相同病原体的抵抗力也具有遗传性差异；同种同系不同年龄的动物对某些病原体的易感性也有不同。

此外，实验动物的环境条件，如室温、通风换气次数、饲料营养、清洁卫生等因素，都可影响实验动物群体的易感性和病原体的传播。

综上所述，传染源、传播途径和易感动物是实验动物传染病流行的3个基本环节。控制该3个环节，就可避免传染病在实验动物群体中的流行。

（三）实验动物疫病防治原则及措施

1. 防治原则

实验动物的疫病防治是保证实验安全的关键。因此，为确保其安全，实验动物的疫病防治必须遵循国家相关法律法规，工作中应注意以下几方面。

（1）各种动物要分开饲养，严禁混养在一起，防止交叉感染。

（2）引进动物要依据国家检测标准严格检疫，并从具有动物质量合格证的单位引进动物。

（3）坚持卫生消毒制度，避免微生物的侵入和繁殖，定期对动物房舍和饲养用具进行消毒。

（4）患有人畜共患病者不得从事实验动物相关工作。

（5）对保种动物进行定期质量检查并及时更新，确保种群健康。

（6）对国标要求必须实施预防接种的实验动物要定期进行免疫接种。

（7）烈性传染性、致癌以及使用剧毒物质的动物实验均应在负压隔离设施或有严格防护的设备内操作。此类设施（设备）须具有特殊的传递系统，确保在动态传递过程中与外界环境的绝对隔离，排出气体和废物须经无害化处理。应体现"人、动物、环境"的三保护原则。

2. 疫情预防措施

（1）引进动物时必须经过严格检疫，须从获得实验动物生产许可证的单位引进动物，不得从疫区引进动物。

（2）坚持自繁自养，如需引进动物，则应进行严格的隔离检查，确认健康后才可与原设施内动物合群或投入使用，不同种动物要分开饲养，严禁混养在一起。

（3）根据不同等级的实验动物分别制定科学的饲养管理和卫生防疫制度，并严格执行。

（4）根据不同等级的实验动物的要求建立合理的环境设施，严格区分实验动物繁育区与动物试验区，并且各级别、各种实验动物要分开饲养，以防交叉感染。实验动物设施周围应无传染源，更不准饲育非实验用动物。

（5）制定并严格执行卫生消杀制度，杜绝各种微生物的侵入和繁殖，对实验动物所用的饲料、垫料、房舍、用具等应保持干燥通风、无虫无鼠。

（6）外环境定期进行杀鼠灭蝇的工作，严防野生动物和昆虫进入动物饲养室或动物实验室，并对死亡动物进行无害化处理。

（7）对国标要求必须实施预防接种的实验动物要定期进行免疫接种。

（8）对工作人员进行定期健康检查，确保与动物接触的工作人员不携带任何传染源，患有传染性疾病的人员不得从事实验动物工作。无关人员严禁擅自进入实验动物饲育室。

（9）保种单位要对保种的动物定期进行质量检查，发现问题及时更新种群。

（10）开展经常性的卫生检疫，发现疫情及时上报，及时采取相应的防治措施。

3. 疫情灭杀措施

为了保证实验动物的质量，在实验动物饲育管理过程中，不仅要严格执行常规的预防措施，同时在疫情发生时也应该采取一系列遏制疫情发展的灭杀措施。

（1）发现疫情应及时诊断，并主动向上级领导部门汇报，以便及时采取有效措施，防止疫情扩散。危害性大的疫病还须采取封锁等综合性措施，对患病动物进行焚烧，污染的环境应进行彻底严密的消毒。

（2）迅速隔离发生疫情的实验动物群，并立即采取切实可行的治疗措施，或坚决淘汰疫情动物。对可能污染的器械、笼具等物品，及饲育的环境设施进行彻底的消毒灭菌。

（3）病死或淘汰的实验动物应置于密封包装内，及时焚烧处理。

（4）若发生的是人畜共患的传染病，应立即对曾有接触史的有关人员进行健康检查。

（5）动物疫区在严格消毒灭菌后，须经检测确认安全，才能取消隔离，重新启用。

4.消毒灭菌措施

消毒灭菌是指利用物理或化学等方法杀灭病原微生物或使其失去活性，用以预防和灭杀传染病。其中包括以下措施。

（1）常规消毒措施：根据消毒方法，通常可分为物理消毒法和化学消毒法两种。

①物理消毒法：

a.高压蒸汽消毒：常用于对实验动物的饲料、饮水、垫料和笼器具等的消毒和灭菌。

b.煮沸消毒：常用于对实验器械、饮水瓶等的消毒。

c.干热消毒：通常用烤箱经180℃，30 min即可达到消毒要求，或用红外线，可达280℃，经15 min消毒即可完成。

d.火焰消毒：温度可达300℃。常用于对金属器械和不锈钢制品的消毒。

e.射线消毒：通常使用^{60}Co-γ射线辐照消毒。常用于对动物饲料、垫料和一次性使用的实验用品的消毒。

f.过滤消毒：主要用于对空气或液体的净化消毒。

②化学消毒法：

a.液体消毒：常用的液体消毒剂有新洁尔灭、过氧乙酸、次氯酸、甲酚皂溶液和消毒灵等。

b.蒸汽消毒：常用的有甲醛（或多聚甲醛）和环氧乙烷（该气体易爆炸）等。

（2）疫情发生时的消毒措施：实验动物饲养环境设施在动物发生疾病期间，要强化各个环节的消毒工作。

①人员和车辆进出消毒：实验动物饲养环境设施门口或生产区的出入口设有消毒池，池内经常保持有2%烧碱水，进出的车辆必须通过消毒池，车体用2%～3%来苏尔水溶液喷洒消毒。进入实验动物饲养设施的人员须经消毒池消毒靴鞋；进入动物饲养区或动物房的人员，先在消毒室内更衣洗澡，穿戴消毒过的工作服、帽和靴，经消毒池后进入饲养区，工作人员在接触实验动物、饲料、笼具等之前必须先洗手。

②环境消毒：对饲养区和动物舍的周围环境，每天清扫一次，并用2%的烧碱水或0.2%次氯酸钠溶液喷洒消毒。

③动物和动物体表消毒：动物舍和动物体表消毒应视为重点，因患病动物经常向外界排出大量的病原微生物污染动物舍环境。对动物舍的地面、料槽、水槽每天应清洁两次，地面用2%～3%烧碱水喷洒，水槽、料槽用0.2%次氯酸钠溶液洗涤，笼具彻底清洗干净，用0.5%～1%的复合酚消毒待用。用0.2%～0.3%过氧乙酸或0.2%次氯酸钠溶液

在动物舍内对动物喷雾消毒，每天1~2次。以杀灭动物体表、动物舍空气中、地面上及设备上的病原微生物。

④妥善处理淘汰的实验动物和尸体：患病的实验动物会随着分泌物、排泄物不断排出病原体而污染环境。病死的实验动物的尸体也是特殊传染媒介。因此，对病死的实验动物或淘汰的实验动物的尸体进行消毒处理。应由专人用严密的容器运出，投入专用的尸体坑内深埋或焚烧等无害化处理。

5. 隔离检疫

隔离是指将感染疾病动物、疑似感染和病原携带动物与健康动物在空间上隔开，并采取必要措施切断传染途径以杜绝疾病的扩散。隔离检疫的主要目的是预防实验群体发生传染病及其隐性感染对原有动物及接触人员造成危害；同时使引入动物有一个适应新环境的驯化预备饲养期，并为设施环境、管理方法和饲料供应的改进提供依据。

（1）隔离检疫的意义：便于管理消毒，阻断流行过程，防止健康动物继续受到污染，以便将动物疾病控制在最小范围内就地消灭。

（2）隔离检疫措施：隔离是把已知或怀疑有病或带菌带毒的动物与健康动物分开，并把患病动物放入隔离室。对引进的实验动物进行隔离检疫是预防疾病进入动物房的基本措施之一。做好实验动物饲养的隔离工作，重点做好以下方面的隔离工作。

①实验动物隔离：

a. 感染动物：指具有典型症状或类似症状，或其他特殊检查阳性的动物。当感染动物较多时，则应集中隔离在原来的动物舍内；较少时，则应将患病动物移出。进行严密消毒，加强卫生管理，专人看管，及时淘汰并进行无害化处理等工作。

b. 潜在感染动物：指未发现任何症状，但与患病动物及其污染的环境有过明显接触的动物。对于此类动物，应根据该传染病潜伏期的长短决定隔离观察时间长短，并限制其活动、详细观察，若有异常，应及时淘汰并进行无害化处理。

c. 假定健康动物（家畜）：加强卫生管理，严密消毒，专人看管。

②隔离区建设：一般实验动物设施都设有隔离区，用于对本设施患病动物和从外界新采购动物的隔离，但往往达不到预期效果。重点要对新进场动物、外出归场的人员、购买的各种原料、周转物品、交通工具等进行全面的消毒和隔离。

③人员隔离：做好人员隔离对预防动物疾病暴发具有十分重要的意义。饲养人员进入饲养区时，应洗手，穿工作服和胶鞋，戴工作帽；或淋浴后更换衣鞋。工作服应保持清洁，定期消毒，饲养员严禁相互串栋。人员一旦外出，要经过严格的隔离和消毒后才能进场。

④建立和遵守完善的隔离制度：要针对疾病防控工作建立完善的人员管理制度、消毒隔离制度、采购制度、中转物品隔离消毒制度等规章制度并认真实施，切断一切有可能感染外界病原微生物的环节。

（3）隔离检疫时间：

①通常并不对每批到达的实验动物进行检疫，凡来自取得实验动物生产许可证单位的动物并出具了实验动物质量合格证的，经观感检查后即可放行。对于非商业来源的或健康状况不清的动物都必须进行检疫。

②检疫期随所检疾病的潜伏期及动物种类而不同，小鼠、大鼠、豚鼠、地鼠等啮齿类哺乳动物及鸟类的检疫期至少7 d，兔21 d，犬、猫21～30 d，猴60～90 d。当动物有质量差异或购入后发现有病个体时应延长检疫期，购入SPF动物亦放入屏障区的检疫室进行1～2周检疫。

（4）隔离检疫方式：实验动物的具体检疫方式主要包括群体检疫和个体检疫。群体检疫即对群体进行健康观察，挑出异常个体进行个体检疫。群体判为健康时，也可抽检10%个体进行复检。如果没有多余的被检动物，或者不能采血，可以把2～3只已知无病的同种动物与被检动物放在一起4周，然后彻底检查同居动物。

（5）隔离检疫要求：检疫隔离场所应为一独立的饲养系统，人、物、料、气和水都不与原生产区交叉，应禁止一切闲杂人员和其他动物出入和接近。工作人员出入应严格遵守消毒制度。隔离区内的用具、饲料、粪便等必须经彻底灭菌或焚烧处理。对于发生了烈性人畜共患病（如流行性出血热等）的动物群，应及时扑杀，严防疫情进一步扩散。在大型实验动物饲养场，为了防止由于引种带入新的病原菌，多采用引入冷冻胚胎的方式引种，而动物实验场则应引入有生产许可证和合格证的动物，对整个动物实验场或使用房舍采用全出、全进的方式，全部淘汰原有动物，经消毒、空厩后再引入新的动物。

第三节　实验动物从业人员意外伤害

实验动物从业人员在日常工作中经常会接触到各种物理、化学和生物等有害因素。为保护从业人员健康，必须了解实验动物从业人员工作中可能存在的安全风险，掌握安全防护措施是非常必要的。

一、外伤的危害及防护

（一）针刺伤、锐器伤和动物咬伤

在工作中，实验动物从业人员在工作中经常伴随针刺伤、锐器伤和动物咬伤的风险。由于实验动物从业人员可能会面对不同的动物模型，接触各种病原体的概率远比普通人群高；在实验过程中与注射器材及各种锐利器械接触机会也多，故一旦发生刺伤、锐器伤和动物咬伤，可能会造成血源性传播疾病的感染。实验动物从业人员往往对针刺伤、锐器伤和动物咬伤的认识不足，在工作中大意或工作时未按标准的操作规程进行操作，易发生针刺伤；保定动物和操作不熟练，也是导致动物咬伤和发生刺伤的重要原因。

防护措施：正确取放针头和锐器，实验动物从业人员在注射完毕后，应将针头或锐器直接放入锐器盒内，不要将用过的针头再套回针头帽，以防针头误伤。拾取污染针头或其他锐器时要使用专用钳子或镊子，绝对不可徒手处理破碎的玻璃器皿。

伤后处理：针刺伤、锐器伤后，应立即由近心端向远心端挤出伤口血液，用肥皂和流动水冲洗，再用碘酒或碘伏消毒伤口后进行敷料包扎，并及时去相应医院就医，必要时抽血体检，同时，需按程序向上级主管部门上报备案，做好跟踪复查和治疗工作。实验动物从业人员被动物咬伤，可能出现疼痛、焦虑不安、伤处毁损，伤口被细菌感染（如破伤风梭状芽孢杆菌感染）。被非人灵长类动物咬伤，会受到单纯疱疹病毒感染的威胁。被实验动物咬伤后，有必要向医生报告。最低限度的处理方式为：对于啮齿类动物引起的细小咬伤伤口应仔细清洗，并用抗菌剂治疗，并及时进行破伤风免疫接种。如果被疑似患狂犬病的动物咬伤，应接种狂犬疫苗等。

实验动物从业人员应不断加强自我保护意识，规范技术操作，加强熟练性训练，逐步掌握正确的防护措施，从而有效避免针刺伤、锐器伤和动物咬伤等外伤的危害。

（二）搬运重物的危害及防护

搬运重物的危害：实验动物从业人员在搬运饲料、水箱等重物时，由于用力不当，可发生扭伤和磕伤等意外伤害。

防护措施：可开设抬举课程，培训合理运用工效学原理，减少腰、背等肌肉负荷及合理用力等。

二、放射线的损伤及防护

（一）紫外线

紫外线照射在实验动物剖宫产手术室、检疫隔离室、超净工作台、屏障环境的缓冲间和传递窗等场所已被广泛使用，当工作人员进行了较长时间射线照射，又缺乏相应防护时，可出现全身不适、食欲不振、头晕、四肢无力，甚至灼伤等严重问题。长期受到射线辐射可引起DNA或染色体损伤甚至诱导肿瘤的发生。

防护措施：减少不必要的紫外线照射，例如：实验动物从业人员工作时间，须断开辐射电源并适当通风，人员离开后再进行辐照消毒。

（二）放射性药品

放射性药品能不断地自动放出肉眼看不见的α、β、γ等射线，人体受到的照射过量时，就会引起放射病。感光物质和有的药物受到照射后会变质，所以对放射性药物，要按照国家相关规定进行使用和保存。

（1）从事放射性工作的人员必须了解放射防护的基本知识，必须经过放射防护部门的考核合格后方可上岗。

（2）做好工作人员的医疗监督，建立工作人员健康档案，定期对其与放射病有关的生理指标进行检测，发现问题必须立即停止放射性工作并进行及时治疗。

（3）坚决贯彻国家法律、法规和各项规章制度，严格遵守操作规程。

（4）做好个人防护：凡是进入放射性实验室的人员，必须穿戴具有相应防护功能的防护服。在放射性实验室内不得随意脱去内层工作服、鞋帽等。在有灰尘、气溶胶产生的实验操作中不得随意摘去口罩。放射区和非放射区的鞋不得通用。放射性工作人员应认真做好个人防护用品的保管、放射性检测和除污染工作，严格防止交叉污染。在放射区不准放置无关的非放射性物品和个人用品。在放射区内，工作人员严禁吸烟和饮食，不得随意丢弃非放射性废物，不准随便坐、靠、摸和其他可造成体表和工作服污染的行为。

（5）做好放射性废物处理。

（6）做好放射性污染的清除。

凡是人员体表、个人防护用品、地面和墙壁等受到的放射性污染，都必须清除，直到低于表面沾染水平控制值为止，并达到尽可能低的水平，不至于发生污染扩散和转移。

三、噪声污染的损害及防护

噪声污染：动物饲养室、动物实验室内噪声主要来自空调风、饲养隔离器、IVC、各种仪器、动物噪声等，以及实验动物设施内高压灭菌器、气溶胶消毒喷雾器、推车和压缩机等。长时间在紧张和高噪声的环境中工作，可引起内分泌、心血管和听力系统的生理变化，如出现头痛、头晕、失眠、烦躁、听力下降等情形。

噪声预防：对新建工作间应从声学设计角度考虑采用隔音设备；对仪器、设备定期进行普查、检修，如对机械、仪器和推车等的活动部件及时添加润滑剂，尽量减少其使用次数，减少不必要噪声发生。实验工作人员根据噪声强度，也可选择个人防护用品，如耳塞或耳罩等。

四、化学消毒剂的危害及防护

实验动物从业人员在使用化学消毒剂时，有引起咽喉炎、职业性哮喘的危险，特别是甲醛、过氧乙酸对人的皮肤、眼睛、呼吸道和胃肠道刺激非常大，甚至对免疫功能等也可以产生影响；环氧乙烷、乙醇和甲苯还能诱发细胞突变，并具有累积效应。

防护措施：使用戊二醛消毒液时容器需加盖，室内应有良好的通风设备，工作人员操作时应戴橡胶手套、口罩，如不慎将化学消毒剂溅到皮肤或眼睛里，应立即用清水冲洗干净。甲醛的使用：用甲醛对空气消毒时室内严禁人员进入，关好门窗，消毒后必须开窗通风24 h，将甲醛刺激气味降至最低。用甲醛熏蒸消毒物品时，应严格密封，防止气体泄漏；加取消毒物品时，应做好个人防护，操作准确，避免直接接触甲醛溶液。

五、生物性因素的危害及防护

实验动物从业人员在操作中不可避免地要接触各种动物的血液、体液或其他分泌物，而这些是最常见，又是最具有潜在危险性的因素。我国每年报告法定传染病450余万例，其中多数可经呼吸道和血液等途径传播。布鲁氏菌病、结核杆菌病、流行性出血热和狂犬病等人畜共患病是最常见的危险因素。

防护措施：接触各种动物的血液、体液、黏膜、破溃的皮肤、处理被污染的物品时一定要戴手套，操作完毕彻底洗手。严格执行无菌操作技术，执行严格的隔离制度，安全处理医疗垃圾等废弃物。

六、实验药物的危害及防护

某些药物，例如抗肿瘤药物，多毒性较大，大部分抗癌药物治疗剂量和中毒剂量非常接近，对人体的肿瘤组织及正常组织均有抑制作用，实验动物会出现不良反应，实验动物从业人员在接触抗癌药物时如不注意防护也会带来危害。特别是当粉剂安瓿打开时及瓶装药液抽取完毕拔出针头时，均可出现肉眼看不见的溢出，形成含有微粒的气溶胶或气雾，通过皮肤或呼吸道进入人体，危害实验人员并污染环境。

防护措施：严格遵守操作规程，戴口罩、帽子、手套，如被药液污染应立即冲洗，把影响程度降至最低；废液瓶和注射器放入固定容器，及时焚烧。

另外，剧毒品，如氰化物、三氧化二砷、有机汞、有机磷等具有剧毒性，少量侵入人体即可造成死亡。所以，对其要严格按操作规程进行保存、使用，一般实验室不应长期保存剧毒药物，实验完成后剩余药物要及时将其交至保存中心保存。在实验室使用期间必须有两人共同保管，同时到场取用。对原有量和使用量进行准确记录。实验后，必须洗手，以免误食。有皮肤损伤者尽量不操作传染性和剧毒性药物。非操作不可，必须认真做好个人防护。

七、危化品的伤害及防护

危险化学品存在着燃烧、爆炸、中毒、腐蚀、放射等特点。如果处理不当，在运输、使用和贮存过程中会酿成危害甚至巨大灾难。所以要严格按操作规程进行相应的个人安全防护。

（一）爆炸品

很多爆炸品，如遇到高温、摩擦、冲击或与某些物品接触即发生急剧化学反应，产生大量气体和热量而爆炸。因此，要贮存在偏远、阴凉、通风良好的地方；在运输使用中尽量小心操作、避免遇明火、发生摩擦和冲击等。

（二）易燃化学品

即使无明火接触，但在适当温度下也能进行化学反应而发生燃烧或爆炸。例如，白磷、硝化纤维胶片。易燃品如乙醚、乙醇在常温下是液态，极易挥发为气态，遇火能引起燃烧爆炸。又如，红磷、硫黄和硝化纤维是固态，燃点较低，受热或冲击、摩擦及与氧化剂接触时能引起急剧的连续的燃烧爆炸。还如，金属钠和钾等受潮易分解，放出易燃气体，放出热量引起燃烧。

（三）腐蚀品

这类危险品具有强烈的腐蚀性，接触人体和其他物品可造成损伤和破坏，甚至引起燃烧和爆炸，造成重大事故。

（四）危险品的保管

防护措施：严格按照操作规程操作。防止易燃气体、易燃物蒸汽与空气混合，消除可引燃的火源，阻止火灾和爆炸的扩散。

第四节　实验动物生物安全

一、生物安全概述

（一）定　义

生物安全（biosafety）针对生物技术从研究、开发、生产到实际应用整个过程中的所有安全性问题，是一个涉及科学研究、公共卫生、国家安全、环境生态等众多方面的系统工程。生物安全的最终目的是防范生物危害。生物安全的概念伴随生物技术的发展而出现并不断丰富。

广义的生物安全是指对生物技术活动本身及其产品可能对人类和环境的不利影响及其不确定性和风险性进行科学评估，并采取必要的措施加以管理和控制，使之降低到可以接受的程度，以保障人类的健康和环境的安全。狭义的生物安全则通常指防范由现代生物技术的开发和应用（主要是转基因技术）所产生的负面影响。

广义的生物危害是指人们所利用的各种生物因素对人类及其生存环境的危害，这些生物因素不仅包括病毒、细菌、真菌、原虫、昆虫和其他有害动植物等广泛存在于环境和各种生物体内的因子，也包括人类有意识地使用现代生物技术进行科研和生产时，可能产生的以目前科技知识水平无法预见的后果。狭义的生物危害则指在实验室采用感染性致病因子进行科学研究的过程中，对实验室人员造成的危害以及对环境的污染。

（二）原理和基本方法

安全评估和风险控制是生物安全的两大基本内容，其中评估是生物安全的基础与核心，也是风险控制的前提。

1. 生物安全评估

生物安全中的评估是对所要从事的活动中存在的生物安全风险进行评估，其目的是确定开展该活动所需的生物安全水平，以便防范可能发生的生物危害。评估不同性质的生物危害，需要运用不同的工具、程序和专业判断。评估某种微生物的危险度时须参考其危险度等级，同时结合该微生物的致病性和感染剂量、接触后果、自然或实验室感染途径、是否能够进行有效的预防或治疗干预等。评估遗传工程生物的危险度，则必须考虑其意外释放到环境中的可能性及后果，对其所造成的生态压力进行综合评估。

2. 生物安全风险控制

生物安全中的风险控制是根据生物安全评估结果，为所要开展的工作设定相应的生物安全等级（biosafety level，BSL），最大限度防范有害生物因子的扩散，达到有效管理生物安全风险的目的。目前的基本方法包括物理控制和生物控制两类。

（1）物理控制：物理控制是从物理学角度进行控制的一种防护方法，涉及操作方法、实验设备、实验室建筑和相应设施等多方面内容。

（2）生物控制：生物控制是从生物学角度建立的一种安全防护方法，主要针对具有潜在危害的重组DNA有机体，根据其高度特异的生物屏障，限制载体或媒介物（质粒或病毒）侵染特定寄主，并可限制载体或媒介物在环境中的传播和生存，使它们除了在特定的人工条件下以外，在实验室外部几乎没有生存、繁殖和转移的可能，从而达到控制的目的。

物理控制和生物控制是相互补充、相辅相成的，针对不同重组体的各种实验，可以将物理控制与生物控制进行不同方式的组合，以达到不同生物安全等级。

（三）相关法律法规日趋完善

生物安全的实现过程就是根据生物危害评估的结果确定并实施合适的生物安全策略的过程。世界卫生组织发布的《实验室生物安全手册》为各国制定生物安全策略提供了基本依据。而将病原微生物和实验活动分为4级的概念，则于1993年由美国疾病预防控制中心和美国国立卫生研究院，在其联合出版的《微生物学及生物医学实验室生物安全准则》中首次提出，并将实验操作、实验室设计和安全设备组合成1~4级实验室生物安全防护等级。迄今为止，此方法已被大多数国家采用进行生物危害的评价和控制。

我国与生物安全有关的相关法规和政策主要包括：2004年由国务院颁布的《病原微生物实验室生物安全管理条例》；2008年公布的《实验室生物安全通用要求》（GB 19489—2008）国家标准；2004年由原建设部公布的《生物安全实验室建筑技术规范》（GB 50346—2004）；2002年由卫生部公布的《微生物和生物医学实验室生物安全通用准则》（WS 233—2002）；以及2003年由原农业部颁布的《兽医实验室生物安全管理规范》。2020年第十三届全国人大常务委员会第二十二次会议通过的于2021年4月15日起施行《中华人民共和国生物安全法》。这些法规和政策对于我国实验动物领域有关生物安全的工作，起到了重要的指导和推动作用。

自2019年全球暴发新冠疫情以来，国际社会对生物安全愈加重视，我国也迅速应对危机并加快了立法进程。实验动物的生物安全方面法律法规也得到了进一步完善，其中，在《中华人民共和国生物安全法》第五章病原微生物实验室生物安全的第四十七条就明确规定：病原微生物实验室应当采取措施，加强对实验动物的管理，防止实验动物逃逸，对使用后的实验动物按照国家规定进行无害化处理，实现实验动物可追溯。禁止将使用后的实验动物流入市场；第九章法律责任中的第七十七条强调：违反本法规定，将使用后的实验动物流入市场的，由县级以上人民政府科学技术主管部门责令改正，没收违法所得，并处二十万元以上一百万元以下的罚款，违法所得在二十万元以上的，并处违法所得五倍以上十倍以下的罚款；情节严重的，由发证部门吊销相关许可证件。真正做到了有法可依，有助于我国的实验动物事业更加健康稳定地发展。

二、实验动物生物危害及其评估

（一）实验室感染的风险及其评估

1. 人畜共患病的实验室感染

与其他传染性疾病相比，人畜共患病对人类更具危害性。人畜共患病的病原宿主谱广泛，可感染包括人在内的许多动物。实验动物设施内发生人畜共患病可严重威胁工作人员和实验动物的健康和安全，如病原体向实验设施外扩散则可造成外界疾病的传播和流行，严重危及公共安全。自然界中，大部分人兽共患病的病原体储存于和人类关系或接触密切的动物，如实验动物、经济动物以及观赏动物等，职业性接触动物的人群更易受到人畜共患病的威胁。由于人畜共患病的种类繁多并且在不断更新，使用标准化实验动物和实验设施可有效预防和控制人畜共患病的发生，以确保工作人员和实验动物的健康及安全。

2. 实验性病原体感染

由实验性病原体的意外扩散引起实验人员和非预期动物的感染，是感染性动物实验研究中较为常见和主要的生物危害。实验性病原感染涉及的因素通常要比人畜共患病复杂。开展致病性微生物的动物实验时，在饲育及实验工作中均存在许多病原体扩散的机会，但传播范围通常局限于和这些病原密切接触的人和动物，由于工作人员对其可能导致的危害有一定了解和预计，能够事先采取一定防范措施。

实验性病原体可能只对人类或动物致病，也可能是人畜共患病病原，病原可能在研究过程中因某些操作、培养而发生变异。但即使是相同的病原体，如果所用的动物种类和接种途径不同，其繁殖程度和排出方式也会有所不同。当病原体在动物体内经过繁殖后，其致病性有时会得到增强，这些都是开展实验性感染时必须考虑的。

实验性病原感染的传染源主要是用于感染的动物及其组织，以及病原体的储存容器和注射器等。实验性病原体感染常发生于疏忽、事故或对病原的危害性估计不足时，常见的感染途径和方式见表4-1。

表4-1　病原体常见的实验室感染途径

途　　径	操作/事故	备　　注
吸入（含病原体气溶胶）	混合，搅拌，研磨，捣碎，离心，接种动物	自然条件下非空气传播的病原也可在实验室发生空气传播
摄入	口吸吸管，液体溅入口中，在实验室内饮食、吸烟，将污染物品或手指放入口中，如咬笔头、指甲等行为	13%的实验室相关感染和用口吸吸管有关
非肠道以外接种	被针尖、刀片、玻璃片所伤，被动物咬伤	25%的实验室相关感染和针刺有关，15.9%的实验室相关感染和切割伤有关
由皮下或黏膜透入	血液和皮肤直接接触，含病原体液体溢出或溅洒在皮肤或眼睛、鼻腔、口腔黏膜，皮肤或黏膜接触污染表面或污染物，以及诸如戴眼镜、擦拭脸部等由手到脸的动作	

3. 动物传染病的实验室感染

由非实验性病原体感染引起的传染病，是实验动物非实验性死亡的常见原因之一；感染后幸存的动物也常因疾病消耗而体质衰弱、抵抗力下降和易感性升高。在各类应激因素的影响下，为传染病再次暴发流行埋下隐患。实验动物的密集饲养方式使得这些动物传染病更容易发生。有时，这些病原体仅对一种或数种实验动物致病并不会引起人类的感染，但如果病原体扩散至设施外则可能破坏当地生态系统。

感染动物有不同的临床表现，实验动物感染后的表现形式通常和病原体的性质及致病力、动物的遗传易感性和免疫状态，以及环境因素有关。

4. 实验室感染风险的评估

感染性微生物的危险度等级是目前公认的感染性风险的主要评估依据，划分感染性微生物的危险等级应参照以下基本原则。

（1）微生物危险等级划分原则：

①微生物的致病性，包括微生物的性质、种类、传播途径和易感性等。

②病原体的传播方式和宿主范围，在这方面有可能受到人群现有免疫状况、人口密度和移动情况、传播媒介，以及环境卫生水平等因素的影响。

③有无有效预防措施，包括免疫预防和使用抗血清、卫生措施（诸如食品和饮水卫生、控制动物宿主或节肢动物的媒介、对进口有传染病动物及其产品的限制）。

④有无有效的治疗措施，包括被动免疫、接触后的应急接种，采用抗生素及化学

药物治疗，并应考虑出现耐药菌株的可能性。

　　根据上述原则，世界各国对感染性微生物的危险度等级的划分基本一致。世界卫生组织（WHO）出版的《实验室生物安全手册》（第3版）中将感染性微生物由低到高分为4级（表4-2），我国的《病原微生物实验室生物安全管理条例》中将能够致人或动物患病的微生物从高到低分为4类（表4-3），其中，第1类、第2类病原微生物统称为高致病性病原微生物。

表4-2　感染性微生物的危险度等级分类

分　类	危险度描述	危害性
危险度 1 级	无或极低的个体和群体危险	不能引起人或动物致病的微生物
危险度 2 级	中度的个体危险，低度的群体危险	病原体可使人或动物致病，但对实验室工作者、社区、家畜或环境不易造成严重危害。在实验室内接触虽有发生严重感染的可能，但会采取有效的治疗和预防措施，而且传播的可能性有限
危险度 3 级	高度个体危险，低度群体危险	病原体通常使人或动物罹患严重疾病，但一般不致传染，具备有效的治疗和预防措施
危险度 4 级	高度个体和群体危险	病原体通常能引起人或动物的严重疾病，且易发生个体之间直接或间接传播，一般没有有效的治疗和预防措施

　　注：本表适用于实验室工作

表4-3　我国的病原微生物分类

危害类别	危害程度
第 1 类病原微生物	能够引起人类或动物非常严重疾病的微生物，以及我国尚未发现或者已经宣布消灭的微生物
第 2 类病原微生物	能够引起人类或动物严重疾病，比较容易直接或者间接在人与人、动物与人、动物与动物间传播的微生物
第 3 类病原微生物	能够引起人类或动物疾病，但一般情况对人、动物或者环境不构成严重危害，传播风险有限，实验室感染后很少引起严重疾病，并且具备有效治疗和预防措施的微生物
第 4 类病原微生物	在通常情况下不会引起人类或动物疾病的微生物

　　对涉及实验动物操作的感染风险评估主要从传染源、传播途径、易感对象和管理控制四个方面考虑。鉴于职业性感染和自然感染有许多不同之处，评估内容必须包括实验动物的特点、可能直接或间接参与的传染性病原、工作人员的专业素养和经验、实施项目的具体活动和程序等。各项评估内容中，气溶胶传播的可能以及疾病的严重程度尤其应予重视，可能接触的病原体浓度以及感染性物质的来源也需纳入评估。

（2）感染性风险评估内容：

传染源评估内容：①传染性病原体：毒力，致病性，生物学稳定性。②病原的宿主：实验动物种类及其自然携带的传染性病原，文献记载的职业性疾病来源。在有实验动物参与的感染性病原研究中，被研究的病原、作为病原来源或储存宿主的实验动物和易感宿主，以及进行捕捉、使用、观察、管理等与实验动物接触的易感人群是同时存在的3个感染来源，其他情况下，则视动物的感染或疾病情况而定。③设施是否处于或邻近自然疫源地，或周围有动物疫情发生。

传播途径评估内容：①病原逸散方式：天然逸散，如随实验动物尿液、唾液和粪便排出，从皮肤或其他损害部位释放，依附于动物体表或新侵袭的虫媒等载体；人为逸散，考虑试验程序和操作方法、操作性质和作用，如抽取病毒血症动物血样、活检或尸检等程序，以及通过外科器械、各种组织和体液。②病原传播方式：气溶胶传播，还须考虑形成气溶胶的微粒沉降后污染表面进行传播；直接接触传播，如通过污染的注射器针头或直接接触感染动物；通过昆虫进行机械性和生物性传播；二次传播的可能；垂直传播的可能。③感染途径：经口摄入；吸入；直接接种；肠外接种途径，如割破、擦伤、针刺伤、咬伤等；黏膜直接接触。

易感对象评估内容：①人体或动物患病后的严重程度；②人体或动物对疾病的抵抗力；③有无相应免疫预防措施、治疗方法和医疗监督；④人的技术水平、素养和经验。

控制条件与管理措施评估内容：①拟进行的操作和使用的设备、设施造成病原逸散、传播、蓄积的可能性；②就潜在危害性和常规及应急处理办法对工作人员的告知；③设施设备的可靠性；④医疗监督。

（二）过敏及其风险评估

1. 实验动物所致过敏症

实验动物所致过敏症，又称实验动物变态反应（laboratory animal allergy，LAA），属于Ⅰ型变态反应。它不仅在从事实验动物工作的人员中十分普遍，也会累及许多哺乳动物，是实验动物设施中存在的一种重要的生物危害。鉴于约80%的人不会患实验动物过敏症，不同种属动物或同种属动物之间很少发生过敏反应。因此，LAA并未像其他生物安全风险那样受到广泛关注。事实上，实验动物所致过敏症是人类一种严重的职业病，病情严重时可危及生命。

人类对实验动物过敏可出现如鼻充血、鼻溢、哮喘、喷嚏、眼部发痒、血管性水肿及各种皮肤症状。LAA患者中80%出现鼻炎、喷嚏、鼻塞和鼻溢，40%患者出现蜂窝状皮疹或荨麻疹，约10%患者可出现咳嗽、哮喘及呼吸急促等呼吸道症状。如接触小鼠或大鼠尾部，被猫或犬抓挠，有些人的皮肤就会产生潮红而隆起的荨麻疹疹块。此外，橡胶手套中的乳胶也是导致接触性荨麻疹的常见原因之一。对动物唾液曾有过敏反应的人可能对动物蛋白敏感，一旦被动物咬伤就会出现过敏症状，严重过敏者甚至可出现咽喉水肿及呼吸困难。

2. 引起实验动物过敏症的致敏原

LAA的致敏原主要是动物性蛋白，其主要成分是一些微小的酸性糖蛋白，属于细胞外蛋白质，这些与过敏有关的胞外蛋白总称为脂质体超家族。致敏原的主要来源是动物的皮屑和尿液，小鼠、大鼠、豚鼠、兔、犬、猫等动物的毛、皮屑、血清、唾液、尿液均含有致敏原性复合物，这些抗原蛋白的分子结构具有很大相似性，但不同物种却不具有共同抗原性，仅在近交系动物间存在交叉反应性。目前已经证实的实验动物致敏原主要包括毛发、皮屑、尿液、血清及唾液等，不同种类实验动物之间的致敏原略有差异。

不同品种动物单位时间内代谢产生的致敏物质数量不同，兔和豚鼠的饲养室内含量最高，大鼠和小鼠次之。此外，不同性别、年龄的动物单位时间内排泄的致敏物质数量也差异很大，一般雄性动物比雌性动物排泄量大；同等体重时，年龄大的动物比年龄小的排泄量大。LAA的致敏原在动物代谢活动中经尿液、唾液、粪便、皮屑和脱落被毛等排放，以液滴、粪渣、皮块、饲料渣及垫料粉尘混合的形式飘浮在空气中，或沾染在动物体表、吸附于衣物和饲养设施表面，一般直径为1～20μm，多数<10μm，可以持续飘浮超过60 min。动物室内的气溶胶是致敏原的主要载体，所以间接接触动物的工作人员也可能在同一个工作环境中受到致敏原刺激。此外，如直接接触动物排泄物、污染笼器具表面或笼具洗刷的污水等，也是导致暴露于致敏原的常见原因。

3. 过敏风险评估

与感染性病原体不同，致敏原对人体的危害程度因人而异且差异很大，因此，需要通过个人既往过敏史、家族遗传过敏史等估计潜在的过敏风险，已被证实的实验动物致敏原也是评估过敏风险的重要依据。目前评估人类接触实验动物或相关物品的潜在过敏风险主要考虑以下4个方面。

（1）人的易感性：包括：①个人及家族过敏史；②现有的脱敏方法和预防、治疗措施。

（2）致敏原特性：包括：①靶器官及其可能引起的过敏症状；②可能产生致敏原的动物种类及其年龄、性别；③动物室内致敏原浓度和分布特点。

（3）致敏原传递途径：包括：①致敏原的逸散途径，如通过正常代谢活动排出动物体外；②致敏原传播途径，如是否可经空气传播，或经表面接触传播；③人接触致敏原的方式，如吸入或皮肤接触。

（4）管理措施：包括：①有无避免或减少接触致敏原的措施，包括减少和动物直接的接触次数和时间，减少在动物室内停留时间，通过优化工作流程减少暴露概率，降低环境中致敏原的浓度等；②有无减少或避免工作人员暴露的设备；③医疗卫生监督。

（三）污染及其风险评估

1. 污染的类型

实验动物设施内实验动物的逃逸、废弃物排放、人的进出都可能使生物危害因子向外界扩散，影响人类健康以及生态环境，这些污染根据其表现形式大致可分为环境污染和生态污染，前者主要指"三废"排放对大气、水质和土壤的污染，乃至感染性病原对外界动物和人的感染，后者包括实验室内的动物及其他生命体对外界生物圈的影响等，环境污染和生态污染之间存在密切的联系，可共同发生或互为因果。

与传统实验动物相比，遗传工程动物可能带来更多潜在的生态污染问题。基因工程实验生物的危害同样存在于两个方面：个体危害即对操作者和操作对象的危害，群体危害即有害物质逸出实验室对生态环境和社会人群的危害。人为改变生物体的遗传组成具有许多不可预见、不确定的风险，与所采用的技术及其目的有关。基因敲除技术常用于研究特定基因缺失的生物学效应，基因敲除动物能够天然表现某种人类疾病的特征或者人类希望研究的某种现象，从而成为研究人类疾病和生命现象的理想材料，这些动物一般不表现特殊生物危害，对自然生态的压力也相对较小。基因转入技术通过向生物体导入外源遗传信息使其表达原本所没有的性状，如建立生物反应器，生产人类所需要的生物活性产品，或是培育异种器官、组织等。为此类目的制备的转基因动物本身不具备很大的危害性，危害性主要是来自研究中人工构建的具有生物活性的载体。在组织移植研究中，天然微生物可能因宿主的人为改变而导致原有生物学特性发生变化，如其侵袭力增强、宿主范围扩大等。此外，遗传修饰可能在无意间创造出"超级动物""超级生命体"，释放到外界的后果堪比外来物种入侵。

2. 基于环境污染的风险评估

对实验动物设施的排放物评估时，可参考的依据主要有环境空气质量标准（GB 3095—1996）和污水排放综合标准（GB 8978—1996）。评估的内容包括以下几项。

（1）设施内可能产生的污染因子种类（如病原微生物、毒素、有毒有害气体、液体）和排放浓度，其危害对象和危害作用。

（2）污染因子逸出设施的途径，如通过"三废"排放、动物逃逸、昆虫携带、人员携带等。

（3）对废弃物品的分类和专业化处理设备及程序。

（4）废弃物的排放监测。

（5）防止动物逃逸的设备和措施。

（6）预警系统。

3. 基于重组DNA技术运用的风险评估

目前对重组DNA实验的生物危害分类成熟度远远低于微生物和生物医学实验的生物危害分类，许多国家都以美国NIH早先的安全准则为基础对重组DNA实验等级进行划分，大多分为4类，有些国家如日本将其分为3类。由于不同国家对遗传修饰生物体（genetically modified organisms，GMOs）相关工作的风险评估依据可能不同，WHO出版的《实验室生物安全手册》（第3版）明确了当从事遗传修饰生物体的整体动物实验研究时应遵从所在国家及单位的相关规定。我国于1993年发布的《基因工程安全管理办法》（国家科学技术委员会第17号令）是国内第一个对基因工程生物安全管理的部门规章，明确适用对象包括在我国境内进行的一切基因工程工作（实验研究、中间试验、工业化生产以及遗传工程体释放和遗传工程产品使用）。《基因工程安全管理办法》按照潜在危险程度，将基因工程工作分为由低到高的4个安全等级（表4-4）。

表4-4　我国对基因工程工作的安全等级划分

安全等级	安全性描述
安全等级 I	该类基因工程工作对人类健康和生态环境尚不存在危险
安全等级 II	该类基因工程工作对人类健康和生态环境具有低度危险
安全等级 III	该类基因工程工作对人类健康和生态环境具有中度危险
安全等级 IV	该类基因工程工作对人类健康和生态环境具有高度危险

实验动物在重组DNA实验中可能作为试验中的DNA供体、载体、宿主、遗传工程体等，开展基因工程实验研究应当对DNA供体、载体、宿主及遗传工程体分别进行安全性评价，评价重点是目的基因、载体、宿主和遗传工程体的致病性、致癌性、抗药性、转移性和生态环境效应。有关重组DNA实验的分类是通过安全性评价，按照危害的程度将其归属于一定类别，规定所应该通过的审批机构、程序及其权限，从而确定应该归属的生物安全等级，并采取相应防护措施。为了保留更大的灵活性，还允许有例外的情况存在。对与遗传修饰生物体有关的工作进行危险度评估时，应考虑供体和受体/宿主生物体的特性。评估和重组DNA技术相关的动物实验的污染风险主要考虑以下内容。

（1）插入基因（供体生物）直接引起的危害：当已经知道插入基因产物具有可能造成危害的生物学或药理学活性时，则必须进行危险度评估，例如：毒素、细胞因子、激素、基因表达调节剂、毒力因子或增强子、致瘤基因序列、抗生素耐药性、变态反应原。在考虑上述因素时，应包括达到生物学或药理学活性所需的表达水平的评估。

（2）与受体或宿主有关的危害：包括宿主的易感性、宿主菌株的致病性（包括毒力、感染性和毒素产物）、宿主范围的变化、接受免疫状况、暴露后果。

（3）现有病原体性状改变引起的危害：许多遗传修饰并不涉及那些产物本身有害的基因，但由于现有非致病性或致病性特征发生了变化，导致可能出现不利的反应。正常的基因修饰可能改变生物体的致病性。为了识别这些潜在的危害，至少应考虑的问题如感染性或致病性是否增高？受体的任何失能性突变是否可以因插入外源基因而克服？外源基因是否可以编码其他生物体的致病决定簇？如果外源DNA确实含有致病决定簇，那么是否可以预知该基因能否造成GMO的致病性？是否可以得到治疗？GMO对于抗生素或其他治疗形式的敏感性是否会受遗传修饰结果的影响？是否可以完全清除GMO？

三、实验动物生物安全等级

（一）实验动物设施的生物安全风险因子

1. 动物性气溶胶

动物性气溶胶（animal aerosol）是指来源于动物的气溶胶，是实验动物设施中人兽共患病病原、动物传染病病原、感染性动物实验中的实验性病原体等各类致病微生物传播的主要方式，也是人类接触动物致敏原的重要途径，故而是最重要的生物危害因子。动物性气溶胶所携带的致病、致敏物质可通过吸入、黏膜接触或者吞入的方式进入人或动物体内，感染动物释放的气溶胶是发生实验室感染的主要原因。

气溶胶是以胶体状态悬浮在大气中的液体或固体微粒，微粒的直径小至0.01 μm，大的不过200 μm，肉眼很难发现。形成气溶胶的微小颗粒为病原微生物提供了长久悬浮于空气中的载体和生存条件，从而增加被人或动物摄取并感染的概率。气溶胶颗粒越细小，在空气中悬浮时间越长，越容易穿透普通的过滤介质，潜入呼吸系统深部（表4-5），1 ~ 5 μm是最易引起感染的尺寸。一般实验中与意外事故无关的感染约80%源于气溶胶。

表4-5 不同气溶胶颗粒直径及其吸入深度

颗粒直径 /μm	到达呼吸系统的部位
>10	常停留于鼻腔黏膜
4 ~ 10	可侵入支气管
2 ~ 4	能够沉积于肺部深处

动物性气溶胶广泛存在于实验动物繁育、运输和实验的各个环节。动物性气溶胶的发生广泛且难以防范，不仅和特定的操作及设备有关，也可经由动物的呼吸、排泄、梳理、玩耍等日常行为产生。接触活体动物如更换垫料或饲料、清理笼具圈舍、捕捉或连笼具移动动物等可引起动物的紧张、兴奋而促使其活动强度增加，并释放大量气溶胶。实验操作中动物的反抗是导致气溶胶生成的主要原因，进行感染性接种尤其是鼻腔内接种更可能造成感染性气溶胶的扩散。尸体剖检和病理取材等实验过程亦是动物性气溶胶的重要来源。处理动物排泄物、尸体及组织、动物实验废弃物等时，同样面临接触高浓度动物性气溶胶的风险。

2. 接触动物引发的意外创伤

动物实验过程中，操作人员有可能因被动物抓咬、顶撞或挤压、使用器械不当等原因造成意外创伤。意外创伤和动物的个体大小并无必然联系，而和动物的个性及驯化程度有关。意外创伤可造成实验性病原、有毒生物活性物质或动物自身携带的病原，通过伤口进入人体引起中毒或感染，导致"意外接种"。由实验动物直接或间接造成的意外创伤通常并不严重，多数情况下只是皮外伤，但伤口为致病微生物的入侵提供了极好的机会。在感染性动物实验或使用实验用动物及野生动物的条件下，"意外接种"导致的继发感染将可能引发严重的生物安全问题。如果意外创伤的受害者是实验室里的动物，则通常是动物相互打斗所致，同样会成为生物安全问题的诱因。在密闭的空间、单一的环境条件、集约化饲养方式、强制性空气流通、设施设备运行的噪声等综合作用下，动物的自稳系统变得脆弱，导致易感性升高，且致病微生物的局部积累、感染途径也和自然状态下有所不同，实验室内出现动物群体性感染的概率远远高于自然界。

3.生物媒介

无论是潜入实验动物设施的昆虫，如蝇、蚊、蟑螂、跳蚤及螨虫等，还是鸟类、野鼠和野猫等，或是意外释放的实验动物，均可能成为设施内外感染性微生物播散的媒介，且遗传工程实验动物还是种群污染的起因。以上这些因素都可影响或威胁设施内外的生物安全。

入侵生物往往成为设施内病原微生物的重要来源和载体。由于实验动物设施内部的相对封闭性，外部生物一旦进入设施就很难自行离开，且设施内生存环境适宜、食物丰沛，反而可能在其中大量繁衍，从而扩大污染和危害的范围。此外，诸如野鼠、野猫和蛇类等动物还可能伤害甚至猎食实验动物。另一方面，入侵动物如果重新回到外界，也可能将设施内的生物危害向外扩散，如将感染性动物实验设施内的病原微生物带出设施，并造成区域性的动物或人群感染，或者是重组DNA的意外释放。

实验动物的意外释放是指由于各种非预期的事件，导致实验动物离开其生活的规定范围，包括笼具、饲养室和实验动物设施，从而脱离人的控制。意外释放通常源于动物的自然逃逸，有时也见于人为释放。当动物逃出笼舍在实验动物设施内部四处游走时，往往成为病原微生物的传染源或者传播媒介。当这些动物逃逸（意外释放）到自然环境中，有可能大量繁衍，与其他动物抢夺资源或捕食某些动物，影响生物多样性，破坏当地的生态平衡。

4.动物饲养和实验中的废弃物

实验动物饲育及实验工作产生的"三废"，即废气、废液和固体废料中含有大量生物危害物质，在设施内积累可危害设施内的环境、动物和操作人员，一旦泄漏到设施外，后果可能不仅是污染环境，还会导致所在地区动物或者人群感染疾病，危及当地的公共卫生和安全。

（1）废气：非感染性动物实验室产生的废气主要包括各类臭气物质和气溶胶（飞沫核和粉尘）。臭气物质的种类、浓度与设施内实验动物的种类及饲养密度、打扫工作的频度等有关，氨是各类臭气物质中浓度最高的。臭气主要来自动物的排泄物，也有部分来自对饲料和垫料的灭菌过程。在感染性动物室内，除了臭气的问题，空气中还可能悬浮着大量污染的感染性病原的微粒。

（2）废液：主要包括动物的尿液、粪便以及笼器具的洗涤污水，其他还有动物的血液和组织液样品、动物检测或实验中的各类检测、研究试剂以及废弃液体等，也包括设备运转用水如高压灭菌器的排水和冷却用水。废液的安全风险来自动物排泄或组织样品中可能存在的感染性微生物，以及具有生物危害的实验废液。

（3）固体废料：主要包括动物的排泄物、铺垫物、动物尸体或部分肢体（组织），以及废弃的医疗器械、培养基、实验器材、一次性口罩、帽子、手套等实验室废弃物。固体废料的流动性比废气、废液小，易于控制，但其含有的生物危害物质却是最多的，且固体废料为多数微生物提供了更好的生存环境，使后者离开宿主后能够存活较长时间。

（二）生物危害动物实验设施

1. 生物危害的种类

（1）实验动物所产生的危害：如抓咬伤工作人员，工作人员和其他有关人员不知不觉地吸入动物发散的气溶胶，造成人员吸入感染及过敏反应，实验动物尸体污染，动物设施运行中的副产物，如设施的废气、动物的排泄物及实验废弃物对环境造成的污染。

（2）以脊椎动物为媒介和宿主的微生物病毒等病原体危害：各国对生物危险材料的分级不尽相同，但划分病原体危险级别的条件基本相同，主要有：微生物的致病性，微生物的传播方式和宿主范围，微生物的生态变异和免疫学特征，疾病的临床症状和预后，预防治疗和诊断的难度，疾病的生态分布。

（3）转基因、克隆、重组基因等的危害：在进行重组遗传基因、转基因、克隆等的实验方面，根据DNA载体特别是插入基因片段的不同，在其致病性、生产毒素的能力、寄生性、定着性、致癌性、耐药性、产生变态反应、产生扰乱物质代谢和扰乱生态体系等方面，造成的生物危害。

（三）各级动物生物安全实验设施

所谓动物生物安全实验设施是指用病原体对动物进行实验感染的一种特殊屏障设施。此种设施的建造和管理的指导思想、出发点完全不同于一般屏障设施。一般的屏障设施在设计建造和运行管理时主要考虑如何避免人和外界环境对实验动物和设施内部造成的污染。而感染动物设施除了要对动物进行一定的保护外主要考虑如何防止感染动物实验过程中传染人、动物间的交叉感染，以及防止动物携带的病原微生物泄漏出设施后对人和外界造成的生物灾害。此类设施设计的目的是防止生物性危险和有害因素对动物实验设施和外界造成污染。通常采用物理学隔离，主要是指在气密性结构内采用负压通风，并且有相应压差梯度，传出的物品和空气必须按照有关规定进行消毒或无害化处理。以达到防止气溶胶扩散污染的目的。采用两次隔离，一次隔离使用隔离设备把人与动物分开，二次隔离是实验设施与外界的隔离，防止病原体向周围环境扩散。

动物实验的生物安全防护设施除了应参照相应的生物安全实验室的要求外，还应该考虑对动物呼吸、排泄、毛发皮屑、抓咬、逃逸、动物实验（如染毒、医学检验、取样、解剖、检验等）、动物饲养、动物尸体及排泄物的处置等过程中产生的潜在生物危害的防护。应根据实验目的及动物的种类、身体大小、生活习性等选择具有适当防护水平的、专用于动物的、符合国家相关标准的生物安全柜、动物饲养设施、动物实验设备、消毒设施及清洗设施等。

动物实验设施应有较高的抵御风险能力，如实验设施应有抗震、抗水灾、抗火灾的能力；应确保动物不能逃逸，确保不能有其他动物（如野鼠、昆虫等）进入实验室；动物实验室不允许使用循环风系统，动物源气溶胶应经过适当的高效过滤并消毒后排放；动物实验室的温度、湿度、照度、噪声、洁净度等饲养环境指标应符合相应的国家标准。

隔离的级别根据病原微生物的危害级别而定，目前动物生物安全实验室根据其设备和技术条件等划分为4个级别：ABSL-1～4级，级别越高，设备与防护要求就越高。规定不同级别的病原微生物动物实验必须在相应级别的动物生物安全实验室内进行。ABSL-1、ABSL-2需要到设区的市级畜牧兽医行业主管部门备案，ABSL-3、ABSL-4由国务院兽医主管部门主管。

ABSL-1（P1级）动物实验室：这种动物实验室可从事一般具有活性但对健康成人不致病的、对人员和环境可能有微弱危害的微生物动物实验。建筑不需要与其他房间用通道隔离。是进行普通微生物实验的动物实验室。一般在实验台上操作，不要求使用或不经常使用专用封闭设备。实验人员经过与该室有关工作的培训，并由经微生物学或有关学科培训的科学人员监督管理。

ABSL-2（P2级）动物实验室：要求在限定区域修建，并有高压蒸汽灭菌设备。它适合从事某些带有传染性或潜在传染性，但在标准实验室操作时工作人员不受伤害的微生物实验工作。一般操作可在开放的动物实验台上进行，而对某些操作应限制在1或2级生物安全柜内，安全柜排风可进入室内，对房间无特殊通风要求。一般的污染区，如动物设施、垃圾堆应该和实验室或病区分开。公共场所和一般办公室应与主实验室分离。正在工作时限制外人进入实验室，工作人员应经过操作病原因子的专门训练，并由能胜任的科学人员监督管理，可能发生气溶胶扩散的实验应在Ⅱ级生物安全柜中进行。

ABSL-3（P3级）动物实验室：适用于进行通过吸入途径暴露后，能引起严重或致死性疾病的传染因子的实验工作。实验人员需接受过致病或可能致死因子操作的专门训练，并由具有上述因子工作经验的能胜任的科学人员监督管理。有双重密封门或气闸室

（缓冲隔离室）和外界隔离的实验区。外部空气通过高效过滤器送入室内，向外排出的空气亦须经过高效过滤器过滤。传染材料的所有操作应该在生物安全柜内或其他封闭设备内进行。所有传染性液体、固体废弃物在处理前应先去除污染。

ABSL-4（P4级）动物实验室：这种动物实验室有特殊的工艺要求和防护性能，可以从事对操作人员具有极大危害和引起烈性传染病流行的微生物实验工作。此类设施应建成独立的建筑物，或在公共建筑物中完全隔离的区域中建造。高度安全实验室不同于P3，特点是次级防护性能更加严密，更要防止传染因子外溢而污染环境。次级屏障包括密封通道、气锁（airlock）或液体消毒屏障、与实验室毗邻的更衣室和淋浴室、双扉高压灭菌器、污物处理系统、独立通风系统和排风除污系统更加完善可靠。工作室保持环形走廊和气锁20 Pa的负压。中心实验室负压为40 Pa，确保气流向内流动。空气进出的路线为：外部→一次高效过滤→一般房间→通过间→气锁→环形走廊→中心实验室→生物安全柜→二次高效过滤→消毒排出。在操作中，避免实验微生物暴露于开放的空气中，故一切都应该在Ⅲ级生物安全柜内进行；所有污物、污水都应在密闭条件下进行彻底灭菌。实验人员应经过非常危险传染因子操作的专门培训，并由能胜任的经过上述传染因子工作训练、有经验的科学人员监督管理。工作人员须穿上通过维持生命装置换气的整体式正压个人防护服。非本区的工作人员严禁入内。

四、实验动物生物安全防护

（一）防护控制方式

物理控制是生物安全策略的重要内容。主要是指从物理学角度进行控制的一种防护方法，其防护功能体现于3个方面：①将对危害因子的操作局限于能防止气溶胶扩散的环境中，②将操作区域的空气在排放前进行净化处理，③将污物、污水等在送出实验室前进行彻底灭活。按控制范围物理控制可分为一级防护和二级防护两个层次，具体所采用的技术、方法、设备和设施视实验研究的具体情况而定。

1. 一级防护的物理控制

一级防护是防止污染向室内环境扩散的各类安全设备，主要用于防止实验者的感染。也可减少生物危害向外泄漏的机会。一级防护通常由4个单元构成，即结构屏障、空气屏障、过滤屏障和灭活屏障，常用的安全设备包括生物安全柜、各种密闭容器和个人防护器材。

2. 二级防护的物理控制

二级防护是一级防护的外围设施，由实验室的建筑与工程构件加上支撑的机械系统组成，用来防范污染在不同功能区之间或向外环境弥散或迁移从而防止周围人（动物）的感染和外界的污染。在一级防护失效或其外部发生意外时，二级防护可保护其他实验室和周围人群不致暴露于释放的实验材料中而受到危害，二级防护包括实验室建筑、结构、装修、暖通空调、通风净化、给水排水、消毒灭菌、消防、电气和自控等，也包括防虫害、鼠害的功能设施。典型的组件如墙、门、气锁、传递窗、空气过滤器、穿越墙壁安置的双扉高压灭菌器等。

（二）一级防护措施

1. 生物安全柜

生物安全柜（biological safety cabinets BSCs）是操作感染性病原体的实验室中最有效、最常用的基本防扩散装置之一，基本原理是控制感染性微生物以气溶胶方式逸出。正确选择和使用生物安全柜可以有效减少由于气溶胶暴露所造成的实验室感染以及培养物交叉污染，生物安全柜同时也能保护环境。

根据结构设计、排风比例、保护对象和保护程度的不同，生物安全柜通常分为3个级别：Ⅰ级、Ⅱ级、Ⅲ级。其中，Ⅱ级生物安全柜又分为A1、A2、B1、B2等4种类型。Ⅰ级和Ⅱ级生物安全柜采用前开放式设计，操作人员可将双手伸入柜内，Ⅲ级生物安全柜采用全封闭设计、内部负压，操作人员通过连接于柜上的橡胶手套接触工作台面，因此俗称"手套箱（glove box）"。选择生物安全柜时应考虑不同安全柜能够提供的保护类型（表4-6）。

表4-6　不同防护类型下对生物安全柜的选择

防护类型	选用生物安全柜类型
人员防护，针对生物危险度 1 ~ 3 级	Ⅰ级、Ⅱ级、Ⅲ级生物安全柜
人员防护，针对生物危险度 4 级，安全柜型实验室	Ⅲ级生物安全柜
人员防护，针对生物危险度 4 级，防护服型实验室	Ⅰ级、Ⅱ级生物安全柜
对实验对象保护	Ⅱ级生物安全柜、柜内气流是层流的Ⅲ级生物安全柜
少量、挥发性放射性核素 / 化学品的防护	Ⅱ级 B1 型生物安全柜、外排风式Ⅱ级 A2 型生物安全柜
挥发性放射性核素 / 化学品的防护	Ⅰ级、Ⅱ级 B2 型、Ⅲ级生物安全柜

（1）Ⅰ级生物安全柜：Ⅰ级生物安全柜的气流设计主要为人员和环境提供保护，适合中等以下感染性材料的操作，以及操作放射性核素和挥发性有毒化学品。在Ⅰ级生物安全柜内，房间空气从前面的开口处进入安全柜，空气经过工作台表面，并经排风管排出安全柜。定向流动的空气可以将工作台面上可能形成的气溶胶迅速带离实验室工作人员而被送入排风管内。安全柜内的空气通过高效空气净化器（high efficiency particulate air filter，HEPA）排出，HEPA过滤器可以装在生物安全柜的压力排风系统里，也可以装在建筑物的排风系统里。使用Ⅰ级生物安全柜时，因未灭菌的房间空气通过生物安全柜正面的开口处直接吹到工作台面上，故不能对操作对象提供切实可靠的保护。

（2）Ⅱ级生物安全柜：Ⅱ级生物安全柜只让经HEPA过滤的（无菌的）空气流过工作台面，由此保护工作台面的物品不受房间空气的污染，这是不同于Ⅰ级生物安全柜之处。Ⅱ级生物安全柜可用于操作危险度2级和3级的感染性物质，在使用正压防护服的条件下，也可用于操作危险度4级的感染性物质。

（3）Ⅲ级生物安全柜：Ⅲ级生物安全柜是全密闭的，安全柜内部始终处于负压状态，可以提供最好的个体防护，用于操作危险度4级的微生物材料，适用于三级和四级生物安全水平的实验室。Ⅲ级生物安全柜的送风经HEPA过滤，排风则经过两个HEPA过滤器，由一个外置的专门的排风系统来控制气流。Ⅲ级生物安全柜须配备一个可以灭菌的、装有HEPA过滤排风装置的传递箱，可以与一个双开门的高压灭菌器相连接，并用它来清除进出安全柜的所有物品的污染。为了适合特定研究工作所需，将多个Ⅲ级生物安全柜单体按操作步骤进行组合，即为系列生物安全柜，用于病毒学诊断检查、病毒学组织培养、不同体型的感染动物饲育等。

2. 负压柔性薄膜隔离装置

负压柔性薄膜隔离装置是将工作空间用透明聚氯乙烯（WC）完全包裹起来并悬挂在钢架结构上，且使装置的内压始终维持在低于大气压力水平的一种装置，该装置可以装在移动架上，在常规的生物安全柜不能或不适合安装或维护的现场，可以用来进行高度危险生物体（危险度3级或4级）的操作。装置入口处的空气要经一个HEPA过滤器过滤，而出口处的空气则要通过两个HEPA过滤器过滤，因此，不必再用管道将空气排到建筑物外面。该隔离装置可以配备培养箱、显微镜和其他实验室仪器，例如离心机、动物笼具、加热设备等。实验物品可以通过进样和取样口运入或运出隔离装置，而不影响其微生物学安全性。操作时戴套袖外加一次性手套。需要安装压力计来检测隔离装置内的压力。

一级防护柜采用生物安全柜和负压柔性薄膜隔离装置外，还可以使用隔离器及独立通风笼系统，这两种装置同样可以起到良好的防护作用。

3. 个体防护装备

个体防护装备和防护服是减少操作人员暴露于气溶胶、喷溅物以及意外接种等危险的一个屏障。所涉及的防护部位主要包括眼睛、头面部、躯体、手、足、耳（听力）以及呼吸道，可根据防护级别选择个体防护装备。使用前必须充分了解这些装备的用途和正确使用方法，用后按以下顺序卸除：外层手套→面罩或护目镜→隔离衣→口罩或防毒面具、防护帽→鞋套（可再戴新手套）→内层手套。如卸下个人防护装备时发现装备受到潜在污染或明显污染，必须先戴一副干净手套后再卸去其余装备。

（1）正压防护服：正压防护服是在宇航服基础上改良而成的一种连身工作服，其生命保障系统包括提供超量清洁呼吸气体的正压供气装置，防护服内气压相对周围环境为持续正压，防止外界物质入内。正压防护服的生命保障系统有内置式和外置式两种，适用于涉及致死性生物危害物质的操作，一般用于4级生物安全水平。正压防护服脱除次序为：解开颈部和腰部系带，将隔离衣从颈肩处脱下，将外面的污染面卷向里面，将其折叠或卷成包裹状，丢弃在消毒箱内。

（2）安全眼镜：安全眼镜主要由屈光眼镜或平光眼镜配以专门镜框，将镜片从镜框前面装上，镜框用可弯曲或侧面有护罩的防碎材料制成。安全眼镜的防护效果最小，即使侧面带有护罩的安全眼镜也不能对喷溅提供充分的保护。

（3）护目镜：护目镜用于有可能发生污染物质喷溅的工作中，应该戴在常规视力矫正眼镜或隐形眼镜的外面，以避免飞溅和撞击的危害。

（4）防护面罩或面具：防护面罩或面具可保护面部和喉部，用于防范潜在面部碰撞、感染性材料飞溅或滴落接触整个脸部并污染口、鼻、眼等的危险，防护面罩采用防碎塑料制成，形状与脸型相配，通过头带或帽子佩戴，佩戴防护面罩同时常佩戴安全眼镜或护目镜，实验完毕后应先脱下手套再用手卸下防护面罩。

（5）防毒面具：防毒面具适用于进行高度危险性的操作，如清理溢出的感染性物质，防毒面具中装有一种可更换的过滤器，可以保护佩戴者免受气体、蒸汽、颗粒和微生物的影响，有些单独使用的一次性防毒面具设计用来保护工作人员避免生物因子暴露，并具有一体性供气系统的配套完整的防毒面具可以提供彻底的保护。使用时应根据危险类型来选择防毒面具，且过滤器必须与防毒面具的类型正确匹配。此外，为了达到理想的防护效果，每一个防毒面具都应与操作者的面部相适合并经过测试，在选择正确的防毒面具时，应听从专业卫生工作者等有相应资质人员的意见。防毒面具不得带离实验室区域。

（三）二级防护措施

实验动物设施的二级防护在工程设计上主要有如下特点。

（1）建筑设计：包括单个动物实验室平面布局，动物室和附属功能区的组合与配置，建筑屏障（气锁、更衣室）的设置和定位。

（2）通风设备：包括空气进、出实验设施的方式，气流组织，换气速率，气压梯度。

（3）环境保护：包括污染空气排放处理，液体和固体污染物处理等。

建筑屏障、通风设备和环保系统可有效降低实验室内偶发的危害因子扩散，保护动物设施内未进入动物室的人群免受侵害，但对于进入动物室的工作人员则需要另行提供有效的防护方法。因此，必要的配备主要包括以下内容。

（1）气锁（air lock）：供人员、设备和物品进入动物室。

（2）更衣室：内设更衣、淋浴设备。

（3）穿越式高压灭菌器：用于运送实验物品和动物产生的废弃物。

（四）实验动物相关生物安全技术

1. 围护隔离技术

包括建筑密封隔离和空气动力学隔离两类技术。建筑密封隔离是采用密闭可靠的维护结构分隔污染区、半污染区和清洁区，分隔实验室和外界。原则上污染区设置在整个实验室区域的中心，清洁区设置在外围，中间为半污染区，人员通过缓冲室（气锁）逐级进入污染度较高的区域，缓冲室采用互锁门，化学喷淋室可被看作一种特殊的缓冲室。空气动力学隔离通过控制气流速度和方向控制某个小空间的空气不能与其他空间自由交换，只能通过高效过滤器排放，生物安全柜、负压动物饲养柜等都是应用了该原理。

2. 负压通风技术

负压通风技术是指在设施的通风空调设计中，使各区室内的空气压力保持一定压力梯度，从而实现空气单向流动，保证气流方向永远是从洁净度高的区域流向洁净度低的区域，防止污染空气逆向扩散。

3. 空气净化技术

将层流技术和高效空气过滤器相结合，采用低阻力、大流量的高效空气过滤器组件对引入的大量空气进行净化，使这种有组织的层流洁净空气流过操作空间，不断清除工作场所内的原有和新生的气源性污染物。层流是指让空气在整个空间内以均匀速度、单方向地通过指定区域的一种状态，可分为水平层流和垂直层流，层流空气的速度一般控制在0.05 m/s。高效空气过滤器（HEPA）采用由直径约0.3 μm的超细玻璃纤维为原料制成的滤纸，以整张、单层、折叠的方式在中间夹有可通过气流的瓦楞隔板分隔、大面积组装在体积很小的外框中，构建成过滤元件，其过滤效率取决于滤纸性能和加工质量。

4. 消毒和灭菌技术

灭菌可使操作对象中所有微生物丧失生命活力，但未必全部破坏它们所构成的酶或是所产生的代谢产物与副产品；消毒可杀死微生物的营养细胞但不要求杀死细菌芽孢。灭菌可以实现消毒的目的，当严重污染的物品不能被迅速消毒或灭菌，则清洁也同样重要。消毒和灭菌的基本手段包括物理手段和化学手段。

（1）物理消毒和灭菌：加热是最常用的清除病原体污染的物理手段，可分为湿热和干热两种方式。"干"热无腐蚀性，可用来处理实验器材中许多可耐受160℃或更高温度2~4 h的物品，干烤、燃烧和焚化都属于干热消毒和灭菌。湿热灭菌中，采用饱和蒸汽的高压灭菌最为有效，煮沸并不一定能杀死所有的微生物或病原体，但当其他方法（化学杀菌、清除污染、高压灭菌）不适用或没有条件时，也可以作为一种最基本的消毒措施。

（2）化学消毒和灭菌：应用化学药品通常在常温下即可达到消毒灭菌的目的。可用的化学药品种类繁多，性能、用途及用法各异，必须根据实际用途正确选择才能达到理想的消毒灭菌效果。化学消毒中必须注意尽可能降低化学药品对人、动物以及环境的危害作用。

（3）辐射消毒和灭菌：主要采用电离辐射、紫外线辐射和微波辐射。电离辐射的放射源通常采用钴-60（^{60}Co）和铯-137（^{137}Cs），用于饲料、垫料和器械的消毒灭菌。紫外线辐射具有杀灭细菌和真菌的功能，紫外线消毒多用于室内，包括传递窗和生物安全柜设备的表面以及空气消毒。微波对细菌、放线菌、真菌和噬菌体等均有不同程度杀灭作用，可用于饲料、垫料、非金属器械的消毒。

五、实验动物生物安全应急预案

病原微生物的动物感染实验，是生物安全事故的重要风险防范点。感染的动物携带的病原体在操作过程中可通过空气气溶胶、分泌物、排泄物等感染实验工作人员。动物感染的操作涉及动物的麻醉、给药、样本采集、安乐死和剖检，鸡胚实验也可归于感染动物的操作，会产生各种意外事故。

1. 制定应急预案目的

为及时快速应对科研教学过程中所发生的实验动物生物安全事件，最大限度减轻突发事件对公众健康、实验动物生产和动物实验所造成的损害，维护公共安全及社会稳定。

2. 应急预案制定依据

国家和地方的相关法律法规、国家标准，例如《中华人民共和国生物安全法》《中华人民共和国传染病防治法》《中华人民共和国国境卫生检疫法》《中华人民共和国动物防疫法》《突发公共卫生事件应急条例》《国家突发公共事件总体应急预案》等法律、法规和相关预案，并结合单位或部门具体实际情况来制定实验动物生物安全预案。

3. 应急预案制定原则

制定应急预案和处理突发事件时应本着以人为本、预防为主；依法规范、科学防控；强化监测、综合治理；快速反应、有效处置的原则。应按照预防为主，常备不懈的原则，成立突发实验动物生物安全事件应急处置领导小组并有明确分工，全权负责该预案的启动、实施和事故应急处置工作。

4. 应急预案中事故级别

根据发生病型、例数、流行范围和趋势及危害程度，将实验动物生物安全事故划分为重大（Ⅰ级）、较大（Ⅱ级）和一般（Ⅲ级）三级。

（1）重大实验动物生物安全事故（Ⅰ级）：有下列情形之一的为重大实验动物生物安全事故（Ⅰ级）。

①实验动物饲养或实验期间发生一类动物疫病，并有扩散趋势。

②发生因实验动物导致有关人员感染甲类、乙类传染病，且有1例以上感染并确诊。

（2）较大实验动物生物安全事故（Ⅱ级）：有下列情形之一的为较大实验动物生物安全事故（Ⅱ级）。

①实验动物饲养或实验期间发生二类动物疫病，并有扩散趋势。

②发生因实验动物导致有关人员感染丙类传染病，且有1例以上感染并确诊。

（3）一般实验动物生物安全事故（Ⅲ级）：实验动物饲养或实验期间发生三类动物疫病，并有扩散趋势，但未出现人员感染病例，为一般实验动物生物安全事故（Ⅲ级）。

5. 应急预案的启动及处置

（1）工作人员发现疑似病例或异常情况时，立即向主管部门负责人报告。负责人接报后迅速组织技术人员开展疫情分析，在初步判定疫情后，迅速上报实验动物生物安全事故应急领导小组。

（2）事故发生的时间、地点、发病动物的种类、品种、动物来源、临床症状、发病数量、死亡数量、是否有人员感染以及已采取的控制措施等。

（3）发生实验动物生物安全事故，领导小组组长在接报后立即启动应急预案。

（4）发生重大生物安全事故，紧急启动Ⅰ级响应。对感染人员就地隔离，尽快送往定点医院治疗；立即关闭事件发生的实验室；对周围环境进行隔离、封锁；对事件发生时段内进出饲养室或实验室的人员进行医学观察，必要时进行隔离；有相关疫苗的进行紧急预防接种；做好感染者救治及现场调查和处置工作。

（5）发生较大生物安全事件，紧急启动Ⅱ级响应。对感染人员就地隔离，尽快送往定点医院治疗；立即关闭事件发生实验室；对周围环境进行隔离、封锁；对在事件发生时段内进出饲养室或实验室的人员进行医学观察，必要时进行隔离；有相关疫苗的进行预防接种；做好感染者救治及现场调查和处置工作。

（6）发生一般生物安全事件，紧急启动Ⅲ级响应。立即关闭事件发生的实验室；对周围环境进行隔离、封锁；对在事件发生时段内进出饲养室或实验室的人员进行医学观察，必要时进行隔离；有相关疫苗的进行预防接种；做好现场处置工作。

（7）事件结束：受污染区域得到有效处置；生物安全事件造成的感染者已妥善治疗、安置；在最长的潜伏期内未出现新的动物病例和人员感染，经专家组评估确认后应急处置工作结束。事件信息由单位会同属地卫生行政部门及时统一发布。

（8）事故发生后48 h内，事件当事人写出事故经过和危险评价，并记录归档；任何现场暴露人员都应接受医学咨询和隔离观察，并采取适当的预防治疗措施；领导小组立即与现场暴露人员的亲属进行联系，通报情况，做好思想工作。领导小组组长写出处置进程报告，包括事件的发展与变化，处置进程、事件原因或可能因素，已经或准备采取的整改措施。

（9）对事故地点、废弃物及设施设备进行彻底消毒；组织专家查清事故原因；对周围一定范围的动物和环境进行监控，直至解除封锁。对易感动物，迅速销毁，对事故涉及的当事人群进行强制隔离观察。

（10）事故发生后，应急领导小组对事故原因进行详细调查和分析，做出书面总结，认真吸取教训，做好防范工作。事件处理结束后5个工作日内，领导小组组长向单位领导集体和当地卫生防疫部门做出结案报告。包括事件的基本情况、事件产生的原因、应急处置过程中各阶段采取的主要措施及其功效、处置过程中存在的问题及整改情况，并提出今后对类似事件的防范和处置建议。

第五章　动物实验方法及基本操作

第一节　实验动物的选择与应用

一、实验动物选择的基本原则

（一）选用与人的机能、代谢、结构及疾病特点相似的实验动物

医学科学研究的目的在于治疗和预防人类疾病，所以要选择那些机能、代谢、结构和人类相似的实验动物。一般来说，实验动物越高等、进化程度越高，其机能、代谢、结构越复杂，反应就越接近人类。例如，狒狒、猩猩、猴等灵长类动物是最近似人类的理想动物。对引起人类疾病的某些特定病原，灵长类动物是唯一易感动物。因此，复制动物模型时最宜采用灵长类动物。但是灵长类动物较难获得，价格昂贵，对饲养条件有特殊要求，所以在实际应用中常退而求其次。

犬具有与人基本相似的消化过程和发达的血液循环及神经系统，在基础医学和实验外科学中有广泛应用；在病毒学方面的反应与人相似，所以在病毒学研究中经常选择犬作为实验动物。

猫具有极其敏感的神经系统，便于测定对各种刺激引起的反应。猫是弓形体寄生虫的宿主，因此，在研究寄生虫疾病时选择猫作为实验动物。在白化病、脊柱裂、先天性吡咯紫质沉着症、急性婴儿死亡综合征等研究中，以猫为模型模拟人类进行研究。

猪的呼吸、肾、心血管及血液系统与人相似。猪能自发和人工诱发动脉粥样硬化，因此，在动脉粥样硬化及其并发症的发生发展研究中，猪是很好的动物模型。在烧伤实验研究中，选择特制的冻干猪皮肤作为人烧伤后的生物敷料，可以缩短愈合时间（石蜡纱布30 d，而冻干猪皮肤只需13 d）、减轻痛苦和感染，同时又无排斥现象，血管愈合良好。

由于价格便宜、易于管理和控制，使用数量最多的实验动物是小鼠和大鼠。

所以动物实验不仅仅是从整体，往往也从局部尽量选择与研究对象的机能、代谢、结构和疾病性质类似的动物。

（二）选用遗传背景明确，具有已知菌丛和模型性状显著且稳定的动物

医学科研实验中的一个关键问题，就是怎样使动物实验的结果可靠、有规律，从

而达到精确判定实验结果、得出正确结论的目的。只有选用经遗传学、微生物学、营养学、环境卫生学的控制而培育的标准化实验动物，才能排除因实验动物所携带细菌、病毒、寄生虫和潜在疾病对实验结果的影响；也能减少因实验动物杂交所致的遗传上不均质、个体差异、反应不一致的影响。实验动物的生物学特性，如解剖结构、生理生化特性、行为特点、疾病与免疫、药物反应、对病原体的感受性、生殖与寿命等均与遗传学背景相关。因此，欲获得准确可靠的实验数据，所选实验动物应具有明确的遗传背景和严格的微生物控制，并符合研究课题的要求。

医学实验研究中，不可选用无生产许可的来源不明的动物。根据研究的目的要求，可选择采用遗传学控制方法培育的近交系动物、突变系动物、封闭群动物、杂交F₁代动物；或采用微生物控制方法而培育出的无菌动物、已知菌动物（悉生动物）、无特定病原体动物、清洁动物、普通动物。

近交系动物由于存在遗传的均质性、反应的一致性，实验结果精确可靠等优点已被广泛用于医学科学研究各个领域。如选择近交系动物，应参照其遗传基因表达的表型。要求能在它们的行为、生理生化、寿命、疾病、解剖、药物反应、免疫、对病原体的感受性和生殖等方面表现出来。如可选用各种不同品系的小鼠研究各种肿瘤疾病，进行基础和临床各类实验研究。近交系动物均具有独特的性质，因此，可以适合不同课题的研究需要。

无菌动物饲养繁殖在无菌隔离器中，饲料、饮水经过灭菌，定期检验，证明动物体内外均无一切微生物和寄生虫。选用这类动物做实验，可以排除普通动物带有各种微生物和寄生虫影响实验结果的干扰，使实验结果准确可靠。

悉生动物体内所带的微生物是完全明确的。此种动物和无菌动物一样是放在隔离器内饲养的，因此，选用此种动物做实验，准确性也很高，常用于研究微生物和宿主动物之间的关系，并可按研究目的来选择某种微生物。

无特定病原体动物体内应无特定的病原体，但其他病原体允许存在，是无传染病的健康动物。一般是将无菌动物或悉生动物转移到有封闭系统的设施中进行饲养繁殖而成的。SPF动物虽不是完全无菌，但仍保留有无菌动物的基本特点，不携带有影响实验效果的病原微生物和寄生虫，所以选用这类动物做实验准确性高、重复性好。选用时必须注意不同实验有不同要求，只有在了解某项实验中涉及哪些病菌，选用才有意义。

（三）选用解剖、生理特点符合实验目的要求的动物

选用解剖、生理特点符合实验目的要求的实验动物做实验，是保证实验成功的关键。很多实验动物具有某些解剖、生理特点，为实验提供了很多便利条件，如能适当使用，将减少实验准备方面的麻烦，降低操作的难度，使实验容易成功。

犬的甲状旁腺位于甲状腺的表面，位置比较固定。家兔的甲状旁腺散在分布，位置不固定，除甲状腺周围外，有的甚至分布到主动脉弓附近。因此，做甲状旁腺摘除实验，应选用犬而不能选用兔；做甲状腺摘除实验，为使摘除甲状腺之后，还保留甲状旁腺的功能，则应选用兔而不能选用犬。

小鼠、大鼠及豚鼠的气管和支气管腺不发达，只在喉部有气管腺，支气管以下无气管腺，不宜选用这些动物作为慢性支气管炎的模型或做祛痰平喘药的疗效实验。猴的气管腺数较多，直至三级支气管中部仍有腺体存在，选用这种动物就很适宜。

家兔颈部的交感神经、迷走神经和主动脉减压神经是分别存在，独立行走的，而马、牛、猪、犬、猫、蛙等其他动物的减压神经行走于迷走、交感干或迷走神经中。因此，如要观察减压神经对血压、心脏等的作用时，就必须选用家兔。

地鼠口腔两侧的颊囊是缺少组织相容性抗原的免疫学特殊区，是进行组织培养、人类肿瘤移植和观察微循环改变的良好区域，适于做免疫学、组织培养、肿瘤学和微循环功能等实验研究。

家兔的胸腔结构与其他动物不同，其胸腔中央有一层很薄的纵隔膜将胸腔分为左右两部，互不相通，两肺被肋胸膜隔开，心脏又有心包胸膜隔开，当开胸和打开心包胸膜，暴露心脏时，只要不破坏纵隔膜，动物不需要人工呼吸，很适合做开胸手术和心脏实验。

犬是红绿色盲，不能以红绿作为条件刺激物来进行条件反射实验；犬的汗腺不发达，不宜选做发汗实验；犬的胰腺小，适宜做胰腺摘除手术；犬的胃小，相当于人胃长径的一半，容易做胃导管，便于进行胃肠道生理的研究；犬的嗅觉特别灵敏，喜近人，易于驯养，经短期训练能很好地配合实验。犬分成四种神经类型，即强、均衡的灵活性；强、均衡的迟钝型；强、不均衡型和弱型，这对一些慢性实验，特别是高级神经活动实验的动物选择很重要。一般均选用前2种神经类型的犬做实验。比格犬（Beagle）毛短、体型小、性温顺、易于抓捕、毛色为黄、黑、白三色，最适用于毒物学、药物学和生理学研究用，特别适用于长期慢性实验。

猴、犬、猪、羊、豚鼠、大鼠和小鼠等实验动物按一定性周期进行排卵，不交配也可正常排卵，而兔和猫属典型的刺激性排卵动物，只有经过交配的刺激，才能进行排卵。兔的卵巢几乎连续不断地产生卵子，但只有经过雄兔交配后，雌兔成熟的卵泡才能排卵。因此，可选用成年雌兔来诱发排卵，是观察药物对排卵的影响、避孕药研究的常用动物。青紫蓝种家兔后肢腘窝部有一个粗大的淋巴结，在体外极易触摸和固定，适于向淋巴结内注射药物或通电，进行免疫功能研究。家兔有食粪癖，晚上吃自己排出的软便，因家兔小肠下段肠管能吸收这些粪便中的粗蛋白和水溶性的B族维生素。如选用家兔进行营养实验，应注意控制其食粪习性，否则会影响实验结果。

大鼠无胆囊，不能用其做胆囊功能的研究，但适合做胆管插管收集胆汁进行消化功能的研究。豚鼠、犬、猫、猴等实验动物，正常心电图均有明确的S-T段，但大鼠和小鼠等较小鼠类没有S-T段，甚至有的导联见不到T波，如有T波也是与S波紧挨着，或在R波降支上即开始，可能与小型啮齿类动物心肌复极化过程很缓慢，电动力相互抵消有关。此点在选择动物品种时应注意。

小鼠5~6周龄性成熟，性周期短，孕期20 d左右，有产后发情，便于繁殖；小鼠子宫生长极快，适于做雌激素和避孕药的研究。成年小鼠和大鼠在动情周期不同阶段，阴道黏膜可发生典型的变化，根据阴道涂片的细胞学改变，可进行卵巢功能的测定实验。雄鸡头上长有很大的红鸡冠，这是雄鸡的重要性特征，适于做雄性激素的研究。

（四）选择对实验处理敏感的实验动物

不同种系实验动物对同一因素的反应有共性也有特殊性。实验研究中常要选用那些对实验因素最敏感的动物作为实验对象，因此，不同实验动物存在的某些特殊反应性在选择实验动物时更为重要。

家兔的体温变化十分灵敏，适于发热、解热和检查致热源等实验研究。小鼠和大鼠体温调节不稳定，就不宜选用。

鸽子、犬、猴和猫呕吐反应敏感，适合用来做呕吐试验；家兔、豚鼠等草食动物呕吐反应不敏感，小鼠和大鼠无呕吐反应。

金黄地鼠和豚鼠对各型钩端螺旋体很敏感，最好选用55~75 g幼年金黄地鼠或120~180 g幼年豚鼠。小鼠、大鼠等实验动物对钩端螺旋体一般不敏感。

大鼠垂体-肾上腺系统功能发达，应激反应灵敏，适于做应激反应和垂体、肾上腺、卵巢等内分泌实验研究。大鼠肝脏的Kupffer细胞90%有吞噬能力，肝脏再生能力很强，切除60%~70%的肝叶，仍有再生能力，适于肝外科实验研究。大鼠对炎症反应灵敏，特别是踝关节对炎症反应更敏感，适于多发性关节炎和化脓性淋巴结的研究，也适于中耳疾病和内耳炎的研究。

豚鼠易于致敏，适于做过敏性实验研究。豚鼠有两种类型的变态反应抗体，即IgG和IgE，适于研究过敏性和速发型过敏反应，在全身的变态反应中，肺是休克器官，肥大细胞是靶细胞，组织胺是主要的药理介质。豚鼠的耳蜗对声波变化十分敏感，适于做听觉方面的实验研究。豚鼠对维生素C缺乏很敏感，可出现坏血病，其症状之一是后肢出现半瘫痪，尤其在冬季易患，补给维生素C则症状消失，这是因为豚鼠体内不能合成维生素C，所需维生素C必须来源于饲料中。灵长类及豚鼠体内缺乏合成维生素C的酶，因此，适于维生素C的实验研究。豚鼠和大鼠对组织胺的反应相反，豚鼠对组织胺反应十分敏感，适于平喘药和抗组织胺药的实验研究。豚鼠对结核杆菌、布鲁氏菌、白喉杆菌、Q热立克次体、淋巴细胞性脉络丛脑膜炎病毒等很敏感。对青霉素也很敏感，比小鼠敏感1 000倍。

不同实验动物对射线敏感程度差异较大。家兔对射线十分敏感，照射后常发生休克样的特有反应，有部分动物在照射后死亡，其休克的发生率和动物死亡率与照射剂量呈一定的线性关系，因此，家兔不适合做放射病研究。常选用小鼠、大鼠、犬和猴等实验动物进行这方面研究。不同种系动物发生放射病的明显程度和发生时间差异也很大，小鼠和大鼠几乎完全没有全身性初期反应期，豚鼠表现得不明显，而犬和猴则非常明显。小鼠和大鼠造血系统的损伤出现得最早，豚鼠、犬和猪造血阻碍发展比较缓慢，猴的造血改变与豚鼠、犬和猪相同。出血综合征在豚鼠表现得最明显，犬也相当显著，猴和家兔中等，而小鼠和大鼠则很少见。

家兔、鸡、鸽和猴在食用高胆固醇、高脂肪饲料一段时间后容易形成动脉粥样硬化病变，适于动脉粥样硬化实验研究，而小鼠、大鼠和犬就不容易形成动脉粥样硬化病变。

5岁以上的雌犬常有自发性乳腺肿瘤，如果给雌犬孕激素就很容易诱发乳腺肿瘤，雌激素还容易引起犬发生贫血，这在其他动物则很少见。

青蛙和蟾蜍的腓肠肌和坐骨神经易获得和制作，适于观察药物对外周神经、横纹肌或对神经肌肉接头的作用。它们的心脏在离体情况下，仍可有节奏地搏动很久，适于研究药物对心脏的作用。

雌激素能终止大鼠和小鼠的早期妊娠，但不能终止人的妊娠。因此，在大鼠和小鼠筛选带有雌激素活性的药物时，常常会发现这些药物能终止妊娠，似乎是有效的避孕药，但对人并不成功。如果知道一个化合物具有雌激素活性，用这个化合物在大鼠或小鼠上观察终止妊娠的作用是没有应用意义的。吗啡对犬、兔、猴、大鼠和人主要作用是中枢抑制，而对小鼠和猫的主要作用则是兴奋。降血脂药氯贝丁酯可使犬下肢瘫痪，而对猴及其他动物不能引起这样的副作用。驱绦虫及血吸虫的鹤草酚可损害犬的视神经并引起失明，但在猴就没有这些副作用。苯可引起家兔白细胞减少及造血器官发育不全，而对犬却引起白细胞增多及脾脏和淋巴结增生。苯胺及其衍生物对犬、猫和豚鼠能引起与人相似的病理变化，产生变性血红蛋白，但对家兔则不易产生变性血红蛋白，在鼠则完全不产生。氯贝丁酯对犬的毒性较大，而对大鼠、猴和人的毒性就不大。性激素可使犬易发生化脓性子宫内膜炎而死于败血症。家兔对阿托品极不敏感。不同品种实验动物存在这些特殊反应，在选择实验动物时必须注意。

不同品系动物，对同一刺激的反应差异很大，在选择时也必须注意。如C57BL小鼠对肾上腺皮质激素的敏感性比DBA及BALB/c小鼠高12倍。DBA/2小鼠对音响刺激非常敏感，闻电铃声后可出现特殊的发作性痉挛，甚至死亡，而C57BL小鼠却不会出现这种反应。DBA/2及C3H小鼠对同一病毒（newcastle virus）的反应和DBA/1小鼠完全不同，前者能引起肺炎而后者引起脑炎。DBA小鼠的促性腺激素含量是A系小鼠的1.5倍。A系小鼠肝脏的β-葡萄糖酸活性只有C3H小鼠的十几分之一。A、C3H、津白Ⅱ等品系小鼠易致癌，而C57、C58、津白Ⅰ等品系不易致癌，AKR、DBA/2等品系易致白血病。C3H雌鼠乳腺癌自发率达90%，AKR小鼠白血病自发率达65%～90%。

（五）选用人畜共患疾病的实验动物和传统应用的实验动物

有些疾病的病因不仅对人而且对动物也造成相似的疾病。选用人畜共患疾病的实验动物为研究病因学、流行病学、发病机理、预防和治疗等提供良好的动物模型。猴对痢疾杆菌敏感，其临床过程、病理变化与人类似，猴是研究痢疾的最好实验动物。黑热病地区的犬也感染利什曼原虫病，犬成为研究黑热病的最好实验动物。克山病病区的马患一种白肌病，其病理变化与人克山病心肌病变相似，兽医师用硒治疗马白肌病，相应地用硒防治人的克山病也取得了良好效果。

选择科研、检验和生产传统用的实验动物，是科学工作者长期以来实践经验的积累。各专业都有自己常用的品种和品系，如肿瘤研究试验，C57BL用于Lweis肺癌和B16黑色素瘤研究；DBA/2做P388和L1210淋巴细胞白血病研究。

新发现的疾病需要建立动物模型，原来的动物模型不理想或原来使用的实验动物价值昂贵、不容易获得，必须重新建立动物模型。研究麻风长期以来没有合适的实验动物，后来找到犰狳可以形成动物模型，裸鼠接种麻风杆菌后成功诱发瘤型麻风。猩猩是甲、乙型肝炎的理想实验动物，但来源少，价值昂贵。

二、实验动物的个体选择

实验动物的个体选择应考虑到个体动物的年龄、性别、生理状态和健康状况等。

（一）年龄和体重

年幼动物一般较成年动物敏感。应根据实验目的选用适龄动物。急性实验选用成年动物。慢性实验最好选用年轻一些的动物。在合格的饲养管理条件下，小型实验动物的年龄是可以按体重来估计的。

（二）性别对同一致病刺激的反应不同

在实验研究中，如对性别无特殊需要时，选用雌雄各半。如已证明无性别影响时，亦可雌雄不拘。雌雄性间有不同征象，通常根据征象区分性别。

（三）生理状态

在选择个体时，应考虑动物的妊娠、授乳等特殊生理状态，因为此时机体的反应性变化很大。

健康状况不好的动物不能用来实验，对实验结果会有很大的影响。通过以下的外部表征来判断健康动物。

（1）发育完好，食欲良好，反应敏捷。

（2）呼吸均匀，眼、鼻部均无分泌物流出，眼睛有神，结膜不充血，瞳孔清晰，不打喷嚏。

（3）皮毛柔软有光泽，无脱毛蓬乱现象，皮肤无感染症状。

（4）腹部无膨大，肛门区无稀便及分泌物。

（5）外生殖器无分泌物、损伤及脓痂。

（6）爪趾完好，无溃疡、结痂。

三、常用实验动物的应用

（一）小　鼠

小鼠是最常用的实验动物之一，也是生物医学实验中使用数量最多、品系最广的实验动物。小鼠具有体型小、易于饲养管理、繁殖力强、繁殖周期短、产仔率高、生长快、生命周期短等特点，目前对其解剖学、生理学、免疫学和遗传学等方面的研究比较透彻，小鼠是世界上第二个完成基因组测序的哺乳动物，它与人类功能基因的同源性可达到90%以上。世界上现有近交系小鼠388种，突变系小鼠143种，远交系小鼠118种。选择使用时必须注意不同品系小鼠，在生物学特性和用途方面存在的差异。小鼠常用于药物学研究，如药物筛选、药代动力学实验、半数致死量测定、药物效价比较实验等；各种人类肿瘤的诱发动物模型；各种人类疾病发病机制和预防治疗的研究；以及遗传学、免疫学、血液学、微生物学、计划生育、老年医学及基因工程方面的研究。

（1）肿瘤学研究：如胃癌、肝癌、肺癌、乳腺癌、肠癌、宫颈癌、食管癌、鼻咽癌、皮肤癌、网状细胞肉瘤、白血病模型等。

（2）心血管疾病研究：如心室颤动、心肌炎模型。

（3）呼吸系统研究：如慢性支气管炎、肺纤维化模型等。

（4）各型肝炎研究：如中毒性肝炎、肝纤维化、肝坏死、肝硬化、胰腺炎等。

（5）皮肤疾病研究：如各类烧伤、烫伤及冻伤，放射病实验等。

（6）免疫学研究：如单克隆抗体制备，LAK细胞、巨噬细胞等机体自然防御细胞免疫机制的研究等。

（7）药物研究：如药理及毒理实验，药物筛选、生物效应测定和药物效价比较实验等。

（8）病原体感染研究：如各类病毒、细菌和寄生虫感染疾病模型研究等。

（9）计划生育研究：如抗生育、抗着床、抗排卵、抗早孕等实验。

（10）老年病研究：如衰老疾病模型等，以及营养学研究。

（11）遗传学研究：如遗传性贫血、家族性肥胖、尿崩症疾病模型等。

（12）基因工程研究：如基因测序、胚胎工程、转基因动物模型等。

（二）大　鼠

大鼠是最常用实验动物之一，世界上现有近交系大鼠有130多种，突变系大鼠20多种。大鼠妊娠期短、繁殖快，且产仔数多、饲养管理容易、抗病力强，它具有昼伏夜动习性，其进食、配种及分娩等活动多在夜间进行。大鼠喜欢啃咬，性情温顺，无呕吐反应，视觉和嗅觉较灵敏。大鼠肝脏再生能力强，切除60%～70%的肝叶仍有再生能力。

大鼠肠道较短、盲肠较大，但盲肠功能不发达；无胆囊且汗腺不发达，对营养、维生素、氨基酸缺乏敏感，可发生典型的缺乏症状。大鼠血压和血管阻力对药物反应敏感，对炎症反应灵敏，它的眼角膜无血管。大鼠心电图中没有S-T段，甚至有的导联也不见T波。成年雌鼠在动情周期的不同阶段，阴道黏膜可发生典型变化，采用阴道涂片法可推知性周期各个时期中卵巢、子宫状态与垂体激素的变动。大鼠体型在啮齿类中虽属于较大型，但在实验动物中仍属于小型动物，其实验操作简单、实验条件容易控制、实验结果比较均一，已在生物医学领域的很多领域，如营养学、毒理学、生理学及肿瘤学等实验研究中得到广泛应用。如可用于营养学试验及维生素、蛋白质缺乏和机体代谢的研究；亦可用作肿瘤学、微生物学、牙科学、畸胎学、毒理学、老年学、免疫学、寄生虫学、心血管疾病、计划生育等方面的研究。

（1）肿瘤学研究：如化学致癌物建立肝癌、肺癌、胃癌、乳腺癌及食管癌模型等。

（2）心血管系统疾病研究：如弥散性血管内凝血、动脉粥样硬化、心肌梗死、心律失常、高血压、高血压脑卒中、急性心肌缺血模型等。

（3）呼吸系统疾病研究：如慢性支气管炎、肺纤维化、硅沉着病（硅肺）、肺水肿模型等。

（4）消化系统疾病研究：如胃溃疡、胃炎、各型肝炎、肝坏死、肝硬化、肝外科研究，以及实验性腹水模型等。

（5）皮肤疾病研究：如放射病、冲击伤、烧伤、冻伤及烫伤模型等。

（6）药物研究：如安全性评价（药理学、毒理学实验等），药物筛选，心血管药理实验等。

（7）眼口耳鼻喉科疾病研究：如白内障、口腔白斑病、中耳疾病、内耳炎、鼻窦炎模型等。

（8）营养代谢研究：如蛋白质缺乏及代谢试验，维生素A、维生素B、维生素C和氨基酸、钙磷代谢研究；制备脂肪肝，动脉粥样硬化，淀粉样变性，酒精性中毒，十二指肠溃疡，营养不良糖尿病，高脂血症、高尿酸血症、痛风等疾病模型。

（9）老年性疾病研究：如骨质疏松症、阿尔茨海默病、帕金森病动物模型等。

（10）妇产科疾病研究：如筛选避孕药、畸胎学，以及胎儿宫内发育迟缓、胎儿宫内窘迫、妊娠高血压、妊娠期肝内胆汁淤积症模型等。

（11）传染病研究：如它是研究支气管肺炎、副伤寒的重要实验动物；还可进行厌氧菌细菌学实验，假结核、麻风、弓形虫病、巴氏杆菌病、念珠状链杆菌病、黄曲霉病、烟曲菌等真菌病的研究。

（12）内分泌学研究：切除大鼠内分泌腺，如肾上腺、垂体、卵巢等器官，开展神经-内分泌实验。

（13）其他研究：如卵巢和睾丸切除，生殖器官损害，白细胞减少症，多发性关节炎和化脓性淋巴腺炎等研究。

（三）豚　鼠

豚鼠也是常用实验动物之一，近交品系豚鼠目前世界上有12个。它属草食性动物，喜食纤维素较多的饲料，日夜都自由采食，豚鼠食量较大，对变质的饲料敏感，其体内自身不能合成维生素C。豚鼠属于晚成性动物，即母鼠妊娠期较长，平均约为63 d；它为全年多发情性动物，并有产后性周期特征。初生时其仔鼠被毛长全、能活动，出生后2～5 d即可离乳并可自行采食；它喜群居，其活动、休息及采食多呈集体行为；与大鼠和小鼠相反，它夜间少食少动。豚鼠性情温顺、胆小易惊、嗅觉和听觉较发达，对各种刺激均有极高的反应，如对音响、嗅味和气温突变等均极敏感。豚鼠耳壳大，易于进入中耳和内耳，耳蜗和血管伸至中耳腔内，可以进行内耳微循环的观察。豚鼠能耐低氧、抗缺氧，易引起变态反应，对青霉素特别敏感，对结核杆菌、布鲁氏菌、钩端螺旋体、马耳他布鲁氏菌、白喉杆菌、Q热病毒、淋巴细胞性脉络丛脑膜炎病毒等都很敏感。豚鼠在生物医学领域常用于链霉素和听觉试验、过敏反应、免疫学、白喉、螺旋体病、百日咳、鼠疫、布鲁氏菌、口蹄疫、斑疹伤寒、维生素C、肺水肿、血管通透性等方面的研究。

（1）动物羧甲淀粉和血清学诊断用"补体"生产的原材料。

（2）心血管系统疾病研究：如心律失常、房室传导阻滞、心肌梗死模型等。

（3）呼吸系统疾病研究：如慢性支气管炎、变态反应性支气管痉挛、急性肺出血、肺水肿、哮喘模型等。

（4）消化系统疾病研究：如胃溃疡、免疫性肝病损伤、肝炎模型等。

（5）泌尿系统疾病研究：如肾小球肾炎、膀胱结石、尿道结石模型等。

（6）微生物学研究：如结核、白喉、钩端螺旋体、百日咳、鼠疫、疱疹病毒病、链杆菌、副大肠杆菌病、旋毛虫病、布鲁氏菌病、斑疹伤寒、炭疽等细菌性疾病和Q热、淋巴细胞性脉络丛脑膜炎等病毒性疾病均常用豚鼠来进行研究。

（7）免疫学研究：如组胺过敏试验、变态反应脑脊髓炎、过敏性休克、银屑病模型等。

（8）营养代谢研究：如维生素C、叶酸、精氨酸及维生素B_1（硫胺素）缺乏病、维生素C缺乏病及糖尿病模型等。

（9）药物研究：如药物引起的血管通透性反应实验、皮肤过敏反应、皮肤局部作用刺激、缺氧耐受性及测量耗氧量实验等。

（10）耳科学研究：如听觉试验、内耳疾病研究、内耳微循环观察。

（四）地　鼠

地鼠属哺乳纲、啮齿目、鼠科、帛鼠亚科动物，它是由野生动物驯化饲养后已实验动物化的动物。金黄地鼠又称叙利亚地鼠，金黄色，成年体重120 g以上，尾短粗，耳色深，黑眼球，被毛柔软，腹部与头侧部为白色。昼伏夜行，一般在夜晚8—11点最为活跃，有很强的储食习性，可将食物储存于颊囊内。金黄地鼠30～32日龄开始出现性周期，妊娠期为14～17 d，是啮齿类动物中妊娠期最短的动物。地鼠成熟期快，雌鼠30 d性成熟，之后即可进行繁殖，雄鼠75 d可交配。哺乳期20～25 d。雌鼠比雄鼠强壮，除发情期外，雌鼠不宜与雄鼠同居，且雄鼠易被雌鼠咬伤。地鼠生产能力旺盛，生长发育快，好斗为其行为特征，难于成群饲养。金黄地鼠初胎时有食仔的恶习。地鼠对皮肤移植的反应很特别，在许多情况下，非近交系的封闭群地鼠个体之间皮肤相互移植均可存活，并能长期存活下来，而不同种群动物之间的皮肤相互移植，则100%不能存活，并被排斥。

中国地鼠（即黑线仓鼠）与金黄地鼠解剖生理特点基本相似，但也存在一些差异，如中国地鼠的染色体少而大，二倍体细胞$2n=22$，大多数能相互鉴别，定位明确，尤其Y染色体在形态上是独特的，极易识别。无胆囊，大肠长度比金黄地鼠短1倍，但脑重、睾丸大，均比金黄地鼠重近1倍。中国地鼠及金黄地鼠均为冬眠动物，胎儿发育快，有颊囊，可供组织移植和缺少组织相容性抗原的免疫学试验，也可作微循环的观察用。地鼠肾细胞可供脑炎、流感、腺病毒、立克次体、原虫分离用，也是制作脑炎疫苗的原材料。此外，地鼠是维生素E及维生素B_2（核黄素）缺乏试验，以及不同血清型钩端螺旋体的模型动物。中国地鼠是自发性糖尿病的良好品系。在传染病学如肺炎球菌肺炎、利什曼病、白喉、结核病、狂犬病、流感和脑炎的研究，以及遗传学研究方面均是重要的研究材料。

（1）遗传学研究：如中国地鼠用于细胞遗传学、辐射遗传学等研究。

（2）营养代谢研究：如糖尿病（中国地鼠）模型，维生素A、维生素E及维生素B_2（核黄素）缺乏症，胆结石模型等。

（3）肾细胞可作为脑炎、流感、狂犬病毒、腺病毒、立克次体、原虫分离和疫苗制备的材料。

（4）肿瘤学研究：其颊囊可用作肿瘤移植试验，广泛应用于研究肿瘤的增殖、致癌、抗癌、移植、药物筛选、X射线治疗等，以及观察微循环变化。

（5）内分泌学研究：如肾上腺、脑下垂体、甲状腺等内分泌实验研究。

（6）寄生虫研究：如溶组织阿米巴、利什曼原虫病、旋毛虫等寄生虫感染模型。

（7）生理学研究：如诱发冬眠实验，可观察冬眠时机体老化、行为等生理学代谢特点。

（8）组织移植研究：如开展皮肤、胎儿心肌、胰腺等移植实验，血液学如血小板减少症等研究。

（9）糖尿病研究：中国地鼠是真性糖尿病的良好动物模型。

（10）微循环及血管反应性研究：如常选用颊囊黏膜观察淋巴细胞和血小板的变化，以及血管反应性变化。

（11）药物学研究：如观察药物对心血管的作用，进行药物毒性和致畸的实验研究。

（12）其他研究：如金黄地鼠用于小儿麻疹病毒研究；用于牙科学上龋齿的研究；用于生殖生理方面的计划生育研究。中国地鼠染色体大、数量少，且易于相互鉴别，可用于染色体畸变和染色体复制机制的研究等。

（五）兔

兔（rabbits）为最常用的实验动物之一，现常用的兔品系为新西兰兔、日本大耳白兔和青紫蓝兔3种。世界上兔目共有9属60余种，作为实验动物用途的为真兔属。兔是草食性动物，其盲肠大，富含淋巴组织，胸腔中央有纵隔将胸腔完全分开，互不相通。它喜欢独居，具有昼伏夜动习性，白天活动较少，大部分时间均处于假眠或休息状态，但其夜间活动量大，且吃食多，兔具有独特的食粪特性，它对纤维素含量的要求较高。兔胆小怕惊，其听觉和嗅觉都十分灵敏，对外界温度变化极其敏感，无自发性排卵，属于刺激性排卵动物，也无咳嗽和呕吐反应。兔虽性情温顺但群居性较差，如果同性别成年兔群养时常发生斗殴咬伤。兔性成熟较早，生长发育快，妊娠期短，厌湿喜干，还具有鼠类的啮齿行为。兔的生物学和体型特点，使它在生物医学领域得到了广泛的应用，如免疫学研究、妇产科学研究、计划生育、妊娠诊断、制备各种生物制品及抗血清等；传染病学研究，如天花、狂犬病、脑炎、寄生虫病、梅毒等；心血管系统疾病，如动脉粥样硬化、心肌梗死、休克、血管反应等疾病模型的研究；还常用于解热药、热原检查；耳血管神经反应、眼前房移植脏器、卵细胞移植、药品及化妆品的皮肤反应试验等方面的研究。

（1）心血管系统疾病研究：如弥散性血管内凝血，急性循环障碍，高血脂，动脉粥样硬化，心肌梗死，心律失常，高血压，肺源性心脏病，慢性动脉高压，肺心病，一过性高血压等。

（2）呼吸系统疾病研究：如慢性支气管炎，肺气肿，实验性肺纤维化，肺水肿，硅沉着病（硅肺）等。

（3）消化系统疾病研究：如胃溃疡、各型肝炎、急性化脓性胆囊炎、胰腺炎、实验性腹腔积液、中毒性肝坏死、阻塞性黄疸等。

（4）泌尿系统疾病研究：如肾小球肾炎、急性或慢性肾衰竭动物模型等。

（5）内分泌疾病研究：如白细胞增多症、甲状腺肿、糖尿病模型等。

（6）皮肤疾病研究：如冲击伤、烧伤、烫伤及冻伤，低温、芥子气皮肤损伤模型等。

（7）免疫学研究：生产诊断用抗体及动物疫苗、制备高效价和特异性强的免疫血清等。

（8）计划生育研究：如妊娠诊断、生殖生理和避孕药的研究。

（9）药物学试验：如皮肤反应试验，药品及生物制品的发热、解热和检查致热原等实验研究。

（10）传染病学研究：如狂犬病、天花、脑炎、寄生虫病及梅毒等研究。

（11）眼科疾病研究：如白内障、青光眼、眼前房移植、角膜瘢痕模型等。

（六）犬

犬是常用的实验动物之一，也是一种重要的大型实验动物。目前世界上的犬共有200多种，按照体型可分大、中、小三种类型。犬是肉食性动物，喜食肉类及脂肪，也可杂食或素食，营养上对动物性蛋白质饲料要求较高。犬具有发达的神经系统和循环系统，嗅觉和听觉都极其灵敏，但视觉较差，其对颜色信号的辨别能力较低。犬的大脑较发达，汗腺不发达，环境适应性能力强，嗅觉和听觉非常灵敏，健康犬鼻尖湿润，易接近人并与人为伴，可服从主人的命令并能理解人的简单意图。犬是群居动物，习惯不停地运动，成年雄犬爱打架，有合群欺弱的特点。犬的内脏与人相似，比例也近似（胰腺除外）；胃体积较小，肠管较短，肝脏呈多叶，胰腺位置固定。犬的解剖生理特征很近似于人类，是一种很好的实验动物。犬共有4种神经类型分类，不同神经类型的犬性格差异较为明显。犬的消化生理过程与人类相似，对药物毒性方面的反应和人也比较接近，它是生理学、病理学、药理学、毒理学、神经系统、消化系统、放射性疾病、心血管病、条件反射、外科学等方面研究的重要实验动物。

（1）病理生理学研究：如失血性休克、弥散性血管内凝血、心肌梗死、心律失常、肾性高血压、急性肺动脉高血压、大脑皮质定位实验、脊髓传导实验、条件反射实验、内分泌腺摘除实验等。

（2）消化系统疾病：如肝癌、肝硬化、试验性腹水、阻塞性黄疸和急性肝淤血等研究。

（3）外科学研究：如心血管外科、脑外科、断肢再植等。

（4）皮肤疾病研究：如放射病、烧伤及烫伤、复合伤。

（5）营养代谢疾病研究：如蛋白质营养不良、骨质疏松症、高胆固醇血症、胱氨酸尿、高脂血症、糖尿病及动脉粥样硬化模型等。

（6）新药安全性评价：如新药临床前的药物代谢、药理及毒性实验。

（7）眼科疾病研究：如青光眼、先天性白内障、视网膜发育不全模型等。

（8）遗传学疾病研究：如遗传性耳聋、血友病、先天性心脏病、先天性淋巴水肿等。

（9）高血压研究：如急性肺动脉高血压及一过性高血压模型等。

（10）器官移植研究：如器官移植手术操作等。

（11）其他疾病研究：如中性粒细胞减少症、淋巴肉瘤、红斑狼疮病、肠梗阻、肾盂肾炎等。

（七）小型猪

生物医学领域中作为实验动物应用的猪，多为已经过实验动物化培育成特定品系的小型猪。目前国外已培育的小型猪品系主要有美国小型猪品系（包括Minnesota Hormel小型猪、Pitman-Moor小型猪、Essex小型猪、Hanford小型猪、Yucatan小型猪、Nebraska小型猪）、日本小型猪品系（包括Oh mini Buda小型猪、Clawn mini小型猪、Huei-Jin小型猪）以及德国Gottingen小型猪等，已先后应用于生物医学研究。我国已培育的小型猪品系主要有版纳微型猪、五指山小型猪、贵州小型猪及广西巴马小型猪等。猪在心血管系统、消化系统、皮肤系统、骨骼发育、营养代谢等方面与人极其相似，如心脏冠状动脉分布及主动脉结构、皮肤组织形态结构、血液和血液化学等。目前已广泛应用于肿瘤学、心血管系统疾病、糖尿病、外科学、牙科学、皮肤病学、血液病、遗传性疾病、营养代谢疾病、免疫学及新药安全性评价等方面的研究。

（1）肿瘤学研究：如黑色素瘤（辛克莱小型猪）和血友病。

（2）心血管疾病：如心肌梗死、动脉粥样硬化及高血脂模型研究。

（3）皮肤疾病：如包括冻伤、烧伤与烫伤，以及放射病。

（4）营养代谢性疾病：如糖尿病（乌克坦小型猪）模型。

（5）围生医学研究：如营养不良，蛋白质、维生素及矿物质缺乏症模型等。

（6）牙科疾病研究：如龋齿模型。

（7）器官移植研究：以器官形态、功能匹配为原则，培育用于器官移植的小型猪；建立猪胚胎干细胞系用于基因改造，敲除与排异反应有关的基因；通过核移植技术或囊胚注射技术生产器官供体猪，为人类提供适当的供体器官，如猪心脏瓣膜及胰岛等组织可直接作为异种器官移植研究的材料。

（8）免疫学研究：人类免疫缺陷疾病的研究。

（9）外科学研究：如心胸外科手术，建立猪腹壁拉链模型等。

（10）微生物学研究：如应用悉生猪来开展各种细菌、病毒及寄生虫病学研究。

（11）生物制品生产：如猪源性人用凝血酶、纤维蛋白原、转移因子、抗人白细胞免疫球蛋白、凝血因子Ⅷ、卟啉铁及人造皮肤等。

（12）转基因猪研究：如提供携带有人类相关基因的组织器官材料；通过猪细胞人源化改造，如猪红细胞抗原的化学修饰、猪血红蛋白与血液代用品、猪胚细胞与脑血栓的治疗等，用于人类疑难疾病的治疗。

（13）其他研究：如胃肠道疾病、过敏性疾病、老年性疾病、肾功能等研究。

（八）猕　猴

猕猴作为与人类在分类学上地位最相近的非人灵长类动物，世界上猕猴有10科51属185种，主要分布于亚洲、非洲和中南美洲。猴作为重要的实验动物之一，其解剖生理学特点与人类相似，与人类遗传物质具有75%～95.5%的同源性。它能感染某些人类的疾病，如脊髓灰质炎、结核、菌痢、脑炎等。猕猴属于杂食性动物，群居性很强，神经系统发达，有较发达的智力和神经控制，能用手脚简单地操纵工具。猕猴具有发达的大脑，有大量的脑回和脑沟，聪明伶俐、动作敏捷，好奇心和模仿能力都很强。猕猴体内缺乏合成维生素C的酶，不能在体内合成维生素C。猕猴的牙齿在大体结构及显微解剖、发育次序和数目等方面都与人类牙齿较为相似。雌性猕猴有月经，其性周期为28 d左右，猕猴是常用实验动物中唯一为单子宫的动物。猕猴视觉比人类更为敏感，猕猴的视网膜具有黄斑并有中央凹，视网膜黄斑除具有与人类相似的锥体细胞外，尚有杆状细胞，有立体感和色觉，能辨别物体形状、空间位置及辨别各种颜色，并有双目视力。猕猴属动物有血型，具有同人的ABO和Rh同源的血型因子。猕猴的许多生物学特性，如形态学、生理学、行为学等方面与人类极为相似，它们是其他实验动物根本无法比拟的，因此，在生物医学领域的很多研究中使用猕猴开展动物实验是最为理想的选择，如神经生物学、行为学、眼科学、牙科学及妇产科学等方面。此外，猕猴在生命科学的其他研究领域，如遗传学、发育生物学、内分泌学、免疫学、环境卫生学、传染疾病学、病理学、肿瘤学、药理学及毒理学等方面都是重要的实验动物。由于动物福利和野生动物保护方面的原因，目前对待猕猴等非人灵长类动物的选择和使用原则，除非必需或不得不使用的动物实验，否则最好用其他实验动物或实验方法代替，尽量少用或者不用。

（1）肝脏疾病研究：如人类甲型肝炎、乙型肝炎及其他类型肝炎等动物模型；与代谢有关的肝硬化及肝损伤模型等。

（2）心血管系统疾病研究：如心血管代谢、心肌梗死、动脉粥样硬化、高血脂模型等。

（3）环境卫生方面研究：如粉尘、一氧化碳、二氧化碳、臭氧等大气污染引起的疾病，包括硅沉着病（硅肺）、肺石棉沉着症、慢性支气管炎、肺气肿等模型。

（4）生殖生理学研究：如筛选避孕药物；制备宫颈发育不良、胎儿发育迟滞、妊娠肾盂积水等疾病模型；开展淋病、妊娠毒血症、妇科肿瘤等研究。

（5）皮肤疾病研究：如放射病、耳冻伤、烧热病模型等。

（6）传染性疾病研究：如菌痢、脊髓灰质炎、结核、脑炎感染等。

（7）药物学的研究：如安全性评价中的药理及毒理实验，麻醉药品及毒品对人的依赖作用，药物生物效应测定等实验。

（8）营养代谢研究：如制备胆固醇代谢、脂肪沉积、维生素A和维生素B_{12}缺乏症、铁质沉着症、镁离子缺乏伴随低血钙、葡萄糖利用降低等模型。

（9）精神行为学研究：如精神抑郁症、神经官能症、精神分裂症等模型。

（10）生物制品及疫苗：制造和检定脊髓灰白质炎疫苗等。

（11）器官移植研究：如器官移植手术、器官移植的排异反应等。

（12）微生物学研究：如人类疟疾、麻疹、疱疹病毒及寄生虫病的实验观察。

（13）遗传学研究：如血型与免疫、垂体性侏儒症。

（14）其他研究：如牙科疾病（牙周炎、牙髓炎等）和眼科疾病（白内障、青光眼等）的动物模型。

第二节　动物实验基本操作技术

一、实验动物的抓取与固定

（一）小鼠的抓取与固定

用右手将鼠笼内小鼠尾中部或根部抓住（不可抓尾尖），并提起或放在左手上。也可用尖端带有橡皮的镊子夹住小鼠的尾巴。左手抓取小鼠尾，将小鼠放在笼盖（或表面粗糙的物体）上，轻轻向后拉鼠尾。然后在小鼠向前爬动时，用拇指和食指抓住两耳和颈部皮肤，无名指、小指和手掌心夹住背部皮肤和尾部。此抓取方法多用于灌胃以及肌内注射、腹腔注射和皮下注射等实验。

也可将小鼠麻醉后置于小鼠固定板上，取仰卧位，用白绑带捆住四肢，再将白布带系到固定板四周的固定柱上。此方法可用作心脏采血、解剖、外科手术等实验。

还可将小鼠放入小鼠固定器内关上封口挡板，露出尾巴。此方法适用于小鼠尾静脉注射或抽血等。

（二）大鼠的抓取和固定

尾部抓取方法基本同小鼠，或用身体抓取方法：张开左手虎口，迅速将拇指、食指插入大鼠的腋下，其余三指及掌心握住大鼠身体中段，左手拇指抵在下颌骨上。

徒手固定大鼠时，用拇指和食指捏住鼠耳及颈部皮肤，余下三指紧捏鼠背部皮肤，置于左掌心中，这样右手即可进行灌胃、腹腔注射等实验操作。

也可用固定器、固定板固定大鼠，使用固定器的操作同小鼠；使用固定板时，应用棉绳牵住大鼠两个门齿，系在固定柱上，固定头部，便于颈、胸部等实验操作。

还可用头部立体定向仪固定，首先对大鼠进行麻醉，剪去两侧眼眶下部的被毛，暴露颧骨突起，调节固定器两端钉形金属棒，使其正好嵌在突起下方的凹处，并在适当的高度固定金属棒。这种固定方式多用于颅脑部位的实验操作。

（三）豚鼠的抓取和固定

先用一只手掌迅速扣住鼠背，抓住其肩胛上方，以拇指和食指环握颈部，翻过身来，另一只手托住臀部，固定身体。豚鼠其他固定方法基本同大鼠。

（四）地鼠的抓取和固定

地鼠的皮肤很松弛，如仅抓住少量皮肤，地鼠会翻过身来咬人。抓地鼠时，应使地鼠处于清醒状态，尽量避免其受惊。温顺的地鼠可在笼底部抓住颈背部直接取出，具有攻击性的地鼠可用毛巾围住，从笼内取出，用一手抓住地鼠背部皮肤固定于手掌间。

（五）兔的抓取和固定

一只手抓住兔颈部的毛皮，提起兔子，另一只手托住其臀部或腹部，让体重大部分集中在另一只手上，这样就避免了抓取过程中动物损伤，不能采用单手抓双耳或抓腰背的方式。

也可用兔盒式固定法，打开固定盒上盖，将家兔放入盒内，用右手抓兔双耳，将兔颈部置于固定盒卡口处，左手按平家兔脊背部，并迅速盖上上盖。此法适用于兔耳采血、耳静脉注射等操作。

（六）犬的抓取和固定

犬的抓取方法很多，对于未经驯化性情凶暴的犬，可用长柄铁钳固定犬的颈部，由助手将其嘴缚住。对于驯服的犬，可从侧面靠近，轻轻抚摸其颈背部皮毛，然后迅速用布带缚住其嘴，兜住犬的下颌，绕到上颌打一个结，再绕回下颌下打第二结，然后将布带引至头后颈项部打第三个结，并多系一个活结。专用实验犬（Beagle），性情非常温顺，抓取时可伸双手入笼，从背后放到犬的前肢腋下，抱住犬并使犬的头部和四肢向外。

可用固定架固定法，把已驯服的犬抱上固定架上，将犬的四肢放入固定架的四个孔洞中。可进行灌胃、取血、注射等实验操作。

也可用固定台固定法，采用犬的专用固定台，固定方法基本同兔。

（七）小型猪的抓取和固定

抓取时可伸双手入笼，从背后放到猪的前肢腋下，抱住猪并使猪的头部和四肢向外。猪的固定方法很多。

（1）立式固定：一人坐在凳子上，从背后紧抓猪的两耳，使其臀部着地，两腿膝部合拢将其躯干夹住。另一人可进行实验操作。

（2）倒立固定：一人双手紧握猪的两后肢关节上端，用力上提，以两膝夹住猪脊背部。

（3）横卧固定：一人先用套杆固定猪的头部，另一人捉住猪的后肢使其失去平衡，将猪放倒，分别用绳捆住两前肢和两后肢。

（4）固定架、固定台固定方法同犬。

（八）猴的抓取与固定

从笼内抓取猴时，可利用猴笼的活动推板，将猴推压至一端，以右手持短柄网罩，将网罩塞入笼内，由上而下罩捕。在猴被罩到后，应立即将网罩翻转取出笼外，罩猴在地，由罩外抓住猴的颈部。轻掀网罩，再提取猴的手臂反背握住。

徒手固定时，将猴两前肢反背在其背后，用一只手握着，用另一只手将猴两后肢捉住，即可将猴固定。

也可用固定架固定，一般采用"猴限制椅"进行固定。

二、实验动物的标记

动物在实验前常需要作适当的分组，要编号标记以示区别。良好的标记方法应满足清晰、耐久、简便、适用的要求。现在常使用商业化的电子扫描号码牌标记实验动物，也常使用以下编号标记方法。

（一）染色法

是实验室较为常用的标记法。标记时用毛笔或棉签蘸取染色液，在动物体的不同部位涂上斑点，以示不同号码。常用的染色剂一般有3%～5%苦味酸溶液（黄色）、2%硝酸银（咖啡色）溶液、0.5%中性品红（红色）溶液、煤焦油酒精溶液（黑色）。

编号的原则是：先左后右，从上到下。一般涂在左前腿上的为1号，左侧腹部为2号，左后腿为3号，头顶部为4号，腰背部为5号，尾基部为6号，右前腿为7号，右侧腰部为8号，右后腿为9号。若动物编号超过10或更大数字时，可使用上述两种不同颜色的溶液，即把一种颜色作为个位数，另一种颜色作为十位数，这种交互使用可编到99号。例如把红色记为十位数，黄色记为个位数，那么右后腿黄斑头顶红斑，则表示是49号动物，其余类推。

（二）耳缘打孔法

在耳缘用动物耳孔机打孔或剪出不同缺口进行编号，在耳缘内侧打小孔，耳缘上、中、下分别表示为1、2、3号，在耳缘边上、中、下剪成缺口，则分别表示4、5、6号，剪打成双缺口状则表示7、8、9号。右耳表示个位数，左耳表示十位数。在右耳中部打一孔表示100，在左耳中部打一孔表示200，按此法可编至399号。此法适用于大鼠、小鼠、豚鼠等动物的编号。在打孔或剪耳缘后用消毒滑石粉抹于局部，以利愈合后辨认。

（三）针刺打号法

常用于家兔的标记，先用75%酒精消毒兔耳内侧，避开血管用家兔专用打耳号器（附带有不同的数字和符号）针刺，字号可根据需要选用，字号安装在打号器上打号后，用黑墨涂在打号部位，黑墨浸入皮下，伤口愈合后显示出蓝黑色字号。

（四）带号牌法

小动物用市售的耳标签（是由塑料、铝或钢片制成金属制的牌号）固定于实验动物的耳上，大动物可用项圈上系不锈钢号码牌系在动物颈上。

三、实验动物的给药

动物实验中，为了观察药物对机体功能、代谢及形态引起的变化，常需将药物给入动物体内。给药的途径、方法很多，实验操作中可根据实验目的、实验动物种类和药物剂型等情况选择适当的给药方法。

（一）注射给药法

注射给药剂量准确、作用快，是动物实验中常用的给药方法，给药时应注意针头的型号选择，鼠类常用4~5号针头，兔、猫、犬、猪、猴用6~8号针头。

1. 皮内注射

皮内注射时先将注射的局部脱毛，消毒后，用左手拇指和食指按住皮肤并使之绷紧，在两指之间，右手持1 mL注射器连4.5号细针头，紧贴皮肤表层刺入皮内，然后再向上挑起并再稍刺入，即可注射药液，此时可见皮肤表面鼓起白色小皮丘，若隆起可维持一定时间，则证明皮内注射成功。

2. 皮下注射

皮下注射多选用皮下组织疏松的部位，大鼠、小鼠、豚鼠可在颈后肩胛间、腹部两侧；家兔可选在颈部或背部；犬、猫、猴多选在大腿外侧；蛙可在脊背部淋巴腔注射。注射时以左手拇指和食指提起皮肤，将针头水平刺入皮下，推送药液使注射部位隆起。拔针时，以手指捏住针刺部位片刻，防止药液外漏。

3. 肌内注射

肌内注射应选肌肉发达、无大血管通过的部位。小鼠、大鼠、豚鼠等小动物可选择大腿外侧肌肉；家兔、犬、猴等大型动物选臀部注射。注射时先将注射部位剃毛并消毒，手持注射器中下部，针头垂直迅速刺入肌肉，回抽针栓如无回血，即可进行注射。

4. 腹腔注射

用大、小鼠做实验时，以左手固定动物，腹部向上，右手将注射针头于下腹部刺入皮下，使针头向前推0.5~1.0 cm，再以45°角穿过腹肌，此时有落空感，回抽无回血或尿液，即可固定针头，缓缓注入药液。为避免伤及内脏，可使动物处于头低位，使内脏移向上腹。家兔、猫腹腔注射可由助手固定动物，另一人进行注射。进针部位为左下腹部的腹白线两侧边1 cm处刺入皮下，然后针头向前推进0.5~1.0 cm，再以45°角穿过腹肌，固定针头，缓缓注入药液。犬则在下腹腹白线两侧边1~2 cm处进行腹腔注射。

5. 静脉注射

（1）耳缘静脉注射：兔耳部血管分布清晰，耳中央为动脉，耳缘为静脉，静脉表浅易固定，故常用。注射时先用固定盒固定兔，拔去耳缘注射部位的毛，用手指弹动再用75%酒精棉擦拭，使静脉充盈，然后以左手食指和中指夹住静脉的近端，拇指绷紧静脉的远端，无名指及小指垫在下面，右手持注射器连7号针头尽量从静脉的远端刺入，移动拇指于针头上以固定针头，放开食指和中指，将药液注入，然后拔出针头，用手指压迫针眼片刻。

豚鼠耳缘静脉注射时，先由助手固定豚鼠，给药者左手食指、拇指捏住豚鼠耳缘，右手用酒精棉轻轻擦拭，使静脉充盈，而后右手持注射器连4号针头进行注射，进针1～2 mm则移动拇指以指尖固定针头，进行注射，然后拔出针头，用干棉球压迫针眼止血。

（2）尾静脉注射：大鼠和小鼠尾静脉有三根，左右两侧及背侧各一根，左右两侧尾静脉比较浅表、容易固定，注射多采用。

操作时先将动物固定在鼠固定器内或扣在烧杯中，露出尾巴，大鼠尾部用45～50℃的温水浸润半分钟可使血管扩张、表皮角质软化；小鼠可直接用75%酒精棉擦拭使血管扩张，以左手拇指和食指捏住鼠尾两侧，使静脉充盈，用中指从下面托起尾巴，右手持注射器连4.5号细针头，针头与静脉以小于30°、距尾尖2～3 cm处进针（此处皮薄易于刺入），先缓注少量药液，如无阻力，表示针头已进入静脉，可继续注入。注射完毕后把尾部向注射侧弯曲以止血。如需反复注射，应尽可能从尾尖部开始，以后向尾根部方向移动注射。

（3）前肢内侧头静脉、后肢小隐静脉注射：犬、猫静脉注射多选前肢内侧头静脉或后肢小隐静脉注射。注射前由助手将动物放入固定架中，剪毛消毒后，用胶皮带扎紧静脉近心端，使血管充盈，从静脉的远端用注射器带7号针头平行刺入血管，回抽注射器有血后，松开胶皮带，缓缓注入药液。

（4）几种常用的动物不同给药途径的注射量可参考表5-1。

表5-1　几种动物不同给药途径的常用注射量　　　　　　　　　　单位：mL

注射途径	小　鼠	大　鼠	豚　鼠	兔	犬
腹　腔	0.2 ～ 1.0	1 ～ 3	2 ～ 5	5 ～ 10	5 ～ 15
肌　肉	0.1 ～ 0.2	0.2 ～ 0.5	0.2 ～ 0.5	0.5 ～ 1.0	2 ～ 5
静　脉	0.2 ～ 0.5	1 ～ 2	1 ～ 5	3 ～ 10	5 ～ 15
皮　下	0.1 ～ 0.5	0.5 ～ 1.0	0.5 ～ 2	1.0 ～ 3.0	3 ～ 10

（二）经口给药法

1. 灌胃法

经口给药多用灌胃法，此法剂量准确，适用于鼠类、犬、家兔等动物。

给鼠类灌胃时，将灌胃针接在注射器上，吸入药液。左手固定动物，右手持注射器，将灌胃针插入动物口中，沿咽后壁徐徐插入食道。动物应固定成垂直体位，针插入时应无阻力。若感到阻力或动物挣扎时，应立即停止进针或将针拔出，以免损伤或穿破食道以及误入气管。一般当灌胃针插入小鼠3～4 cm、大鼠或豚鼠4～6 cm后可将药物注入。常用的灌胃量小鼠为0.2～1.0 mL，大鼠1.0～4.0 mL，豚鼠为1.0～5.0 mL。

给犬、兔、猫、猴灌胃时，先将动物固定，再将特制的扩口器放入动物的口中，并用绳将它固定于嘴部，先将导尿管大口端插入盛满水的烧杯中，小口端经扩口器上的小圆孔插入，沿咽后壁进入食道，此时应注意检查插入烧杯中导管大口是否有气泡冒出，如有应立即拔出重插，如无气泡，即认为此导管是在食道中，未误入气管，即可将药液用注射器从导尿管灌入。

各种动物一次灌胃能耐受的最大容积，小鼠为0.5～1.0 mL，大鼠为4.0～7.0 mL，豚鼠为4.0～7.0 mL，家兔为80～150 mL，犬为200～500 mL。

2. 口服法

口服给药是把药物混入饲料或溶于饮水中让动物自由摄取。此法简单方便，但剂量不能保证准确，且动物个体间服药量差异较大。大动物在给予片剂、丸剂、胶囊剂时，可将药物用镊子或手指送到舌根部，迅速关闭口腔，将头部稍稍抬高，用手轻抚咽喉部，使其自然吞咽。

（三）其他途径给药

1. 呼吸道给药

以粉尘、气体、蒸汽、雾等状态存在的药物或毒气，均需通过动物呼吸道给药。如一般实验时给动物乙醚作吸入麻醉；给动物吸一定量的氨气、二氧化碳等观察呼吸、循环等变化；给动物定期吸入一定量的SO_2、锯末、烟雾等可造成慢性气管炎动物模型等。呼吸道给药在毒物学实验中应用很广泛。

2. 皮肤给药

为了鉴定药物或毒物经皮肤的吸收作用、局部作用、致敏作用和光感作用等，均需采用经皮肤给药方法。如家兔和豚鼠常采用背部一定面积的皮肤脱毛后，将一定药液涂在皮肤上，使药液经皮肤吸收。

3. 脊髓腔内给药

以家兔为例，将家兔作自然俯卧式，尽量使其尾向腹侧屈曲，用粗剪将第七腰椎周围背毛剪去，3%碘酊消毒，干后再用75%酒精将碘酊擦去。在兔背部骶骨椎连线的中点稍下方摸到第七腰椎间隙（第七腰椎与第一骶骨椎之间），插入腰椎穿刺针头。当针到达椎管内时（蛛网膜下腔），可见到兔的后肢跳动，即证明位置正确。这时不要再向下刺，以免损伤脊髓。固定好针头，将药物注入。此法主要用于椎管麻醉或抽取脑脊液。

4. 小脑延髓池给药

此种给药都是在动物麻醉情况下进行的，而且常采用大动物如犬等，小动物很少采用。将犬麻醉后，使犬头尽量向胸部屈曲，用左手摸到其第一颈椎上方的凹陷（枕骨大孔），固定位置，右手取7号钝针头（将针头尖端磨钝），自凹陷的正中线上，顺平行犬头水平，小心地刺入小脑延髓池。当针头正确刺入时，注射者会感到针头在向前穿时无阻力，同时可以听到很轻的"咔嚓"一声，即表示针头已穿过硬脑膜进入小脑延髓池，而且可抽出清亮的脑脊液。注射药物前，根据实验所需注入的药液量，先抽出等量脑脊液，以保持原来脑脊髓腔里的压力。

5. 脑内给药

常用于微生物学动物实验，将病原体等接种于被检动物脑内，然后观察接种后的各种变化。小鼠脑内给药时，选用套有塑料管、针尖露出2 mm深的5.5号针头，由鼠正中额部刺入脑内，注入接种物。豚鼠、兔、犬等进行脑内注射时，须先用穿颅钢针穿透颅骨，再用注射器针头刺入脑部，徐徐注入被检物。注射速度一定要慢，避免引起颅内压急骤升高。

6. 直肠内给药

家兔直肠内给药时，取灌肠用的胶皮管或用14号导尿管代替。在胶皮管或导尿管头上涂上凡士林，使兔蹲卧于桌上，以左臂及左腋轻轻按住兔头及前肢，以左手拉住兔尾，露出肛门，并用右手轻握后肢，将橡皮管插入家兔肛门内（肛门紧接尾根），深度约7～9 cm，如为雌性动物，注意勿误插入阴道。橡皮管插好后，将注射器与橡皮管套紧，即可灌注药液。

7. 关节腔内给药

常用于关节炎的动物模型复制。给兔用药时，将兔仰卧固定于台上，剪去关节部被毛，消毒，然后用手从下方和两旁将关节固定，把皮肤稍移向一侧，在髌韧带附着点处上方约0.5 cm处进针。针头从上前方向下后方倾斜刺进，直至感到阻力变小，然后针头稍后退，以垂直方向推到关节腔中。针头进入关节腔时，通常可有刺破薄膜的感觉，表示针头已进入膝关节腔内，即可注入药液。

（四）实验动物用药量的确定及计算方法

在观察药物的作用时，应该给动物多大剂量是实验开始时应确定的一个重要问题。剂量太小，作用不明显，剂量太大，又可能引起动物中毒致死，可按下述方法确定剂量：

（1）先用小鼠粗略地探索中毒剂量或致死剂量，然后用小于中毒量的剂量，或取致死量的若干分之一为应用剂量，一般可取1/10～1/5。

（2）植物药（中药）粗制剂的剂量多按生药折算。

（3）化学药品可参考化学结构相似的已知药物，特别是化学结构和作用都相似的药物的剂量。

（4）确定剂量后，如第一次实验的作用不明显，动物也没有中毒的表现（体重下降、精神不振、活动减少或其他症状），可以加大剂量再次实验。如出现中毒现象，作用也明显，则应降低剂量再次实验。在一般情况下，在适宜的剂量范围内，药物的作用常随剂量的加大而增强。所以有条件时，最好同时用几个剂量做实验，以便迅速获得关于药物作用的较完整的资料。如实验结果出现剂量与作用强度之间毫无规律时，则更应慎重分析。

（5）用大动物进行实验时，开始的剂量可采用给鼠类剂量的1/15~1/2，以后可根据动物的反应调整剂量。

（6）确定动物给药剂量时，要考虑给药动物的年龄大小和体质强弱。一般说确定的给药剂量是指成年动物的，如是幼小动物，剂量应减少。如以犬为例，6个月以上的犬给药量为1份时，3~6个月的给1/2份，45~89日龄的给1/4份，20~44日龄的给1/8份，10~19日龄的给1/16份。

（7）确定动物给药剂量时，要考虑因给药途径不同，所用剂量也不同，以口服量为100时，灌肠量应为100~200，皮下注射量为30~50，肌内注射量为25~30，静脉注射量为25。

动物实验所用的药物剂量，一般按毫克/千克体重或克/千克体重计算，应用时须从已知药液的浓度换算出相当于每千克体重应注射的药液量（mL数），以便给药。

（8）至于人与动物用药量换算，由于动物的耐受性要比人大，也就是单位体重的用药动物比人要大，一般可按下列比例换算：人用药量为1，小鼠、大鼠为25~50，兔、豚鼠为15~20，犬、猫为5~10。此外，可以采用人与动物的体表面积计算法来换算。

四、实验动物的麻醉

在动物实验中，特别是外科手术等实验，为减少动物的痛苦、挣扎，使动物保持安静便于操作，常对动物进行必要的麻醉。另一方面，许多实验动物性情凶暴，容易伤及操作者，也需要实施麻醉。由于动物种属间的差异，所采用的麻醉方法和选用麻醉剂亦有不同。实验动物的麻醉是指用药物或其他方法使动物整体或局部暂时失去感觉，以达到无痛的目的，为手术或其他实验操作提供条件。

（一）常用麻醉剂与麻醉剂用量

动物实验中常用的麻醉剂分为两类，即挥发性麻醉剂、非挥发性麻醉剂。

1. 挥发性麻醉剂

包括乙醚、氟烷或异氟烷、氯仿等。乙醚吸入麻醉较为常用，适用于各种动物的全身麻醉，其麻醉量和致死量差距大，故安全度较高，动物麻醉深度容易掌握，而且麻醉后苏醒较快。其缺点是对局部刺激作用大，可引起上呼吸道黏膜液体分泌增多，再通过神经反射可影响呼吸、血压和心跳活动，容易引起窒息，故在乙醚吸入麻醉时必须有人照看，以防麻醉过深而出现动物死亡。

2. 非挥发性麻醉剂

非挥发性麻醉剂根据其作用范围可分为全身麻醉剂及局部麻醉剂，全身麻醉剂有巴比妥衍生物类（苯巴比妥钠、戊巴比妥钠、硫喷妥钠等）、氨基甲酸乙酯（乌拉坦）、氯醛糖和水合氯醛。这些麻醉剂使用方便，一次给药可维持较长的麻醉时间，麻醉过程较平衡，动物无明显挣扎现象，但缺点是苏醒较慢。局部麻醉剂包括普鲁卡因、利多卡因、丁卡因等。

3. 常用麻醉剂的用量与用法

非挥发性麻醉剂可用作腹腔和静脉注射麻醉，操作简便，是实验室最常采用的方法之一。腹腔给药麻醉多用于大鼠、小鼠和豚鼠，较大的动物，如兔、犬、猴等则多用静脉给药进行麻醉。由于各麻醉剂的作用长短以及毒性的差别不同，所以在腹腔和静脉麻醉时，一定要控制药物的浓度和注射量（表5-2）。

表5-2 常用麻醉剂的用法及剂量

麻醉剂	动　物	给药方法	剂量 /(mg·kg^{-1})	常用浓度 /%	维持时间、作用特点
戊巴比妥钠	犬、猫、兔	静脉	30 ~ 50	1 ~ 2	一次给药有效麻醉时间 3 ~ 5 h，无不良反应，中途加上 1/5 量，可维持 1 h 以上，麻醉力强，易抑制呼吸
		腹腔	40 ~ 45		
		皮下	40 ~ 45		
	大鼠、小鼠、豚鼠	腹腔	35 ~ 50		
		静脉	30 ~ 50		
	鸟类	肌肉	50 ~ 100		
苯巴比妥钠	犬	腹腔、静脉	80 ~ 100	1 ~ 2	作用持久，使用方便，通常在实验前 0.5 ~ 1 h 时用药，有效时间可持续 3 ~ 5 h
	猫		70 ~ 100		
	兔	腹腔	150 ~ 200		
	鸽	肌肉	300		
硫喷妥钠	犬、兔、猫	静脉	20 ~ 25	2	麻醉快，苏醒快，麻醉时间 0.5 ~ 1 h，麻醉力强，宜缓慢注射
	大鼠	腹腔	40	1	
	小鼠	腹腔	50	1	
氯醛糖	犬、兔、猫	静脉、腹腔	60 ~ 100	2	3 ~ 4 h，诱导期不明显，安全度高，对自主神经中枢无明显抑制
	大鼠	腹腔	50	2	
氨基甲酸乙酯	兔	静脉	750 ~ 1 000	20	2 ~ 4 h，应用广泛，大多数实验动物都可使用，毒性小且安全
	大鼠、小鼠	皮下、肌肉	800 ~ 1 000	20	
	蛙	淋巴囊注射	0.1 mL/100 g	20 ~ 25	
	蟾蜍	淋巴囊注射	1 mL/100 g	10	
水合氯醛	小鼠	腹腔	400	10	维持时间 1 ~ 2 h，安全范围小
	大鼠		300		
	豚鼠、地鼠		200 ~ 300		
	猫	静脉	300		
	犬		125		

（二）动物的麻醉方法

1. 挥发性麻醉剂麻醉方法

常用乙醚麻醉，对于大鼠、小鼠、豚鼠的乙醚麻醉，可把动物放入玻璃钟罩中，放入沾有乙醚的棉球或纱布，使动物吸入乙醚气体，并注意观察动物状态，麻醉后，即可进行实验，注意防止动物麻醉过深死亡。

对于兔的乙醚麻醉，把动物放入麻醉箱，用盛醚瓶不断向麻醉箱打入乙醚气体，待动物麻倒后，取出盛醚瓶，如发现动物四肢瘫软，角膜反射迟钝，皮肤感觉消失，说明动物进入麻醉状态，可进行手术。

对于犬的乙醚麻醉，先将犬固定，口部用布带绑好，在麻醉口罩内的纱布上加上乙醚，将口罩戴在犬的嘴上，犬吸入乙醚后会出现兴奋、挣扎、呼吸不规则，甚至窒息等情况。如犬发生窒息，应立即停止吸入乙醚，待恢复正常后再吸，随着麻醉程度加深，犬呼吸加深，紧张度增加，应该防止由于深呼吸引起的乙醚吸入过量，当犬吸入几次后，应摘去口罩，使犬呼吸新鲜空气，反复几次如发现犬呼吸逐渐稳定，肌肉紧张性逐渐消失，角膜反应迟钝，皮肤刺激无反应，说明犬已进入麻醉状态，此时应解去犬嘴的绑绳，开始手术。为使动物或实验过程中始终处于麻醉状态，可根据情况用麻醉口罩间断麻醉，如在持续麻醉时动物出现垂死现象，如角膜反射消失、瞳孔突然放大，立即停止麻醉，如呼吸停止则应做急救处理。

2. 非挥发性麻醉剂麻醉方法

（1）巴比妥类麻醉剂：巴比妥类麻醉剂有苯巴比妥钠、戊巴比妥钠、硫喷妥钠、巴比妥钠等。可配成水溶液，用于实验动物麻醉，给药方式为静脉、腹腔、肌内注射。

（2）氨基甲酸乙酯（乌拉坦）：氨基甲酸乙酯为无色、无臭的晶体状粉末。易溶于水，常配成20%~25%的溶液使用，遇热易分解。乌拉坦对家兔的麻醉作用较强，是家兔急性实验最常采用的麻醉药。一般采用静脉或腹腔给药。

（3）氯醛糖：氯醛糖为带苦味的白色结晶状粉末。药物安全度高，犬在静脉注射剂量增加5倍时，仍不能引起死亡。它能导致持久的浅麻醉，对自主神经中枢的机能无明显抑制作用，可增强脊髓反射活动。一般选择静脉或腹腔给药。

（4）水合氯醛：水合氯醛的作用特点与巴比妥类药物相似，能起到全身麻醉作用，是一种安全有效的镇静催眠药。其麻醉量与中毒量很接近。所以安全范围小，使用时要注意。其不良反应是对皮肤和黏膜有较强的刺激作用。

3. 局部麻醉剂麻醉方法

（1）普鲁卡因：是无刺激性的局部麻醉剂，因对皮肤和黏膜的穿透力较弱，需要注射给药才能产生局麻作用，麻醉速度快，注射后1~3 min内就可产生麻醉，可以维持30~45 min。猫、犬的局部麻醉一般应用0.5%~1.0%盐酸普鲁卡因局部注射。传导麻醉（如椎旁麻醉、四肢传导麻醉和眼底封闭）用3%~5%盐酸普鲁卡因溶液（表5-3）。

（2）利多卡因：常用于表面、浸润、传导麻醉和硬脊膜外腔麻醉，利多卡因的化学结构与普鲁卡因不同，它的效力和穿透力比普鲁卡因强2倍，作用时间也较长。麻醉结膜和角膜时用2%利多卡因溶液；麻醉口、鼻、直肠、阴道黏膜时用2%～4%利多卡因溶液。硬膜外麻醉用1%～2%的盐酸利多卡因。

（3）丁卡因：丁卡因化学结构与普鲁卡因相似，麻醉效力比普鲁卡因强10～15倍，毒性亦强10～20倍。用于黏膜表面麻醉、传导阻滞麻醉、硬膜外麻醉和蛛网膜下腔麻醉；也用于眼科表面麻醉。局部注射组织麻醉用0.2%～0.3%溶液；硬膜外麻醉用0.3%溶液；表面麻醉用0.5%～2.0%溶液；滴眼1～2 h 1次。注意事项：毒性大，不宜注入体内，大剂量时可抑制心脏传导系统及中枢神经系统。

表5-3 常用局部麻醉药的使用方法

药名	麻醉强度（普鲁卡因=1）	组织通透性	开始作用	毒性（普鲁卡因=1）	主要用途	表面麻醉/%	浸润麻醉/%	传导麻醉/%	脊髓麻醉/%	维持时间/min
普鲁卡因	1	差	慢	1	浸润传导脊髓	—	0.5	2	2～5	30～90
利多卡因	1.5～2	好	快	1.0～1.4	浸润传导脊髓	2～4	0.5～1	1～2	1～2	75～180
丁卡因	10～20	强	慢	8	表面	0.5～2	0.1	0.2～0.5	0.2～0.5	—

（三）麻醉的注意事项

（1）不同种类动物及同种动物不同个体，对药物的耐受性不同，麻醉给药除了按照常规给药量还应考虑到动物的具体情况，一般来说，衰弱和过胖的动物，其单位体重所需麻醉剂剂量应适当减少。

（2）静脉注射必须缓慢，同时观察肌肉紧张性、角膜反射和对皮肤夹捏的反应，当这些活动明显减弱或消失时，立即停止注射；配制的药液浓度要适中，不可过高，以免麻醉过急，但也不能过低，增加注入溶液的体积。

（3）麻醉时需注意保温。麻醉期间，动物的体温调节机能往往受到抑制，出现体温下降，可能影响实验的准确性。此时常需采取保温措施。保温的方法有，实验桌内装灯、电褥、台灯照射等。无论用哪种方法加温都应根据动物的肛门体温而定。做慢性实验时，在寒冷冬季，麻醉剂在注射前应加热至动物体温水平。

（4）大动物（犬、猫等）在麻醉前应禁食12 h以上，以减少麻醉过程中可能发生的呕吐反应。

（四）麻醉的复苏与抢救

在实验或手术过程中，由于过量麻醉，可导致一些可见的临床表现，应及时采取复苏和抢救措施。

1. 呼吸停止

可出现在麻醉的任何一期。如兴奋期，呼吸停止具有反射性质。在深度麻醉期，呼吸停止是延髓麻醉的结果，或由于麻醉剂中毒时组织中血氧过少所致。

（1）临床症状：呼吸停止的临床主要表现是胸廓呼吸运动停止，黏膜发绀，角膜反射消失或极低，瞳孔散大等。呼吸停止的初期，可见呼吸浅表、频数不等而且间歇。

（2）治疗方法：必须立即停止供给麻醉药，先打开动物口腔，拉出舌头到口角外，应用5%CO_2和60%O_2的混合气体间歇性人工呼吸，同时注射温热葡萄糖溶液、呼吸兴奋药、心脏急救药。常用的呼吸兴奋药有尼可刹米、戊四氮、贝美格等。

2. 心跳停止

在吸入麻醉时，麻醉初期出现的反射性心跳停止，通常是剂量过大的原因。还有一种情况，就是手术后麻醉剂所致的心脏急性变性，是心功能急剧衰竭所致。

（1）临床症状：呼吸和脉搏突然消失，黏膜发绀。心跳停止的到来可能无预兆。

（2）治疗方法：心跳停止应迅速采取心脏按压，即用掌心（小动物用指心）在心脏区有节奏地敲击胸壁，其频率相当于该动物正常心脏收缩次数。同时，注射心脏抢救药。常用心脏抢救药有肾上腺素、碳酸氢钠等。

五、实验动物的急救和安乐死技术

（一）实验动物的急救措施

动物实验进行中，因麻醉过量、大失血、过强的创伤、窒息等各种原因，致使动物出现血压急剧下降甚至测不到、呼吸极慢或无规则甚至呼吸停止、角膜反射消失等临床濒死症状时，应立即进行急救。急救的方法可根据实验要求及动物情况而定。对犬、兔、猫常用的急救措施有下面几种。

1. 针　刺

针刺人中穴对挽救家兔效果较好；对犬用每分钟几百次频率的脉冲电刺激膈神经效果较好。

2. 注射强心剂

可以静脉注射0.1%肾上腺素 1 mL，必要时直接行心脏内注射。肾上腺素具有增强心肌收缩力，使心肌收缩幅度增大和加快房室传导速度、扩张冠状动脉、增强心肌供血、供氧及改善心肌代谢、刺激高位及低位心脏起搏点等作用。当给动物注射肾上腺素后，如心脏已搏动但极为无力时，可从静脉或心腔内注射1%氯化钙5 mL。钙离子可兴奋心肌紧张力，而使心肌收缩加强，血压上升。

3. 注射呼吸中枢兴奋药

可静脉注射山梗菜碱或尼可刹米，给药剂量和药理作用如下。

尼可刹米：每只动物一次注入25%的尼可刹米1 mL。此药可直接兴奋延髓呼吸中枢，使呼吸加速加深，对血管运动中枢的兴奋作用较弱。在动物抑制情况下作用更明显。

山梗菜碱：每只动物一次可注入1%山梗菜碱0.5 mL。此药可刺激颈动脉体的化学感受器，反射性地兴奋呼吸中枢；同时对呼吸中枢还有轻微的直接兴奋作用。作为呼吸兴奋药，比其他药作用迅速而显著。呼吸可迅速加深加快，血压也同时升高。

4. 动脉快速注射高渗葡萄糖液

一般常采用经动物股动脉逆血流加压、快速、冲击式地注入40%葡萄糖溶液。注射量根据动物而定，如犬可按2~3 mL/kg体重计算。这样可刺激动物血管内感受器，反射性地引起血压呼吸的改善。

5. 动脉快速输血、输液

做失血性休克或死亡复活等实验时采用。可在动物股动脉插一软塑料套管，连接加压输液装置。当动物发生临床死亡时，即可加压（180~200 mmHg），快速从股动脉输血和低分子右旋糖酐。如实验前动物曾用肝素抗凝，由于微循环血管中始终保持通畅，不出现血管中血液凝固现象，因此，在动物出现临床死亡后数分钟，采用此种急救措施仍易救活。

6. 人工呼吸

可采用双手压迫动物胸廓进行人工呼吸。如有电动人工呼吸器，可行气管分离插管后，再连接人工呼吸器进行人工呼吸。一旦见到动物自动呼吸恢复，即可停止人工呼吸。

采用人工呼吸器时，应调整其容量：大鼠为50次/min，每次8 mL/kg（即400 mL/（kg·min））；兔和猫为30次/min，每次10 mL/kg［即300 mL/（kg·min）］；犬为20次/min，每次100 mL/kg［即2 000 mL/（kg·min）］。

（二）实验动物的安乐死技术

在动物实验过程中或结束后，通常会为免除或减轻动物痛苦、节约动物饲养成本、获取精确的实验数据等原因，对实验动物施行安乐死。安乐死由英文euthanasia翻译而来，euthanasia一词来源于古希腊语，意思是美好的死亡、快乐的死亡、无痛苦的死亡。有学者将euthanasia翻译为"安乐死"。实施实验动物安乐死，应当由经过伦理道德、技术和心理培训的人员选择适当的仁慈终点，根据动物的品种、年龄、数量、身体状况及实验目的选择最合适的安乐死方法，使动物在无痛苦的状态下迅速失去意识，直至死亡。

1. 实施安乐死应遵循的原则

（1）尽量减少动物的痛苦，尽量避免动物产生惊恐、挣扎、喊叫。注意实验人员安全，特别是在使用挥发性麻醉剂（乙醚、安氟醚、氟烷）时，一定要远离火源。

（2）方法容易操作。

（3）不能影响动物的实验结果。

（4）尽可能缩短致死时间，即安乐死从开始到动物意识消失的时间。

（5）判定动物是否被安乐死，不仅要看动物呼吸是否停止，而且要看神经反射、肌肉松弛等状况。

2. 实验动物的处死方法

处死实验动物应遵循动物安乐死的基本原则，即尽可能缩短动物致死时间，尽量减少其疼痛、痛苦。实验动物的处死方法有以下几种。

（1）急性失血法：此法应用于大鼠和小鼠等小动物时，常是剪断动物的股动脉，放血致死。可以采用摘眼球法，在鼠右侧或左侧眼球根部将眼球摘去，使其大量失血致死。如果是犬、猫或兔等稍大型动物应先使动物麻醉、暴露股三角区或腹腔，再切断股动脉或腹主动脉，迅速放血。动物在3～5 min内即可死亡。采用急性失血法动物十分安静，对动物的脏器无损害，但器官贫血比较明显，若采集组织标本制作病理切片时可用此法。

（2）断头法：此法适用于鼠类等小动物，可用直剪刀，也可用断头器。断头法处死动物时间短，并且脏器含血量少，若需采集新鲜脏器标本可采用此法。断头法会引起血液循环的突然中断和血压的迅速下降并伴随意识的消失，只能用于恒温动物。对于变温脊椎动物不推荐用断头法，因为它们抵制缺氧的能力相对更强。

（3）空气栓塞法：当空气注入静脉后，可阻塞其分支，进入心脏冠状动脉可造成冠状动脉阻塞，发生严重的血液循环障碍，动物很快死亡。此法适用于较大动物的处死，家兔、猫用此法需注入20～40 mL空气，犬致死的空气剂量为80～150 mL。由于应用此法后，动物死于急性循环衰竭，所以各脏器淤血十分明显。

（4）断髓法：此法适用于小鼠、大鼠等小动物。用于家兔时可敲击延髓致死，用木槌用力锤打动物的后脑部，破坏延脑，动物痉挛后死亡，简单迅速。

（5）药物吸入：药物吸入致动物死亡适用于啮齿类，如小鼠、大鼠、豚鼠等小动物，操作简单，是实验中安乐死的常用方法。药物的选择原则在于动物开始吸入药物到死亡之间这段时间是否感受到疼痛和痛苦。CO_2无毒，制备方便，效果确切，是最常用的致死药物。CO_2浓度越高，动物失去意识的时间就越短。当CO_2浓度增长缓慢时，也会延长动物失去意识的时间。可以采用特制的安乐死箱，能使CO_2气体充满整个箱室，确保麻醉致死效果和人员安全。

（6）药物注射：药物注射是通过将药物注射到动物体内，使动物致死，是实施安乐死较为快速和可靠的方法。这种方法适用于较大的动物，如兔、猫、犬等。家兔和犬，可采用静脉注射氯化钾的方式。高浓度的钾可使心肌失去收缩能力，心脏急性扩张，致心脏迟缓性停跳而死亡。家兔和犬的致死量分别为10%氯化钾5～10 mL、20～30 mL。巴比妥类麻醉剂适用于兔、豚鼠，用药量为深麻醉剂量的25倍左右。DDT适用于豚鼠、兔、犬。豚鼠致死量为3.0～4.4 mg/kg，家兔为0.5～1.0 mg/kg，犬为0.3～0.42 mg/kg。豚鼠采用皮下注射，家兔和犬则采用静脉注射。静脉内注入一定量的福尔马林溶液，使血液内蛋白凝固，动物由于全身血液循环严重障碍和缺氧而死。每条成年犬静脉注入10%甲醛（福尔马林）溶液20 mL即可致死。也可将福尔马林与酒精按一定比例配成动物致死液应用（表5-4）。

随着时代的进步与发展，动物福利成为社会进步和经济发展到一定阶段的必然产物，体现了人与动物协调发展的趋势。应爱护和善待实验动物，树立人性化的实验精神。这样不仅能保证实验动物的质量，确保实验结果的可靠性和准确性，还能培养良好的临床心理，实现人性化的实验与教学。

表5-4　实验动物安乐死方法比较

安乐死方法	< 125 g 啮齿动物	125 g 至 1 kg 啮齿动物/兔	1 ~ 5 kg 兔	鹌鹑、鸽、鸡	鸭鹅	犬、狐、貉	猫、貂	非人灵长类	猪、马、牛、羊	两栖类、鱼类
二氧化碳	○	○	○	○	×	×	×	×	×	○
巴比妥盐类注射液，静脉注射（100 mg/kg）	○	○	○	○	○	○	○	○	○	○
巴比妥盐类注射液，腹腔注射（100 mg/kg）	○	○	○	○	○	×	○	×	○	○
麻醉后放血致死	○	○	○	○	○	○	○	○	○	○
麻醉后静脉注射 KCl（1 ~ 2 mg/kg）	○	○	○	○	○	○	○	○	○	○
麻醉后断头	○	○	◎	○	◎	×	×	×	×	○
麻醉后颈椎脱臼	○	○	×	×	◎	×	×	×	×	×
动物清醒中断头	◎	◎	◎	◎	◎	×	×	×	×	×
动物清醒中颈椎脱臼	◎	×	×	◎	×	×	×	×	×	×
乙醚	◎	×	×	×	×	×	×	×	×	×

注：○为建议使用的方法；×为不得使用的方法；◎为一般不建议使用方法，除非使用需要（需说明于动物实验申请表，由伦理委员会审核通过后使用）。巴比妥盐类不得作为巴比妥盐类的替代品注射于动物安乐死。氯胺酮类注射剂属管制药品，需事先申请。

3. 二氧化碳动物安乐死法（推荐方法之一）

（1）打开传递窗门，放入动物，关闭窗门，确保仓体密封。

（2）检查CO_2钢瓶连接部位是否漏气。

（3）逆时针打开钢瓶总开关，观察高压表读数，记录高压瓶内总的二氧化碳压力，然后顺时针转动低压表压力调节螺杆，使其压缩主弹簧将活门打开，使进口的高压气体由高压室经节流减压后进入低压室，并经出口通往工作系统。

（4）打开动物仓下部进气开关，向动物仓内灌注CO_2，约2~3 min。

（5）打开动物仓上部逸气口，排出仓内空气，继续向动物仓内灌注CO_2约3~5 min（家兔等中型动物需较久时间），观察动物行为表现，确定动物不动、不呼吸、瞳孔放大。

（6）顺时针关闭钢瓶总开关，再逆时针旋松减压阀，关闭CO_2。关闭动物仓进气开关、逸气口，再观察2 min，确定死亡。

（7）打开动物仓下部排气口、上部逸气口，开启排气泵，将动物仓内CO_2排至碱水池。CO_2遇NaOH生成Na_2CO_3与H_2O。

（8）关闭排气口、逸气口，取出动物尸体，以不透明感染性物质专用塑料袋包装、储藏至冷冻柜，依法焚烧处理（图5-1）。

（9）CO_2钢瓶应保留0.5 kg（50 kPa）左右的CO_2。

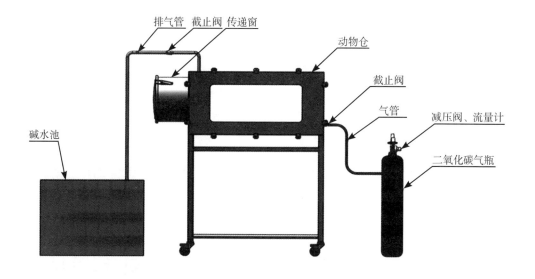

图5-1　二氧化碳动物安乐死器

第三节 实验动物的采血和采液方法

一、采血部位的选择

一般根据动物种类和采血量来选择采血部位。采血量少时，大鼠、小鼠可由尾静脉或眶静脉丛采血；家兔可由耳缘静脉或眶静脉丛采血；犬可由耳缘静脉或舌下静脉采血；猫、猪、羊可由耳缘静脉采血；青蛙、蟾蜍可由腹壁静脉采血；鸡、鸭、鹅可由冠、脚蹼皮下静脉采血。采中量血时，犬可由后肢外侧皮下静脉、前肢内侧皮下头静脉或颈静脉采血；兔可由耳中央动脉、颈静脉采血；大鼠和小鼠可由心脏或断颈采血；鸡、鸭、鹅、鸽可由翼下静脉、颈动脉采血。大量采血时，犬、猴、猫、兔可由股动脉、颈动脉或心脏采血；马、牛、羊可由颈静脉采血；大鼠、小鼠可摘眼球取血。

二、动物血液的采集方法

常见实验动物采血部位、采血量、最大安全采血量、最小致死采血量见表5-5、表5-6。

表5-5 不同动物采血部位和采血量

采血量	采血部位	动物种类
少量	尾静脉	大鼠、小鼠
	耳缘静脉	兔、犬、猫、猪、羊
	眼底静脉丛	兔、大鼠、小鼠
	舌下静脉	犬
	冠、脚蹼皮下静脉	鸡、鸭
中量	后肢外侧皮下小隐静脉	犬、猫、猴
	前肢内侧皮下头静脉	犬、猫、猴
	耳中央动脉	兔
	颈静脉	犬、猫、兔
	心脏	豚鼠、大鼠、小鼠
大量	断头	大鼠、小鼠
	翼下静脉	鸡、鸭、鸽
	颈动脉	鸡、鸭、鸽
	股动脉、颈动脉	犬、猫、猴、兔
	心脏	犬、猫、猴、兔
	颈动脉、颈静脉	羊、马、牛
	摘眼球眶动脉和静脉	大鼠、小鼠

表5-6 常用实验动物最大安全采血量和最小致死采血量

动物种类	最大安全采血量 /mL	最小致死采血量 /mL
小鼠	0.1	0.3
大鼠	1	2
豚鼠	5	10
兔	10	40
犬	50	300
猴	15	60

（一）大鼠、小鼠、地鼠、沙鼠采血法

1. 眶静脉丛（窦）采血

当需要多次重复采血时，常使用本法。小鼠为眶静脉窦，大鼠、地鼠、沙鼠等为眶静脉丛。首先用乙醚将动物麻醉，采用侧眼向上固定体位。然后，左手拇指和食指两指从背部较紧地握住大鼠和小鼠的颈部，防止动物窒息，拇指和食指的力度应控制适中。取血时，左手拇指及食指轻压动物颈部两侧，使头部静脉血回流受阻，眼球突出，眶静脉丛（窦）充血。右手持毛细玻璃管，将采血管与鼠成45°角，在泪腺区域内，用采血管由眼内角在眼睑和眼球之间向喉咙方向刺入。刺入深度：小鼠约2～3 mm，大鼠约4～5 mm。当达到蝶骨有阻力时，后退0.1～0.5 mm，转动毛细管，血液自动流入毛细管中，滴入采血管中。待采够所需血量时，拔出毛细管。防止术后穿刺孔出血，用消毒的纱布压迫眼球30 s。体重20～30 g的小鼠每次可采血0.2～0.3 mL，体重200～300 g的大鼠每次可采血0.4～0.6 mL，左右眼可交替反复采血，间隔3～5 d采血部位可修复。

2. 眶动脉和眶静脉采血

常用摘眼球法从眶动脉和眶静脉采血，本法多用于小鼠，常用于血量需求较大时。该法可避免断颈取血时因组织液或杂质混入而导致的溶血现象。具体方法如下：左手抓住动物颈部皮肤，并将动物侧卧于实验台上，左手拇指后退将眼周皮肤后拉，突出眼球，用弯头镊子迅速将眼球摘除，立即将鼠倒置，收集血液，直至流完。此法由于取血时动物心脏还在跳动故取血量多于断颈取血法，该方法采血后动物死亡，只能采血一次。考虑到动物福利因素，本采血法应尽量避免使用。

3. 尾静脉采血

需少量血时，常采用尾静脉采血，该方法主要用于大鼠、小鼠。剪尾或切开尾静脉：剪尾时首先把动物固定或麻醉，露出尾巴，将尾巴置于45～50℃热水中浸泡，也可用酒精反复擦拭，使尾部血管扩张，剪去尾尖（小鼠约1～2 mm，大鼠约5～10 mm）。血自尾尖流出后滴入容器内。自尾根部向尾尖按摩，血液会自动流出，切开尾静脉法可用刀片自尾尖向尾根方向切开尾静脉，用试管接住血液，此方法可将两根尾静脉交替切

割采血，每次可取血0.2～0.3 mL。尾静脉采血可反复多次采血。如需多次采尾静脉血时，每次采血后先用棉球压迫止血并立即用6%液体火棉胶涂鼠尾保护伤口。针刺尾静脉：固定动物，消毒，擦干。操作时，在尾尖部向上数厘米处用拇指和食指抓住，对准尾静脉用注射器针刺后立即拔出。采血后用局部压迫、烧烙等方法进行止血。

4. 阴茎静脉采血

阴茎静脉采血在大鼠等动物中常用。具体方法可参考阴茎静脉注射。将雄性大鼠麻醉后仰卧或侧卧，翻开包皮，拉出阴茎，背侧阴茎静脉非常粗大、明显，沿皮下直接刺入采集血液。

5. 心脏采血

小动物因心脏搏动快，心腔小，位置较难确定，故较少采用心脏采血。操作时，将动物仰卧固定在鼠板上，剪去胸前区局部的被毛，用碘酒酒精消毒皮肤。在左侧第3～4肋间，用左手食指摸到心搏处，右手持带有4～5号针头的注射器，选择心搏最强处穿刺。当针穿刺入心脏时，血液由于心脏搏动的力量自动注入注射器。心脏采血注意要点：迅速而直接插入心脏，否则，心脏将从针尖移开；如第一次没刺准，将针头抽出重刺，不要在心脏周围乱探，以免损伤心、肺；缓慢而稳定地抽吸，否则过大的真空会使心脏塌陷。

若不需保留动物存活时，也可麻醉后切开动物胸部，将注射器直接刺入心脏抽吸血液。操作时，先用乙醚等麻醉剂深度麻醉动物后将其固定在鼠板上，剖开胸腔，然后将注射器针头刺入右心室后立即抽血。开胸时，要尽可能减少出血。

6. 大血管采血

大、小鼠可从颈部动（静）脉、股动（静）脉或腋下动（静）脉等大血管采血。在这些部位采血需先麻醉、固定动物，然后进行动（静）脉分离手术，使其暴露清楚后，用注射器沿大血管平行方向刺入，抽取所需血量。或直接用剪刀剪断大血管吸取，但切断动脉时，要防止血液喷溅。

小鼠、大鼠、沙鼠还可以从腹主动脉采血。操作时，先用乙醚等麻醉剂对动物进行深麻醉，然后将动物仰卧在橡胶板上，打开腹腔。开腹时，要尽可能减少出血。打开腹腔后，将肠管向左或向右推向一侧，然后用手指轻轻分开脊柱前的脂肪，暴露腹主动脉。在腹主动脉远心端打一结，再用阻断器（或拉线）阻断股动脉近心端，然后在其间平行刺入，并松开近心端的阻断，立即采血。也可在远心端不打结，只在近心端阻断，然后在髂总动脉分叉处向血管平行刺入，刺入后松开近心端阻断，立即抽血。抽血时，要注意保持动物安静。若动物躁动，要停止抽血，追加麻醉。

（二）兔和豚鼠取血法

兔耳中央有一条较粗、颜色较鲜红的中央动脉。采血时，用左手固定兔耳，右手持注射器，在中央动脉末端，沿着动脉平行的方向刺入动脉，刺入方向应朝近心端。不要在近耳根部进针，因其耳根组织较厚，血管游离，位置较深，不清晰，易刺透血管造成皮下出血。一般用6号针头采血。取血完毕后注意止血。此法一次可抽取10～15 mL血。

由于兔在其进化过程中，形成胆小易惊的习性，其外周血液循环对外界环境刺激极为敏感，耳中央动脉易发生痉挛性收缩。因此，抽血前必须让兔耳充血，并赶在动脉扩张，而未发生痉挛性收缩前立即抽血。若注射针刺入后尚未抽血，血管已发生痉挛性收缩，应将针头放在血管内不动，待痉挛消失、血管舒张后再抽。若在血管痉挛时强行抽吸，会导致管壁变形，针头易刺破管壁，形成血肿。

1. 耳缘静脉采血

耳缘静脉采血多用于家兔等动物的中量采血，可反复采。采血姿势与耳缘静脉注射给药相同。操作时，将兔固定于兔盒内或由助手固定，选静脉较粗、清晰的耳朵，拔去采血部位的被毛，消毒。为使血管扩张，可用手指轻弹或用二甲苯涂擦血管局部。用6号针头沿耳缘静脉远心端刺入血管。也可以用刀片在血管上切一小口，让血液自然流出即可。取血后，用棉球压迫止血。此法一次可采血5～10 mL。

2. 心脏采血

家兔、豚鼠的心脏采血比较常用，一般不需开胸，基本方法同小动物的心脏采血，且更易掌握。将兔或豚鼠仰卧固定，在左侧胸部心脏部位去毛，消毒。用左手触摸第3～4肋间，选择心跳明显处穿刺。一般由胸骨左缘外3 mm处将注射针头插入第3～4肋间隙。当针头正确刺入心脏时，由于心搏的力量，血自然进入注射器。采血中回血不好或动物躁动时应拔出注射器，重新确认后再次穿刺采血。经6～7 d后，可以重复进行心脏采血。

3. 颈动（静）脉采血

当需要大量采血时可使用颈动脉采血。操作时，用戊巴比妥钠将兔麻醉，仰卧位固定，以颈正中线为中心广泛剃毛，消毒。从距头颈交界处5～6 cm的部位用直剪剪开皮肤，将颈部肌肉用无钩镊子推向两侧，暴露气管，即可看到平行于气管的白色的迷走神经的桃色的颈动脉，颈静脉位于外侧，呈深褐色。分离一段颈动脉和颈静脉，结扎远心端，并在近心端放一缝线，在缝线处用动脉阻断钳夹紧动脉，在结扎线和近心端缝线之间用眼科剪刀作"I"或"V"形剪口，并将血管与塑料管固定好，将塑料管的另一端放入采血的容器中。缓慢松开动脉夹，血液便会流出。

4. 背跖静脉采血

背跖静脉采血主要用于豚鼠。背跖静脉有两根：外侧跖静脉和内侧跖静脉，均可用于采血。操作时，由助手固定动物，并将其后肢膝关节伸直到操作者面前，操作者将动物脚面用酒精消毒，并找出外侧跖静脉和内侧跖静脉后，以左手的拇指和食指拉住豚鼠的跖端，右手拿注射器刺入静脉采血。拔出后立即止血，若刺入部位呈半球隆起，应用纱布或脱脂棉压迫止血。反复取血时，两后肢交替使用。

（三）犬取血法

1. 前、后肢皮下浅层静脉采血

前后肢皮下浅层静脉采血在犬、猫使用最为广泛。这些静脉主要包括：前肢内侧皮下静脉、后肢外侧小隐静脉。操作方法基本与注射方法相同。当针头插入血管后，应解除静脉上端加压的手或胶皮管。取血完毕后，应注意止血。

如只需几滴血，可采用针尖刺血的方法，再用玻片接住或用滴管吸取。

2. 颈静脉采血

犬颈静脉采血时，不需麻醉。将犬固定，取侧卧位，剪去颈部被毛约10 cm×3 cm范围，消毒。然后将犬颈部位拉直，头尽量后仰。用左手拇指压住颈静脉入胸部位的皮肤，使颈静脉充盈，右手取连有7号针头的注射器，针头平行血管刺入血管。由于此静脉在皮下易于滑动，针刺时除用左手固定好血管外，刺入要准确。取血后注意压迫止血。本法一次可采较多血。

3. 隐动（静）脉采血

采血方法基本同注射方法。

4. 股动脉采血

犬股动脉采血时可不麻醉，仰卧位固定，伸展后肢外拉直，暴露腹股沟，在腹股沟三角区动脉搏处的部位剪去被毛，消毒。左手中指、食指探摸股动脉，在跳动部位固定好血管，右手取连有6号针头的注射器，针头由动脉跳动处直接刺入血管。当血液进入注射器时，即可根据需要量抽取血液。取血完毕后用纱布压迫止血3 min。本法可采大量血液。

5. 心脏采血

此法亦较多用于犬、猫采血，方法与大鼠、小鼠心脏采血基本类似。操作时，动物可不麻醉。仰卧固定，前肢向背侧方向固定，暴露胸部，剪去左侧3~5肋间的被毛，消毒。用左手探摸，确定搏动最强处。右手持连7号针头的注射器，一般选择胸骨左外缘1cm处，于第3~4肋间穿刺。穿刺时，可随针头接触到心脏跳动的感觉，调整刺入方向和深度，但不能让针头在胸腔内乱晃。当穿刺正确时，血液自动流入注射器。本法可抽取大量血液。

（四）猴取血法

1. 前肢头静脉

为猴前肢浅层的主要静脉。头静脉循肱二头肌与肱桡肌之间向上至上臂，汇入腋静脉。

2. 后肢皮下静脉

先将猴两前臂向背部方向拉，并用绷带将其两腕部绷紧。由一人用左手抓住动物头和后颈部，另一人左手抓住一侧后肢距关节部位，右手抓住取血侧后肢的股部，使后肢皮下静脉怒张。取血者用左手抓住后肢跗关节处将后肢固定好，剪去取血部位被毛，消毒。右手取连有7号针头的注射器，针头沿静脉平行方向向心刺入血管，即可进行采血。采血方法与注射方法相同。完毕后压迫止血。

此外，还可以从猕猴的手指、耳缘静脉、颈动脉、股动脉、心脏采血。

（五）猪取血法

1. 耳大静脉

当需要中量或少量猪血时采用。一般固定后，用酒精、碘酒消毒。用力擦拭猪耳，可清晰见到耳缘静脉，用连有6号针头的注射器直接抽取。注意抽吸速度不要太快，因猪耳皮肤较厚，应选择锐利的针头。另外，可用刀片切开静脉，用滴管等物吸取。完毕后，注意压迫止血。

2. 心脏采血

基本方法同啮齿类动物的心脏采血。因猪的胸部肌肉较厚，应使用心脏穿刺针。仰卧固定，剃毛，消毒，左手探摸，在左3～4肋之间处，右手持连有心脏穿刺针的注射器。如第一次没有成功，则拔出后重新穿刺。完毕后压迫止血。此办法可采大量血液。

三、血清、血浆制备及血标本保存

血清制备：动物静脉抽血后，待血液稍凝固后，3 000 r/min、离心10 min后，取血清。血清可保存在-20℃或-80℃电冰箱内。

血浆制备：肝素抗凝，用已加有1 mg/mL肝素抗凝的试管1个，加动物全血5 mL，轻轻摇匀，3 000 r/min、离心5 min后，取血浆；3.8%枸橼酸钠抗凝，取试管一根，加入已配好的3.8%枸橼酸钠试剂0.2 mL，加入动物全血1.8 mL，轻轻摇匀，3 000 r/min、离心5 min后，取血浆。

四、尿液收集法

（一）代谢笼采集尿液

将动物放在特制的笼内饲养，动物排便时，可通过笼子底部的大小便分离漏斗，将尿液与粪便分开，达到采集尿液的目的。本法同时也可收集动物粪便。

（二）输尿管插管采集尿液

在动物输尿管内插一根塑料套管收集尿液。适用于兔、猫、犬等。

1. 兔输尿管插管采集尿液

输尿管插管常用于一侧肾脏功能研究时分侧收集尿液。操作方法如下：麻醉家兔，仰卧固定在实验台上。于趾骨联合上缘向下沿正中线作4 cm长皮肤切口，再沿腹白线剪开腹壁寻找膀胱，将其翻出腹外，在膀胱底两侧找到输尿管。在输尿管靠近膀胱处，用细线扣一松结，以玻璃分针或有钩小镊提起输尿管管壁，于输尿管上剪一小口。从小口向肾脏方向插入一根适当大小的细塑料导管，并将松结打紧以固定插管，这时可见尿液慢慢由导管流出。将导管开口固定于记滴器上，记录单位时间内的尿液滴数。将滴下的尿液用量器收集，测量其尿液量。实验过程中，应用温生理盐水纱布将手术部位覆盖，以保持动物腹腔温度和润湿肠管。

2. 犬输尿管插管采集尿液

将犬麻醉后，手术方法暴露两侧输尿管，在固定扎点约2 cm处的输尿管近肾段下方分别穿一根丝线，用眼科剪在壁管上剪一斜向肾侧的小口，分别插入充满生理盐水的细塑料管（插入端剪成斜面）用留置的线结扎固定，可见尿液从插管中流出（头几滴是生理盐水），塑料管的另一端与带刻度的容器相连或接在记滴器上，以便记录尿量。在实验过程中应经常活动一下输尿管插管，以防阻塞。在动物切口和膀胱处应以温湿的生理盐水纱布覆盖。

3. 尿道插管采集尿液

雄犬尿液的收集：取一根内径约为0.1~0.2 cm，外径约0.15~0.20 cm、长约30 cm较硬的塑料管，头端圆滑，尾端插一个粗注射针头作接尿用。先以液体石蜡润滑导管滑头端，然后由尿道口徐徐插入，一般均无阻力。插入深度约为22~26 cm，可根据动物大小而定，一般中等犬插入24 cm为适度。当导尿管插入膀胱时，尿液立即从管流出，证明插入正确。然后再少许进入即可用胶布固定导尿管，或在尿道开口处缝一针，结扎固定导尿管，不致滑脱。将导尿管固定好，并把导尿管尾端放入刻度细口瓶内，收集尿液。若长时间反复取样的实验，为避免尿液标本污染和实验犬尿道逆行感染，导尿管末端应按无菌技术要求保护，不开放时应用无菌敷料包扎夹闭。

雌犬尿液的收集：取一根小号金属导尿管，内径为0.25~0.30 cm、长约27 cm，插时头端先用液体石蜡润滑，用组织钳将犬外阴部皮肤提起，再用一把小号自动牵开器将阴道扩开，即可看见尿道口，然后将尿道管由尿道口轻轻插入。至深度约为10~12 cm，即插入膀胱，并可见尿液从导管流出。在外阴部皮肤缝一针，将导尿管固定好。在固定导尿管时，可先用血管钳将导尿管夹闭，不使尿液外流，待缝扎固定好后再放开导尿管收集尿液或排空尿液。由导尿管尾端接一根细胶皮管通入玻璃量器内，收集、记录尿量。

雄性家兔尿液的收集：按30~60 mL/kg给兔灌水，1 h后麻醉，将兔固定于兔台上，由耳静脉以输液泵（2 mL/min）注入5%葡萄糖盐水，由尿道插入导尿管顶端（应先用液体石蜡擦抹），并压迫下腹排空膀胱，然后收集正常尿液，给药后再收集尿液。在收集尿液期间应经常转动导尿管。

4. 膀胱手术插管采集尿液

一般用于犬等较大动物，麻醉后固定于手术台上，在下腹部做手术切口，长约6~8

cm，从切口处取出膀胱，将金属套管插入膀胱，应当用小型套管而且其底部的边缘应向下翻成杯状，以免膀胱缩小时损坏膀胱壁。用粗线在膀胱体部的前壁穿过肌肉层作一椭圆形荷包口缝线。在荷包缝线下面用手夹住膀胱体部，然后顺着荷包口缝线的长轴切开膀胱，两端保留长约3~4 mm的边缘。用小钩钩住切口的两端，将套管底盘插入膀胱腔内，随后把荷包口缝线扎紧。然后将套管固定在腹壁切口上，同时缝合腹壁切口。平时用套管塞塞住瘘管口，实验时将其打开，用橡皮带将一漏斗绑在膀胱套管上，漏斗下面放小瓶收集尿液。

5. 膀胱穿刺采集尿液

此法具有快速、方便和对尿道损伤小的优点，在犬、猪、兔的实验中也可采用此法。以犬为例，操作方法如下：将犬麻醉后仰卧并固定在手术台上，剃去腹部正中线区域被毛，在准备穿刺点耻骨联合上方消毒后，用左手触摸并固定膀胱，右手持事先准备好的连有5 mL注射器的10 cm长的粗针头经皮刺入膀胱，入皮后针头应稍微改变一下角度，以免刺穿后漏尿。刺入时慢慢深入，边进边吸取，以抽出尿液为度。穿刺位置为耻骨联合上10 cm和接近包皮3 cm处沿腹中线斜刺，如一次抽不准尿液，需拔出针头重新刺入。抽到尿液后用左手固定针头，取下针筒，再选用5号儿童导尿管经针头管道插入膀胱内，直到尿液从导管流出。然后轻轻拔出针头，留置导管，用缝针法固定导管比较牢固，以免滑落。将导尿管尾端加一静脉滴注夹，可以定时控制尿液的收集和排放。

6. 压迫膀胱采集尿液

在有些动物实验中，常为了某种实验目的，要求间隔一定的时间采集一次尿液，以观察药物的排泄情况。动物轻度麻醉后，实验人员用手在动物的后腹部加压，手要轻柔有力。当加的压力足以使动物的膀胱括约肌松弛时，尿液就会自动由尿道排出。此法适用于家兔、猫、犬等较大动物。

7. 剖腹采集尿液

术前准备同穿刺法。皮肤准备范围应大一点，剖腹暴露膀胱，用无齿镊夹住一小部分膀胱壁，然后将针头在小镊夹住的膀胱部位直视穿刺抽取尿液。抽尿时，应避免针头贴在膀胱壁上而抽不出尿液。

8. 反射排尿采集尿液

这种采集尿液的方法适用于小鼠，因为小鼠被人抓住尾巴提起时排便反射比较明显。当实验需要采集少量尿液时，可提起小鼠，将小鼠排出的尿液吸取，供试验用。也可抓取小鼠引起小鼠反射排尿。

五、胆汁和胰液收集法

（一）胆汁收集

一般采取手术收集，以大鼠为例。手术前禁食16~18 h，饮2.5%葡萄糖盐水。将动物腹腔麻痹后，仰卧于实验台上，从背至腹中线去毛、消毒。自剑突下及腹中线做3～5 cm的切口，或自背沿末肋切4～6 cm长切口。钝性分离肌肉，注意勿伤及皮下组织。切开腹膜，暴露腹腔，将肝脏向上翻起。在门静脉一侧，找出肝总管和胆总管。大鼠没有胆囊，几只肝管汇集成肝总管，肝总管和胰管一起汇成胆总管，开口于十二指肠。分离出胆总管，在胆总管靠近十二指肠的膨大部位后端剪开切口，用剪成斜口的聚乙烯管尖端由此插入，一直向上插入至肝总管后，结扎固定，可收取胆汁。注意：若插管前端在胆总管处，收集到的将是胆汁和胰液混合液。为准确起见，可在肝总管处剪切口插入。若需引流，可在打开腹腔后，从背部皮肤和肌肉层插入一根长125 mm，直径7 mm的不锈钢管，在接近肝脏处穿过脊背。当分离出胆总管后，在相距约10 mm处各用丝线结扎两处。在相距结扎处3 mm位置作第一切口，将使胆汁回流到肠道的聚乙烯管插入胆管，结扎。第二切口在胆总管近端线下3 mm处作小切口将采集胆汁导管固定在背侧开口，随后将采集胆汁导管的聚乙烯管放进胆汁容器内。肝肠复位，腹腔注入温盐水1 mL，用3号线连续缝合覆膜和肌层，皮肤用4号丝线缝合。引流入胆汁容器的胆汁，通过回流导管再回流到肠道。动物放进保温箱内，保持体温，待动物清醒后放回笼内，供给葡萄糖盐水。

（二）胰液的采集

因胰液的基础分泌量少或无，故一般采取手术插管后，注入0.5%盐酸溶液或粗制促胰液素促进胰液的分泌。促胰液素的粗制方法：在刚死亡的动物身上，冲十二指肠首端开始向下取约70 cm小肠，将小肠冲洗干净，纵向剪开，用刀柄刮取全部黏膜放入研钵，加入0.5%盐酸10～15 mL研磨后，将得到的稀浆倒入烧杯中，再加入0.5%盐酸100～150 mL，煮沸10～15 min，然后用10%～20%NaOH趁热中和（用石蕊试纸检查），待至中性，用滤纸趁热过滤。即可得到粗制促胰液素，将其放在低温下保存。

1. 犬的胰液采集

按30 mg/kg体重静脉注射3%戊巴比妥钠麻醉动物，并将其仰卧固定于犬手术台上。颈部作切口并进行气管插管。于剑突下沿正中线在腹壁作10 cm切口。暴露腹腔，从十二指肠末端找出胰尾，沿胰尾向上将附着于十二指肠的胰液组织用盐水纱布轻轻剥离，约在尾部向上2～3 cm处可找到一白色小管从胰腺穿入十二指肠，此为胰主导管。待认定胰主导管后，分离胰主导管并在下方穿线，在尽量靠近十二指肠处切口，插入胰管插管，并结扎固定。最后作股静脉插管，以便输液与静脉给药用，同时分别在十二指肠上端与空肠上端各穿一条粗棉线，并扎紧。而后向十二指肠腔内注入30℃的0.5%盐酸25～40 mL，或股静脉注射粗制促胰液素5～10 mL，然后收集胰液。

2. 大鼠的胰液采集

麻醉大鼠，在固定板上仰卧固定。自上腹部剑突部位向下作3 cm左右腹正中切口，用眼镊柄将肝脏向上翻起，找出十二指肠和胃的交界处，用1/10号线在交界处穿线备用。然后在十二指肠上离幽门2 cm左右处，可找到一根和十二指肠垂直、稍带黄色透明的细管，即胆总管。大鼠胰管很多，包括前大胰腺管、后大胰腺管以及许多小胰腺管。大鼠的所有胰腺管均不直接开口于十二指肠而都开口于胆总管。因而胆总管是由肝总管和许多胰管一起汇合而成，并开口于十二指肠。肝总管由各肝管汇集而成。在胆总管和十二指肠交界处，用眼科弯镊分离出胆总管，注意不要弄破周围的小血管，并避免用手刺激胰腺组织，以免影响胰液的分泌。分离完毕，从胆总管下穿两根1/10号线，靠肠管的一根结扎，作为牵引线。用眼科剪在胆总管壁前剪一小斜口，将制作好的胰液收集管插入小口内。插进后，可见黄色胆汁和胰液混合流出。结扎并固定，此管供收集胰液用。然后顺着胆总管向上可找到肝总管，结扎。此时，在胰液收集管内可见有白色胰液流出，胰液收集管后端可再接内径 2 mm的硅胶管，引出。胰液收集管可选用聚乙烯塑料软管，内径2 mm，外径3 mm，长3 cm左右。用时用力将一段拉细呈外径0.05 mm，剪成斜口，在粗细交界处绕3～4圈0/0号缝合线。

六、胃液、肠液、脑脊液、脊液、骨髓采集

（一）胃液的采集

取少量的胃液，可用灌胃针插入胃内抽取，操作方法同灌胃方法。慢性试验中，需大量、连续采集胃液时，可先手术放置瘘管，然后通过刺激方法采集。胃瘘有全胃瘘、巴氏小胃瘘、海氏小胃瘘等几种。

犬全胃瘘收集胃液法。犬禁食12 h后，用3%戊巴比妥钠（30 mg/kg）静脉注射麻醉后，背位固定于保温的固定台。在腹部、髋关节等处剪毛。先做血管插管，切开髋关节内侧皮肤，露出股静脉，结扎其外周端以后，将静脉插管插入近心端并固定。插管的另一端与装有戊巴比妥钠的注射器相连接，当麻醉变浅时，可随时追补注射少量的麻醉药，以维持适当的麻醉深度。然后开腹，由剑突下沿腹白线向下做正中切开。分离行走于胃贲门部外表面的迷走神经，使其与贲门部分开。在食道下端的无血管及神经区，用两把肠钳并排钳夹，相距1 cm，沿此用刀将胃与食道切开。幽门部同样操作，将胃与十二指肠切断分开。然后将十二指肠断端与食道下端做断端吻合。如果十二指肠口比食道小，则做端侧吻合，而后将胃的贲门与幽门断端分别做双层缝合。在胃前壁近大弯作切口，埋入胃瘘管，缝合，局部用大网膜覆盖以防渗漏。在原腹部切口的左侧作一小口，将瘘管经此引出，缝合于皮肤表面。经静脉插管将乙酰胆碱溶液（0.05 mg/mL）或四肽胃泌素溶液（0.01 mg/mL）1 mL注入静脉。注完后需再补加注射生理盐水，以使静脉插管内的药液能全部进入血液内。

（二）肠液的采集

一般采用肠造瘘术收集肠液。齐利·魏拉氏法游离肠袢时，可取任何一段小肠的肠袢。但最好取用空肠的上部，因为该部小肠的消化液含有多种酶。以Beagle犬为例，手

术时，先剃毛、消毒，后沿腹白线作6~8 cm长的皮肤切口。切口的下端应在脐水平上或稍低。然后把腹壁内脂肪组织推向一旁，用手伸入右侧肋下，触到肝缘附件的十二指肠，并把它拉出到外面，如果可以看到胰腺头，说明所取的一段肠袢确实是十二指肠。为了游离一段肠袢，选取接近十二指肠的一段空肠，其长为2.0~3.0 cm。由于小肠这部分肠系膜非常短，不可能把整个肠袢拉到腹壁表面，故必须用来作游离肠袢。结扎邻近的血管，将肠系膜及肠管切开、分离，余肠之切口做内翻缝合，并做侧侧或端端吻合。游离的肠袢的两端自右侧腹腔壁两个小切口引出。用特制的肠瘘管缝合于肠袢断端，并与肌层和皮肤缝合固定。也可直接将肠管断端缝合于皮肤接口，但缝合时务必使肠管稍高出皮肤切口，使肠黏膜稍呈外翻，以防日久瘘管闭合。为了便于区别，肠袢的近端缝合于腹壁上部的切口，远端缝合于下部切口。若在非实验期间，可将瘘管盖紧，实验时将盖旋下，由此插管收集肠液。

（三）脑脊液的采集

1. 兔脑脊液的采集

将家兔麻醉后，去其颈背侧区及颅的枕区皮肤上的被毛，消毒。使其呈侧卧位，将家兔的耳朵固定紧，并弯曲其颈部以便暴露其颅底。用22号针头刺入外隆凸尾端大约2 mm处。

2. Beagle犬脑脊液的采集

按小脑延髓池给药方法采集Beagle犬脑脊液。用注射器抽出清亮的脑脊液，通常可抽出2~3 mL，但注意抽取后，一定要向小脑延髓池注入相等量的生理盐水，以确保Beagle犬脑脊液腔里的压力。

3. 小鼠脑脊液的采集

先将小鼠用乙醚麻醉，附于三角形棒上，用胶带固定其头部，使其头下垂与体位形成45°角，以充分暴露枕颈部。从头至枕骨粗隆作中线切口4 mm，再至背部1 mm，钝性分离。用虹膜剪剪去枕骨至寰椎肌肉，如果出血可用烧灼器灼烧，可见白色硬脑膜。用针头在其椎骨和寰椎间2 mm处刺破，用微量吸管吸取2.5 μL脑脊液。

4. 脊髓液的采集

将动物呈自然俯卧式，尽量使其尾部向腹侧屈曲，剪去第七腰椎周围的被毛，用3%碘酊消毒，待稍干后再用75%乙醇脱碘。在动物背部髋骨脊连线之中点稍下方找到第七腰椎间隙，插入腰椎穿刺针头。当针头达到椎管内时，可见到动物的后肢抽动，即证明穿刺针头已进入椎管，用注射器抽取脊髓液。

（四）骨髓的采集

大动物骨髓的采集一般采用活体穿刺法，多为胸骨、肋骨、股骨的骨髓。不同骨骼的骨髓其穿刺点不同，小动物因其骨髓少，不宜做穿刺法来采集骨髓，通常先将动物处死后在胸骨和股骨部采集骨髓。通常采用16号穿刺针。

第四节 动物实验外科操作技术

一、术前准备

（一）动物以及手术用品的准备

（1）禁食：手术前应该对动物进行禁食处理，首先可以避免由于动物麻醉，胃内容物反流被吸入气管导致的窒息，此外，一些手术术前要求排空胃肠道内容物，如肠道吻合技术。禁食的长短应根据手术性质而定，从24 h到72 h不等，但禁水不应超过6 h，禁食时应该注意彻底掏空动物料盒中的饲料，以做到彻底禁食。

（2）术前补液：为了提高实验动物对手术的耐受力，防止动物在手术操作中体液流失过度，应该对动物进行输液纠正。

（3）直肠、阴门及会阴部手术：为防止术中的粪便污染，在术前应当用温水灌肠使手术环境保持清洁。

（4）术前抗生素的应用：如进行胃肠道切开术时，为防止手术中污染而引起的术部或腹腔的感染，应在补液时加入抗生素。

（5）器械、敷料的准备：根据手术的性质，准备好器械、敷料和缝合材料，对于手术中可能出现的意外情况，抢救用药也应做到有备无患。

（二）手术人员手、臂的准备与消毒

术者的手、臂应用肥皂反复擦刷并用流水充分冲洗以对手、臂进行初步的机械性清洁处理。洗刷完毕后应对擦刷过的手、臂进行浸泡消毒，消毒药品可选择70%酒精、氯己定或杜米芬溶液，消毒前应将手、臂上的水分拭干，以免冲淡药品浓度。消毒完毕后，用无菌巾拭干后穿手术衣，穿手术衣时用两手拎起衣领部，放于胸前将衣服向上抖动，双手趁机伸入上衣的两衣袖内，助手协助手术人员在背后系上衣带，然后再戴灭菌手套，双手放在胸前轻轻举起妥善保护手臂，准备进行手术。

（三）动物术部的准备与消毒

（1）术部除毛：实验动物尤其是犬类和灵长类动物，被毛比人类粗硬、浓密，在术部除毛前应对动物进行全身洗浴，并吹干。术部除毛可先用推子初步清理术部，再涂抹皂液后用剃刀彻底刮净术部，大、小鼠则可使用脱毛膏进行脱毛，可起到良好的效果，除毛范围应在充分暴露术部的基础上，对外进行适当的延伸。以避免毛发对手术操作的影响。

（2）术部消毒：术部的皮肤消毒，最常用的药物是5%碘酊，在消毒时要注意，应由手术区中心部向四周涂擦，消毒的范围相当于剃毛区，碘酊消毒后必须待碘酊完全干后，再用70%酒精将碘酊脱碘。对口腔、肛门等处黏膜的消毒不可使用碘酊，可用0.1%

新洁尔灭、高锰酸钾、依沙吖啶溶液；眼结膜多用2%～4%硼酸溶液消毒；四肢末端的手术则可选用2%煤酚皂溶液浸泡。

（3）术部隔离：采用大块有孔手术巾覆盖于手术区，仅在中间露出切口部位，使术部与周围完全隔离。在全身麻醉侧卧保定下进行手术时，可用四块创单隔离术部。

（4）麻醉：目前兽医外科临床上较常应用的麻醉方法有两大类型，即局部麻醉与全身麻醉，按照手术计划选取。

二、组织切开

根据实验目的要求确定手术切口的部位和大小。如肾切除取左背部斜切口，肠切除取腹正中切口。根据不同部位的切口采用不同的执刀方法。组织切开应注意：切开前，先将切口部位的皮肤（或其他组织）拉紧，使其平坦紧张而固定；刀刃与切开的组织垂直，以一次切开为佳；组织要逐层切开，并以按皮肤纹理或各组织的纤维方向切开为佳；组织的切开处应选择无重要血管及神经横贯的地方，以免将其损伤；选择切口时，应注意选择易于敷料或导管包扎和固定的部位，避免术后动物活动时被碰撞、摩擦而脱落。

三、组织分离

分离目的在于充分显露深层的组织或血管，便于手术操作。根据不同部位手术的需要采用不同的分离方法。用刀或剪作锐性分离，用剪割的方式将组织分离，该方法常用于致密组织，如皮肤、韧带、筋膜等的分离。用止血钳、手指或刀柄等将组织推开或牵拉开的钝性分离，该方法多用于皮下组织、肌肉筋膜间隙等疏松组织的分离。沿正常组织间隙分离，这样易于分离，且出血少，视野干净、清楚。

组织分离应注意，肌肉的分离应顺肌纤维方向作钝性分离。若需要横行切断分离，应在切断处上下端先夹两把血管钳，切断后结扎两断端以防止肌肉中血管出血。神经、血管的分离应顺其平行方向分离。要求动作轻柔，细心操作，不可粗暴，切忌横向过分拉扯，以防断裂。

四、止　血

对组织切开、分离过程中所造成的出血必须及时止血。完善的止血不仅可以防止继续失血，还可以使术野清楚地显露，有利于手术的顺利进行，一般常用的止血方法有压迫止血法、钳夹止血法、结扎止血法、药物止血法、烧烙止血法等。

（一）压迫止血法

用灭菌纱布或棉球压迫出血部位，多适用于毛细血管渗血。止血时，将纱布或棉球用温热生理盐水打湿拧干后，按压在出血部位片刻即可，对于较大血管出血时可先用压迫止血法后再以其他方法止血。

（二）钳夹止血法

用血管钳的尖端垂直夹住出血血管端。小的血管出血经钳夹，放松止血钳可不再出血。大的血管出血，应钳夹后再用结扎法止血。

（三）结扎止血法

1. 单纯结扎止血法

用丝线绕过止血钳所夹住的血管及组织而结扎，适用于一般部位经压迫止血无效或较大血管出血的止血。出血点用纱布压迫蘸吸后，迅速用止血钳尖端逐个夹住血管断端，要夹准、夹牢。结扎时，先将血管钳尾竖起，将结扎线绕过钳夹点之下，再将钳放平后钳尖端稍翘起，打第一个结时，边扎紧边轻轻松开止血钳，完全扎紧后，再打第二个结。

2. 贯穿结扎止血法

将结扎线用缝针穿过所钳夹组织（勿穿透血管）后结扎。常用于大血管出血防止结扎线滑脱。

（四）其他止血方法

1. 药物止血法

用1%～2%麻黄素或0.005%～0.01%肾上腺素液浸湿纱布或棉片，敷压出血处，使血管收缩而止血。

2. 烧烙止血法

常用电凝器或电刀直接烧灼血管断裂处，使血液凝固而达到止血，常用于渗血和小血管出血。止血快，切口内不留结扎线，有利于术后刀口恢复。

五、缝　合

目前实验动物常用的缝合方法包括针线缝合以及组织吻合器缝合两种，缝合材料分为可吸收和不可吸收两种。针线缝合可用于各种类型的伤口、组织、器官的缝合，缝合以及打结方法多样，缝合前应做到彻底止血，清除凝血块、异物以及组织碎块；缝合针刺入与穿出应彼此相对，针距相等；打结时要适当收紧，创缘、创壁应互相对合，皮肤创缘不得内翻。吻合器缝合使用方便快速，简单易操作，但目前只能用于皮肤、筋膜以及薄层肌肉的缝合，吻合器缝合强度较差，易拆除，采用吻合器缝合后应对创面进行紧密包裹，以防动物撕拽导致缝合部位开裂，当进行灵长类动物手术时则更应注意此类问题的发生。表层缝合最好选用针线缝合并打三叠结。缝合后可在患部涂抹局部镇痛药物，以减少动物抓挠伤口。

六、拆　线

是指拆除皮肤缝线，内层组织以及可吸收缝线则不需拆线。缝线拆除时间是在术后10~12 d，过长时间不拆线，缝线处可引起化脓感染。拆线方法是：用碘酊消毒创口、缝线及创口周围皮肤，将线结用镊子轻轻提起，并向线结一侧牵引，剪刀插入线结下，紧贴针眼将线剪断，随即拉出整线，再次用碘酊消毒。

七、术后护理

（一）动物苏醒

全身麻醉的动物，手术后宜尽快苏醒。在全身麻醉未苏醒之前，设专人看管，在吞咽功能未完全恢复之前，绝对禁止饮水、喂食，苏醒过程中应该注意保暖，术后24 h内严密观察动物的体温、呼吸和心脏的变化。如有异常，要尽快找出原因，并进行处理。术后动物由于术部伤口疼痛往往会出现焦躁不安，有时会剧烈运动或者撕咬抓挠伤口，这样会对伤口恢复造成不良影响，此时应对动物进行密切观察，如发现伤口撕咬，或内部组织脱出时应及时对伤口进行处理。必要时注射或外用止痛药，减少动物疼痛，以缓解动物不安。为防止动物撕咬伤口，可以给犬科动物夜间戴保护性的脖套，灵长类动物可在伤口敷料外以大量纱布紧密裹覆，以防止动物抓挠撕裂伤口。

（二）预防和控制感染

手术创感染的预防与手术中无菌技术的执行好坏有密切关系。而术后的护理不当也是继发感染的重要原因，为此要保持房舍干燥，防止污染术部，防止动物自伤，咬啃、舔、摩擦术部。抗生素类药物对预防和控制术后感染、提高手术成功率有良好效果，大多数手术病例在手术期间，或在手术结束后，应全身应用抗生素或持续用到术后4~5 d。抗生素治疗应选用广谱抗生素。

（三）术后动物的饲养

灵长类动物和犬等体型较小动物的消化道手术，一般术后24~48 h禁食，给半流质食物，再逐步转变为日常饲喂。对非消化道手术，术后食欲良好者，一般不限制饲喂、饮水。

第五节　实验动物影像学技术

一、活体动物体内光学成像

荧光和生物发光影像作为近年来新兴的活体动物体内光学成像技术，以其高敏感成像效果，操作简便及直观性成为研究小动物模型最重要的工具之一，在肿瘤的生长及转移、疾病发病机制、新药研究和疗效评估等方面的应用中显示了优势。与传统的体外成像或细胞培养相比，活体动物体内光学成像能够反映细胞或基因表达的空间和时间分布，为解决临床药物的安全问题提供了广阔的空间，使药物在临床前研究中通过利用分子成像的方法，获得更详细的分子或基因水平的数据，为新药研究的模式带来了革命性的变革。活体成像对肿瘤微小转移灶的检测具有极高的灵敏度，却不涉及放射性物质和方法，非常安全。其具有操作极其简单、所得结果直观和灵敏度高等特点，使得它在短短几年中就被广泛应用于生命科学、医学研究及药物开发等方面。

活体动物体内光学成像分为生物发光与荧光发光两种技术。生物发光是用萤光素酶基因进行标记，生物发光技术高灵敏度，对环境变化反应迅速，成像速度快，图像清晰，在体内可检测到10^2细胞水平；但是其缺点是信号较弱，需要灵敏的CCD镜头，需要注入荧光素。荧光技术则采用荧光报告基团（GFP、RFP、Cyt等）进行标记。利用一套灵敏的光学检测仪器，研究人员能够直接监控活体生物体内的细胞活动和生物分子行为。荧光技术适用于多种蛋白及染料，可用于多重标记；但缺点是非特异性荧光限制了灵敏度，体内检测最低的10^6细胞水平，需要多种不同波长的激发光，不易在体内精确定量。

（一）光学成像一般实验步骤

（1）将麻醉后的小鼠放入成像暗箱平台，软件控制平台升降到一个合适的视野，自动开启照明灯拍摄第一次背景图。

（2）生物发光：关闭照明灯，在没有外界光源的条件下拍摄由小鼠体内发出的光，即为生物发光成像，与第一次的背景图叠加后可以清楚地显示动物体内光源的位置，完成成像操作。

（3）荧光：关闭照明灯，选择适合实验待激发物质波长的激发光，并选择接受小鼠体内发射光的滤光片，拍摄激发后得到的发射光图片，与背景图叠加后完成成像操作。

（二）活体动物体内光学成像在实验动物中的应用

由于活体动物体内光学成像有其方便、便宜、直观，标记靶点多样性和易于被大多数研究人员接受的优点，因此在生物医学领域得到了广泛的应用。通过活体动物体内成像系统，可以观测到疾病或癌症的发展进程以及药物治疗新产生的反应，并可用于病毒学研究、构建转基因动物模型、siRNA研究、干细胞研究、蛋白质相互作用研究以及细胞体外检测等领域。

（1）肿瘤学方面的应用：活体动物体内光学成像技术可以直接快速地测量各种癌症模型中肿瘤的生长和转移速度，并可对癌症治疗中癌细胞的变化进行实时观测和评估。活体生物发光成像能够无创伤地定量检测小鼠整体的原位瘤、转移瘤及自发瘤大小、位置。活体成像技术提高了检测的灵敏度，即使微小的转移灶也能被检测到，利用双色荧光描绘肿瘤内血管生成的形态以及肿瘤与机体相互作用的其他事件可以清楚地显示种植的肿瘤与邻近的基质成分的不同。

（2）免疫学与干细胞研究：将萤光素酶标记的造血干细胞移植入脾及骨髓，可用于实时观测活体动物体内干细胞造血过程的早期事件及其动力学变化过程，应用带有生物发光标记的基因的小鼠淋巴细胞，可以检测放射及化学药物治疗的效果，同时有助于探索寻找在肿瘤骨髓转移及抗肿瘤免疫治疗中复杂的细胞机制。应用可见光活体成像原理标记细胞，建立动物模型，可有效地针对同一组动物进行连续的观察，节约动物样品数，同时能更快捷地得到免疫系统中病原的转移途径及抗性蛋白表达的改变。

（3）病原研究：以萤光素酶基因标记病毒后，可观察到病毒对肝、肺、脾及淋巴结的浸润、侵染，和病毒从血液系统进入神经系统的过程。多种病毒，如腺病毒、腺相关病毒、慢病毒、乙肝病毒、革兰阳性和阴性细菌等，均已被萤光素酶标记，用于观察病毒对机体的侵染过程。

（4）基因功能研究：为研究目的基因是在何时、何种刺激下表达，将萤光素酶基因插入目的基因启动子的下游，并稳定整合于实验动物染色体中，形成转基因动物模型。利用其表达产生的萤光素酶与底物作用产生生物发光，反映目的基因的表达情况，从而实现对目的基因的研究，可用于研究动物发育过程中特定基因的时空表达情况，观察药物诱导特定基因表达，以及其他生物学事件引起的相应基因表达或关闭。

（5）各种疾病模型：靶基因、靶细胞、病毒及细菌都可以被进行萤光素酶标记，转入动物体内形成所需的疾病模型，包括肿瘤、免疫系统疾病、感染疾病等模型，可监测标记对象在体内的实时情况和对候选药物的准确反应，为药物在疾病中的作用机制及效用提供科学依据研究方法。

二、PET成像

PET技术已经成为动物模型研究的强有力工具，可提供生物分布、药代动力学等多方面的丰富信息，准确反映药物在动物体内摄取、结合、代谢、排泄等动态过程。小动物PET技术能实现绝对定量，不受组织深浅的影响。深部组织成像结果可与浅部组织成像结果进行比较，由于放射性物质的卓越的穿透能力，因此，检测实验动物的深度没有限制，从而实现深度组织灵敏度探测；而超声成像、光学成像往往有深度限制。小动物PET对于浅部组织和深部组织都具有很高的灵敏度，能够测定感兴趣组织中f-摩尔数量级的配体浓度。采用三维图像采集，可实现精确定位，获得断层信息。也可以动态地获得秒数量级的动力学资料，从而对生理和药理过程进行快速显像。PET获得的时间-放射性活度动力学资料完整地描述了单个动物体内生物分布及配体-受体结合动力学，消除了动物间的误差，提高了所获动力学资料质量，而且减少了实验动物的数量，从费用和伦理方面更易接受，小动物PET的实验结果可以直接过渡到临床PET进行验证，为动物实验和临床研究提供了桥梁，提高了研究效率。

PET影像技术原理是利用正电子核素标记示踪剂进行活体显像，观测同一动物体内示踪分子的空间分布、数量及其时间变化，能够无创伤地、动态地、定量地从分子水平观察生命活动变化特点的一种定量显像技术，是实现核素成像的最经典技术。PET利用正电子放射性核素进行扫描成像。这类放射性核素半衰期通常很短（数分钟至数十分钟），是由专用的小型医用回旋加速器现场生成，利用^{11}C、^{13}N、^{15}O、^{18}F等发射正电子的短寿命同位素标记的各种药物或化合物。借此在化学合成仪中合成探针，药物注射至生物体内，可以实现体外无创、定量、动态地观察生物内的生理和生化变化，洞察标记药物在生物体内的活动。

（一）动物PET实验操作

（1）麻醉：小动物PET成像一般需要在麻醉状态下进行。可采用腹腔注射麻醉剂（三溴乙醇、水合氯醛等），但一般采用效果更好的气体（异氟烷、七氟烷等）麻醉方式，尤其在采集时间较长或代谢期间需要处于麻醉状态的动物，应该使用呼吸麻醉方式。

（2）生理检测维持系统：小动物在扫描过程中的生命活动需要一直得到监测以防止动物醒来或死亡，要在动物身体上连接心电、呼吸、温度传感器，心电呼吸传感器可以为心电门控、呼吸门控提供信号，也可以实时检测动物生理状态。

（3）动物的摆位：研究人员通常会将动物固定在动物载床上面，通过立体框架结构固定或缠绕固定，一般采取俯卧位。

（4）图像分析：采集到的Micro PET数据多采用滤波反投影法和有序子集最大期望值法进行图像重建得到断层图像和三维图像。再通过影像处理软件进行统计分析。PET显像提供的是功能信息非解剖信息，因此图像的解剖定位非常不明确；同时在大多数情况下，显像中会有多个药物摄取组织器官出现，而其边界并不明显，尤其是体型较小的动物，如小鼠进行显像时；这是传统PFT研究中较难解决的问题，Micro PET/CT的出现将PET图像与同机扫描的CT解剖图像融合在一起，利用融合图像或者精确的ROI。

（二）小动物PET在实验动物中的应用

（1）小动物PET在肿瘤学的研究：目前^{18}F-FDG小动物PET显像可准确观察和监测转移性肿瘤的侵袭和蔓延，得到三维的形态学与肿瘤代谢定量数据，应用十分广泛。小动物PET还用于进行PET肿瘤和转移性肿瘤显像的新的肿瘤特异性标记探针的研究。

（2）小动物PET神经系统疾病模型中的应用：小动物PET能够清晰辨识动物脑内结构，通过对神经系统动物模型进行活体显像，为脑血管疾病、帕金森病、脑肿瘤、癫痫等神经系统疾病的研究提供独特的代谢与器官功能的信息。

（3）小动物心脏疾病模型中的应用：当前的小动物PET的空间分辨率，足以检查大鼠和小鼠的心脏，已有研究测定心肌缺血和梗死模型中葡萄糖代谢（^{18}F-FDG）和心肌血流速度（^{13}N-氨），小动物PET也被用于心血管疾病的一些受体现象。

（4）标记靶向探针：有关生命活动的小分子如葡萄糖、氨基酸、多肽、抗体、胆碱等都可以被标记，从而探讨生命活动的分子基础。无机的小分子药物也可以被标记，从而可以研究药物在体内的吸收、分布、分泌和排泄等过程。基因可以被标记，用于细胞示踪、基因表达、转基因小鼠以及基因治疗等方面。配体可以被标记，从而研究受体的功能。分子成像探针是PET与分子生物学的技术的结合，具有广阔的前景。目前所知，放射性核素标记的单克隆抗体片段、人鼠嵌合抗体、基因重组的生物活性物质、小分子的生物多肽、反义寡核苷酸等都已经进入小分子探针研究领域。

三、磁共振成像（MRI）

小动物磁共振成像已成为研究小动物活体生物学过程最好的成像方法之一。相对于CT，小动物MRI具有无电离辐射性损害、高度的软组织分辨能力以及无须使用对比剂即可显示血管结构等的独特优点。相对于核素和可见光成像，小动物MRI具有微米级的高分辨率及低毒性的优势；在某些应用中，MRI能同时获得生理、分子和解剖学的信息。小动物MRI是一个功能强大、多用途的成像系统，可直接通过3D序列扫描获得小动物的立体影像，对动物模型进行精确的描述。可以进行离体成像，还可以在体（活体内）获得图像，从而促进了对比研究的发展。同时，小动物MRI在细胞和分子水平的各种活体成像，包括基因表达传递成像、细胞示踪、肿瘤分子影像学、生物医学、医药材料研究等方面发挥独特的作用。

MRI技术原理是利用一定频率的射频信号在一外加磁场内，对人体或实验动物的任何平面，产生高质量的切面图像。常规MRI包括T_1加权成像、T_2加权成像和质子加权成像。MRI的成像系统包括MR信号产生和数据采集与处理及图像显示两部分。磁体有常导型、超导型和永磁型3种，直接关系到磁场强度、均匀度和稳定性，并影响MRI的图像质量。MRI的空间分辨率和场强直接相关，临床使用的MRI磁场强度一般为0.15~2.0 T。目前最先进的动物专用MRI，具有高性能、多功能和多通道的特点；具有4.7~11.7 T几种不同的超屏蔽磁体，比临床用的MRI有更高的空间分辨率。磁共振成像分两个层次：①实验小动物活体器官结构水平成像；②细胞水平成像。MRI主要有质子密度成像、血管造影（MRA）、扩散（弥散）、化学位移成像和其他核的成像等五种成像方式。在医学生理学方面的成像包括磁共振血管摄影、磁共振胆胰摄影、扩散权重影像、扩散张量影像、灌流权重影像、功能性磁共振成像。

（一）小动物核磁共振成像一般操作

（1）扫描前准备：在进行小动物MRI扫描前，研究者首先要明确检查目的和要求，明确需要扫描的器官位置，图像的方向，需要监测的病理变化等，做到心中有数。小动物进入扫描室前应除去体内或体表的金属物品、磁性物品（如金属耳标号等）。

（2）麻醉：小动物MRI实验一般使用小动物麻醉机，进行异氟烷气体麻醉。

（3）生理参数监护系统：在整个扫描过程中，应持续监测小动物的生命活动、生理状态，包括但不限于呼吸监测、心电监测、温度监测等。

（4）动物的摆位：根据动物大小选择合适的动物床，先将动物床置于扫描架，并固定好，传至扫描位置。根据扫描部位不同将动物固定在动物载床之上，动物摆放俯卧姿，使头正中矢状面与身体长轴平行，身体中轴线与床板中轴重合。通过调节扫描架位置，将扫描部位放置于磁场中心位置。

（5）序列选择和参数设定：根据实验的要求与扫描对象的特征确定扫描条件。首先根据扫描部位选择合适的线圈（头线圈、心脏线圈或体线圈等），根据实验需求确定扫描序列，并决定重复时间（TR）、回波时间（TE）；扫描层数、层厚、层间距、FOV大小、扫描矩阵等参数。扫描前要对扫描对象先行定位像，并将扫描部位调整到磁场以及FOV中心，以求达到最佳信噪比，保证磁场均匀性，并进行脉冲校正、匀场等操作，从而最优化图像质量。确定所有条件后开始扫描。

（二）MRI在实验动物中的应用

（1）MRI在神经系统疾病模型中的应用：MRI广泛应用于急性脑血管病变脑损伤、阿尔茨海默病、帕金森病、癫痫、颅脑肿瘤、脑白质损伤、精神分裂症和抑郁症模型等神经系统疾病动物模型的发病机制与疾病进程研究。T_1WI和T_2WI，DWI序列对于脑部早期改变非常敏感，BOLD序列可作为大脑功能评价指标。同时，MRI也广泛应用于神经系统疾病药物药理研究和药效评价研究。

（2）MRI在心脏疾病模型中的应用：心脏磁共振成像在心脏解剖结构的显示方面表现出特征性优势，可自由选择成像平面以较大的视野来评估心脏和血管结构间的联系，提供准确的3D图像等。该技术被广泛应用于心脏病变形态、冠状动脉粥样硬化病、扩张型心肌病、心肌代谢紊乱（心肌衰弱）大血管疾病动物模型发病机制与疾病进程研究中。

（3）MRI靶向探针成像：MRI靶向探针成像技术在实验动物模型中也得到了广泛应用，利用非特异探针（如整合钆）可以显示非特异的分散模式，用于测量组织灌注率和血管的渗透率。靶向探针（如钆标记的抗生物素蛋白和膜联蛋白顺磁性氧化铁颗粒）被设计成特异配体（如多肽和抗体），超顺磁性氧化铁可用于标记癌细胞、造血细胞、干细胞、吞噬细胞和胰岛细胞等细胞，并在体外或体内标记后进行体内跟踪，了解正常细胞或癌细胞的生物学行为或转移、代谢的规律。

（4）磁共振波谱学：利用磁共振现象和化学位移作用，进行特定原子核及化合物的定量分析，可检测出许多与生化代谢有关的化合物，而用化学位移成像的方法就可以得到这些生物分子在体内的分布，成为研究蛋白质、核酸、多糖等生物大分子及组织、器官活体状态的有力工具。由于小动物专用的核磁共振成像仪具有超高的磁场强度，对谱线的分辨能力就更加显著。目前用于磁共振波谱测定的原子核有氢、磷、碳、氟、氮、钠和钾等原子核。

四、小动物超声成像

超声影像是在现代电子学发展的基础上，将雷达技术与超声原理相结合，并应用于医学的诊断方法，广泛应用于临床各领域，包括肝、胆、脾、胰、肾、膀胱、前列腺、颅脑、眼、甲状腺、乳腺、肾上腺、卵巢、子宫及产科领域，心脏等脏器及软组织的部分疾病诊断。B型超声及二维超声心动图能实时显示脏器内部结构的切面图像。M型心动图可以记录心脏内部各结构的运动曲线。超声多普勒可以检测心脏及血管内血流速度、方向及性质等。超声成像的空间分辨率和穿透深度是成反比关系。对于大鼠、小鼠等小动物的成像较少受到扫描深度的限制，因而可以采用高频超声波（20~100 MHz）从而获得30~100 μm的高空间分辨率。小动物超声影像技术是为利用疾病动物模型进行医药研究而开发的专用设备，其特点是分辨率高，可以分析大鼠、小鼠、兔等心血管、肝、肾等多种器官相关的疾病和药物研究，超声影像技术在心血管病诊断、研究方面应用最为广泛，常用于心肌病、高血压、动脉粥样硬化、心肌梗死这些疾病的大、小鼠疾病模型研究中。

（一）超声实验操作一般步骤

（1）麻醉：在保证实验动物安全的情况下，尽量使动物进入深度麻醉，小鼠心率应控制在300~400次/min。

（2）脱毛：大鼠需要先用推子剃毛，然后用棉棒蘸取适量脱毛膏，均匀涂布在脱毛部位，需完全覆盖脱毛部位，且浸润至表皮。静置1~2 min后，用棉棒轻轻擦拭被毛，后用纸巾擦拭干净。

（3）固定：将导电胶涂抹于四个金属电极上，用胶布将小鼠四只爪子固定于电极上，呈仰卧位，头部向前。

（4）体温监测：将导电胶抹于体温电极上，插入小鼠直肠，避开粪便，贴住直肠壁，再用胶布贴住固定（体温应控制在36℃以上）。

（5）耦合剂的使用：将超声耦合剂均匀涂抹于脱好毛的检测部位，厚度约5 mm，其中不可产生气泡。

（6）选择与固定探头：根据实验需求与扫描部位选择合适的探头，将探头导线连接至主机，使探头边缘的标记线对准探头夹前部的沟槽，于探头上1/3处加紧固定，调整位置获取图像。

（二）显微超声在实验动物中的主要应用

（1）超声在心血管疾病模型中的应用：可以利用其高空间分辨率观察小动物的心血管系统，能通过B型、M型超声及多普勒，监测心脏的运动、心室壁厚度、心腔的大小、瓣膜的活动、血流的速度等一系列反映心脏功能的指标，这对于研究一些心脏病方面的疾病动物模型非常重要。另外还可以通过特殊的造影剂微气泡对一些微小血管进行观察，用于微血管病变模型的研究。

（2）超声在肿瘤模型中的应用：目前先进的显微超声系统配备有三维成像设备，可以对肿瘤进行空间扫描、立体成像，用于分析肿瘤的质地以及生长占位；此外，还可以通过能量多普勒、微气泡造影剂跟踪观察肿瘤血管的生长情况，从而动态地观察肿瘤。这对于肿瘤疾病模型的研究有很大帮助。

（3）超声在胚胎中的应用：利用显微超声的高空间分辨率，我们可以清晰地观察到小动物胚胎，研究其发育情况，监测各个重要器官的生长发育，用于某些先天性疾病模型的研究；还可以通过特殊的技术设备进行胚胎注射，建立特殊的动物模型。

（4）超声介导穿刺：超声介导下的活体穿刺技术早已应用到临床方面，但是由于设备技术的因素，在动物模型，尤其是小动物模型方面还鲜有应用。显微超声技术开发很好地解决了此问题，利用其高空间分辨率，我们可以清楚观察到小动物的各个器官，甚至刚刚发育几天的胚胎，在显微超声设备的帮助下，可以进行如：脑室、心腔、胚胎等部位的穿刺。对于一些动物模型的深入研究有重要意义。

五、Micro CT成像

Micro CT成像原理是采用微焦点锥形束X射线球管对小动物各个部位的层面进行扫描投影，由探测器接受透过层面的X射线，转变为可见光后，由光电转换器转变为电信号，再经模拟/数字转换器转为数字信号，输入计算机进行成像。Micro CT采用了与临床CT不同的微焦点X射线球管，分辨率大为提高，已经有分辨率为1 μm的产品出现，在实验动物研究中，尤其对小鼠等小型动物显微效果明显。同时Micro CT的特点为高分辨率，小FOV，为了提高分辨率提高了扫描视野。另外，Micro CT与普通CT采用的扇形X射线束不同，通常采用锥形X射线束，能够获得真正各向同性的容积图像，提高空间分辨率在采集相同的3D图像时速度远优于扇形射线束。Micro CT可以采集扫描对象的体积形态、空间坐标、密度等信息。

（一）动物CT的一般实验步骤

（1）麻醉：CT实验中动物使用气体（异氟烷、七氟烷等）麻醉方式效果要优于腹腔注射麻醉剂（三溴乙醇、水合氯醛等）。当采集时间较长时应该使用呼吸麻醉方式。

（2）生理监测维持系统：小动物在扫描过程中的生命活动需要一直得到监测，一般会在动物身体上连接心电、呼吸、温度传感器，心电、呼吸传感器可以为心电门控、呼吸门控提供信号，也可以实时监测动物生理状态。

（3）动物的摆位：将动物置于动物载床转动至扫描位置。需要对活体动物某一特定部分高分辨率成像时，应将待扫描部位摆放至床板正中，采用激光定位装置进行轴向、水平位置的精确定位。

（4）参数设置：根据实验的需求与扫描对象的特征确定扫描条件，决定系统放大倍数与FOV大小，以确定空间分辨率；确定球管电压、电流、曝光时间、步进步数、旋转角度等参数、扫描前要进行物理中心校正，对扫描对象先行定位像后进行调整位置与参数，以求达到最佳信噪比，并防止曝光过度，从而最优化图像质量。确定所有条件后开始扫描。

（5）图像的重建与分析。

（二）Micro CT在实验动物中的主要应用

（1）Micro CT在骨疾病模型中的应用：骨骼系统是Micro CT最主要应用领域之一，其中，骨小梁是主要研究对象。骨松质和骨皮质的变化与骨质疏松、骨折、骨关节炎、局部缺血和遗传疾病等有关。目前，Micro CT技术在很大程度上取代了破坏性的组织形态计量学方法。尤其在活体微型CT具有微米量级的空间分辨率，可评价骨的微结构改变，从而反映骨的病理状态，与传统的组织学检查相比，微型CT具有无创性、操作简便等优点，已用来研究骨质稀疏所致的骨松质改变、骨的力学特性及力学负荷等；通过三维模式及形态测定反映骨微结构的改变，测定参数包括小梁厚度、小梁间隙、小梁数量等，可以分析骨的力学强度、刚度及骨折危险度。

（2）Micro CT在肺疾病中的应用：Micro CT在大脑、肝、肾等组织密度较小的器官的成像对比度稍显不足，无法清晰辨识出器官结构与边界，但肺组织固有的生理物理特性适用Micro CT成像，肺泡、气管、血管与病灶的密度差异使得Micro CT广泛应用于人类疾病模型动物模型的肺成像，可以进行动物模型的活体与离体成像对肺功能与肺微结构进行分析。使用数字图像分析技术，还能够对各种急慢性肺疾病模型进行定量分析。可显示肺部微小结构（如细支气管、肺泡管），评估肺泡结构，并能与病理学标准-组织形态学检测相对照。近年来技术的进步使得Micro CT在分辨率与采集速度上都大大改进，加载呼吸门控系统后可以对活体小鼠进行成像。

（3）生物材料：Micro CT可在体或离体对生物材料样本进行高分辨率成像，可评估材料体内动态变化，可分析制备仿生材料支架的孔隙率、强度等参数，优化支架设计。

（4）疾病机制研究：Micro CT可用于研究不同基因或信号通路对骨骼的数量或质量的影响，疾病状态对骨骼发育、修复的影响，评价高脂血症对心脏瓣膜钙化的影响，细胞因子对骨折后组织修复时血管生长的影响等。

第六章　人类疾病实验动物模型

第一节　人类疾病动物模型概述

一、人类疾病动物模型的定义

（一）定　义

人类疾病动物模型（animal model of human diseases）是指生物医学研究中建立的具有人类疾病模拟表现的动物实验对象和相关材料。

应用动物模型是现代医学认识生命科学客观规律的重要实验方法和手段。通过动物模型的研究，进而有意识地改变那些自然条件下不可能或不容易排除的因素，更加准确地观察模型的实验结果，并将研究结果推及人类疾病，从而更有效地认识人类疾病的发生、发展规律以及研究防治措施。

（二）特　点

人类疾病动物模型的研究，本质上是比较医学的应用科学。研究人员可利用各种动物的生物特征和疾病特点与人类疾病进行比较研究。长期以来，生物医学研究的进展常常依赖于使用动物作为实验假说的基础。人类各种疾病的发生发展是十分复杂的，疾病的发生机制和预防、治疗机理是不可能也不允许在人体上试验研究的，但可以通过应用动物复制出人类疾病的动物模型，对其生命现象进行研究，进而推及人类，以便探索人类生命的奥秘，控制人类的疾病和衰老，延长人类的寿命。

二、人类疾病动物模型的意义

选用人作为实验对象来推动生命医学的发展是十分困难的，临床所积累的经验在时间和空间上都存在着局限性，许多实验在道义和方法上受到种种限制，而动物模型就可以克服这些不足，自古以来人们就发现和认识到这一点，通过应用动物模型完成了许多医学实验工作。

应用动物模型的优越性主要表现在以下几个方面。

（1）避免人体实验造成的危害。临床上对外伤、中毒、肿瘤等疾病的研究不可能在人体重复进行实验，人体难以承受这些疾病所带来的痛苦。动物作为人类的替代者，可在人为设计的特定实验条件下反复实验研究。使动物模型除了克服在人类研究中经常遇到的伦理和社会道德限制外，还能采用某些不能应用于人类研究的方法和途径，甚至为了实验目的的需要还可以损伤动物组织、器官乃至处死。

（2）应用动物模型可研究平时不易见到的疾病。平时临床很难见到放射病、毒气中毒、烈性传染病、战伤等疾病，根据实验要求能复制该疾病的有关过程和现象，并形成动物模型，供研究使用。

（3）可提供发病率低、潜伏期和病程长的疾病的动物模型。有些疾病，如免疫性、代谢性、内分泌和血液等疾病在临床上发病率低，人们可选用动物中发病率高的类似于人的疾病作为动物模型，也可以通过不同方法复制这些疾病的动物模型从事研究工作。还有些疾病，如肿瘤、慢性支气管炎、动脉粥样硬化、遗传病、肺心病、类风湿等发生发展速度缓慢，潜伏期长、病程也长，短的几年，长的十几年甚至几十年，有的疾病要隔代或者几代才能显性发病，人类的寿命相对来说是很短的，但一个医学研究很难进行一代或几代人的观察研究，在时间上是难以实现的，而许多动物由于生命周期比较短，在短时间内进行一代或几代的观察就显得十分容易，应用动物模型来研究就克服了以上不足。

（4）克服复杂因素，增加方法学上的可比性。临床上许多疾病是十分复杂的。病人并非患有一种疾病，有的几种疾病同时存在，即使某单一疾病，由于病人的年龄、性别、体质、遗传以及社会因素对其疾病发生、发展都会有影响，产生不同的效果。而用动物复制的疾病模型就可以选择相同品种、品系、性别、年龄、体重、健康状态以及在相同的环境因素内进行观察研究，这样对该疾病及其发展过程的研究就可以排除其他影响因素，使结果更加准确，也可单一变换某一因素，使实验研究的结果更加深入，增加了因素的可比性。一般疾病很难同期在临床上获得大量的定性材料，动物模型不仅在群体数量上容易达到要求，而且可以通过投服一定剂量的药物或移植一定数量的肿瘤细胞等方法，限定可变因数，取得条件一致的大量的模型材料。

（5）样品收集方便，实验结果易分析。动物模型作为研究人类疾病的"代替品"便于实验操作人员按时采集所需各种样品，及时或分批处死动物收集样本，以便更好了解疾病过程，完成实验目的，这点在临床是不易办到的。

（6）有利于更全面地认识疾病的本质。有些病原体不仅引起人类发生疾病，也可引起动物感染，其临床表现各有特点，通过对人畜共患病的比较，可观察到同一病原体在不同的机体引起的损害，更有利于全面地认识疾病的本质。

综上所述，动物模型在医学科学研究中作出了巨大的贡献。

第二节　人类疾病动物模型分类

人类疾病动物模型经过30多年的开发研究，现已累积2 000多个动物模型，在医学发展中占有极其重要的地位。为了能更好地应用开发和研究动物模型，人们将其进行了分类，可以按动物模型产生原因进行分类，按医学系统范围分类，按模型种类分类和按中医征候动物模型分类，现将各种分类方法分述如下。

一、按产生原因分类

（一）诱发性动物模型

诱发性动物模型（experimental animal model）又称为实验性动物模型，是指研究者通过使用物理的、化学的、生物的和复合的致病因素作用于动物，造成动物组织、器官或全身一定的损害，出现某些类似人类疾病时的功能、代谢或形态结构方面的病变，即为人工诱发出特定的疾病动物模型。

（1）物理因素诱发动物模型：常见的物理因素如机械损伤、放射线损伤、气压、手术等许多因素。使用物理方法复制的动物模型，如外科手术方法复制大鼠急性肝衰竭动物模型，放射线复制大鼠萎缩性胃炎动物模型，手术方法复制大鼠肺水肿动物模型以及放射线复制的大鼠、小鼠、狗的放射病模型等。采用物理因素复制动物模型比较直观、简便，是较常见方法。

（2）化学因素诱发动物模型：常见的化学因素如化学药致癌、化学毒物中毒、强酸强碱烧伤、某种有机成分的增加或减少导致营养性疾病等。应用化学物质复制动物模型，如应用羟基乙胺复制大鼠急性十二指肠溃疡动物模型，应用D-氨基半乳糖复制大鼠肝硬化动物模型，以乙基亚硝基脲复制大鼠神经系统肿瘤动物模型，以缺碘饲料复制大鼠缺碘性甲状腺肿动物模型和应用胆固醇、胆盐、甲硫氧嘧啶及动物脂肪复制鸡、兔、大鼠的动脉粥样硬化症动物模型。不同品种品系的动物对化学药物耐受量不同，在应用时应引起注意。有些化学药物代谢易造成许多组织、器官损伤，有可能影响实验观察，应在预实验中摸索好稳定的实验条件。

（3）生物因素诱发动物模型：常见的生物因素，如细菌、病毒、寄生虫、生物毒素等。在人类疾病中，由生物因素导致发生的人畜共患病（传染性或非传染性）占很大的比例。传染病、寄生虫病、微生物学和免疫学等研究经常使用生物因素复制动物模型。如以柯萨奇病毒复制小鼠、大鼠、猪等心肌炎动物模型；以福氏Ⅳ型痢疾杆菌或志贺菌复制猴的细菌性痢疾动物模型；以锥虫病原体感染小鼠，复制锥虫病小鼠动物模型；以钩端螺旋体感染豚鼠，复制由钩端螺旋体引起的肺出血动物模型。

（4）复合因素诱发动物模型：以上3种诱发动物模型的因素都是单一的，有些疾病模型应用单一因素诱发难以满足实验的需要，必须使用多种复合因素诱导才能复制成功，这些动物模型的复制往往需要时间较长，方法比较烦琐，但其与人类疾病比较相似。如复制大鼠或豚鼠慢性支气管炎动物模型可使用细菌加寒冷方法或香烟加寒冷，也可使用细菌加二氧化硫等方法来复制；以四氯化碳（40%棉籽油溶液）、胆固醇、乙醇等因素复制大鼠肝硬化动物模型；以二甲基偶氮苯胺和^{60}Co射线方法复制大鼠肝癌动物模型。

（二）自发性动物模型

自发性动物模型（spontaneous animal model）指实验动物未经任何人工处置，在自然条件下自发产生，或由于基因突变的异常表现通过遗传育种手段保留下来的动物模型。自发性动物模型以肿瘤和遗传疾病居多，可分为代谢性疾病、分子性疾病和特种蛋白合成异常性疾病等。

应用自发性动物模型的最大优点是其完全在自然条件下发生的疾病，排除了人为的因素，疾病的发生、发展与人类相应的疾病很相似，其应用价值很高，如自发性高血压大鼠、肥胖症小鼠、脑中风大鼠等。其问题是许多这类动物模型来源比较困难，种类有限。动物自发性肿瘤模型因实验动物品种、品系不同，其肿瘤所发生的类型和发病机理也有差异。

自发性疾病模型的动物饲养条件要求高，繁殖生产难度大，自然发病率也比较低，发病周期也比较长，大量使用有一定困难，如山羊家族性甲状腺肿、牛免疫缺陷病（BIV）等。由于诱发性动物模型和自发性动物模型有一定差异，加之有些人类疾病至今尚不能用人工的方法在动物身上诱发出来，因此，近十几年来医学界对自发动物模型的应用和开发十分重视。许多学者通过对不同种动物的疾病进行大量普查，以发现自发性疾病的动物，然后通过遗传育种将自发性疾病保持下去，并培育成具有该病表现症状和特定遗传性状的基因突变动物，供实验研究应用。

（三）抗疾病型动物模型

抗疾病型动物模型（negative animal model）是指特定的疾病不会在某种动物身上发生，从而可以用来探讨为何这种动物对该疾病有天然的抵抗力。如哺乳动物均易感染血吸虫病，而居于洞庭湖流域的东方田鼠（orient hamster）却不能复制血吸虫病，因而将之用于血吸虫病的发病机制和抗病机制的研究。

（四）生物医学动物模型

生物医学动物模型（biomedical animal model）生物医学动物模型是指利用健康动物生物学特征来提供人类疾病相似表现的疾病模型。如沙鼠缺乏完整的基底动脉环，左右大脑供血相对独立，是研究中风的理想动物模型；鹿的正常红细胞是镰刀形的，多年来被用作人类镰刀形红细胞贫血症的研究；兔胸腔的特殊结构用于胸外手术研究比较方便。但这类动物模型与真正的人类疾病存在着一定的差异，研究人员应加以分析比较。

（五）遗传工程动物模型

遗传工程动物模型（genetic engineering animal model）是指通过基因重组技术，改变动物的基因或基因组，使动物的遗传特性表现与人类疾病表现相似的动物模型。包括：转基因动物，通过实验手段将新的遗传物质导入动物胚胎细胞中，并能稳定遗传，由此获得的动物称为转基因动物；基因敲除动物，通过基因工程手段将已知基因去除，或用其他顺序相近基因取代，而获得的工程化动物。通常针对一个结构已知但功能未知的基因，通过观察基因敲除动物的情况，推测相应基因的功能；基因替换动物，与某个生理现象相关的两个基因中，一个基因的编码区被另一个基因的编码区所替代的工程化小鼠。

（六）免疫缺陷动物模型

免疫缺陷动物模型（immunodeficient animal model）是指由于先天遗传突变或用人工方法造成免疫系统某种或多种成分缺陷的动物模型。包括：先天性免疫缺陷动物，T淋巴细胞免疫缺陷、B淋巴细胞免疫缺陷、NK细胞免疫缺陷、联合免疫缺陷；获得性免疫缺陷动物，黑猩猩HIV感染、有蹄动物慢病毒感染、猴AIDS、猫FeLV病毒感染、小鼠AIDS模型。

二、按系统范围分类

（一）疾病的基本病理过程动物模型

疾病的基本病理过程动物模型（animal model of fundamentally pathologic processes of disease）是指各种疾病共同性的一些病理变化过程模型。致病因素在一定条件下作用于动物，使动物组织、器官或全身造成一定病理损伤，出现各种功能、代谢和形态结构的某些变化，其中，有的变化是许多疾病都可能发生的共有的，不是某种疾病所特有的变化，如发热、缺氧、水肿、休克、弥散性血管内凝血、电解质紊乱、酸碱平衡失调等，均可称为疾病的基本病理过程。

（二）各系统疾病动物模型

各系统疾病动物模型（animal model of different system disease）是指与人类各系统疾病相应的人类疾病动物模型。各系统疾病模型分为消化、呼吸、心血管、泌尿、神经、血液与造血系统、内分泌、骨骼等系统的动物模型。还可以按科分类，如：传染病、妇科病、儿科病、皮肤科病、五官科病、外科病、寄生虫病、地方病、维生素缺乏病、物理损伤疾病和职业病等动物模型。

三、按模型种类分类

疾病模型的种类包括整体动物、离体器官和组织、细胞株和数学模型。整体动物模型是常用的疾病模型，也是研究人类疾病常用的手段。

四、按中医药体系分类

祖国传统医学源远流长数千年，有许多学者应用动物做实验。自1960年有人复制小鼠阳虚动物模型至今已有30多年，在这期间，中医药动物模型迅猛发展，已形成独特的较完整的体系，以其独特的理论体系"辨证论治"；独特的评价标准：证、病、症；

独特的处置措施：中药、针灸、养生；独特的观察指标：舌、脉、汗、神、色；独特的认识特色：审证求因，形成中医药动物模型体系，加入了人类疾病动物模型的大家族，成为一支不可缺少的生力军。

根据中医证分类，动物模型可分为阴虚、阳虚动物模型，气虚动物模型，血虚动物模型，脾虚和肾虚动物模型，厥脱证动物模型等。按中药理论分类，人类疾病动物模型包括解表药、清热药、泻下药、祛风湿药、利水渗湿药、温里药、止血药、止咳药、化痰药、平药、安神药、平肝熄风药、补益药、理气药、活血化瘀药等。中医药动物模型，不论从"证"或从"药"分类，每个证的动物模型不止一种动物、一种方法，但由于中医药的特殊理论体系，评价标准和观察指标十分准确的动物模型并不多，许多动物模型有待进一步完善和改进。

第三节　人类疾病动物模型设计

一、设计理念

构建人类疾病动物模型的最终目的是防治人类疾病。因此，一个好的人类疾病动物模型应具备以下特点。

（1）能够再现所要研究的人类疾病，动物疾病表现应该与人类疾病相似。

（2）动物能重复产生该疾病。

（3）动物背景资料完整，动物质量合格，生命周期满足实验需要。

（4）动物要价廉，来源充足，便于运送。

（5）尽可能选用小动物。

如果模型复制出现率不高，则人类疾病动物模型价值不高；若一种方法可复制多种模型，无专一性，也降低该模型价值；当然，没有任何一种动物模型能全部复制出人类疾病所有表现，动物毕竟不是人体。模型实验只是一种外延法的间接研究，只可能在局部或几个方面与人类疾病相似。因此，模型实验结论的正确性是相对的，最好能在两种或两种以上动物身上得到验证，最终还必须在人体上得到验证。基本动物模型复制过程中一旦出现与人类疾病不同的情况，必须分析其差异的性质和程度，找出相平行的共同点，正确评估其价值。因此，成功的人类疾病动物模型取决于最初的周密设计。

二、设计原则

成功的动物模型常常依赖于最初周密的设计，动物模型设计一般应遵循下列原则。

（一）相似性

复制的动物模型应尽可能近似人类疾病，最好能找到与人类疾病相同的动物自发性疾病。例如大鼠自发性高血压就是研究人类原发性高血压的理想动物模型；小型猪自发性冠状动脉粥样硬化就是研究人类冠心病的良好动物模型；自发性狗类风湿性关节炎与人类幼年型类风湿性关节炎十分相似，同样是理想的动物模型。与人类疾病完全相同的动物自发性疾病不易多得，往往需要研究人员加以复制，为了尽量做到与人类疾病相似，首先，要在动物选择上加以注意；其次，在复制动物模型实验方法上不断探索改进；另外，在观察指标等方面应加以周密的设计，要通过设置多项指标来判断动物是否达到相应人类疾病的状态或特征。

（二）重复性

理想的人类疾病动物模型应该是可重复的，甚至是可标准化的，不能重复的动物模型是无法进行应用研究的。为增强动物模型复制的重复性，在设计时应尽量选用标准化实验动物。同时应在标准化动物实验设施内完成动物模型复制工作。应同时在许多因素上保证一致性，如选用动物的品种、品系、年龄、性别、体重、健康状况、饲养管理；实验环境及条件、季节、昼夜节律、应激、消毒灭菌，实验方法及步骤；试剂和药品的生产厂家、批号、纯度、规格；给药的剂型、剂量、途径和方法；麻醉、镇静、镇痛及复苏；所使用仪器的型号、灵敏度、精确度、范围值；还包括实验者操作技术、熟练程度等方面的因素。

（三）可靠性

复制的动物模型应力求可靠地反映人类疾病，即可特异性、可靠地反映该种疾病或某种机能、代谢、结构变化。同时应具备该种疾病的主要症状和体征，并经受一系列检测（如心电图、临床生理、生化指标检验、病理切片等）得以证实。如果自发地出现某些相应病变的动物，就不应选用；易产生与复制疾病相混淆的疾病或临床症状者也不宜选用。例如铅中毒，选用大鼠复制动物模型时，大鼠本身易患进行性肾病，容易与铅中毒所致的肾病相混淆，选用蒙古沙鼠就比选用大鼠可靠性好，因为蒙古沙鼠只有铅中毒才会出现肾病变。

（四）适用性和可控性

设计复制人类疾病动物模型，应尽量考虑在今后临床能应用和便于控制其疾病的发展过程，以便于开展研究工作。例如雌激素能中止大鼠和小鼠的早期妊娠，但不能中止人的妊娠，因此，选用雌激素复制大鼠和小鼠的中止早期妊娠动物模型是不适用的；用大鼠和小鼠筛选带有雌激素活性的避孕药物时也会带来错误的结论。又如选用大鼠复制实验性腹膜炎也不适用，因为它们对革兰阴性菌具有较高的抵抗力，不易形成腹膜炎。

有些动物对某致病因子特别敏感，极易死亡，不好控制，也不适宜复制动物模型。

（五）易行性和经济性

复制动物模型的设计，应尽量做到方法容易执行和合乎经济原则。除了动物选择上要考虑易行性和经济性原则，在选择模型复制方法和指标的检测观察上也要注意这一原则。

（六）符合动物实验伦理与3R原则

在模型制作中，特别是采用诱发手段制备模型时会给动物造成严重伤害。因此，我们在开展研究之前，应先对研究目的进行审查，论证制作模型的必要性，探讨替代模型的可能，如有应尽量避免使用动物，如模型不可替代，则应充分考虑在造模中的实验动物福利，尽可能避免在实验中给动物造成不必要的伤害。

三、质量因素

动物模型的质量直接关系到实验的成败，关系到结果的可靠性和可重复性，关系到研究结果的应用与评价。因此，在设计和构建疾病动物模型的过程中要十分关注影响模型质量的因素，克服和避免有关因素对模型质量的不利影响。

（一）致模因素对动物模型复制的影响

选择好致模因素是复制动物模型的第一步。应明确研究目的，清楚相应人类疾病的发生条件、临床症状和发病机制，熟悉致病因素对动物所产生的临床症状和发病情况，致病因素的剂量。

（二）动物因素对动物模型复制的影响

复制动物模型的动物种类繁多，如实验动物、家养动物和野生动物。野生动物属自然生态类型，其微生物感染复杂，遗传背景不清楚，获取困难，很难饲养，因此不便使用，家养动物饲养方便，获取容易，但微生物控制不严，遗传背景不很清楚，也不提倡使用；应尽可能使用标准化实验动物，这样可排除遗传背景和微生物对动物模型本身及实验结果的影响。

此外，动物种类、动物品系、年龄、体重、性别、生理状态和健康因素等均对动物模型质量有不同程度的影响。

（三）实验技术因素对动物模型复制的影响

（1）实验季节的影响：动物体对外界反应情况，同样受春夏秋冬不同季节的影响，不同实验季节，动物的机体反应性在某些方面有一定的改变，这种影响在进行跨季节的动物模型实验时应引起重视。如动物有季节性发情、换毛等正常生理现象。

（2）昼夜交替的影响：实验动物的体温、血糖、基础代谢率、内分泌激素的分泌等随着昼夜的交替进行将节律性地变化。在复制动物模型进行实验研究时，宜注意实验中某种处理的时间顺序对结果的影响。

（3）麻醉深度的影响：在复制动物模型时往往需要将动物麻醉后才能进行各种手术，实施某些致模因素。不同麻醉药物和不同麻醉剂量有不同的药理作用和不良反应。麻醉过深，动物处于深度抑制状态，甚至濒死状态，动物各种反应受到抑制，结果的可靠性受影响；麻醉过浅，在动物身上进行手术或实施某致模因素，将造成动物强烈的疼痛刺激，引起动物全身特别是呼吸、循环、消化等功能发生改变，同样会影响造模的准确性。

（4）手术技巧的影响：在实验手术造模时，首先要选择好最佳的手术路线，避免过大、过繁的手术给机体带来影响。手术技术熟练与否也是影响因素，手术技术熟练可以减少对动物的刺激、创伤和动物出血，提高造模的成功率。

（5）实验给药的影响：在造模过程中给药是常规工作，但对造模也是影响因素，如给药的途径、方法、剂量、熟练程度等都会带来影响。

（6）对照组对造模的影响：在复制动物模型时常常因忽视或错误应用对照的问题，而造成动物模型的失败或误导错误结论。应根据不同要求设置好对照组。

（四）营养因素和环境因素对复制动物模型的影响

（1）营养因素对复制动物模型，特别是长期实验影响显著，应予以重视。如果采用国家标准饲料则问题就会解决。造模过程中应注意给水量充分，给予的饮水符合卫生标准。

（2）环境因素是影响造模及其实验结果的重要因素，居住条件、饲料、营养、光照、噪声、氨浓度、温度、湿度、气流速度等任何一项都不容忽视。

第四节　自发性人类疾病动物模型

一、自发性疾病动物模型概述

自发性疾病动物模型主要是由突变系动物经定向培育而稳定遗传的实验动物。突变系动物是由自然变异或人工致畸，使正常染色体上的基因发生突变，而具有某种遗传缺陷或某种遗传特点的动物。突变系的遗传疾病很多，可分为代谢性疾病、分子疾病和特种蛋白质合成异常性疾病。如无胸腺裸鼠、肌肉萎缩症小鼠、肥胖症小鼠、癫痫大鼠、高血压大鼠、无脾小鼠和青光眼兔等。

很多自发性动物模型在研究人类疾病时具有重要的价值，如自发性高血压大鼠，中国地鼠的自发性糖尿病，小鼠的各种自发性肿瘤，山羊的家族性甲状腺肿等。在自然情况下基因发生突变的概率非常低，大约十万个到一亿个生殖细胞中才会有一个发生突变，有的有明显的症状，而有的却没有。在日常饲育过程中，那些呈"畸形"或"缺陷"的动物，常被饲养的人员视作"非健康"者而被处理掉了，许多自发性疾病模型的培育带有一定的偶然性。已培育的自发性疾病动物模型达千余种，可用于遗传病、免疫缺陷病、肿瘤等疾病的实验研究。

近年来，国内外都十分重视对自发的动物疾病模型的开发，有的学者甚至对犬、猫的疾病进行大规模的普查，以发现自发性疾病的病例，然后通过遗传育种，将这种自发性疾病模型保持下来，并培育成具有特定遗传性状的突变系，以供研究。许多动物遗传病的模型就是通过这样的方法建立的。在这方面，小鼠和大鼠的各种自发性疾病模型开发和应用得最多。这类模型在遗传病、代谢病、免疫缺陷病、内分泌疾病和肿瘤等方面的应用正日益增多。

二、常见自发性疾病动物模型

（一）自发性肿瘤动物模型

目前已发现和培育出多种小鼠自发性肿瘤，但大鼠自发性肿瘤的发生率较低，而其他实验动物的自发性肿瘤则更少。从肿瘤发生学上看，动物自发肿瘤与人类肿瘤更相似，因而较适合进行肿瘤病因学和药效学研究。

在实验研究中应用动物自发性肿瘤模型并不普及。原因主要有：自发性肿瘤一般恶性度不高；转移情况不多；在发病机理上与人类肿瘤不尽相同，前者自发因素较为简单，而后者发病因素则较为复杂，如小鼠自发性乳腺癌主要由病毒引起，而人乳腺癌可能与雌激素水平紊乱等多种因素有关；大多散在出现在10个月以后，均一性较差。

1. 小鼠自发肿瘤模型

由于小鼠肿瘤在组织发生、临床过程和组织形态学上都与人类的肿瘤有相似之处，因此，肿瘤实验研究常选用小鼠，尤其是肿瘤发生率高的近交系小鼠。小鼠自发肿瘤主要包括乳腺肿瘤、肝脏肿瘤、肺肿瘤、胃肠道肿瘤、卵巢肿瘤、垂体瘤、肾腺癌、血管内皮瘤、皮肤乳头状瘤等。

（1）肺肿瘤：肺肿瘤主要自发在18月龄以上的小鼠，自发率A系90%、SWR系80%、PBA系77%。肺肿瘤的主要类型是腺瘤和腺癌。

（2）肝肿瘤：肝肿瘤多自发在14月龄以上，雄性小鼠的发病率高于雌性小鼠。高发病率品系为C3H系（72%~90%）、CBA（65%）等。其肝肿瘤主要为腺瘤和肝癌。

2. 大鼠自发性肿瘤动物模型

大鼠自发性肿瘤在肿瘤研究中的应用仅次于小鼠，且大鼠体型较大，供给的组织较多，具有便于手术、注射等实验操作的优点。大鼠自发性肿瘤主要包括：乳腺肿瘤、大鼠垂体瘤、肾上腺瘤、睾丸瘤、子宫瘤、甲状腺瘤、胰岛细胞瘤、输尿管瘤、胸腺肿瘤、腹水肝肿瘤等。

（1）乳腺肿瘤：乳腺肿瘤可在F344（50%）、ACI（11%）等品系的大鼠发生。主要发生在生育期雌性大鼠。以乳腺纤维腺瘤多见，而纤维瘤和腺瘤则较少见。Wistar大鼠、SD大鼠也可自发乳腺纤维腺瘤。

（2）睾丸肿瘤：雄性大鼠睾丸肿瘤的发生率：ACI为46%，F344为35%。

（二）自发性糖尿病动物模型

目前已培育出IDDM和NIDDM两种类型的糖尿病动物模型。

1. ob/ob小鼠

NIDDM糖尿病模型，属常染色体隐性遗传。纯合体动物表现为肥胖、高血糖及高胰岛素血症，症状的轻重取决于遗传背景，ob/ob小鼠（obese mouse）与C57BL/KsJ交配的子代症状严重，而ob/ob与C57BL/6J交配的子代症状则较轻，后者是杂合体。ob/ob小鼠leptin（ob基因产物）缺乏，引起肝脂肪生成和肝糖原异生，高血糖又刺激胰岛素分泌，引起胰岛素抵抗的恶性循环。

2. db/db小鼠

db/db小鼠（diabetes mouse）由C57BL/KsJ近亲交配株常染色体隐性遗传衍化而来，属NIDDM糖尿病模型。动物在1个月时开始贪食及发胖，继而产生高血糖、高血胰岛素，胰高血糖素也升高。一般在10个月内死亡。糖尿病小鼠（C57BL/6J db/db）发生严重的糖尿病症状，类似C57BL/KsJ ob/ob小鼠，即早发的高胰岛素血症，体重下降，最后可因酮症酸中毒而死亡。db/db小鼠与ob/ob小鼠不同，可发生明显的肾病。

3. KK小鼠

是一种轻度肥胖NIDDM型糖尿病动物，由Kasukabe小鼠与C57BL/6J小鼠杂交后培育而成，属于胰岛素敏感但不伴有高血糖的糖尿病动物模型。由营养诱导肥胖或将黄色肥胖基因Ay导入KK小鼠，获得KK-Ay鼠，与KK小鼠相比，有明显的肥胖和糖尿病症状。

4. BB（biobreeding）大鼠

选育自Wistar大鼠，属IDDM型动物模型。其发病与自身免疫性毁坏胰岛B细胞引发胰腺炎和胰岛素缺乏有关。BB Wistar大鼠随机交配生产的子代，其糖尿病发生率达90%，多在60～120日龄时发病，表现为多饮、多食、糖尿等。给予免疫抑制剂、切除新生鼠胸腺等方法可预防糖尿病的发生，说明与细胞介导的自身免疫反应有关。

5. Zucker fa/fa大鼠

属典型的高胰岛素血症肥胖模型。动物有轻度糖耐量异常、高胰岛素血症和外周胰岛素抵抗，无酮症表现，类似于人的NIDDM型糖尿病，血糖正常或轻度升高。

6. GK大鼠

GK大鼠也是一种自发的NIDDM型糖尿病鼠种，其病理生理特点是：葡萄糖刺激的胰岛素分泌受损，B细胞数目减少，肝糖原生成过多，肌肉和脂肪组织中度胰岛素抵抗。

（三）自发性高血压动物模型

目前已培育自发性高血压大鼠（spontaneous hypertension Rat，SHR），利用SHR还培育出卒中易感型自发性高血压大鼠（SHR/sp）、抗脑出血和脑栓塞自发性高血压大鼠（SHR/sr）等亚型。SHR大鼠由具有显著高血压症状的远交Wistar雄性鼠与带有轻微高血压症状的雌性鼠交配选育而成，鼠群100%发生高血压。该鼠毛色为白色，其后代患有高血压，一般在出生后血压会随着年龄的增长而升高。该鼠血压并发症与人类有许多相似之处，如血压的升高与外周血管阻力的增加有关，高血压性心血管病变多发，无明显原发性肾脏或肾上腺损伤，对抗高血压药物有反应等。因此，它是目前最为成熟、使用最多的自发性高血压动物模型，适用于人类原发性高血压研究及高血压药物活性筛选。

（四）免疫以及炎症自发突变小鼠模型

1. DBA/1J小鼠

被作为研究类风湿性关节炎的模型广泛使用，由Ⅱ型胶原引发关节炎的小鼠表现出关节膜炎和软骨腐蚀等症状。DBA/1J小鼠饲喂动脉粥样硬化饲料可诱发主动脉粥样硬化，表现为对诱发中度敏感。DBA/1J小鼠发生免疫介导肾炎，表现为蛋白尿、肾小球肾炎及肾小管间质疾病。另外，DBA/1J小鼠可以用于神经生物学研究。

2. PN小鼠

小鼠在5月龄出现抗细胞核抗体，10月龄出现抗细胞核抗体达80%，是自发系统性红斑狼疮动物模型。

3. As小鼠

无脾突变鼠，该鼠脾脏完全缺失，应用于脾脏功能的研究，也是研究中医重要的动物模型。

第五节　诱发性人类疾病动物模型

一、诱发性疾病动物模型概述

诱发性动物模型可在短时间内复制出大量疾病模型，并可严格控制各种条件，使复制出的疾病模型适合研究目的需要，具有制作方法简便、实验条件简单、影响因素容易控制等特点。成为近代医学研究，特别是药物筛选中的首选。但诱发模型和自然产生的疾病模型在某些方面毕竟存在一定差异，在设计诱发性动物模型时要尽量克服其不足，发挥其特点。另外，尚有不少人类疾病至今未能用人工方法复制，需进一步研究。

物理因素包括机械力、手术、压力和温度的改变、放射线、噪声等。如冠脉结扎手术复制心肌缺血模型，机械损伤复制各类骨折模型，被动吸烟复制慢性支气管炎模型等。运用物理因素复制各种模型时，要注意选择适宜的刺激强度、频率和作用时间，按设计要求摸索有关实验条件。例如，要观察Ⅰ度烧伤，若作用时间过长，温度过高，则会出现深度烧伤，模型就会失去价值。

化学因素包括有毒药物、强酸强碱、农药、重金属以及各种有害化学物质。化学因素的作用包括两个方面，一是通过化学物质的烧伤、腐蚀；二是通过化学物质参与代谢实现。如强碱强酸诱发皮肤烧伤模型，普萘洛尔涂抹诱发银屑病样模型，高脂饲料诱发动脉粥样硬化模型，乌头碱诱发心律失常模型等。运用化学因素复制各种模型时应注意不同品种、不同年龄的动物存在着剂量、耐受性和不良反应等差异，如用四氯化碳复制肝脂肪变性动物模型，量大会引起肝坏死，乃至出现急性中毒死亡，故实验者需要通过广泛收集有关信息，在预实验中摸索稳定而有效的实验条件。

生物因素包括细菌、病毒、寄生虫、激素、生物制品等各种致病源，通过注射或接种使动物产生相应疾病。运用生物因素复制各种模型时，首先要充分了解动物与人在遗传背景、疾病易感性以及临床表现等方面的异同点，选用易感动物。在动物模型中，由生物因素诱导发生的传染或非传染性疾病占有相当的比例。如大肠杆菌内毒素诱导细菌性胆道感染模型，HBV接种诱导乙型肝炎模型，木瓜蛋白酶诱发骨关节炎模型等。

诱发性疾病动物模型适用于对各类疾病病因和发病机制的研究、候选药物活性的筛选、药物临床前主要药效学和毒理学的评价。

二、常见诱发性疾病动物模型

（一）心血管系统疾病动物模型

1. 心肌缺血动物模型

凡因各种原因引起的冠状动脉血流量降低，致使心肌氧供不足以及代谢产物清除减少均同心肌缺血。急性心肌缺血动物模型的制备方法很多，可概括为两类，一是开胸法，诸如冠脉结扎法、冠脉夹闭法、微量直流电刺激法、化学灼烧法及冠脉局部滴敷药物法；二是闭胸法，通过注射或接种使动物产生相应疾病，包括异物法及冠脉内注射药物诱发冠脉痉挛法。开胸法直观省时，易掌握，冠脉病变的部位恒定，个体间差异小，但需行开胸手术并使用呼吸机，创伤大，动物死亡率高。闭胸法简便易行，手术创伤小，动物死亡率低，术后动物恢复迅速，可以选择任何一支冠脉，定位准确，且动物处于较少的生理扰乱下，用这种方法制备的模型进行实验研究，结果相对准确，误差小。

复制心肌缺血模型所选用的动物，大多用哺乳动物，其中最常用的是犬。还有猪、兔、豚鼠、大鼠等。犬的体积大小适中，性情温顺易于训练。但犬的冠状血管结构和人相比，有较大差异，尤其是犬冠状动脉变异多，侧支吻合丰富，室间隔动脉特别发达等。猪冠状循环系统结构酷似人类，可利用小型猪进行心肌缺血的实验研究。

除急性心肌缺血动物模型外，还有慢性心肌缺血动物模型，是指长期试验的动物模型，该类模型更符合人类的疾病过程，在研究心血管康复训练的中心效应中，必须复制反复心肌缺血刺激的慢性动物模型。

2. 心律失常动物模型

心律失常是指心律起源部位、心搏频率与节律、冲动传导的异常。常用的方法包括：药物、电刺激、结扎冠状动脉等整体实验模型，也常用体外实验模型，包括：心肌细胞培养技术和电生理学技术等，以研究心律失常的细胞生物学机制和抗心律失常药物作用机制。

3. 高血压动物模型

高血压是一种以动脉血压持续升高［收缩压和（或）舒张压≥140/90 mmHg］为主要表现的慢性疾病，分原发性和继发性两大类。其中，原发性高血压的病因大致可分为：高盐饮食、肥胖、高龄、遗传等。高血压模型的建立可以用儿茶酚胺类或其他体液加压物质注射来形成，但是这类模型造成的高血压时间短，不适用于长时间的研究。因此，如果要进行长时间深入的研究则应复制慢性实验性高血压模型。除遗传性高血压动物模型较能模拟人类高血压病的自然过程外，其他各类慢性实验性高血压动物模型，大多要经过一定的手术、药物或其他附加因素处理，与人类高血压病的临床不完全一致，但是对于筛选有效降压药仍然是十分重要的实验手段。实验中常用的动物为大鼠和犬。

4. 动脉粥样硬化动物模型

动脉粥样硬化的病理特征主要是动脉内膜出现大量的粥样斑块和泡沫细胞，病因与糖耐量降低、脂质代谢异常、高血压、肥胖等因素相关。该模型制备方法有：高脂高糖饲料喂饲法、药物诱导法、血管内膜损伤法、基因工程法。大鼠、小鼠、鸡、鸽、鹌鹑、猕猴、小型猪、犬等动物均可用于制作动脉粥样硬化模型。但模型兔在心脏的主要病变部位与人类不同；大鼠、小鼠和犬较难在动脉形成粥样硬化斑块；猕猴虽接近于人的病理变化，但费用昂贵；小型猪诱发的病变部位、病理特点均与人类相似，有时还伴有心肌梗死，但饲养管理比较麻烦。

（二）消化系统疾病动物模型

1. 急性胰腺炎实验动物模型

大鼠胰胆管注射牛磺胆酸钠可复制急性胰腺炎实验动物模型。造模方法还有铃蟾肽造模、逆行胆管注射法、胰管胆结扎法等。

2. 肝硬化动物模型

大鼠腹内注射D-氨基半乳糖，约半年左右即可形成肝硬化。

3. 胆囊炎动物模型

胆囊炎是由细菌感染或化学刺激（胆汁成分改变）所致的胆囊炎性病变。经典的模型制备方法有细菌感染法、植石刺激法、化学品诱导法、胆总管结扎加细菌感染法等。

4. 脂肪肝动物模型

脂肪肝是由各种原因引起的肝细胞内脂肪堆积过多的一类疾病。其病因大致可分为：过量饮酒、长期高糖/高脂饮食、药源性肝损害、慢性肝病等。经典的动物模型制备方法主要有高糖/高脂饲料喂饲法、四氯化碳诱导法、乙醇灌胃法。

（三）呼吸系统疾病动物模型

1. 慢性支气管炎动物模型

慢性支气管炎是支气管、支气管黏膜及周围组织的慢性非特异性炎症。临床症状以反复发作的慢性咳嗽、咳痰或伴有喘息为特征，病理特点是支气管腺体增生，黏液分泌增多。其病因主要分为吸烟、微生物感染、粉尘刺激、过敏因素等，常用的模型制备方法有呼吸道感染法、被动吸烟法、气道高反应法、甲醛溶液刺激法等。

2. 肺水肿模型

用氧化氮吸入可造成大鼠和小鼠中毒性肺水肿，或用气管内注入50%葡萄糖液（兔及犬分别为1 mL及10 mL）引起渗透性肺气肿。

3. 支气管痉挛、哮喘模型

常选用鸡蛋白溶液作致敏抗原腹腔注射豚鼠复制急性过敏性支气管痉挛。

（四）泌尿系统疾病动物模型

1. 慢性肾小球肾炎动物模型

慢性肾小球肾炎是由多种原因引起的肾小球为主要病变部位的慢性疾病。制备方法有抗血清法、异种蛋白法、阿霉素法等。

2. 肾结石、膀胱结石动物模型

在动物身上复制泌尿系统的结石是比较困难的，也不能复制人体结石形成的全部复杂过程。一般是以异物移植入膀胱内，也有用不含维生素A的食物饲养动物或灌注细菌等方法造成。用乙二醇和乙醛酸钠中毒时，在肾内形成草酸钙结晶，有利于结石的发生。

（五）内分泌疾病动物模型

1. 糖尿病动物模型

糖尿病主要分胰岛素依赖型和非胰岛素依赖型。复制糖尿病模型的方法有多种，如化学诱导法、胰腺切除法、高脂/高糖饲料饲喂法。其中，以实验性链脲佐菌素诱导大、小鼠糖尿病模型最为常用。

2. 甲状旁腺功能亢进症动物模型

原发性甲状旁腺功能亢进症是由于甲状旁腺激素合成和分泌过多，导致体内钙磷代谢紊乱的一种内分泌疾病。目前常采用的模型制备方法为高磷饮食诱导法。

3. 甲状腺功能减退症动物模型

甲状腺功能减退症（甲减症）是由于甲状腺激素合成或分泌不足，引起机体代谢活动下降所引起的临床综合征。模型制作方法有：低碘饲料喂饲法、化学诱导法、甲状腺切除法。

（六）神经系统疾病动物模型

1. 癫痫动物模型

癫痫是一种以大脑局部病灶突发性的异常高频放电并向周围组织扩散为特征的大脑功能障碍，同时可伴随短暂的运动、感觉、意识及自主神经功能异常。大鼠腹腔注射氯化锂、毛果芸香碱可出现持续性癫痫发作。

2. 抑郁症动物模型

抑郁症是一类以情绪低落为主要特征的情感性精神疾患，呈慢性、反复性发作。

抑郁症与遗传因素、神经介质及躯体、心理和环境因素有关。抑郁症动物模型制备方法有：应激法、药物法、嗅球切除法。最早期的抗抑郁药是在临床试验中偶然发现的，如单胺氧化酶抑制剂异丙烟肼在用于抗结核病治疗时发现能提高结核病患者的情绪，三环化合物丙米嗪在治疗精神病时发现能改善一些精神病患者的抑郁症状。

3. 帕金森病动物模型

国际通用、国内应用较多的有两种方法：一种方法是通过在大鼠的黑质或内侧前脑束注射6-羟多巴胺（6-OHDA）；另一种方法是通过对模型动物（如猴、小鼠、猪等）进行1-甲基-4-苯基-1，2，3，6-四氢吡啶（MPTP）的管饲和立体定位注射。

还有其他建立帕金森病模型的方法，如利血平模型。主要可以通过抑制去甲肾上腺素能神经元末梢的再摄取功能，使囊泡内贮存的多巴胺（DA）及其他的儿茶酚胺类递质耗竭。机械损伤模型，可以造成黑质内的多巴胺能神经元进行性死亡。机械损伤已经建立的造模方法有前脑内侧束独突切断术和中脑半切术，尤以前者应用较多。用该方法造模成功率高，较为经济；黑质DA能神经元呈现渐进性死亡，可以模拟帕金森病病理变化的全过程，对于研究神经元的再生和帕金森病的预防有一定的意义。但切断术后短时间内，损伤的程度不稳定。

4. 记忆障碍动物模型

常用的复制动物记忆障碍的方法有电休克法、缺血缺氧法、药品诱导法、应激法、剥夺睡眠法等，目前最常用的学习记忆实验方法有跳台法、避暗法、水迷宫法。

（七）生殖系统疾病动物模型

1. 前列腺增生症动物模型

前列腺增生症是指以前列腺中叶增生为实质改变而引起的一种特殊的组织病理性疾病。其病因和发病机制至今尚未完全明确，所以就有多种学说。模型制备方法有雄性激素法、胎鼠尿生殖窦植入法等。

2. 子宫内膜异位症动物模型

子宫内膜异位症是指具有生长功能的子宫内膜在子宫被覆面以外的地方生长繁殖而形成的一种妇科疾病。常见的模型制备方法有腹壁子宫内膜异位法和皮下子宫内膜异位法等。

第六节　遗传修饰性动物模型

转基因技术是利用分子生物学和实验胚胎学的原理和技术，将扩增或重组的目的基因，通过直接导入或载体介导的方法，导入动物受精卵或早期胚胎细胞中，使其整合到宿主基因组中，在宿主发育过程中表达，并能通过生殖细胞传递给后代。自1974年Janelsch等首次进行转基因动物实验，到1982年Palmiter等成功培育出转基因"超级鼠"

被世界公认为首批转基因动物。成功、高效的基因转移是转基因动物制备的关键，经过近四十年的发展，越来越多的新技术被用在动物转基因实验中。

一、遗传修饰动物制备技术

早期主要以显微注射法、转基因体细胞核移植法、精子介导的基因转移法以及逆转录病毒载体法为主。随后，胚胎干细胞技术、转座子技术及RNA干扰技术也被广泛应用于转基因动物中。近几年，锌指核酸酶（ZFN）技术、Talen技术以及Crispr／Cas9核酸酶介导的基因编辑技术等新兴技术在遗传修饰动物领域的成功应用，大大促进了实验动物转基因遗传修饰技术的发展，同时使原本难度较大甚至不可能的遗传修饰操作成了可能。制作遗传修饰动物，一般根据研究需要选择动物的品种（品系），在选择动物时，应充分考虑动物的质量因素，一般选择SPF动物进行遗传修饰。在没有SPF动物的情况下，应先确定所选动物的微生物及寄生虫质量标准，并严格检测，以避免制作的遗传修饰动物携带对研究有影响，甚至威胁动物乃至人类健康的致病病原。

（一）显微注射法

显微注射法又叫受精卵原核显微注射法，是应用较为广泛的制备转基因动物的方法之一。其基本过程是利用显微操作系统和显微注射技术，用直径约1 μm的玻璃针直接刺入受精卵的雄原核内，注入外源基因并使之整合到动物基因组，再通过胚胎移植技术将整合有外源基因的胚胎移植到受体输卵管或子宫内继续发育，产下携带有外源基因的子代即得到转基因动物。显微注射法适用于制备多种转基因动物。

（二）转基因体细胞核移植技术

转基因体细胞核移植技术就是以体外培养的哺乳动物体细胞为材料，先将外源基因导入体细胞中，再对体细胞进行筛选，将其中的阳性细胞进行体细胞核移植，体外培养转基因克隆胚胎，然后将胚胎移植入代孕动物，获得与供体细胞基因型完全相同的后代转基因动物。

（三）精子介导的基因转移法

精子介导的基因转移法是一种通过精子吸附DNA，再通过受精作用把目的基因导入受精卵传给子代动物，从而获得转基因动物的方法。

（四）逆转录病毒载体法

逆转录病毒载体法是利用逆转录病毒DNA的LTR区域具有转录启动子活性，将目的基因构建到逆转录病毒载体LTR下游进行重组后，制成高滴度的病毒颗粒，然后用重组病毒感染供体动物着床前后的胚胎，携带目的基因的逆转录病毒DNA可以整合到宿主基因组中。再将重组胚胎移植入代孕母体内即可获得转基因动物。

（五）胚胎干细胞技术

胚胎干细胞（ES）是从动物早期胚胎（桑葚胚或囊胚）的内细胞团中分离并建立

的多能干细胞系。该法是将外源基因通过随机插入或同源重组的方式导入ES细胞，然后将转基因阳性ES细胞注射入囊胚后可参与宿主的胚胎构成，移植到假孕受体得到嵌合体后代，再通过杂交繁育得到纯合的转基因动物。

（六）RNA干扰

RNA干扰是一种普遍存在于绝大多数生物真核细胞中由外源或内源性短的双链RNA（dsRNA）启动并依赖于RNA诱导沉默复合体（RISC）活性的转录后基因沉默过程。它是通过一段短的dsRNA诱导细胞内同源靶mRNA高效特异性降解，使目的基因表达下调、沉默。从而实现基因表达调控的时空性和可逆性。

（七）锌指核酸酶技术

锌指核酸酶（ZFNs）是由能特异结合DNA的锌指蛋白（ZFPs）与非特异性核酸内切酶（FokⅠ）构成的一种嵌合蛋白。锌指核酸酶定点识别并剪切DNA，在特定位置产生DNA双链断裂，继而启动细胞的修复机制，从而实现基因敲入（knock in）或基因敲除（knock out）。2005年，Urnow等发现一对由4个锌指连接而成的ZFN可识别24 bp的特异性序列，由此揭开了ZFN在基因组编辑中的应用，该方法已在果蝇、马哈鱼、大鼠和小鼠等模式生物中得到应用。该法的优点是没有物种限制，操作相对简单，效率较高。

（八）Talent技术

Talent技术是基于植物病原体黄单胞菌中分泌的一种转录激活子样效应因子而设计和构建的，主要由Tale蛋白的DNA结合结构域和FokⅠ核酸内切酶切割域两部分组成。Tale蛋白是由N端、中央DNA结合域和C端激活结构域组成，中央的DNA结合域由1.5～33.5个Tale重复单元组成。每个Tale重复单元又由34个氨基酸组成，其中第12位和第13位氨基酸是可变的，称为重复可变双残基（repeat variant diresidue，RVD），其余32个氨基酸高度保守。2009年Moscou实验室和Boch实验室破译了RVD与碱基识别的规律，即NI（天冬酰胺-异亮氨酸）识别A，NN（天冬酰胺-天冬酰胺）识别G，HD（组胺酸-天冬氨酸）识别C，NG（天冬酰胺-甘氨酸）识别T。FokⅠ核酸内切酶，当Tale蛋白与DNA序列特异结合使FokⅠ核酸内切酶形成二聚体形时才能发挥活性，对DNA双链进行切割。DNA受损后细胞会通过非同源末端连接（non-homology ending joining，NHEJ）或同源重组（homology recombination，HR）进行修复。当不存在同源模板时，主要是通过NHEJ来进行修复，从而产生基因敲除；当存在同源模板时会通过HR来进行修复，从而产生基因敲入。目前，研究者应用该法已经对果蝇、斑马鱼、青蛙、大鼠和猪等模式生物进行基因组定点编辑。

（九）Crispr/Cas9核酸酶介导的基因组编辑技术

Crispr全称为规律成簇间隔短回文重复，这是一类广泛分布于细菌和古细菌基因组中的重复结构。由一系列的相向的Repeat序列和不同的外源初Spacer序列组成。外源基因首次进入细菌中时，系统会识别外源基因中带有PAM（NGG）的序列，并将其上游约30 bp的序列剪切后插入Crispr的两个Repeat中形成新的Spacer，获得免疫记忆。当外源基因再次进入细菌时，Crispr在前导序列Leader的作用下起始转录，转录得到的前体RNA（Pre-crRNA）在相关的核酸酶的作用下被剪切成小的含有Spacer的发夹RNA（crRNA）。crRNA与相关Cas蛋白一起能够识别Spacer对应的外源基因序列，并实现对外源DNA的切割，达到免疫功能。

Crisper/Cas9是最新发展起来的基因组定点修饰技术，比TJen和ZFN技术更易于操作（只需根据目的基因合成相对应的RNA），而且能够同时实现多基因编辑，具有更强的扩展性。

遗传修饰技术经过几十年的发展，多个技术可同时应用，加强和扩大了基因组编辑工具。展望未来，我们可以预期通过优化条件，提高整合率，而且研究人员还致力于开发基因修饰新技术。

二、遗传修饰动物在实验动物科学中的应用

遗传修饰动物以其鲜明的特征和不可比拟的优势被广泛用于基因功能、表达调控、培育动物新品种、人类疾病动物模型和治疗、器官移植、生产药用蛋白等方面。

（一）遗传修饰动物在基因功能和表达调控研究中的应用

通过在动物体内转入或敲除某一基因，可以阐明这一基因在生长发育过程中的功能。与原核生物相比，真核生物的基因结构非常复杂，而且具有复杂的基因表达调控系统，应用遗传修饰动物研究基因功能和基因表达调控，可以将分子、细胞和整体动物水平的研究统一起来，从时间和空间角度综合研究，其结果更能反映活体内在的情况。例如，将带有不同侧翼序列的目的基因导入小鼠受精卵，观察外源基因在不同发育时期的复制和表达行为，以便找出复制和表达的调控元件。

（二）遗传修饰动物在人类疾病动物模型和治疗方面的应用

几乎所有人类疾病都与基因有关。利用基因工程动物的方法研究基因的表达调控与疾病发生的关系，建立各种人类疾病的动物模型，为人类疾病发病机制的研究提供了十分有用的材料。理想的遗传修饰动物，可以模拟人类疾病的发生和发展过程，并为测试各种可能的治疗方案提供一个统一有效的系统。成人多囊肾病是一种多发的遗传病，发病率达1：1 000，Lowden等通过过量表达转化生长因子A的转基因小鼠来探索成人多囊肾病的发病机制；由Donehower等研究了p53基因，在哺乳动物发育与肿瘤形成中的作用，他们剔除鼠的p53基因，发现缺失正常的p53基因使鼠有产生多种肿瘤的倾向。

（三）遗传修饰动物在人类器官移植中的应用

人类器官移植面临着供移植用的器官来源不足和移入器官发生免疫排斥反应的问题。猪的器官大小、结构和功能上与人类最为相似，因此，目前为人类提供最为理想的

异种器官来源动物是猪。不同物种器官组织中的糖蛋白不同，而α-1，3-半乳糖转移酶是机体α-1，3-半乳糖合成所必需的功能蛋白，异源性α-1，3-半乳糖能被人体免疫细胞识别引发免疫排斥反应。赖良学等利用基因打靶和体细胞核移植技术，在猪的胚胎成纤维细胞中敲除α-1，3-半乳糖转移酶基因，以该细胞作为核供体，成功获得了α-1，3-半乳糖转移酶基因敲除猪，制备出不具有免疫排斥性的异种器官。

（四）遗传修饰动物在药学研究方面的应用

应用实验动物进行药物筛选，是现代医药学发现药物的主要途径，尤其是整体动物的病理模型。建立重大疾病，疑难疾病以及与中医"病证"相对应的动物模型是药物筛选的长期重要任务。然而传统的动物模型由于选用与人类共种疾病有着相似症状的动物，其致病原因、机制常不尽相同，因此导致筛选结果有时具有不确定性，试验结果与临床结果不一致，且价格昂贵。遗传修饰技术的发展，为建立动物病理模型提供了有利的条件，可建立敏感动物品系及与人类疾病相同的动物模型用于药物筛选，可以从整体水平直观反映出药物的治疗作用、不良反应及毒性作用，真正体现目的基因的活动特征。避免了传统动物模型上述缺点。其结果准确、经济，试验次数少，试验时间大大缩短，现已成为人们试图进行药物"快速筛选"的一种手段。例如，随着癌基因的不断发现，越来越多的肿瘤疾病模型被用于药物筛选。目前已培养出较多的转基因动物，如高血压症大鼠、糖尿病大鼠、老年痴呆型大鼠用于药物筛选研究，并已在抗肿瘤药物、抗艾滋病病毒药物、抗肝炎病毒药物、高血压药物的筛选中取得突破性进展。

综上所述，遗传修饰技术可以用来建立人类疾病的各种动物模型，用以研究外源基因在整体动物中的表达调控规律，对人类疾病的病因、发病机制和治疗学的研究起到极大的促进作用。但是，建立的疾病基因工程动物模型存在疾病动物模型品系过少（主要是小鼠），动物模型"失真"以及转基因及基因剔除动物技术难度大等缺点，遗传修饰动物模型仍需进行多方位的完善和改进。随着转基因技术与实验动物这一交叉学科的发展，遗传修饰动物模型必将得到更加广泛的应用。

第七节 免疫缺陷性动物模型

一、免疫缺陷动物疾病模型概述

免疫缺陷动物是指由于先天性遗传突变或用人工方法造成一种或多种免疫系统组成成分缺陷的动物。1962年，苏格兰医师Issacson等首批发现无胸腺裸小鼠。1969年，丹麦学者Rygaard首次成功地将人类恶性肿瘤移植于裸小鼠体内，在裸小鼠体内肿瘤存活并生长，开创了免疫缺陷动物研究和应用的新局面。从此，免疫缺陷动物逐渐应用于医学生物学研究，成为肿瘤学、免疫学、细胞生物学和遗传学等研究的重要模型动物，受到广泛关注。

免疫学研究发现，对异种移植物起排斥作用是T淋巴细胞的活性。因而切除新生动物的胸腺、脾脏，以选择性破坏同种或异种肿瘤移植物的排斥，可提高肿瘤移植的成功率。但这种方法的手术复杂，动物的生命周期短。

免疫缺陷动物的发现，为建立人类肿瘤移植动物模型开辟了新路径。在过去的30年中，已成功地将nu基因（裸基因）导入不同近交系动物，形成了系列动物模型；仅小鼠就建了20余种近交系裸鼠模型，发现和培育了以B淋巴细胞功能缺陷为特征的CBA/N小鼠，NK细胞功能缺陷的Beige小鼠，以及T、B淋巴细胞功能联合缺陷的SCID小鼠等免疫异常基因整合在一个动物上。这些具有不同遗传背景和不同免疫缺陷的动物模型成为近代生物医学的宝贵试验材料，并大大推动了肿瘤学和免疫学等学科的发展。免疫缺陷动物模型的建立与发展，是继近交系动物的诞生、悉生动物的出现之后的又一重大突破。

二、常见免疫缺陷动物疾病模型

（一）免疫缺陷动物分类

1. T淋巴细胞功能缺陷动物

裸小鼠、裸大鼠、裸豚鼠、裸牛等。

2. B淋巴细胞功能缺陷动物

CBA/N小鼠（性连锁免疫缺陷小鼠）、雄性种马和1/4杂种马、免疫球蛋白异常血症动物等。

3. NK细胞（杀伤细胞）功能缺陷动物

Beige小鼠。

4. 联合免疫缺陷动物

SCID小鼠（T淋巴细胞、B淋巴细胞联合免疫缺陷），Beige-Nude小鼠（T淋巴细胞、NK细胞免疫缺陷）等。

5. 获得性免疫缺陷动物

小鼠AIDS模型、猴AIDS模型、黑猩猩AIDS模型、家兔恶性纤维瘤综合征模型等。

6. 其他免疫缺陷动物

无脾（asplenia）突变系小鼠等。

（二）免疫缺陷动物模型介绍

1. T淋巴细胞功能缺陷动物模型

胸腺分泌淋巴细胞缺陷导致细胞免疫功能丧失，临床发现为毛发缺乏和胸腺发育不全。1966年，在苏格兰的一群小鼠中发现了一种突变种——自发无毛小鼠，该鼠生长不良，繁殖力低下，易发生严重感染，到1968年对无毛小鼠进行纵隔连续切片，显示出胸腺缺失，遗传检查为常染色体隐性遗传，这种动物能接受同种或异种组织移植。现在有多种遗传性无胸腺动物，如裸小鼠、裸大鼠、裸豚鼠和遗传性无脾症小鼠动物模型。

（1）裸小鼠（nude mice）起源于非近交系小鼠品系，位于第11号染色体上带有nu隐性突变基因。包括BALB/c-nu、NIH-nu、NC-nu、Swiss-nu、C3H-nu、C57BL/6-nu等。被毛生长异常，呈裸体外表。T淋巴细胞功能缺陷，B淋巴细胞功能一般正常。无胸腺，在SPF环境下可活15～26周。应用于肿瘤学、免疫学、遗传学、寄生虫学、毒理学等基础医学和临床医学的实验研究。

（2）裸大鼠（nude rat）由含有裸基因的8个近交系大鼠（BN、MR、BUF、WN、ACI、WKY、M520、F344）经系列交配而成，基因符号为rnu。躯下部被毛稀少，头部、四肢和尾部毛较多；T淋巴细胞功能缺陷，B淋巴细胞功能一般正常。无胸腺，对多种传染病更敏感，在SPF环境下可存活1～1.5年。适宜大范围的外科手术，常用于人类多种肿瘤移植研究，如黑色素瘤、恶性胶质瘤、结肠瘤、胰腺癌、肺癌、乳腺癌等。

2. B淋巴细胞功能缺陷功能模型

临床常表现为免疫球蛋白缺失，细胞免疫正常。CBA/N小鼠，起源于CBA/H品系，为X染色体隐性遗传。B淋巴细胞发育先天性缺陷，B淋巴细胞功能缺乏，对非胸腺依赖性Ⅱ型抗原没有体液免疫反应，血清IgG、IgM含量低。有X连锁免疫缺陷。如果移植正常鼠的骨髓到xid宿主，B细胞缺失可得到恢复。而将xid鼠的骨髓移植到受射线照射的同系正常宿主，其仍然表现为不正常的表型。适用于研究X染色体对免疫功能的影响。是研究B淋巴细胞的发生、功能与异质性的理想动物模型。

3. NK细胞功能缺陷动物模型

Beige小鼠，为NK细胞功能缺陷的突变系小鼠。bg隐性突变基因，位于13号染色体上。现有品系为C57BL/6N-bg。基因纯合的Beige小鼠毛色变浅，耳朵和尾巴色素减少。免疫学特点为NK细胞发育和功能缺陷，细胞毒T淋巴细胞功能损伤，粒细胞趋化性和杀菌活性降低，巨噬细胞抗肿瘤活性、移植物抗宿主（GVH）反应欠缺。由于溶酶体功能缺陷，Beige小鼠对化脓性细菌感染及各种病原体都较敏感，必须饲养于SPF环境中才能较好地生存。Beige/nude小鼠的繁殖是在纯合子之间进行的。Beige小鼠适用于作为色素缺乏易感性增高综合征动物模型进行实验研究。Beige/nude小鼠特别适用于对肿瘤转移因素的研究。

4. 联合免疫缺陷动物模型

SCID/小鼠，SCID（severe combined immune deficiency，SCID）小鼠即重症联合免疫缺陷小鼠。由美国Bosma于1983年首次发现，1988年，由Jackson实验室引入我国。遗传检查为位于第16对染色体上带有符号为SCID的单个隐性突变基因，现有品系为CB-17/SCID。T淋巴细胞和B淋巴细胞数量大大减少，细胞免疫和体液免疫功能缺陷；骨髓结构、巨噬细胞和NK细胞功能正常。胸腺、脾脏、淋巴结重量下降；外周血白细胞和淋巴细胞减少，容易死于感染性疾病，必须饲养在屏障环境中；寿命1年以上。通过移植入免疫组织或免疫细胞，可使SCID小鼠具有人类部分免疫系统，称为SCID-hu小鼠。

与非肥胖糖尿病小鼠NOD/Lt杂交可培育出杂交双突变NOD-SCID小鼠，后者除保留了SCID小鼠T淋巴细胞、B淋巴细胞缺陷的特点外，同时还具有低NK细胞活性的特性，属T淋巴细胞、B淋巴细胞、NK细胞缺陷的严重联合免疫缺陷动物模型。常用于肿瘤、免疫学、胚胎干细胞、人类自身免疫性疾病和免疫缺陷性疾病的研究。

第八节　中医证候性动物模型

一、中医证候动物模型研究概述

（一）动物证候模型定义

中医证候动物模型是以中医理论为指导，应用实验手段在实验动物身上复制中医"证"，用以开展中医证候研究的实验方法。中医证候动物模型的研究以中医基础学和实验动物学为基础，中医基础学指导着中医证候动物模型的研制思路，并可作为评价判断模型的理论依据；而实验动物学则更加具体地指导着动物模型研制的实施。因此，可以理解为中医证候动物模型学的产生在很大程度上来讲是中医基础学与实验动物学有机结合的结果。

20世纪60年代以来，国内学者展开了大量的实验动物中医证候造模研究。建立起包括肾阳虚证动物模型在内的200余种证候动物模型。这些模型在中医各个学科得到广泛的应用，推动了中医学实验研究的发展和中医药的现代化。

（二）建立中医证候动物模型的目的和意义

（1）验证传统中医基础理论的实质内涵及其科学性，实现中医宏观与微观、结构和功能的有机结合，促进中医理论实现现代化，如脏象本质的研究、证候发生机理的研究、中医病因致病机理的研究以及同病异证、异病同证的发生机理的研究等。

（2）发现新问题，探求新规律，从而丰富和创新中医基础理论，如肾阳虚定位研究等。

（3）与中医临床研究相互补充，为中医治法方药的疗效及其作用机理提供科学客观的依据。如同病异治、异病同治的机理、中医治则治法及其复方、中药单体以及针灸的疗效及治疗机理的研究等。

（4）为中药新药的研制开发以及进入国际市场提供科学依据，如中药复方的剂型、质量控制研究等。

（三）复制中医证候动物模型的方法

1.模拟中医传统病因建立动物模型

（1）单因素造模：如用猫吓孕鼠法制作的"恐伤肾"动物模型。

（2）复合因素造模：例如用放血和限制饮食的方法制作血虚动物模型，用睡眠剥夺的小鼠站台法制作的心虚证模型。

2.采用西医病因病理复制动物模型

（1）化学因素刺激法：如以高分子右旋糖酐液制作家兔血瘀证模型；以秋水仙碱制作大鼠脾气虚证模型。

（2）生物因素刺激法：如以肺炎双球菌制作家兔邪热壅肺证模型；以巴氏杆菌制作家兔温病气营传变模型。

（3）物理、机械因素刺激法：结扎大鼠一侧大脑中动脉（MCAO）造成局灶性脑缺血模型，通过对MCAO大鼠神经病学、被动性条件反射、脑梗死面积及脑组织病理学等多项指标的检查测定，显示出醒脑开窍针法对局灶性脑缺血的明显治疗作用；取体外直肠半结扎法建造"肺与大肠相表里"实验动物模型，模型鼠出现反应性肺损害，大承气汤对其有明显促修复作用。

（4）综合因素刺激法：采用地塞米松、呋塞米和大肠杆菌内毒素联合造模的方法，制作温病营热阴伤证家兔动物模型，模型家兔在症候表现和病理改变上与传统中医理论相关性较高。

3.依据中西医结合病因学说塑造动物模型

采用中剂量链脲佐菌素腹腔内注射及肥甘饮食持续喂养10周的方法，复制实验性NIDDM大鼠模型（消渴病）。给动物灌服寒凉药及结扎冠状动脉并逐渐缩窄升主动脉口径，制作家兔充血性心力衰竭少阴病阳虚水停证模型。

二、常见中医证候动物模型

（一）气虚证

气虚，是指气的量不足及随之而来的气的功能减退。

1. 减少小鼠进食量的气虚证模型

每只小鼠每日给饲料15 g/100 g体重（基础饮食量），造模时间为3周。结果，从第15天开始，小鼠出现精神不振，毛枯、竖立、脱落。各脏器有不同程度的萎缩，其中，胸腺重量系数下降更为明显，T淋巴细胞明显减少。

2. 大黄苦寒泻下脾气虚、脾阳虚模型

昆明小鼠，雌雄均可，体重20～22 g。含100%～125%生药生大黄煎液每天0.4～0.8 mL灌胃，持续7～8 d。造模后有便溏脱肛、纳呆、活动减少等气虚、阳虚表现。

（二）血虚证

1. 失血型血虚证模型

昆明小鼠，雌雄均可，20（±2）g。用75%酒精棉球擦拭鼠尾部，使血管充血，剪去尾尖0.25～0.75 cm；并将鼠尾浸入37℃左右温水中，直至失血约0.5 mL，隔日一次，共3次。造模后有气血虚表现，动物活动减少，尾巴颜色苍白、被毛粗乱、蓬松、无光泽，但持续间短，易于恢复。

2. 乙酰苯肼血虚证模型

昆明小鼠，雌雄均可。皮下注射乙酰苯肼溶液一次，每10 g体重1.5～3 mg；或隔3 d再注射一次。造模后出现溶血性贫血，成模率高。依据溶血严重程度不同，可出现血虚、气虚，甚至阳虚表现。

（三）阴虚证

1. 甲状腺激素阴虚证模型

昆明小鼠，雌雄均可，体重20～30 g。以甲状腺片混悬液灌胃，每公斤体重300 mg，也可用其他甲状腺激素类制剂，连续给药7 d。造模后可见消瘦、轻度发热、心率加快等表现；但造模结束后，动物会迅速恢复。

2. 肾上腺皮质激素肾阴虚模型

昆明或NIH小鼠，雌雄均可，体重24～29 g。皮下注射氢化可的松、地塞米松或其他皮质激素制剂，每公斤体重100 mg，连续4～7 d。造模后小鼠出现竖毛、毛无光泽、拱背少动、反应迟钝、消瘦、体温升高、心率加快等表现。一些证候与肾上腺皮质功能亢进或大剂量的皮质激素使用后患者临床表现近似，但不够稳定。

（四）阳虚证

1. 利血平脾阳虚证模型

小鼠注射利血平0.75 mg/kg，几十分钟后，即可出现皮肤温度下降，形寒肢冷的阳虚症状。也可腹腔注射利血平每天每公斤体重0.3 mg，连续5～14 d，即出现阳虚症状，表现为腹泻、体温低下、摄食量减少、懒动、消瘦等。

2. 羟基脲肾阳虚模型

昆明或NIH小鼠，雄性，体重20～24 d。羧基脲灌胃，每天给药量300～400 mg/kg，用药14 d。造模后出现活动迟缓、体毛枯疏、体温降低等表现。

3. 自然衰老肾阳虚模型

昆明小鼠，雌雄均可，饲养至24月龄以上。模型小鼠出现体重增加、少动；雄性小鼠卵巢和子宫萎缩，类似于《内经》描述的肾虚"天癸竭"。

4. 醋酸氢化可的松肾阳虚模型

昆明小鼠，雌雄均可，体重20～22 g。醋酸氢化可的松每天每公斤体重0.5 mg皮下或肌内注射，连续7 d。小鼠可见倦怠、耐寒时间缩短、蜷曲少动、体重减轻等表现。

（五）寒　证

1. 风寒证模型

昆明或NIH小鼠，雄性，体重18～22 g。风寒刺激箱［温度10（±2）℃，风速2.5 m/s，相对湿度75%］连续吹风10 h，中间停止1 h，以便动物摄取饮食。造模后小鼠出现畏寒喜暖、蜷缩、活动减少、直肠温度下降。

2. 寒凉药灌胃寒证模型

昆明或NIH小鼠，用寒凉药山栀、黄芩、龙胆草、莲子心、知母以等比例制成水煎液，灌服，用药量1.5 g/只，1次给药，0.5 h出现寒证。造模后小鼠安静、少动、蜷缩、腹泻、畏寒、行动迟缓、自主活动减少等。

（六）热　证

1. 用温热药灌服热证模型

用温热药附子、肉桂、干姜以等比例制水煎剂灌服，用药量约20 g/kg体重，用药14 d。造模后大鼠饮水量、摄食量增加。

2. 仙台病毒滴注肺热证模型

ICR小鼠，雌雄均可，体重20～24 g。乙醚麻醉后从鼻腔滴入仙台病毒液。造模第2天起小鼠出现热证，表现为蜷缩、耸毛、少食、大便干燥、呼吸急促、消瘦。

3. 啤酒酵母或干酵母皮下注射热证模型

Wistar大鼠，雌雄均可，体重200～280 g。背部皮下注射10%鲜啤酒酵母悬浮液每公斤体重10 mL。造模后大鼠体温在4～6 h明显升高。

4. 大肠杆菌内毒素里热证模型

Wistar大鼠，体重200～280 g，雄性。尾静脉注射大肠杆菌内毒素每公斤体重80 μg。造模后80 min体温上升达高峰，通常在注射内毒素后120 min后体温恢复正常。

（七）血瘀证

1. 大肠杆菌感染法

在家兔耳缘静脉注射大肠杆菌生理盐水悬液1 mL/kg，注射前计数法调整细菌浓度至$900×10^9$/L。注菌后家兔表现为躁动不安、呼吸急促、体温升高，舌质暗红，平均生存时间22.2 h，动物死前呈虚弱状态。尸检皮下及内脏有淤斑、淤血。

2. 寒冷刺激的寒凝血瘀证模型

昆明小鼠，雄性，体重24～31 g。用3份冰加1份结晶氯化钙粉碎混合，制成冰袋；用褪毛剂将小鼠双侧后肢被毛除去；用冰袋围置后肢，温度降至零下20℃，分别冷冻0.5 h、1 h。造模后小鼠后肢皮肤苍白、冰冷；复温后局部红、肿、淤血。

3. 脑内血肿血瘀证模型

昆明小鼠，雄性，体重30～35 g。在浅麻醉下摘除右侧眼球，用0.5 mL无菌注射器取血0.2 mL，迅速注入同一动物左侧大脑半球中部，使动物造成左侧大脑半球内血肿，出现偏瘫。

4. 肿瘤接种血瘀证模型

昆明小鼠，雄性，体重18～22 g。将0.2 mL含2×10^6个S_{180}肿瘤细胞接种于右上肢腋窝内。接种肿瘤细胞大约1周后，腋下出现肿块。实验室检测：血小板聚集率呈高聚集变化。

第七章　实验动物福利伦理与审查

随着人类社会的进步和发展，尤其是随着人类文明程度的不断提高，如何正确对待动物，尤其是实验动物的生命，如何科学、合理、人道地使用实验动物，如何维护实验动物福利等一系列问题引起了人们的深思。实验动物福利伦理问题日益引起社会的关注。

第一节　实验动物福利

一、动物福利的概念

所谓动物福利，即人类应该合理、人道地利用动物，要尽量保证那些为人类作出贡献的动物享有最基本的权利。通俗地说，就是在动物饲养、运输、宰杀过程中要最大限度地减少它们的痛苦，不应该虐待它们。

动物福利也可以简述为"善待活着的动物，减少动物死亡的痛苦"。

Hughes将饲养于农场的动物福利定义为"动物与它的环境相协调一致的精神和生理完全健康的状态"。

动物福利是动物在整个生命过程中受到保护的具体体现，其基本原则是保证动物的康乐（well-being）。动物康乐也就是指自身感受的状态，即"心中愉快"的感受。包括使动物身体健康，体质健壮，行为正常，无心理上的紧张、压抑和痛苦等。从理论上讲，动物康乐的标准是对动物需求的满足。动物的需求包括3个方面，即维持生命的需要、维持健康的需要以及生活舒适的需要。动物福利的目的是动物的康乐，是保证动物康乐的外部条件，而动物康乐的状态又反映了动物福利条件的状况。搞好动物福利的前提是提高对动物福利的认识，从各个环节去保证为动物创造符合动物要求的生存、居住、生活条件，维护动物的健康。

国际上公认人工饲养的动物应享有5项自由：不受饥渴的自由；生活舒适的自由；不受痛苦伤害和疾病威胁的自由；生活无恐惧的自由；表达天性的自由。这也是国际社会一致认同的保障动物福利的5条标准，是基本原则。根据这一基本原则，目前世界上已有100多个国家建立了完善的动物福利法规。

只有当人们认为动物和人类一样有感知、有痛苦、有恐惧、有情感需求的时候，动物福利理念才能得以建立。动物的利用和动物福利是相互对立统一的两个方面。动物福利过高，会使生产者或者动物的主人负担过重，造成不必要的浪费。强调动物福利并不是片面地一味地保护动物，而是要求我们在利用动物的同时，改善动物的生存状况，杜绝使用极端的手段和方式。

提倡动物福利所要达到的主要目的有两个：一是从以人为本的思想出发，改善动物福利可最大限度地发挥动物的作用，即有利于更好地让动物为人类服务；二是从人道主义出发重视动物福利，改善动物的康乐程度，使动物尽可能免除不必要的痛苦。

二、实验动物福利概述

实验动物福利是指人类保障实验动物健康和快乐生存权利的理念及其提供的相应外部条件的总和。

实验动物福利的重点是善待实验动物，即要求在饲养管理和使用实验动物的过程中，采取科学合理的有效措施，使实验动物享有洁净、安静、舒适的生活环境，受到良好管理与照料，避免不必要的伤害、饥饿、不适、惊恐、折磨、疾病和疼痛，保证其能够最大限度地实现自然行为。

实验动物福利是动物福利的一部分，它主要是将动物福利的范畴限定在用于科学实验的动物范围内，分为动物实验与实验动物饲养管理两个层面。在实验动物科学形成初期，在科学研究中动物实验仅仅作为解决问题的一种手段或方法，动物只是作为活的教材或试剂，对动物的痛苦、死亡往往漠不关心。随着社会的发展和进步，这种态度越来越不适应人与自然和谐发展的需要，而动物中心论者更是强调动物的内在价值，强调动物的权利诉求，因此，动物实验的伦理道德审查是必然要求。当然，根据人权高于一切的原则我们仍需要充分地利用实验动物，但应该本着"3R"的原则，通过优化设计，合理、人道和尽可能少地利用实验动物，减轻动物的不安和疼痛，给予良好的术后护理，实验结束或实验过程中获取标本应采取安乐死的方法等等，以充分地保证那些为人类作出贡献和牺牲的动物享有最基本的权利。就实验动物的饲养与管理而言，是为实验动物创造舒适、惬意、安宁的生存空间和运输条件，保证实验动物获得优质的食物和饮水，保持良好的心理状态和生理状态，进而保证实验动物研究结果的准确性和重复性，同时有针对性地培育出人类疾病的动物模型，减少实验动物无谓的牺牲。

提出实验动物福利问题，实际上是在饲养管理和实验过程中对实验动物的一种保护，强调的是对各种有害因素的控制和环境条件改善，并非那种禁止一切实验的极端"动物保护"。那种否认实验动物具有科研价值的说法是不尊重事实的，彻底摒弃动物实验的主张也是不理性的。但是滥用实验动物，重复一些毫无新意或进行一些毫无科学价值的动物实验，或者在动物实验中，无视实验动物的痛苦与生命价值的行为显然也应该遭到唾弃与禁止。

提倡实验动物福利的主要目的是：①改善实验动物福利有利于提高科学实验的准确性和可重复性，当动物在康乐的福利条件下进行实验时，实验动物的作用可得到最大限度的发挥；②重视实验动物福利，改进动物实验中那些与动物福利相违的地方，使实验动物尽可能免遭不必要的痛苦；③在极端的"动物保护"与极端的"人类利益"之间找到平衡点。不是片面地保护动物，而应该在兼顾科学合理地利用实验动物的同时，充分考虑实验动物福利状况，并反对使用极端的手段和方式。

实验动物福利建立于比较医学和人类社会文明发展的基础上，其目的是在科研活动中人道地对待动物。实验动物福利在改善实验动物生存状况的同时，对于确保动物实验的健康发展、提高生命科学研究质量和水平发挥着重要作用。实验动物福利是一个严谨的科学概念，必须避免将其简单理解为对动物的怜悯和拟人化。

三、实验动物福利原则

实验动物福利原则不仅体现在实验过程中，更多的是体现在日常饲养管理过程中，只有在饲养管理的各个环节高度重视并遵循实验动物福利原则，提供所有实验动物适当居住环境、行动的自由、食物、饮水和适当的健康和福利照顾，才能真正地落实实验动物福利事项。

（一）饲养人员

饲养人员应具备一定资质，经过相关培训合格后上岗。饲养人员应了解所饲养动物的生理学特点及生活习性等，本着善待动物和科学管理的理念来饲养动物，要随时观察实验动物的福利及健康情况。

（二）饲养设施

动物笼架、笼具的尺寸应符合国家标准，以保证动物基本的活动自由及舒适的休息。此外，还应根据实验需要选用不同的笼具。

（三）环境条件

饲养室的温度、湿度、照度、噪声、氨浓度及垫料等应符合国家标准。尤其是垫料，除要注意消毒灭菌外，还要控制其物理性能，细小颗粒状的锯末及粘满尘土的垫料均可导致动物患异物性肺炎。

（四）饲料及饮水

饲料应保证动物营养需要，并符合各级动物的卫生质量要求，同时应保证有充足的新鲜水。不达标的饲料及不合格的饮水都会引起动物体质下降。

（五）检疫、防疫和治疗

新入室的动物应由兽医进行检疫，大动物（如犬）应定期洗澡、驱虫。实验中发现患病动物应及时进行隔离、诊断并给予相应治疗，以保证动物的生存权利和实验的正常开展。

（六）动物习性

任何品种、品系的实验动物，如啮齿类和非啮齿类动物都喜欢玩，这是动物的天性，我们要为动物提供一个适合动物特性的玩的条件，这一点我们许多人从没有去思考过。如啮齿类大小鼠有终生长牙的特性，我们的习惯做法就是给予足够的料块，任意啃咬，既浪费粮食，又破坏动物的生存环境，也增加了工作量，浪费资源；动物喜欢光暗或角落，我们却让它暴露而无处藏身；犬喜欢运动，特别喜爱运动物体，我们把它们长期装在笼内，无活动空间。因此，动物实验中实验动物应在愉悦的环境中接受人们给予的刺激，不能让动物在恐惧、紧张、害怕等状态下接受实验，以免影响实验结果。

（七）动物运输

欧美发达国家对实验动物的运输都有法律规定，如加拿大动物管理委员会制定的《实验用动物管理与使用指南》中，规定运输动物时必须对它们的健康产生最小的干扰，对所有的小动物最好采用一次性容器，无论如何用过的容器不应重复使用。运输动物的容器具有足够的空间，通风，保证能自由活动，便于观察。应采用专用的、规格适宜的动物运输箱，在局部地区可保证微生物控制高等级大小鼠的安全运输。在保证温度适宜、有氧环境的前提下，应尽可能缩短运输时间。如夏季运送动物，宜选用夜间、航空运输为佳，否则气温过高、缺氧易造成动物途中死亡。

（八）应急预案

如遇饲养环境（如送风、温、湿度等）异常、动物逃逸或患疑似疾病时，应有相应的应急预案，以保证动物的生命安全。

第二节　实验动物福利原理及应激

应激作为生命体最普遍的现象和最重要的生存手段，与实验动物福利的实现有着紧密联系，动物的福利状况取决于应激反应所致生物学功能的最终改变。和人类一样，动物也承受着各种刺激，并表现出与人非常相似的病理变化，严重的刺激将使动物产生疾病、不育或生长受阻。应激所造成的危害是导致动物福利恶化的原因，对实验动物的应激进行评价和管理，是实验动物福利的基本原理。大多数情况下，当人类尽可能降低实验活动对动物的应激作用时，动物便能够获得较好的福利状况，因此，建立在动物应激生物学基础之上，对实验动物以及实验用动物的应激水平进行评价并探索控制适当应激水平的技术措施，是实验动物福利得以实现的主要途径。

一、动物福利和应激的生物学代价

应激是一种重要的生命现象，在生物学范畴，应激的本质是动物体内平衡受到威胁时所发生的生物学反应。应激效应并非总是有害的，因此，区分应激有害还是无害就成为动物福利首先要解决的问题。当应激反应危及动物福利时，此时的应激就是"恶性应激"，以区别对动物无危害的"良性应激"。动物的福利水平则取决于其应激负荷，反映于应激的生物学代价。

（一）应激防御体系

动物的应激防御体系主要由行为反应、自主性神经系统、神经内分泌系统和免疫系统等方面的生物防御反应构成。

应激反应的第一道防线是行为。当同时受到多个应激源作用时，动物首先会在行动上作出反应，但行动反应并不适用于所有应激源。如当动物的行动受到限制时，行为反应就失去了作用。

应激反应的第二道防线是自主性神经系统。应激时自主性神经系统作用于心血管系统、胃肠道系统、外分泌腺和肾上腺髓质，使动物心率、血压、胃肠道活动以及其他许多与应激有关的生理指标发生改变。自主性神经系统往往只影响特定的生物系统，且作用时间相对较短，所以自主性神经系统对动物长期福利的影响尚不确定。

应激反应的第三道防线是下丘脑–垂体神经内分泌系统。与自主性神经系统不同，该系统所分泌的激素对机体有着长期广泛的影响，包括免疫力、繁殖力、代谢与行为等。神经内分泌系统是人们认识应激改变机体生物学功能以及转变为恶性应激的关键。

应激反应的第四道防线是免疫系统。应激时，中枢神经系统对免疫系统有直接的调节作用，而免疫系统本身是应激主要的防御系统之一，直接对应激发生反应。此外，动物的免疫系统也受到应激敏感系统特别是下丘脑–垂体–肾上腺轴（HPA轴）的调节。

应激防御体系具有如下特点：①4种生物学防御体系并非总是同时对同一种应激作出反应，不同的应激源往往诱发不同类型的生物学反应；②动物的中枢神经系统都是动用综合应激反应区应对应激，即使面对同一应激，每个动物作出的反应也有所不同，这和动物对刺激原的识别、威胁程度判断、生物防御组织本身等等的差异有关；③应激时同群动物用到的生物防御系统对动物福利未必是最重要的。

（二）应激的生物学代价

应激所诱导产生的生物学功能变化有助于动物应对应激，但这种变化同时改变了机体内各种生物活动之间的资源分配。如本应用于生长繁殖的能量被用于应对应激，使得生长受阻、繁殖力降低，从而直接影响动物的福利。应激时这种生物学功能的改变常被称作"应激的生物学代价"，这是鉴别"恶性应激"的关键，即应激所引发的生物功能变化将决定该应激对动物福利影响的大小。

进化使得动物对其生命过程中短期应激源有较好适应能力，因此，当应激反应作用时间较短时，机体有足够生物储备应对应激，满足应激生物学代价的需求，此时的应激对动物构不成威胁；当长时应激或强烈应激时，应激生物学代价增大，体内储备将无法满足其需求，机体必须调用本该用于其他生物学功能的生物储备来对付应激，大量的生理损耗导致被调用资源的生物学功能受损，动物进入亚病理状态甚至有可能发生病理变化，此时的应激就是恶性应激。由于生物学资源转移而引起其他生物功能损伤的急性或慢性应激都能够成为恶性应激。

二、应激的表现形式

在实验动物的日常饲育管理和实验活动中，鉴别急性应激、慢性应激和亚临床应激，防止其向恶性应激转变，是实验动物福利的主要工作。急性应激和慢性应激是根据应激源作用的时间长短来划分的，两者应激源作用的生理机制相似，并且都可能发展成恶性应激。

急性应激时，尽管动物受到的某个应激源作用时间短，但作用强度较大，就可使动物生物学功能发生改变而导致恶性应激。急性应激通过两种完全不同的机制来破坏机体的生物学功能：首先是阻断关键生物反应过程，其次是调用其他生物学资源。动物的慢性应激往往由连续作用的一系列急性应激组成，而非通常认为的动物长期经受连续应激源的刺激。这些急性应激的生物学代价累积起来将使受刺激动物处于一种亚病理状态，并最终导致疾病的发生（发展成恶性应激）。慢性应激的生物学代价累积效应，既可以是相同急性应激重复作用的结果，也可以是不同应激源同时作用而产生的应激反应之和，被称作"应激生物学总代价"。

亚临床应激调用的生物资源不多，不会影响机体的正常生物功能，也就不是恶性应激，由于没有生理功能的改变，也就没有临床应激表现。但是，亚临床应激耗费的生物资源可能使动物对第二个亚临床应激更加敏感，从而使其产生恶性应激的可能性增加，这是由亚临床应激的累积效应所致，动物在第一个亚临床应激中耗尽了体内储备，虽然并不影响到其他功能，但却削弱了对第二个亚临床应激的对抗能力，所以，当只有一种应激源作用于机体时不会引起体内的其他生物学功能改变，但当两种应激源同时作用时却严重影响机体的其他功能。实验室内限制饲养的动物通常对微小的亚临床应激十分敏感，人类对实验动物生活的干扰，如隔离、限制、实验操作以及许多日常的管理操作如捕捉、换笼、转移等都会给动物带来应激，管理不善时，亚临床应激的累积作用最终将危害实验动物的福利。由于应激源消失后，机体的应激损伤仍然存在，并要持续到动物各项生物学功能恢复到应激前水平，因此，前一次应激将会影响到动物对下一次应激的反应，如实验动物刚经历一系列日常管理操作所致的亚临床应激后，紧接着注射抗原以产生抗体，免疫反应导致的应激会产生意想不到的甚至负面的结果。

三、应激评估

应激评估的目的在于鉴别恶性应激与良性应激，以及评估动物的应激水平。动物通过4种生物防御体系对应激作出反应，对应激的评估主要通过对这些反应的测定来进行。

（一）实验室评估应激的项目

目前，主要采用内分泌、行为、自主性神经系统以及免疫方面的各种指标来衡量应激反应，评估应激的行为、神经内分泌、代谢和免疫常用指标（表7-1）。

表7-1　动物对有害刺激产生痛苦应激的反应指标

指标类别	指　标	指标类别	指　标
行为	声音 姿势 运动 性情	血糖代谢产物浓度	葡萄糖 乳酸 游离脂肪酸 β-羟丁酸
血液激素浓度	肾上腺素 去甲肾上腺素 促肾上腺素皮质激素释放素 促肾上腺素皮质激素 糖皮质激素如皮质醇 催乳素	其他指标	心率 呼吸率及其深度 细胞压积 产汗量 肌肉震颤 体温 血浆 α-酸性糖蛋白水平 白细胞数量 细胞免疫应答 体液免疫应答

应激不仅是超出动物生理和行为适应能力的状态，也包括动物适应日常环境变化的微小反应，迄今尚无一种手段、一个指标能够准确无误地对动物的应激进行判定。由于应激反应的不同，很难量化动物对日常环境和对恶劣环境的适应能力，因此，十分必要采用多重检测以避免单一指标导致的错误结论，同时尽量减少检测施加给动物的伤害。

（二）应激的行为学评估

应激的行为和生理反应部分或完全受相同的中枢神经内分泌系统控制，因此，动物应激的行为学反应与生理反应间存在一定相关，这是行为学评估的依据。

行为学评估的检测内容通常为：惊吓反应和防御反应的强度、时间和频率；动物应激后恢复到正常状态所需时间；攻击行为频率的增加、刻板行为和无反应行为的增加强度。活动和休息的昼夜节律变化体现动物对环境的适应程度，动物信息交流行为（如叫声）有时也可准确表达动物的需求或警告等信息。动物群体动力学特征如空间关系或暂时性行为调节在应激下也会发生变化。此外，可观察到消耗能量较大的复杂行为显著减少，这是由于应激引起新陈代谢加快。表7-2列出了动物对有害刺激表现出痛苦应激的部分行为学反应。

表7-2　动物对有害刺激的痛苦应激行为学反应

行为类别	行为表现
声音	呜咽、嚎叫、咆哮、尖叫、呼噜、呻吟、短促尖叫、长声尖叫、吱吱叫、安静
姿势	畏缩、蹲伏、乱挤、躲藏、躺卧（四肢伸直或弯曲）、站立（头靠墙，精神萎靡）
运动	不愿移动、拖步行走、摇摆、跌倒、反复站起和躺下、转圈、逃跑／躲避、运动、踱步、不休息、扭动
性情	孤僻、沮丧、安静、驯服、悲伤、激动、急躁、害怕、恐惧、进攻

在探索动物应激反应的研究过程中，可以用人为制造的应激源，如冷水游泳、躯体限制、电击等获取行为评估指标，但这些指标不如"自然"的应激源，即可能在动物自然生活中发生的、动物能应对的应激源那样有用。

应激的行为指标在获取上比生理指标更快，技术上也可行，而且更能够直接反映动物的感觉和情绪，行为还往往是恶性应激的征兆，然而动物应激的行为反应机制很复杂，目前对动物应激行为的认识不足，要对应激的行为学反应进行合理解释非常困难，许多应激行为指标给出的作用机制解释过于简单又缺乏验证。由于动物对特定应激的行为反应是特定的，故不可能存在对所有应激都相同的普适性行为反应，也就难以根据行为反应对不同类型应激的相对严重性进行判断。因此，尚不能通过动物行为对恶性应激进行预测，但行为反应对应激源的判断非常有用，而将行为指标和生理指标结合以解释动物的应激更加有效。

（三）应激的神经内分泌评估

神经内分泌可以看作中枢神经系统和内分泌腺体之间的信息联系，包括下丘脑、垂体腺以及外周系统在内的激素信号系统。激素信号在保持机体稳态上发挥重要的作用，由于每一内分泌系统都以特定的方式对特异性应激源进行响应，动物对应激的适应就是一系列多种直接影响机体健康和正常生长的多种激素反应的综合，并且经常是激素之间的交互效应。总体上，应激的内分泌学反应主要是抑制诸如生长和生殖等对于个体生存"不重要"的功能，从而保证机体维持正常的状态和生存，应激的神经内分泌学反应具有特异性和程度之分，急性反应可以发挥重要的适应功能，而长期的慢性应激导致的内分泌反应更可能与动物的发病和死亡有关。

血液循环中的糖皮质激素（皮质醇和皮质酮）浓度的增加一直被用于评估动物的应激，在人类和大多数哺乳动物，最主要的糖皮质激素是皮质醇，而在啮齿类动物则是皮质酮。催乳素和生长素也是应激反应的敏感指标，促甲状腺素和促性腺激素（促黄体素和尿促卵泡素）也直接或间接受应激的影响。

（四）应激的免疫学评估

免疫系统不仅对病原体（疾病应激）作出应答，也对其他应激进行应答，神经系统和免疫系统存在交互作用，而细胞因子（免疫系统激素）则是免疫系统和神经系统的主要交会点。对应激尤其是非疾病应激进行免疫学方面的评估，需要充分考虑到机体免疫力的复杂性，如先天性免疫和获得性免疫、体液免疫和细胞免疫、免疫细胞和免疫因子等，以及应激反应体系的复杂性。

应激对免疫的影响主要是抑制性的，极端的应激环境会提高动物的疾病发生率，是由于应激动物免疫力下降和对致病因子的敏感度上升，但应激动物的免疫指标并非一致地呈现出抑制性变化，除了和应激源种类、动物各自的特性有关外，还和免疫系统的复杂运作有着密切的联系。免疫系统是由免疫细胞和免疫因子构成的庞大网络体系，网络中的成员不仅数量众多，而且通过多种方式相互调节，随时以局部的调整来维持总体的动态平衡。中性粒细胞的增多，自然杀伤细胞（NK细胞）的细胞毒性，淋巴细胞增殖、转化能力等都可以衡量机体的免疫功能。尽管糖皮质激素具有免疫抑制作用，但在应激引起的HPA轴激活与免疫功能的变化之间尚未建立直接相关的关系，因此，仍然有必要对应激动物进行独立的免疫学评估，而不能单纯从神经内分泌反应去推测。

（五）应激的代谢反应评估

应激通过多种方式影响代谢和养分的利用，应激对代谢的影响具有梯度反应的特征，并在应激强度和代谢的变化方面具有正相关的关系，代谢评估的理论依据是机体组织获取和利用养分的优先性。

代谢活跃的组织比代谢相对不活跃的组织在养分获取时具有较高的优先性，能量和营养通过以下优先次序的模式被分配到不同的组织器官：神经系统>内脏器官>骨骼>肌肉组织>脂肪组织，该模式表现出养分利用的优先性是在血液循环中根据机体各类组织器官的重要性和活性确定的，但脂肪组织并不总是依赖于"过剩"的养分，冬眠动物在冬眠期开始前其脂肪组织生长的优先性将被提高，此外，脂肪组织还具有一定的类似内分泌和免疫器官的作用。养分分配的优先性不仅在于不同的组织代谢池间，也存在于同一代谢池内，如骨骼肌中的腰肌（和姿势有关）与股直肌（和运动有关），白细胞和淋巴细胞群等。

应激反应使组织中养分利用的优先性被改变，并产生养分的流动和转移，最终导致应激个体未达到最高生长率、营养物质利用率降低以及维持代谢的能量需要增加。在应激反应中首先响应的组织是肝脏和骨骼肌，通过激素（胰高血糖素和儿茶酚胺）调节糖原降解提供葡萄糖，其次是其他组织的响应。应激也可使组织对养分的绝对利用量发生改变。

四、实验动物的应激源及其福利损害

除了日常生活中的各种应激事件，实验动物的应激源大部分来自动物实验研究，实验过程往往给动物带来疼痛、伤害、饥渴、不适等生理应激以及不安、恐惧、厌烦、无聊等心理应激，这些都有损于动物的5大基本福利，但许多时候对于科学研究却又是不可避免的。了解实验动物应激源种类及其福利损害效应，界定"可避免"的应激，针对"不可避免"的应激源，探索减轻应激强度的优化措施，对于实验动物福利的实现具有重要意义。

（一）实验动物的福利损害类型

动物的5项基本福利可以归结为动物的需求，当动物需求不能得到满足时，其福利状况就会受到不同程度的损害，根据人类对实验动物需求状况的认识水平和控制能力，可以将实验动物的福利损害大致分为三类。

1. 不良管理导致的福利恶化

对各种实验动物的基本生存需求，如营养、空气、光照、生活空间、卫生防疫等，目前已经有了较全面的了解，也具备了足够的条件和能力对此予以保障。在我国实验动物国家标准中，环境和营养标准详细规定了各种实验动物的栖居环境以及不同生命阶段的营养需求，微生物学和寄生虫学标准明确了对不同净化等级动物的控制要求，各个生产和使用实验动物的机构对实验动物的管理和使用行为也有相应的规范，这些规范和规定对于实验动物的基本生存是必要的，一旦违反（有意或无意），均会严重降低实验动物的生活质量，甚至直接危害其生存，如断食、断水、高密度饲养、过冷、过热、通风不良、持续的白昼（开灯）或黑夜（关灯）、长期不清理笼舍、异种动物混养等，其结果是动物营养不良、生长发育障碍、生物节律紊乱、行为障碍、疾病暴发乃至死亡。

2. 操作应激引起的福利损害

实验处理以及日常的饲育管理操作对实验动物而言都是"非自然"的应激源。根据该操作是否产生肉眼可见的创伤，可将实验处理大致分为创伤性和非创伤性两类，每一类处理都能造成生理应激和心理应激。动物不仅可以感受创伤性的操作所带来的躯体疼痛，同时也能够感受这些操作带来的心理压力，如恐惧的情绪。采血、组织活检、注射等对动物造成的都是身心两方面的影响。非创伤性实验处理，如灌胃、躯体限制、捕捉等看似对动物"无害"，其实也会产生相应的生理和心理反应，有些处理还存在肉眼看不见的躯体创伤，其应激程度可能与创伤性操作相当甚至更高。转移、笼舍清理等日常的饲养管理操作对动物同样有惊扰效应，尤其是小型实验动物，对笼舍内环境的改变极其敏感，更换新的垫料后会有相当长一段时间表现出探索活动的增加，豚鼠即便是在饲养人员开门进入时也会发生短暂的骚乱，运输对实验动物有着从生理到心理的广泛危害。当前，尽管麻醉剂、止痛剂、镇静剂、催眠剂等药物广泛用于消除或缓解操作应激中动物的躯体和心理反应，微创术、遥测术、安乐死术等的研究和应用也在不断发展，由于认识操作应激的心理效应远比生理效应难，操作应激可能使动物长期处于人类不曾意识到的亚临床应激状态。

3. 非操作因素的环境应激对福利的影响

实验动物终生生活在人类提供的环境里，相比于自然环境，动物在人工环境中可能失去表达其物种特性行为的途径，或者失去自行调节环境使之更适合生活的机会。如具有营巢习性的动物因为没有适当的材料而不能完成其筑巢行为，群居动物被单独饲养时失去了与同伴建立社会关系的机会，一些品种的雄性小鼠群饲时往往发生打斗行为，但弱势的小鼠无法在标准化的人工饲养环境中找到掩蔽处所保护自己，生活环境单一可使非人灵长类动物产生精神障碍。这一类应激的根源在于对实验动物需求的认识不足，其所导致的除了患病、受伤或死亡等问题，还包括动物的刻板行为、自戕行为、攻击行为等行为障碍。

（二）应激源种类及其效应

机体对应激源的感知是应激反应的起点，感知的本质是机体和环境进行物质与能量的交流，即通过各种感觉器官来获取环境的信息并由认知系统进行分析和识别，该过程决定了应激源的种类。实验动物的应激反应基本上同时具有生理效应和心理效应，因此，"心理应激""生理应激"只能描述应激反应侧重于某个方面。

1. 感官刺激

视觉、听觉、触觉、嗅觉和味觉是动物的5大基本感官，实验动物的应激主要来自这5个方面的刺激，此外，还有对空间的综合感觉。不适感源于这些感觉的不同强度以及不同组合，冷觉、热觉、压觉和内脏感觉的形成也是多种感觉的复合，并涉及其他感受器和感觉机制。

2. 行为剥夺

许多种动物具有该种属专有的行为（species typical behavior），通常这些行为有助于完成某种生理功能或者供其消遣，如同饮食和休息一样是动物保持健康生活的必要需求，而不是"多余的活动"。

行为剥夺所产生的应激是多面的、广泛的，其本质是刺激的缺失。不能完成其专有行为的动物除了相关生理功能受阻外，更重要的是出现心理异常和行为异常。行为剥夺通常引起动物沮丧、厌烦、无聊、焦虑，由于动物不会自诉这些感受，人类主要通过观察动物日常行为，如食欲、活动以及外观和精神状况来寻找线索，能够获得的信息极为有限，而当刻板行为、自戕行为和强烈的攻击性形成时，行为剥夺的后果已经很严重，这些都是动物在无法完成其特有行为时的行为替代和转移。刻板行为是重复的而毫无意义的行为，如转圈、来回踱步、不停地到处挖掘，动物也会通过弄伤自己的肢体来发泄，如果动物出现一反常态的突然增高的攻击性，无论是对同类还是对操作人员，都提示其可能处于高度的恐惧、焦虑。

3. 社交障碍

实验动物需要和同类交流，采用将单个动物与群体隔离的饲养方式，即"社会隔离"会产生一系列生理及心理问题，如动物变得易激惹、敏感、多疑。但提供社交机会的方式不是简单地将所有动物放在一起。动物群体是一个有序的社会组织，不同的组织类型对数量、年龄及性别组成、成员等级各个方面都有着特定的要求，违反这些要求，或者打乱已经形成的秩序，可能引起激烈的争斗和混乱。因此，需要合理地组群以及保持群体稳定，若向一个等级秩序已经形成的动物群体引进新的动物往往会引起更激烈的争斗。在1个笼盒中，同性别的大鼠能够和睦相处的数量一般不超过5只。雌性豚鼠以及4月龄内的雄性豚鼠可群养，但4月龄以上的豚鼠推荐成对饲养。雄兔在性成熟后单独饲养主要是为了避免打斗造成损失，此时必须考虑单独饲养条件产生的应激。犬和猴均具有高度的群居性，并且存在"争霸"现象，随意扰乱群内等级，就可能挑起动物无休止的争斗。

实验动物也需要和照料它的人类交流，动物的生物学进化程度越高，对于和人类交流的要求越高。在人和实验动物之间需要建立双向的交流关系，而不仅只是单向的"温柔对待"；和实验动物建立互信的关系，有助于降低各类实验操作的应激。研究人员若疏于和动物交流，或者常采用粗暴的方式对待动物，就会使动物处于持续的惊恐和焦虑中。猴、犬、猫、牛、羊等动物都具有辨别不同人的特性，兔也能够辨别不同的人，大鼠、小鼠和豚鼠在这方面尚无明显特点。实验开始之前的调教和驯养、适度的接触和人性化的管理，在一定程度上有助于缓解人和实验动物之间的紧张关系。

4. 疾病和伤害

这里是指除研究需要以外的疾病和伤害的刺激，如小鼠的脚趾在笼盖上夹伤或尾巴被夹断、兔和豚鼠的脚嵌入笼底受伤或骨折，小猪的膝盖在地面磨破等，常见于饲育和研究中的疏忽。目前，对实验动物良好的安全防护、卫生管理、营养供给措施都已较为成熟，正常饲养的动物不应出现感染性疾病和营养性疾病，也不应发生意外伤害。

带病生存是实验动物特有的生活状态，作为疾病模型的动物需要承受实验性疾病所带来的一系列生理和心理负荷，包括模型制作过程和模型成立以后，这些动物需要优化的技术和特殊的照料以减轻其痛苦。对于诱发性模型，人类能够意识到造模过程是对动物的伤害，但容易忽略动物带病生存也是一种不良应激。对于自发性模型，带病生存同样是不容忽视的问题。模型动物的福利问题通常是疼痛、不适、肢体运动障碍、各种疾病临床症状对正常生理功能的妨碍等，这些问题交织在一起则明显降低了动物的生活质量，如荷瘤动物需要忍受病痛、身体的累赘，且行动不便，脚掌接种的动物行走困难、肿胀且疼痛，患肥胖、高血压、心脏病或呼吸系统疾病的动物需要长久地忍受这些疾病造成的不适感，通过外科手术造成伤残的动物需忍受失去对部分肢体的支配所带来的痛苦和不便。在上述情况下，人类必须尽可能减轻其对动物生活质量的影响，并在研究许可的范围内减轻其应激强度。

第三节　实验动物"3R"原则

一、"3R"理论的研究背景

在各种实验中以动物作为人类替身是科技发展史上的一大进步，并且也减少了一些医学伦理纷争和不必要的麻烦。随着科学技术的发展，实验动物的使用量猛增，尤其是在生物科学研究领域中，使用实验动物数量的增长引起了社会各界的极大关注。1954年，来自动物福利大学联合会（UFAW，原称伦敦大学动物福利社，创建于1926年，于1938年改组为UFAW）的Charles Hume教授发起了一项关注动物实验人道主义的科学研究计划。Russell（动物学家）和Burch（微生物学家）被指定承担这项工作。1959年，在大量研究工作的基础上出版了《人道实验技术原理》（*The Principles of Humane Experimental Technique*）一书，他们在书中第一次全面系统地提出了"3R"的理论。

英国的多个动物福利组织在1976年发起了"动物福利年运动"来纪念《防止虐待动物法》颁布100周年。动物实验改革委员会（CRAE）也随即成立。1983年，CRAE、医学实验中动物替代法基金会（FRAME）和英国兽医协会（BVA）共同组成联盟，拿出了一揽子计划，并积极游说政府将有关"3R"方面的内容也写入1985年的白皮书。1986年，动物条例得以重新修订，并在英国议会通过。同时，著名的生理学家David Smyth在总结他对"3R"的调查研究基础上，发表了他的著作《动物实验替代方法》（*Alternatives to Animal Experiment*），书中对"替代"的定义被广泛接受。

美国也不断重新修订《动物福利法》和《人道饲养和利用实验动物的公共卫生方针》，从而使得"3R"在动物实验方面的应用更加具体化。"3R"方面研究的资助计划，替代方法的验证计划，鼓励体外毒理学的研究计划等。1986年，美国国会提出了关于在研究、检验和教育中动物代替物应用的技术评估报告。1993年，动物实验替代研究中心（CAAT）作为东道主举办了第一届生命科学中替代物和动物应用世界大会，共有来自24个国家的725人（代表了科学界、企业、政府和动物保护组织）出席了大会，取得了很好的效果，普及了"3R"知识。

荷兰动物应用替代法中心（NAC）成立于1994年，是一个推动动物实验替代物的研究、验证、认可和应用的国家级信息中心。1996年，在荷兰的Utrecht举行了第二届生命科学中替代物和动物应用世界大会，来自35个国家和地区的800多名学者出席了此次大会。大会期间以各种形式进行了400多篇论文交流。1997年，荷兰制定的动物实验法中就包含了"3R"方面的主要内容，如：在进行任何一项科研项目时，如果能用体外法或其他非动物代替方法则不得使用动物，开展动物实验的科研人员必须在实验动物科学相关部门接受包含动物实验伦理道德和替代法内容的教育和培训；当进行会给动物造成可感觉疼痛实验时，必须麻醉，仅当麻醉会影响到实验结果时，才可被省略等多项内容。

日本在"3R"方面研究起步也较早，从1984年就开始了实验动物替代方面的研究。1989年正式成立了动物实验替代方法研究会，并每年都召开一次学术研讨会，在动物实验替代的研究和应用方面做了许多实质性的工作。

"3R"在欧洲发展较快。1986年和1989年欧洲通过了使"3R"更为具体的动物保护法。在此期间，成立了毒理学实验替代法的研究小组。1993年成立了由15个国家参加的欧洲替代方法验证中心（EURLECVAM，总部设在意大利）。在其有关文件中明确规定：如果在1998年1月1日以后，用于化妆品成分检测的动物实验，其替代方法还没有得到充分验证，就禁止再用动物做实验，其产品不得在欧洲出售。2000年4月，欧盟曾宣布，自2000年7月1日起，禁止用实验动物进行化妆品原料和化妆品的安全性检验。但在6月28日宣布将日期推至两年后，即2002年7月1日。2002年11月欧盟再一次作出明确的规定，从2009年起禁止利用动物进行化妆品的测试。这表明虽然在化妆品检测领域替代方法存在着重重困难，但是欧盟却坚持"3R"原则毫不动摇。

我国政府也开始关注并越来越重视"3R"的研究。1997年，第一次完整地把"3R"的基本含义写入的正式文件是由原科技部、卫生部、农业部、国家中医药管理局联合发布的《关于"九五"期间实验动物发展的若干意见》，将之作为国际实验动物发展的新方向给予了高度关注，并把实验动物替代研究列为实验动物基础性研究的重要分支，予以重点资助。1999年，"北京市实验动物专项资金科研课题申请指南"将实验动物替代研究方向作为六大重点支持的领域之一，指出：实验动物替代研究是"3R"的重要组成部分，在国际上广泛地开展，是今后实验动物科技工作的必然发展方向。因此，专项资金"鼓励开展单细胞生物、微生物或细胞、组织、器官，甚至计算机模拟替代整体动物实验的研究课题"。2001年科学技术部发布的《科研条件建设"十五"发展纲要》中，明确指出要"推动建立与国际接轨的动物福利保障制度"，并将之纳入"全面推行实验动物法制化管理"的体系中去。希望在此纲要的指导下，替代研究的有关立法工作得以推进。在有关国家政府对"3R"研究保持谨慎关注态度的情况下，我国有关管理部门对替代研究基本保持积极支持的态度。2006年，科技部印发《关于善待实验动物的指导性意见》，明确提出倡导"减少、替代、优化"的"3R"原则，科学、合理、人道地使用实验动物。

实验动物替代研究工作的开展在我国还是近几年的事情。为更好地了解国际上"3R"研究领域的进展，在有关部门的支持下，我国1996年选派实验动物科技专家参加了第二届生命科学动物实验替代方法世界大会，这是我国第一次参加这样的国际交流。通过这次参会，我国实验动物科学界比较全面系统地了解了"3R"的科学概念、研究内容以及研究成果，为我国后来启动"3R"研究工作起到了奠基的作用。同时这次会议也让国内科学工作者与一些国际上从事"3R"研究的机构和专家建立了联系，建立了高效的信息和资料获得渠道，使我们能够第一时间了解到国际上的最新研究进展。1997年，北京实验动物学会率先成立了实验动物替代法研究会，定期组织学术讲座，介绍国外动物实验替代方法的概念、研究内容、验证体系、研究机构、研究成果和应用以及对生命科学研究的意义。北京实验动物学会主办的《实验动物科学与管理》杂志和中国实验动物学会主办的《中国实验动物学杂志》上都设立了"3R"专栏，详细介绍国外"3R"研究及在各学科中的应用。许多学者利用各种媒体和学术交流机会，呼吁"爱护动物、保护动物""善待动物、坚持科学实验""善待和科学使用实验动物，为人类健康服务"，表明我国实验动物科学"3R"研究已经有了良好的开端。

二、"3R"原则的具体内容

研究人员为了追求动物实验的真实性、准确性和可靠性，对实验动物的遗传学质量、微生物学质量、寄生虫学质量等都要求很高。为了获得高质量的实验动物，人们为实验动物提供了极其优越的生活条件和生活环境。客观上早已满足了实验动物在这方面的福利要求。然而，实验动物是为实验而生，为实验而长，为实验而死，除非作为种子被较长时间地供养，否则，经过实验之后，几乎无一幸免地要遭到宰杀。各种形式的实验给动物带来的痛苦，要用什么方法才能够将其降到最低，就成了实验动物福利研究的重要内容。

为了使动物实验更加准确、更加人道，近年来，欧美等国越来越多的人提倡"3R"原则。该原则最早由英国动物学家William Russell和微生物学家Rex Bursh于1959年提出，主要内容为：减少（reduction）、替代（replacement）和优化（refinement）原则。具体而言，"减少"就是要求在实验中尽可能减少实验动物的使用数量，提高实验动物的利用率和实验的准确性；"替代"就是不再利用活体动物进行实验，而是以组织细胞培养、各种体外实验或计算机模型以及统计分析等方法来加以替代；"优化"就是确保动物在麻醉、镇痛和镇静剂或其他适当的手段作用下进行实验，使其避免遭受不必要的伤害或痛苦。

"3R"是减少（reduction）、替代（replacement）和优化（refinement）的简称。

（一）减　少

减少是指在科学研究中，使用较少的动物获取同样多的实验数据，或使用一定数量的动物能获得更多的实验数据的方法。因此，动物的使用量应该是能达到实验目的的最少数量，以减少动物所承受的痛苦总量。不能以节省时间或为了个人方便以及其他理由，使用超过能获得有意义的实验结果所需要的最少的动物数量。为了能够最少数量地在实验中使用动物，在实验前必须进行周密合理的实验设计和取得实验数据后的统计学分析。

目前，减少动物使用量常用的几种方法：充分利用已有的数据（包括以前已获得的实验结果及其他信息资源等）；实验方案的合理设计和实验数据的统计分析；动物的重复使用；从遗传的角度考虑动物的选择，如在生物制品效力毒性测定中，测定结果不仅受所使用实验小鼠微生物状态以及饲养条件等因素的影响，即反应性在很大程度上取决于基因型，使用国际标准小鼠可以确保测定结果的敏感度和准确度，同时可达到减少检验中使用的动物数量；严格操作，提高实验的成功率；使用高质量的实验动物。

（二）替 代

替代是指使用没有知觉的实验材料代替活体动物，或使用低等动物替代高等动物进行实验，并获得相同实验效果的科学方法。

替代有不同的分类方法。

（1）根据是否使用动物或动物组织，替代方法可分为相对性替代和绝对性替代两类，前者是指采用无痛的方法处死动物，使用其细胞、组织或器官进行体外实验研究，或利用低等动物替代高等动物的实验方法；后者则是在实验中完全不用动物。

（2）按照替代物的不同，可分为直接替代（如志愿者或人类的组织等）和间接替代（如鲎试剂替代家兔热原实验）。

（3）根据替代的程度，又可分为部分替代（利用替代方法来替代整个动物实验研究计划中的一部分或某一步骤）和全部替代（用新的替代方法取代原有的动物实验方法）。

（三）优 化

优化是指通过改进和完善实验程序，避免、减少或减轻给动物造成的疼痛和不安，或为动物提供适宜的生活条件，以保证动物康乐，保证动物实验结果可靠性和提高实验动物福利的科学方法。近代科学技术和实验动物医学的最新成就可以为进一步降低和避免给动物造成的疼痛和不安提供新的途径。从科学的角度来说，只有给动物提供最好的、最接近他们自然生活环境的条件，才能让动物在生理和心理上都达到最接近自然的状态。只有这样，科学实验的结果才能最接近真实的结果。

优化的主要内容包括：实验方案和测试指标的优化，如选用合适的实验动物种类及品系、年龄、性别、规格、质量标准，采用适当的分组方法，选择科学、可靠的检测技术指标等；实验技术和实验条件及实验条件的优化，如麻醉技术的采用，实验操作技术的掌握和熟练，适宜实验环境的选择等。

第四节　动物实验伦理

一、动物实验伦理的定义

动物实验伦理是在保证实验结果科学、可靠的前提下，针对人类的科研活动对实验动物所产生的影响，从伦理方面讨论保护实验动物的必要性。它是人类对利用实验动物进行动物实验时所持有的道德规范和道德观念的理论体系，它所关注的是人类对实验动物的生命抱有生命态度的问题。因此，它作为实验动物、动物实验科学和伦理学相结合的产物，也是我们常说的传统伦理学体系的一个组成部分，是传统伦理学在生命科学这一特殊领域中的具体体现。

二、动物实验的普遍原则

保护动物已成为人们的共识，但如何看待动物实验却有不同的观点。一些动物保护组织和个人反对动物实验，认为动物实验是非人道的做法。但是，为了科学的发展和人类的文明进步，必要的动物实验是不能取消的。用动物做实验是生命科学研究中保证科学性原则的必然要求。科学性和科学利益是其首先考虑因素，但现代动物实验必须将科学和伦理有机统一起来。以当代社会公认的伦理价值观，兼顾实验动物和人类的利益，动物实验既要促进科学研究、满足社会发展，又要考虑到实验动物的福利。

动物实验设计既要符合公认的科学原理，又要符合国内外的伦理常规；各类实验动物的应用或处置必须有充分的理由；如果有可能用替代方法的话，必须应用替代方法；如果已有相似的实验结果可以借鉴，实验则没必要进行；如果没有令人信服的理由，则不允许反复进行相似的动物实验。在计划动物实验前，必须有大量科学根据，明确和证明该实验的意义和必要性，对计划中的动物实验必须科学安排，使用最少的实验动物，获得最多的数据，最大的结果，这就需要精心设计，充分准备和掌握足够的操作技能；尽可能减少动物实验，对必须进行的动物实验要有明确的规定和限制，必须有明确的目的，要改善动物的饲养环境及实验条件，应用必要的方法，如麻醉剂、镇痛药等，任何引起动物疼痛的刺激和处理都应尽可能排除，如果在特定的实验中不能避免，就必须在时间和程度方面采取措施加以限制和减缓；在实验中，对动物的伤害愈严重，就愈需要对实验持谨慎态度，导致动物严重疼痛的实验方法应予禁止，应通过改变检测方法或选择其他措施，避免和减轻动物在实验过程中遭受的损害；如果动物实验要求动物有较长时间的妊娠期，就必须得到特别照料，如果在实验中出现意外流产，则必须立即对流产胎儿进行安乐死；在实验过程中，所有参加动物实验的人员必须自始至终具有责任感，想方设法减轻动物负担；全面、客观地评估动物所受的伤害和应用者由此可能获取的利益，倡导"尊重"与"感谢"实验动物。

实验动物的保护和管理，既应当保障动物实验的质量，适应科学研究和社会发展的需要，也应当防止实验动物遭受不必要的痛苦和伤害。同时应对实验目的、预期利益与造成动物的伤害、死亡进行综合的评估。实验动物的繁殖、运输、利用和处理措施应当人道，禁止戏弄、骚扰、遗弃、虐待实验动物，禁止开展动物争斗的实验。禁止无意义滥养、滥用、滥杀实验动物；制止没有科学意义和社会价值的动物实验；应当通过统计方法的改进，减少动物的使用量；应当优化动物实验方案，减少不必要的动物使用数量；应当在不影响实验结果的科学性、可比性情况下，采取替代方法，使用低等级动物替代高等级动物、用非脊椎动物替代脊椎动物、用组织细胞替代整体动物、用分子生物学、人工合成材料、计算机模拟等非动物实验方法替代动物实验。进行科学或其他方面的研究，具有不同的备选方法时，应当选择那些使用动物数量最少，使动物产生最小疼痛、痛苦、忧伤、持续伤害并且可以提供满意结果的实验方法。

三、动物实验的福利伦理

（一）动物福利伦理指导

Vandenbergh总结了动物行为研究对改善动物福利的贡献，并强调了优化动物的物理以及社会生活环境的必要性。Martini等提议建立一套系统评估动物在各种实验环境下的疼痛和应激水平的方法，并由经验丰富的专业人员来进行。

英国的动物行为研究协会（Association for the Study of Animal Behavior）以及动物行为学会（Animal Behavior Society）各自成立了道德与动物管理委员会，这些委员会为行为研究以及教学中动物的使用建立了指导方针。《动物行为》（*Animal Behavior*）杂志的编辑将依据这些指导方针来评估来稿的可接纳性。如果来稿的内容与方针的条款或精神相抵触，在向道德或动物管理委员会咨询之后，编辑有权拒收。这些指导方针作为法律规定的补充，在研究者进行有关动物福利的决策时，为他们提供了一个道德的基准体系。2000年颁布的指导方针的具体内容包括以下8个方面。

1. 动物实验的管理

研究者应对用于研究以及教学活动中的动物饲养管理以及福利负有责任，在给杂志投稿时，所有的作者必须确保他们遵守了当地的法律规定。各个研究机构要设立实验动物伦理福利管理组织，对本单位所开展的各项实验设计方案中涉及实验动物部分要进行审定和批准。如饲养条件、处置方法和处死方法等是否符合实验动物的相关法规等。如果管理委员会专家不同意实验方案，该方案就不能得到批准，也就无法实施。

2. 替代方法的选择

研究者应选择最适用于该研究的物种。这种选择通常需要有关该物种的自然历史以及系统发生水平的有关知识。此外，还需了解那些动物个体先前的经历，例如它们是否有笼养的经历等。当研究或教学涉及那些可能导致动物痛苦、不安或应激的操作过程或饲养环境时，研究者应该使用那些最不可能受到伤害的物种。对于行为研究来说，使用动物作为被试对象是必要的，但是有时也可使用先前研究的录像或计算机模拟等代替方法。

3. 样本量的设计

研究者应使用最少量的动物来实现研究目的，特别是那些对动物有伤害的研究更应如此。通常可通过先导研究（pilot study）、良好的实验设计，以及合理的统计方法来尽量减少实验所使用的样本。

4. 研究手段的采纳

（1）野外工作：对野外动物的研究应将对动物个体的干扰减至最小。捕获、做标记、无线追踪、对血液或组织取样等生理研究或现场实验不仅在当时给动物带来影响，而且有可能产生持续作用，例如降低生存繁殖的可能性。研究者应当对这些干扰结果详加考虑，尽可能不使用造成干扰的技术手段，例如通过那些自然特征，而不是人为地做标记来标识动物。当某项实验需要将动物从群落中暂时或长期地迁出时，研究者应尽可能减小对被迁出的动物及其亲属（如它们的后代）的伤害。被迁出的个体以及它们的家属必须得到妥善的安置与照料。

（2）攻击捕食以及种内残杀：在这样的研究中，虽然导致伤害的是其他的动物而不是实验者本人，但研究者也不能逃脱责任。当必须设置这样的竞争环境时，研究者应仔细考虑所采用的方法，应尽可能减少被试的数量，并尽可能缩短实验时间。此外，在达到预定的水平之后终止攻击，以及为被试动物提供防护栏和逃离路径也可减少对动物的伤害。

（3）厌恶刺激以及剥夺：厌恶刺激或剥夺可导致动物的痛苦。为减小这种伤害，研究者应保证确实没有其他的替代方法来驱动（motivate）动物，而且这种剥夺或厌恶刺激的程度不应高于达到实验目的所需的必要水平，并且应考虑一些替代的方法，例如使用动物非常偏爱的食物或其他奖励方式，而不是采用剥夺的方法激励动物。另外，虽然大多数无脊椎动物不在动物研究的立法保护范围之内，但这并不意味着它们不会感觉到疼痛、不适以及应激。研究者在使用这些动物时也必须在实验设计中充分考虑到这一点，要尽可能减少它们的痛苦。

（4）社会剥夺、隔离以及拥挤：将动物置于过度拥挤的环境下，或造成社会剥夺或隔离的实验设计会给动物带来极大的应激。由于这种应激的程度因物种、年龄、性别、繁殖环境、发育历史以及社会状态的差异而有所不同，为了减少这样的应激，必须对动物的自然社会行为以及它们先前的社会经历加以考虑。

5. 有害环境控制

为了获取有关人类或动物的某些知识，有时必须将动物置于有害环境下进行研究，这些环境包括疾病、寄生虫，以及将动物置于农药或内稳态应激源（homeostatic stressors）下。处于有害环境下的动物可能会受到伤害或致死，因此，必须时常对它们进行监视，有可能的话，一旦它们出现痛苦的症状，就应该进行治疗或人道地处死。如果条件允许，研究者还应设计实验来考查有害环境被撤除（例如将移走而不是添加农药作为实验手段）后带来的结果。

6. 动物的获得方式

当研究者有必要通过购买或由他方捐赠来获得动物时，只能选择有良好声誉的供应者。如果动物是从野外捕获的，必须尽可能地采用无痛苦以及人道的手段，而且必须遵从有关法规。除非是动物保护行动中的一部分，否则不能将濒危动物个体或群体带出野生环境。可能的话，研究者还应保证那些负责购买、捐赠或野外抓获动物的人在途中给予了动物足够的食物、水、通风条件以及生活空间，并且没有施以过分的应激。

7. 动物的安置以及饲养

研究者的责任范围还包括未进行研究时动物所居住的环境，并且对于野生动物或在笼养环境下出生的野生物种个体来说，应得到特别的关注，从而提高它们居住的舒适度以及安全感。笼养动物的生活方式与自然生存条件有极大的不同，为了动物的福利以及生存，研究者应考虑为它们提供诸如自然的原材料、庇护所、栖木、洗浴环境等设施；在不导致伤害的情况下，为社会性的动物提供一些交往的同伴；以一种折中的频率来清扫笼子，既能保持必要的清洁程度以防止疾病，又不能因清扫而过于频繁地搬弄动物，将其置于不熟悉的环境、气味之中，导致过度的应激。研究者在常规的照料以及实验中还必须考虑到人与动物之间的相互关系。依据不同的物种，饲养的历史以及相互影响的特点，动物可能将人类知觉为同类、捕食者以及共生者（symbiont），对动物照管人员进行特殊的训练有助于动物习惯于照料者和研究者，并减少应激。此外，在常规管理以及实验过程中训练动物与操作者和实验者进行协作也可降低动物的应激水平。

8. 对动物的最终处置

当使用笼养动物的研究项目或教学实践结束后，如地方法规允许，有时可将动物分配给同事以进一步研究或饲养。不过，动物被分配后，研究者必须保证这些动物没有被重复地用于带来应激或痛苦的实验，并且它们应继续得到高标准的照料。除非是某单个实验中不可避免的一个组成部分，否则动物绝不能接受一次以上的重大手术。如果不受国家、省或地方法律禁止，在实际并且可行的情况下，研究者可将那些野外捕获的动物释放，特别是涉及自然保护时更应如此。不过，研究者们应当首先评估一下，将动物释放到野外是否会对被释放的动物以及在该区域现存的种群造成伤害。应在动物被捕获的地点将其释放，并且只有当它们在自然条件下的生存能力没有受到影响，而且对现有种群不构成健康或生态方面的威胁时才能释放它们。如果在研究结束后动物必须被处死，那么必须尽可能地人道并且无痛苦；在动物的尸体被丢弃之前，必须证实它们确已死亡；应向兽医咨询适用于该特定物种的安乐死的方法。

（二）实验中的动物福利伦理

1. 方案制订

制订实验方案前应进行充分调研，遵从"3R"原则，并需要得到IACUC的许可后方可开展实验。在能够满足实验需要的前提下，尽量减少动物使用量，寻找可替代的方法，优化实验方案，以此来减少对动物的杀戮。

IACUC谨慎评估计划中是否有对动物造成疼痛和应激的操作项目，了解是否有采取增进动物福利的措施；确认研究人员在实验设计时事先设计规划出动物实验操作结束的时间点，吻合人道实验终止时机；监督具有危害性物质的使用，如放射性物质，致病性微生物，生物毒素，具危害性化学物质和重组DNA材料；同时，IACUC需要了解基因修饰动物模型中突变基因是否会产生严重的个体生理机能异常，是否有措施可以改善该异常对动物的影响。

2. 动物观察

实验人员进出动物室必须遵守屏障系统进出流程的规定，填写完整进出记录，做好隔离防护工作，动作要轻，观察时不准敲打笼具或大声喧哗，否则易惊扰动物，同时也会影响观察结果的准确性。触碰动物时尽量避免直接用手抓取动物，尽可能每次只对一个饲养笼进行处理，在处理完一笼动物后，应当用75%的酒精或者2%过氧乙酸进行手部消毒后再进行下笼操作，避免交叉感染。只允许操作IACUC批准后的项目申请书（animal protocol，AP）规定的动物，禁止触碰和移动他人的动物。

3. 动物抓取

必须经过兽医或者实验动物学专业人员指导后方可进行动物抓取操作，抓取动物要轻柔，本着善待动物及科学操作的理念进行实验。这样既可减轻动物因被抓取造成的不安和疼痛，又可减少实验人员被抓、咬的危险。动物保定必须使用专业的器具，禁止使用未经IACUC允许的任何可能对动物造成伤害和痛苦的工具。

4. 动物给药

实验人员给药技术应熟练，尽量选取对动物伤害最小的给药方式达到实验目的，尽量减少因给药而带给动物的痛苦。如动物静脉给药时，扎两针以上和扎一针所带给动物的疼痛，前者是远大于后者的。此外，要有善待动物的理念，如大鼠灌胃完毕可左右轻晃几下，从而增加舒适感，减少不安。如果药物会对动物造成严重伤害，应当在条件许可的情况下给予止痛和镇静措施或者进行恰当及时的护理，尽可能减轻动物的痛苦。

5. 动物取血

动物取血操作必须按照操作规程进行，并由接受过正规训练的专业人员进行。清醒动物取血应尽量减少其疼痛，取血部位严格消毒，止血完毕再将动物放入笼中，防止被其他动物撕咬。若在应激状态下取血，不但会增加动物的疼痛，严重时还会造成取血部位的组织损伤，影响指标检查测定等。如果取血量很大的时候，动物必须麻醉，并根据采血量的不同使用不同的采血方式。

6. 动物麻醉

应根据实验需要选择适宜的麻醉剂，麻醉量应合适，过低量会给动物造成疼痛，过高量会造成动物死亡。因每一批次的麻醉剂效果可能存在差异，必须用1~2只动物进行剂量测试，一般推荐先注射计算总量的2/3，视麻醉深度再决定是否补充麻醉剂。必须在动物失去知觉后才可以进行手术操作。麻醉后的动物要注意保暖，所有手术操作尽可能在热台或者宠物电热毯上进行，防止休克。科研人员必须在动物苏醒后方可离去，并补充少量食物和充足的饮水。术后要勤于看护，防止打架引起伤口开裂或者感染，一旦发生类似情况必须及时报告IACUC兽医，在兽医的指导下进行处理。

7. 仁慈终点

动物实验过程中，在得知实验结果时，及时选择动物表现疼痛和痛苦的较早阶段为实验的终点。

8. 动物安乐死

安乐死（euthanasia）也称安死术，是人道地终止动物生命的方法，最大限度地减少或消除动物的惊恐和痛苦，使动物安静、快速地死亡。

由于实验方案设计的需要，动物实验过程中有时可能要处死动物。实验结束，也不可避免地要处死动物进行病理组织学检查。在处死动物时，实验人员不得嬉笑打闹，更不可采用极端手段将动物处死，应实施安乐死，给予动物一个人道的终点。安乐死的操作应当遵循《美国兽医协会动物安乐死指南（2013版）》〔American Veterinary Medical Association （AV-MA）Guidelines for the Euthanasia of Animals：2013 Edition〕所规定的原则进行，主要推荐使用CO_2窒息法。

动物安乐死需注意事项如下。

（1）避免造成存活动物的恐惧感：安乐死过程中动物凄惨的叫声，恐惧及惊吓中动物产生的激素，或者操作中产生的噪声等，会引起存活动物的焦躁和不安，这些因素会影响存活动物的身心平衡与福祉，干扰实验结果。因此，动物安乐死时，最好选择远离其他存活动物的非公共场所。

（2）确认动物死亡：所有动物的安乐死，最终必须确认动物是否已经死亡。操作人员必须检查所有动物的心跳是否完全停止，瞳孔是否放大。要注意仅仅停止呼吸不能作为判断动物死亡的依据，因为动物往往先停止呼吸，数分钟之后才停止心跳，在使用CO_2时必须注意。

"魂归自然，功留人间"，这是某大学实验动物科学部给为医学而献身的动物所题碑文。很多动物医学专业的博硕士研究生在毕业论文致谢中都会特别感谢为课题作出牺牲的所有实验动物。这种方式除了具有纪念意义外，更多的是教育和警示作用。作为实验动物工作者我们要用行动来关心、善待实验动物，这既是动物应有的福利，也是保证实验结果准确的前提之一。

第五节 实验动物福利伦理审查

一、实验动物福利伦理审查组织

动物伦理审查是指按照实验动物福利伦理的原则标准，对使用实验动物的必要性、合理性和规范性进行的专门检查和审定。

目前，全球最大的动物福利保护与推动组织之一——1965年成立的国际实验动物评估和认可委员会（Association for Assessment and Accreditation of Laboratory Animal Care，AAALAC）是一个私营的，非政府的公益性机构，通过自愿认证和评估计划，促进在研究、教学、测试中负责任地对待所用动物，以提高生命科学研究价值。全球已有近千家制药和生物技术公司、大学、医院和其他研究机构获得了AAALAC International认证，展示了他们对"负责地护理和使用动物"的承诺。这些机构自愿设法获得和保持AAALAC International的认证，由此不仅遵守了当地的、国家的和超国家的管理动物研究的法律，而且也遵守了《实验动物护理和使用指南》（*Guide for the Care and Use of Laboratory Animals*）中国际公认的标准［由国家研究委员会（National Research Council）于2011年公布］。

根据《实验动物护理和使用指南》的规定：每所研究机构的最高负责人必须成立一个研究机构的动物管理与使用委员会（Institutional Animal Care and Use Committee，IACUC），由其监督和评定研究机构有关动物实验的计划、操作程序和设施条件，确保研究机构在执行各项实验动物项目时，以人道的方式来管理及使用实验动物，保证其符合《实验动物护理和使用指南》《联邦动物福利法规》（American Animal Welfare Act，AWA）和《公共卫生服务政策》（Public Health Service Policy，PHS）的各项规定，当然也是要符合地方动物福利保护规范。

审查机构为独立开展审查工作的专门组织。可称为"实验动物福利伦理审查委员会""实验动物管理和使用委员会"（IACUC）等不同称谓，可简称"伦理委员会"，均应具有审查的职能。由IACUC负责审查动物实验研究以确保动物福利的观念已成为学术界的一种共识，随着近年来实验动物福利关注度的提高，以及国内科学研究水平与国际接轨程度的增加，越来越多的教育及科研机构开始采用IACUC审查制度来保障科研活动过程中的动物福利。

（一）IACUC主要由以下几个成员构成

IACUC成员由单位法人、最高管理者或其授权人任命，IACUC直接对掌握资源的管理层负责并报告。

IACUC的设置：一般应包括下列四类成员。

（1）兽医学相关人员，在实验动物科学或医学方面、有关动物种类使用方面受过培训或有经验的兽医师。

（2）研究人员，在涉及动物的科研和教学方面具有实践经验的科研人员。

（3）公众代表，没有使用动物的经历，他们是社会团体中的一员，能为委员会提出不同的、独立的看法，以反映社会对于适当使用动物的关注。

（4）委员会秘书，负责管理项目申请书收集、分发、审核、归档，并监督申请书执行情况和整改情况。负责召集委员会，并做好会议记录，对会议决议进行传达。负责协调委员会内部工作分工。

伦理委员会每届任期3～5年，由组建单位负责聘任、岗前培训、解聘和及时补充成员。

伦理委员会应制定章程、审查程序、监督制度、例会制度、工作纪律和专业培训计划等，负责向上级管理机构报告工作。伦理委员会的决定实行少数服从多数的原则，但少数人的意见应记录在案。

（二）IACUC的主要工作内容

伦理委员会根据实验动物有关法律、规定和质量技术标准，负责管理权限内实验动物相关的福利伦理审查和监督，受理相关的举报和投诉。

主要工作职责包括以下内容。

（1）机构内部所有设施的日常运作和管理。

（2）向机构内所有实验室汇报动物设施和动物使用情况。

（3）每3个月召开一次会议，讨论设施使用情况，审批动物照料和使用标准方案（animal care and use protocol）。

（4）动物饲养管理工作人员以及实验人员的考核和培训。

二、伦理审查依据的基本原则

（一）必要性原则

审查动物实验的必要性。实验动物的饲养、使用和任何伤害性的实验项目必须有充分的科学意义和必须实施的理由为前提。禁止无意义滥养、滥用、滥杀实验动物。制止无意义或不必要的重复性动物实验。

（二）动物保护原则

对确有必要进行的项目，应遵守"3R"原则，对实验动物给予人道的保护。在不影响项目实验结果的科学性的情况下，尽可能采取替代方法，减少不必要的动物数量，降低动物伤害使用频率和危害程度。

（三）动物福利原则

尽可能善待动物。保证实验动物生存期间包括运输中尽可能多地享有动物的5项福利或自由，保障实验动物的生活自然及健康和快乐。各类实验动物管理和处置要符合该类实验动物的操作技术规程。防止或减少动物不必要的应激、痛苦和伤害，采取痛苦最少的方法处置动物。

（四）伦理原则

尊重动物生命和权益，遵守人类社会公德。制止针对动物的野蛮或不人道行为；实验动物项目要保证从业人员的安全；动物实验方法、手段和目的应符合人类公认的道德伦理标准和国际惯例。

（五）利益平衡性原则

以当代社会公认的道德伦理价值观，兼顾动物和人类利益；在全面、客观地评估动物所受的伤害和人类由此可能获取的利益基础上，负责任地出具实验动物项目福利伦理审查结论。

（六）公正性原则

伦理委员会的审查和监管工作应该保持独立，公正，公平，科学，民主，透明，不泄密，不受政治、商业和自身利益的影响。

（七）合法性原则

项目目标、动物来源、设施环境、人员资质、操作方法等各个方面不应存在任何违法违规或不符合相关标准的情形。

（八）符合国情原则

福利伦理审查应遵循国际公认的准则，也应遵循我国传统的公序良俗，符合我国国情，反对各种激进的理念和极端的做法。

三、项目申请书的提交和审核

负责开展动物实验项目的人员按照要求填写完成项目申请书（animal protocol，AP）后，由课题组负责人（principal investigator，PI）审核并签字，将纸质版和电子版在IACUC会议召开前30 d内提交到IACUC办公室。IACUC办公室将收到的AP分发给委员会成员，在15 d内完成AP的初步审核和修改。秘书将修改后的意见反馈给项目负责人，实验人员修改后将AP再次提交给IACUC办公室。IACUC召集所有人员进行会议审议每一份AP，并形成决议。秘书将评议结果反馈给PI和实验人员，要求按照决议进行修改，然后提交到办公室审核，给出最终决定。准予执行的AP将授予IACUC编码，并在IACUC秘书处存档。没有通过审批或需要做大批修改的AP需在下一次会议重新讨论。

（一）AP批准后动物实验方案审查

审查的目的：发现动物实验人员在实验中存在的问题，课题负责人与IACUC的交流平台，保障动物福利。

审查人员：一般包括IACUC主席、委员、兽医和秘书。

审查时间：不定时，一般在实验开始6个月后。

审查项目：审查人员将批准后AP上所列项目与实验室目前所开展项目进行比较。

（二）动物实验过程的审查

1. 审查的主要内容

（1）开展实验的所有人员有没有列在批准后AP中。

（2）实验室开展的实验有没有列在批准后AP中。

（3）实验室使用的麻醉剂、镇痛药、止痛药、抗生素或者其他用药有没有在批准后AP中列明，有没有增加品种，有没有按照批准后AP所写方法进行使用。

（4）有没有实行或者有没有记录批准后AP中所列的促进动物福利的措施。

（5）存活性手术有没有在无菌（SPF）条件下进行。

（6）有没有采取安乐死的方法，安乐死方法与批准后AP所列是否一致。

（7）实验室人员是否得到足够的训练来开展批准后AP中所列的相关实验。

（8）动物日常护理、术后护理的文档是否记录完整。

（9）实验环境对人和（或）动物是否存在安全隐患。

（10）是否使用过期物品（如药物、实验试剂、缝线、灭菌用品等）；还有正在使用的设备是否准确，有没有及时校准以消除误差等。

2. 审查方式

（1）兽医不定时去实验现场跟踪审查。

（2）实验人员PPT汇报，审查人员对照《AP考核项目列表》和AP进行审查。

（3）审查实验人员的实验记录。

（4）审查实验人员的笼位（繁殖笼和库存笼）、繁殖记录、动物领取记录、麻醉药和镇痛药的领取和使用情况。

3. 审查流程

在实验开始6个月后，IACUC开展审查工作。

首先确定要审查的AP名单，通知PI及项目负责人准备审查PPT，其次兽医审查各个AP麻醉剂、镇痛剂领取情况，IACUC秘书统计AP使用笼位、动物领取记录，接着召开AP审查会议，IACUC委员审查，然后向PI及实验人员反馈审查结果，最终实验人员提交小或者大修改（minor or major amendment）。

4. 审查结果

（1）审核合格，实验继续进行。

（2）如果存在一些小问题，则责令提交小修改（minor amendment），实验继续进行。

（3）如果发现一些严重的问题，则将该AP所有实验暂停，AP所有人员门禁卡权限暂时关闭，责令提交大修改（major amendment），审核通过后实验继续。

（4）如果发现严重违背了动物福利原则，责令其终止实验，重新提交AP。

审查人员共同讨论并宣布审查结果。随后发送给PI书面版审查结果。审查结果保存至动物房管理办公室IACUC秘书处存档。审查人员对需要修改的内容进行跟踪，查看是否得到落实。PI如果对审查结果有异议则可以通过邮件或者书面文件的形式向IACUC办公室进行质疑，在下一次的IACUC会议上该PI将被邀请参加并讲解其疑问，与委员会成员进行交流，最终由委员会投票表决其审查意见。

5.终结报告

（1）如果AP顺利按期完成了相关实验，应当及时提供AP完成报告，并终止该AP。

（2）如果到期后AP所涉及的实验并未完成，应当提前上交AP延期申请，以保证实验的延续性。

（3）如果在执行过程中发现课题设计存在风险或问题，可行性不足，则及时提交AP中止申请。

四、动物福利伦理监督

伦理委员会对批准的动物实验项目应进行日常的福利伦理监督检查，发现问题时应明确提出整改意见，严重者应立即作出暂停实验动物项目的决议。项目结束时，项目负责人应向伦理委员会提交上述AP终结报告，接受项目的伦理终结审查。

有下列情况之一的，不能通过伦理委员会的审查。

（1）申请者的实验动物相关项目不接受或逃避伦理审查的。

（2）不提供足够举证的或申报审查的材料不全或不真实的。

（3）缺少动物实验项目实施或动物伤害的客观理由和必要性的。

（4）从事直接接触实验动物的生产、运输、研究和使用的人员未经过专业培训或明显违反实验动物福利伦理原则要求的。

（5）实验动物的生产、运输、实验环境达不到相应等级的实验动物环境设施国家标准的；实验动物的饲料、笼具、垫料不合格的。

（6）实验动物保种、繁殖、生产、供应、运输和经营中缺少维护动物福利、规范从业人员道德伦理行为的操作规程，或不按规范的操作规程进行的；虐待实验动物，造成实验动物不应有的应激、疾病和死亡的。

（7）动物实验项目的设计或实施不科学，没有科学地体现"3R"原则、5项福利自由权益和动物福利伦理原则的。

（8）动物实验项目的设计或实施中没有体现善待动物、关注动物生命，没有通过改进和完善实验程序，减轻或减少动物的疼痛和痛苦，减少动物不必要的处死和处死的数量。在处死动物方法上，没有选择更有效的减少或缩短动物痛苦的方法。

（9）活体解剖动物或手术时不采取麻醉方法的，对实验动物的生和死处理采取违反道德伦理的、使用一些极端的手段或会引起社会广泛伦理争议的动物实验。

（10）动物实验的方法和目的不符合我国传统的道德伦理标准或国际惯例或属于国家明令禁止的各类动物实验。动物实验目的、结果与当代社会的期望、与科学的道德伦理相违背的。

（11）对人类或任何动物均无实际利益并导致实验动物极端痛苦的各种动物实验。

（12）对有关实验动物新技术的使用缺少道德伦理控制的，违背人类传统生殖伦理，把动物细胞导入人类胚胎或把人类细胞导入动物胚胎中培育杂交动物的各类实验；以及对人类尊严的亵渎，可能引发社会巨大的伦理冲突的其他动物实验。

（13）严重违反实验动物福利伦理有关法规、规定及伦理审查原则的其他行为的。

第八章 实验动物平台运行与管理

第一节 实验动物平台的设计与施工

随着生命科学和生物医药行业的不断发展，我国实验动物方面的法律法规及标准日益完善，许多科研院所或企事业单位使用多年的动物房已经无法满足新的要求。如何进行升级改造或重建一个既符合国家标准又能满足建设单位实际需要并能高效运行的实验动物平台，是当前客观存在的一个非常重要的现实问题。实验动物平台升级改造的工艺设计与施工，必须遵从相关的实验动物设施建筑技术规范及实验动物环境及设施等国家标准。应对实验动物平台的工艺布局图纸等设计方案进行充分论证并报属地省级科技主管部门（实验动物管理办公室）批准备案。施工程序及工程质量要严格把关以便顺利通过检测验收和认证。

一、实验动物平台装饰工程设计施工

（一）原有陈旧装饰板材等设施的拆除

一般来说，原有的实验动物设施都应该运行5年甚至10年以上，由于当时工艺技术所限，建筑材料相对落后，例如彩钢板的内部材质可能不是阻燃材料，因此，拆除时应注意防火。吊筋及室外风管的拆除必须注意加强高空作业的安全防护。淘汰或报废的旧的脉动真空高压灭菌器由于体积庞大比较沉重，拆除时也必须注意安全。

（二）手工岩棉夹芯彩钢墙板及顶板组装

1.墙面墙板安装

实验动物室内墙一般采用50 mm厚手工彩钢板。选材时应注意选用无毒、无放射性、易于清洗消毒、耐腐蚀、不起尘、不开裂、无反光、耐冲击、隔音、阻燃、有较好的防静电性能的手工彩钢板，表面钢板厚度为0.5 mm，室内阴阳角均采用喷塑铝圆弧型材过渡。彩钢板必须衔接牢固（不能简单打胶处理，必须采用有插槽材料，如中字铝、工字铝），所有连接角均需圆弧过渡，不得出现死角，便于清洁、消毒，墙面采用无缝化处理；装饰色彩要柔和、协调、符合使用场所要求、视觉效果好。

通常所选用墙面彩钢板参数如下。

（1）手工岩棉夹芯彩钢板墙板，总板厚50 mm。

（2）双面彩钢板，气密型，非抗静电，基板0.5 mm，彩钢内夹芯容重大于等于100 kg/m³的岩棉，成品彩钢板表面应覆有保护膜。

（3）彩钢板框架采用δ≥1.2 mm厚镀锌板封边。

（4）表面颜色：与顶板无色差。

2. 吊顶及顶板安装

吊顶全部采用50 mm厚无毒、无放射性、易于清洗消毒、耐腐蚀、不起尘、不开裂、无反光、耐冲击、隔音、阻燃、有较好的防静电性能的手工双玻镁彩钢板，表面钢板厚度为0.5 mm。

全部采用隐藏式吊顶龙骨，通过可调节挂件固定在建筑楼板上，框架龙骨上固定吊顶材料。吊顶及吊挂件采取牢固的固定措施，达到稳固性好。

通常所选用吊顶彩钢板参数及安装要求。

（1）双面彩钢板，气密型，非抗静电。

（2）岩棉夹芯手工双玻镁彩钢板顶板，总板厚50 mm，基板：0.5 mm镀锌板。

（3）彩钢内夹芯容重大于等于100 kg/m³的岩棉，成品彩钢板表面应覆有保护膜。

（4）表面颜色：无色差。

（5）允许误差：长度：±2 mm，对角线：±5 mm。

（6）吊顶要求可上人，便于今后维修。

（7）顶板吊装处均采用中字铝吊梁，板与板连接采用中字铝，吊筋采用M10，间距不得大于1.5 m。

（8）顶板排布要求按房间布局合理布置。

彩钢板顶板吊装要求中字铝吊梁长度同彩钢板长度一致，不允许点位吊装。

（三）PVC卷材地面处理及门的安装

1. 地面处理

采用复合PVC地面卷材。应易于防滑、耐磨、耐腐蚀、无渗漏；经常用水或冲洗的潮湿区域底板下应做防水处理。复合型2 mm，耐磨层不低于0.3 mm。抗紫外线、抗化学腐蚀、易于清洗消毒、耐腐蚀、不起尘、不开裂、无反光、耐冲击、光滑防水、防火、耐磨、不易着色、有较好防静电性能的材质，采用同质焊条焊接，无缝处理。空调机房和库房地面采用环氧自流平。室内地面均先做30 mm厚水泥找平层。普通环境饲养区、洗消间、机房地面均做防水处理。

2. 门的选装

实验动物平台一般应选用净化钢制（纸质蜂窝夹心）密闭门，门体颜色与墙体协调一致；除更衣室外其他各房间门上安装双层玻璃观察窗，密闭性良好。门和门套四周带密封条，门底密封条采用升降式（开门升起，关门下降）。门把手锁采用不锈钢材料，门自带暗藏式闭门器。采用钢制洁净气密门，基材厚度1.2 mm。门的材料符合洁净室要求，门框的三边应有密封，跨洁净级别的门底部安装升降式密封装置。每扇门带玻璃视窗。配套不锈钢门锁（采用优质长执手），不锈钢大合页，气密条（耐甲醛和臭氧腐蚀）。所有安全门的玻璃均采用钢化玻璃。

二、实验动物平台通风空调工程设计施工

（一）全新风机组的安装和调试

实验动物平台一般应采用全新风空调机组，屏障环境与普通环境空调机组应分别设计安装不可共用一台机组。全新风空调机组至少应该包括：新风初效过滤段、电预热段、表冷/加热段、乙二醇热回收段、电极式加湿段、电再热段、风机段、中效过滤段、出风段；风机和中效段一用一备；空调室外机一用一备，采用超低温模块机组，冬天加热采用电加热，装有热回收系统，整个系统在室外零下30℃可以保障实验动物室的温度、湿度和压差达到国家标准规定要求。

（二）送风段的安装和调试

（1）送风机应与排风机可靠连锁，送风机应先于排风机开启，后于排风机关闭。

（2）加湿器应安装在不锈钢排水槽内，冷凝水经排水管排至下水井，要有合理的存水弯防止下水气味倒进入空调机组。

（3）送风各段设检修门，能满足检修及更换设备需要，检修门上留防火玻璃观察窗。

（4）初、中效过滤器前后安装压差计，以监测过滤器阻力，过滤器堵塞时能够报警。

（5）出风口处安装电动密闭阀，随风机启、停控制风阀开、关，并能电脑控制风阀开度。

送风风机和中效过滤器一用一备，机组发生故障时能自动切换。机组采用"三明治"型箱体厚50 mm，内外层面板采用镀锌钢板，内夹密度为40 kg/m³的聚氨酯泡沫塑料，采用新一代O-ODP和O-GWP环保发泡剂，箱体导热系数满足EN1886 T2等级；机组采用完全无冷桥设计结构，复合型铝型材、胶质角撑及全新设计维修门，外形要美观，机组箱体的防冷桥系数达到欧洲空气处理机组标准要求。复合型铝制型材和玻璃纤维加强塑料的角撑，接合成一个结构框架，可以容纳各种内部部件，整个箱体的机械强度性能达到欧洲空气处理机组标准。采用丁腈胶和PVC双层密封结构，空调漏风率小于1%；初效过滤器为板式过滤级别为G4，铝合金边框，厚度5.08 cm，过滤效率80%~90%（计重法）；过滤材料选用优质聚酯合成纤维，容尘量大，阻力低，密封性好；中效过滤器过滤级别为F8，铝合金边框，袋长38.1 cm，过滤效率40%~95%（比色法）；滤料应选用防水型超细玻璃纤维滤纸，容尘量大，阻力低，密封性好。过滤材料为优质多层人造纤维滤纸，容尘量大，阻力低，密封性好。

（三）排风段的安装和调试

屏障环境和普通环境的排风一般应采用两台不同规格或型号的排风机组。排风均采用模拟量调节，在电脑屏幕上可调节阀的开度。排风机组至少包含：回风段、活性炭过滤段、风机段、出风段，风机段一用一备。

（四）通风管道的定制与吊装

风管应采用镀锌层100 g以上的镀锌钢板，法兰规格及厚度均符合洁净空调规范要求，采用橡塑保温板保温，防火等级为B1级。所有风管拼接应采用咬接，风管与法兰连接采用铆接。进入房间的送风支管安装定风量手动调节阀，排风支管安装模拟量电动调节阀，所有送/排风口要安装手动调节阀。送/排风主管安装70℃电动防火阀和消声静压箱。

三、实验动物平台电气工程设计施工

（一）配电线路的铺设与安装调试

强电系统技术要求，动力配电柜置于空调机房内，下衬10号槽钢落地安装。工程按规范要求如屏障区用电负荷为二级，在上级配电柜采用双路供电。进线电缆通过架空敷设至空调机房内，室内配电采用放射式和树干式两种方式，电线采用暗线暗走的方式敷设，技术夹层的电线和信号线以暗线明走的方式敷设。

动力配线走电缆桥架和穿薄壁镀锌电线管敷设（SC）至用电设备处。配电管线必须用金属管，穿过墙和楼板的电线管须加套管，套管内采用不收缩、不燃烧的材料密封；电线管用管件连接、固定，不得焊接。照明、插座配线均采用BV型塑铜线。水平配线在夹层内穿PVC电线管敷设，垂直布线采用PVC电线管在墙内和彩钢板内暗布。

（二）电缆桥架的铺设与选装

电线电缆要求符合GB/T 12706、GB 12666等中国国家标准。电线、电缆的生产厂应有主管部门颁发的生产许可证。电线、电缆应有国家认可的质量检测机构出具的检验合格报告和"3C"认证。阻燃电缆、耐火电缆应通过国家级相关质量监督检验机构的形式认可检验。

选用电线、电缆型号及制造厂必须有良好的安装和运行业绩。电缆盘上应标明电缆型号、规格、电压等级、长度及出厂日期。并与产品合格证相符。电缆盘应完好无损。采用优质铜材，含铜量不低于99.9%。

四、实验动物平台弱电及自控工程设计施工

（一）网络交换机的安装和调试

通常根据实验动物平台规模和面积大小以及需要监控的房间或终端摄像头的数量来选择网络交换机和硬盘录像机。例如千兆网络交换机24通道；48 个 10/100/1 000端口

+2 个组合式迷你 GBIC 插槽端口的RJ-45连接器等可按实际所需进行配置安装和调试。

（二）门禁系统的安装和调试

（1）动物饲养繁殖和实验区的门禁系统一般采用卡密识别系统，门禁根据实际需要进行授权。

（2）当出现紧急情况时，所有设置互锁功能的门和门禁系统都必须能处于可开启状态。（这也是国标《GB 50447—2008 实验动物设施建筑技术规范》中的明确规定"7.3.3当出现紧急情况时，所有设置互锁功能的门应处于可开启状态"）

（3）门禁控制计算机可实时动态监控所有门禁的工作状态，管理用户的权限，记录门禁的使用信息，直接控制指定门禁的开关。

（4）多门控制器负责管理读卡器、电磁锁、控制电源、出门开关等设备，所有的门禁控制器应统一集中供电，门禁控制器应同消防控制信号联动，当发生火情时，所有的门禁处于开启状态。

（5）门禁信息保存：门禁信息保存30 d的记录。

（6）门禁考勤功能：门禁系统具有考勤功能，通过用户设定，可以实现所有人员的考勤等。

（7）门禁时段控制：门禁系统根据有关人员的工作情况，设定分时段进出工作区域，合理管理有关人员。

（8）门禁设备安装：门禁设备均为暗装，要求美观；连接信号线应避开强电电磁信号干扰。

（三）视频监控系统的安装和调试

（1）视频系统配置：监控室内设有图像硬盘录像机和监视器。

（2）可根据实际需要选择数字硬盘录像机规格型号，如选配32口通道；清晰度：200万（1080P）；可手动录像，定时录像；移动侦测录像，报警录像、动测且报警录像；可常规备份，事件备份，录像剪辑备份；1个RCA接口，1个RJ45 10M/100M自适应以太网口；2个USB2.0等配置。

（3）屏障环境设施净化区内各动物饲养室、实验室安装可360°转动、变焦的数字彩色摄像机；走廊、各出入口等可安装红外定焦数字彩色摄像机。

（4）图像数据保存：图像数据的可存储在子站本地的数字硬盘录像机内，所记录视频数据全实时录像容量可保存7 d，可通过USB接口将图像数据导出保存。

（5）多画面处理功能：画面分割显示现场视频图像；单画面/多画面切换显示现场视频图像。

（6）硬盘处理功能：每台可实现多路实时录像；视频同步录像；可进行现场监听，可将录像数据记录在本机硬盘里，也可以接移动硬盘，光盘刻录机刻制光盘作长时间的数据备份。

（7）回放功能：可按录像时间日期进行选择回放；可选择不同的速度回放，快进或快退；可捕捉单帧图像打印或进行电子放大；录像与回放可同时进行。

（8）远程图像管理：硬盘录像机能够接入互联网，实现图像系统的网络化远程管理。

（9）所有的视频信号线均采用六类网络线，电源采用集中统一供电。

（四）空调自控系统的安装和调试

空调自动控制系统根据实验动物平台对环境的要求，自动调节各区域的温度、湿度、控制送风量、压力梯度，使之达到理想的工作状态，降低系统冷、热量消耗，实现经济运行。

（1）换气次数控制：根据区域使用情况，系统自动变频调节总的送风量，保证饲养间15次以上送风量。IVC饲养环境下在保证所需换气量的条件。

（2）压差梯度控制：送风变频调节送风总管压力保持稳定，排风变频调节排风总管压力保持稳定，每个区域的排风电动调节阀稳定本区的压力，形成合理的压差梯度。

（3）温度湿度控制：采用电加热先对新风预热（冷），通过调节表冷电动阀门控制温湿度，再配合电加热的混合调节，实现温湿度的全自动调节控制。冬季，调节表冷电动阀门控制温度，采用电极式加湿控制湿度。预热和再热电加热器采用多段控制。

（4）送排风机控制：送排风机可在动力柜上就地启停（手动方式），变频器频率在操作面板上直接设定；也可由各自控子站上远程控制（自动方式），送风风机频率由PLC根据风道送风风速和送风目标设定值自动调节；排风风机频率由PLC根据排风压力值和压力目标设定值自动调节；送排风机按控制顺序作相互连动，新风阀、送风阀与送风机联动，排风阀与排风机连动；送排风机的状态和故障在电脑上实时监控。

（5）设备保护报警：初、中效过滤器堵塞报警；送排风变频器故障或系统无风时，停止送排风机运行，停电加热器；高温断路器动作时，电加热配电柜进行高温报警联动控制（停电加热）。

（6）系统工况切换：季节工况切换在各自控子站上设定，手自动运行切换通过现场设备动力柜的手自动转换开关实现手自动运行方式切换。

（7）系统参数设定：系统各种参数的设定均在监控计算机上完成。

（8）图形软件功能：实时动态监测各种环境参数、如温湿度、房间压差在房间工业触摸屏上显示查询，动态检测各种设备工况，如风机运行状态、加湿器和电加热状态、电动调节阀开度、高低温报警状态、过滤器阻塞报警、设备故障报警等；软件有历史数据记录、多级密码管理、具备局域网远程传输、多媒体声光报警功能。

（9）系统数据保护：自控系统必须有在线式UPS系统支持，所有的记录数据有实时同步和自动记录。

（10）系统控制主机：自控系统控制主机具有光盘刻录功能。

（11）空调通风设备具有自动和手动控制，应急手动应有优先控制权，且应具备硬件连锁功能。

（12）屏障环境设施净化区内各动物饲养室、实验室、洁物储存室、检疫观察室安装温、湿度传感器。

（13）屏障环境设施净化区内各动物饲养室、实验室、洁物储存室、检疫观察室、走廊、缓冲间、二更安装压差传感器。

（14）温湿度传感器的选装

①工作电压：AC 24 V+/−20%，频率：50/60 Hz，功耗：0.35 VA。

②湿度范围：10% ~ 95% RH，输出信号（信号）DC0 ~ 10 V，20℃时的精40% ~ 60% RH：+/−3% RH 20% ~ 90% RH：+/−5% RH。

③温度范围：0 ~ 50 ℃，输出信号：0 ~ 10 V，防护等级：IP 30。

④压力传感器：线性压力特性与可选择的压力测量范围；工作电压AC 24 V或DC 13.5……33 V；信号输出DC 0……10 V；零点调整测量范围 ± 100 Pa。

五、实验动物平台给排水工程设计施工

（一）给水系统的安装和调试

（1）通常所有自来水给水龙头均应选装节能型水嘴。

（2）高压灭菌器冷却水来源于自来水，蒸汽发生器所用水应为一级反渗透过滤净化水。

（3）如升级改造工程是利用原建筑内的给水总管作为生活和实验用水，按照工艺使用部位要求接出各供水支管线。

（4）给水干管应敷设在技术夹层内（不包含机房）；管道穿越净化区的壁面处应采取可靠的密封措施；管道外表面应采取有效的防结露措施。

（5）给水支管均采用PP-R管，热熔连接。须选用不生锈、耐腐蚀和连接方便可靠的符合国标的管材和管件。

（二）排水系统的安装和调试

（1）高压灭菌器的排水为高温水，单独设置耐热排水管独立排放或者设置冷却水箱冷却后排放。

（2）屏障环境设施净化区内不得穿越排水立管。

（3）排水采用PVC-U符合国标的排水管。

（4）空调机房、洗消间设地漏，地面做防水处理。屋顶排水排入雨水管。

综上所述，无论是实验动物平台的新建还是升级改造，其工艺布局和设计施工既要遵循国家相关法规和标准，又要符合动物饲育或实验操作等功能需求。合理有效的设计施工，可以使实验动物平台各功能区域在使用上更为安全、便捷，也会使人流、物流

和动物流在空间上尽量避免交叉污染，从而将污染的风险降低至可控范围内。实验动物平台升级改造也是一个系统工程，在满足新的使用功能的前提下，对空调、电气、给排水等相关专业也会有一些特殊的需求，从节约建设成本和运行成本的角度，严格把控施工材料质量，只有各方面统筹兼顾，才能建成一个升级改造后更加相对完善的实验动物平台。

第二节　实验动物平台的检测与验收

一、实验动物平台建设安装工程检测

通常是指实验动物环境设施工程中环境指标状态的检测。

（1）工程检测应包括建筑相关部门的工程质量检测和环境指标的检测。

（2）工程检测应由有资质的工程质量检测部门进行。

（3）工程检测的检测仪器应有计量单位的检定，并应在检定有效期内。

（4）工程环境指标检测应在工艺设备已安装就绪，设施内无动物及工作人员，净化空调系统已连续运行24 h以上的静态下进行。

（5）环境指标检测项目应满足表8-1的要求，检测结果应符合国标《GB 50447—2008 实验动物设施建筑技术规范》中表3.2.1、表3.2.2、表3.2.3的要求。

表8-1　工程环境指标检测项目

序　号	项　目	单　位
1	换气次数	次 /h
2	静压差	Pa
3	含尘浓度	粒 /L
4	温度	℃
5	相对湿度	%
6	沉降菌浓度	个 /（Φ90 培养皿，30 min）
7	噪声	dB（A）
8	工作照度和动物照度	lx
9	动物笼具周边处气流速度	m/s
10	送、排风系统连锁可靠性验证	—
11	备用送、排风机自动切换可靠性验证	—

（6）动物笼具处气流速度的检测方法应符合以下要求：

检测方法：测量面为迎风面（图8-1），距动物笼具0.1 m，均匀布置测点，测点间距不大于0.2 m，周边测点距离动物笼具侧壁不大于0.1 m，每行至少测量3点，每列至少测量2点。

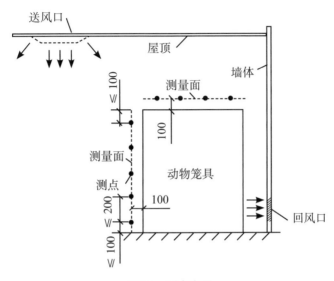

图8-1　测点布置

评价标准：平均风速应满足国标《GB 50447—2008 实验动物设施建筑技术规范》中表3.2.1、表3.2.2的要求，超过标准的测点数不超过测点总数的10%。室内气流速度对笼具内动物有影响，当此笼具具有和环境相通的孔、洞、格栅等时，如果是密闭的笼具，这一风速就没有必要测量。

二、实验动物平台建设工程验收

实验动物环境设施建设工程的验收应该是以环境指标检测作为前提。实验动物设施工程验收报告中应体现验收结论的评价方法。

（1）在工程验收前，应委托有资质的工程质检部门进行环境指标的检测。

（2）工程验收的内容应包括建设与设计文件、施工文件、建筑相关部门的质检文件、环境指标检测文件等。以上各种文件均是实验动物环境设施工程验收的基本文件，必须齐全。

（3）工程验收应出具工程验收报告。实验动物环境设施的验收结论可分为合格、限期整改和不合格三类。对于符合规范要求的，判定为合格；对于存在问题，但经过整改后能符合规范要求的，判定为限期整改；对于不符合规范要求，又不具备整改条件的，判定为不合格。

（4）凡对工程质量有影响的项目有缺陷，属一般缺陷，其中，对安全和工程质量有重大影响的项目有缺陷，属严重缺陷。根据两项缺陷的数量规定工程验收评价标准应按表8-2执行。

表8-2 实验动物设施验收标准

标准类别	严重缺陷数	一般缺陷数
合格	0	< 20%
限期整改	1 ~ 3	< 20%
	0	≥ 20%
不合格	>3	0
	一次整改后仍未通过者	

注：百分数是缺陷数相对于应被检查项目总数的比例。

第三节　实验动物机构的认证认可

一、实验室认证认可概述

实验室是指从事检测或校准工作的机构，所谓认证（测试、检验）是指对给定的产品、材料、设备、生物体、物理现象、工艺过程或服务，按照规定的程序确定一种或多种特性、性能的技术操作。

认证（certification）是认证机构（通常是第3方）对产品/服务，过程或质量管理体系符合规定要求（依据相关技术规范、准则等）做出书面保证的程序。

认证主要包括体系认证和产品认证两大类：体系认证一般的企业、行政机构、学校等都可以申请做体系认证，其目的是让客户对自己的企业或公司所提供的产品、服务等在购买时放心，比如说ISO9001质量体系认证，一般价格以企业或公司人数的多少来决定；产品认证相对来说比较广泛，各种不同规格的产品和不同的产品认证价格都不一样，当然他们的用途也不一样，比如说，CCC国家强制性认证和CE欧盟产品安全认证。

根据ISO/IEC指南2的定义，认可（accreditation）是指由权威机构对某一机构或人员有能力完成特定任务作出正式承认的程序。在ISO/IEC 17011：2004《合格评定-对认可合格评定机构的认可机构的通用要求》中对认可给出了最新的定义："正式表明合格评定机构具备实施特定合格评定工作的能力的第三方证明。"

所谓权威机构，是指具有法律或行政授权的职责和权力的政府或民间机构。这种承认，意味着承认检测/校准实验室有管理能力和技术能力从事特定领域的工作。

认可是由权威机构实施的一种能力评估，而认证只是一种有效的证明。并且无论是产品认证机构还是管理体系认证机构，它们都需要权威机构来对其实施能力评估。

实验室认可的实质是对实验室开展的特定的检测/校准项目的认可,它正式表明检测和校准实验室具备实施特定检测和校准工作能力的第三方证明,但并非实验室的所有业务活动。因此,对实验室所开展的能力评价活动称为"实验室认可"。

二、实验动物机构认证认可制度背景

认证认可制度是一种由第三方实施的、社会自愿采用的评价制度,其为市场运行、政府监管和贸易效率的提升提供了独特的评价服务,发挥了市场信任的纽带作用。这一独特的制度安排,自从其诞生起就受到整个国际社会的普遍关注和欢迎,并呈现蓬勃发展之势。

目前世界上已经有120多个国家建立了认证认可体系,其中有100多个国家和经济体的92家认可机构签署了ILAC(国际实验室认可合作组织International Laboratory Accreditation Cooperation,简称ILAC)的多边互认协议,在检测与校准实验室、检验机构、标准物质生产者、能力验证提供者以及医学实验室等认可制度方面实现了国际互认,这意味着上述机构合格评定活动的结果,在这些国家和区域内,得到了广泛的承认。

我国检测和校准实验室认证认可制度的引进、建立与快速发展,是我国实施和深化改革开放、加入世界贸易组织(WTO)参与国际贸易的结果;生物安全实验室认可制度是2003年暴发SARS的大背景下研究和建立的,是以确保实验过程中,具有生物危害的研究对象能得到有效控制,并确保人员安全以及环境安全为目的而研究建立。

我国实验动物机构认证认可制度的研究、建立和实施发展所走过的道路,本质上讲,是一脉相承的。实验动物机构认可制度的推出,是在对实验动物福利伦理的重视以及科学使用实验动物的大背景下孕育产生。借鉴对实验室检验机构管理的经验和模式,建立适合我国特点的法律规范、行政监管、认可约束、行业自律、社会监督五位一体的实验动物机构管理模式。同时为缩小与西方发达国家的差距,进而为实现实验动物机构的国际互认奠定技术和理论基础。这也符合国家提倡的简政放权、放管结合的政策举措。

三、实验动物的主要认证认可体系

关于动物实验室质量管理的重要性,绝大多数实验动物和动物实验机构已有了广泛的共识,就动物实验室认证而言,目前,主要可以分为国家认证和国际认证。

(一)实验动物机构国家认证

我国的《实验动物质量管理办法》明确指出,实验动物的生产和使用,实行许可证制度。在《实验动物许可证管理办法》中,对许可证的申请、审批、发放、监督、管理等提出了详细的规定和明确的要求。实验动物许可证的认证要求,除了对实验动物环境条件、营养、遗传和疾病控制、从业人员和操作规范等技术层面进行了严格的规定，同时也规定了禁止虐待实验动物，提倡动物福利和"3R"原则的条款。在提高动物实验水平、落实动物福利及与世界接轨方面发挥了政策保障和促进作用。

1. 实验动物许可证的认证条件及规定

（1）实验动物许可证包括实验动物生产许可证和实验动物使用许可证。实验动物生产许可证适用于从事实验动物及相关产品保种、繁育、生产、供应、运输及有关商业性经营的组织和个人。实验动物使用许可证适用于使用实验动物及相关产品进行科学研究和实验的组织和个人。由各省、自治区、直辖市科技厅（科委）印制、发放和管理。

（2）申请实验动物生产许可证条件

①实验动物种子来源于国家实验动物保种中心或国家认可的种源单位，遗传背景清楚，质量符合现行国家标准。

②具有保证实验动物及相关产品质量的饲养、繁育、生产环境设施及检测手段。

③使用的实验动物饲料、垫料及饮水等符合国家标准及相关要求。

④具有保证正常生产和保证动物质量的专业技术人员、熟练技术工人及检测人员。

⑤具有健全有效的质量管理制度。

⑥生产的实验动物质量符合国家标准。

⑦法律、法规规定的其他条件。

申请实验动物生产许可证的组织和个人向其所在的省、自治区、直辖市科技厅（科委）提交实验动物生产许可证申请书，并附上由省级实验动物检测机构出具的检测报告及相关材料。

（3）申请实验动物使用许可证条件

①使用的实验动物及相关产品必须来自有实验动物生产许可证的单位，质量合格。

②实验动物饲育环境及设施符合国家标准。

③使用的实验动物饲料符合国家标准。

④有经过专业培训的实验动物饲养和动物实验人员。

⑤具有健全有效的管理制度。

⑥法律、法规规定的其他条件。

申请实验动物生产或使用许可证的组织和个人向其所在的省、自治区、直辖市科技厅（科委）提交实验动物使用许可证申请书，并附上由省级实验动物检测机构出具的检测报告及相关材料。

（4）实验动物许可证的审批和发放：省、自治区、直辖市科技厅（科委）负责受理许可证申请，并进行考核和审批。各省、自治区、直辖市科技厅（科委）受理申请后，应组织专家组对申请单位的申请材料及实际情况进行审查和现场验收，出具专家组验收报告。对申请生产许可证的单位，其生产用的实验动物种子须按照《关于当前许可证发放过程中有关实验动物种子问题的处理意见》进行确认。在受理申请后的3个月内给出相应的评审结果。合格者由省、自治区、直辖市科技厅（科委）签发批准实验动物生产或使用许可证的文件，发放许可证。将有关材料（申请书及申请材料、专家组验收报告、批准文件）报送科技部及有关部门备案。实验动物许可证采取全国统一的格式和编码方法。

（5）实验动物许可证的管理和监督：凡取得实验动物生产许可证的单位，应严格按照国家有关实验动物的质量标准进行生产和质量控制，在出售实验动物时，应提供实验动物质量合格证，并附符合标准规定的近期实验动物质量检测报告。实验动物质量合格证内容应该包括生产单位、生产许可证编号、动物品种品系、动物质量等级、动物规格、动物数量、最近一次的质量检测日期、质量检测单位、质量负责人签字、使用单位名称、用途等。许可证的有效期为5年，到期重新审查发证。换领许可证的单位须在有效期满前6个月内向所在省、自治区、直辖市科技厅（科委）提出申请。省、自治区、直辖市科技厅（科委）按照对初次申请单位同样的程序进行重新审核办理。具有实验动物使用许可证的单位在接受外单位委托的动物实验时，双方应签署协议书，使用许可证复印件必须与协议书一并使用，方可作为实验结论合法性的有效文件。

实验动物许可证不得转借、转让、出租给他人使用，取得实验动物生产许可证的单位也不得代售无许可证单位生产的动物及相关产品。取得实验动物许可证的单位，需变更许可证登记事项，应提前1个月向原发证机关提出申请，如果申请变更适用范围，按本规定第八条至第十三条办理。进行改、扩建的设施，视情况按新建设施或变更登记事项办理。停止从事许可范围工作的，应在停止后1个月内交回许可证。许可证遗失的，应及时报失补领。

许可证实行年检管理制度。年检不合格的单位，由省、自治区、直辖市科技厅（科委）吊销其许可证，并报科技部及有关部门备案，予以公告。未取得实验动物生产许可证的单位不得从事实验动物生产、经营活动。未取得实验动物使用许可证的单位，或者使用的实验动物及相关产品来自未取得生产许可证的单位或质量不合格的，所进行的动物实验结果不予承认。已取得实验动物许可证的单位，违反《实验动物许可证管理办法》第十四条规定或生产、使用不合格的动物，一经核实，发证机关有权收回其许可证，并予公告。情节恶劣、造成严重后果的，依法追究行政责任和法律责任。许可证发放机关及其工作人员必须严格遵守《实验动物管理条例》及有关规定以及本办法的规定。

2.实验动物许可证行政审批工作流程

（1）提交申请材料：将申请材料报送至本省、自治区或直辖市政务大厅科技厅（科委）行政审批办办事窗口工作人员，根据《实验动物管理条例》《实验动物许可证管理办法》和《实验动物质量管理办法》以及各地方相关法律法规的规定，参照国家标准进行形式审查，1个工作日内按照是否符合受理条件，作出受理答复。材料不符合受理条件，返回申请单位并说明原因。

①生产许可证申请单位需提交以下材料：

a.××省、自治区或直辖市实验动物生产许可证申请审批登记表。

b.实验动物生产许可证申请书。

c.统一社会信用代码证。

d.实验动物管理机构及其成员名单。

e.自检条件（或委托检验协议书）说明。

f.引种证明。

g.生产设施平面分割图。

h.管理制度和相应的标准操作规程。

i.从业人员培训情况表。

j.废弃物处理协议。

②使用许可证申请单位需提交以下材料：

a.××省、自治区或直辖市实验动物使用许可证申请审批登记表。

b.实验动物使用许可证申请书。

c.统一社会信用代码证。

d.实验动物管理机构及其成员名单。

e.实验动物使用设施平面分割图。

f.管理制度和相应的标准操作规程。

g.从业人员培训情况表。

h.废弃物处理协议。

注意事项：申请材料要装订、盖骑缝章、日期、签字等需齐全。责任单位：行政审批办。

（2）许可认证办理：申请材料形式审查合格后，行政审批办于次日与资配处办理交接手续，实验动物许可证认定、验收管理工作一般由资配处负责。现场检查验收过程中，申报单位建设过程中存在问题的，专家组提出整改意见。申报单位整改完成后将相关材料报送资配处，资配处组织专家组进行复检验收，经检查合格专家签字并提交验收报告。

责任单位：资源配置与管理处。

（3）许可证办结发证：审批办根据资配处办理结果资料，2个工作日内作出给予发放实验动物许可证的行政许可决定，发放实验动物生产许可证或实验动物使用许可证。责任单位：行政审批办。实验动物许可证有效期5年。有效期届满需要换领实验动物许可证的单位或者个人应当在有效期届满前6个月内向本省、自治区或直辖市科学技术主管部门申请换领实验动物许可证。

（二）实验动物机构国际认证

国际实验动物评估和认可委员会（Association for Assessment and Accreditation of Laboratory Animal Care，AAALAC）是设立在美国的一个独立的非政府组织，是一家民间、非营利的国际认证机构，主要致力于实验动物管理与使用的评估和认证，提倡在科学研究中进行高水平的动物研究并人道地对待动物。该机构的宗旨是通过自愿评估和认证，在生命科学研究和教育过程中，保证实验动物质量、福利和生物安全，并对实验动物管理与使用进行有效监督，以实现实验动物饲养管理、动物实验及动物福利等环节的规范化。该认证体系已经得到国际上的公认，并且在欧美国家的生物、化学和医药研发中被普遍采用。AAALAC认证是实验动物质量、福利和生物安全水准的象征，也是国际前沿生物医学研究的质量标志，已成为参与国际交流、科研合作和竞争的重要基础条件。

AAALAC以《实验动物管理和使用指南》《研究和教学用农业动物管理与使用指南》和《保护用于实验和其他科学目的脊椎动物的欧洲协定》3个文件作为AAALAC认证的主要参考标准，对于美国以外的国家和地区的申请机构，AAALAC则充分考虑当地法规和惯例。AAALAC认证评估动物管理和使用计划的各方面，申请AAALAC认证包括内部审查和外部审查两个阶段。内部审查即自查，是由申请单位来界定和主导的。在这一过程中，研究机构建立"计划描述"以对动物管理与使用计划的各方面进行描述。外部审查是由AAALAC专家进行的一种同行评审，AAALAC评审人员审查"计划描述"，对申请机构进行现场考察并起草考察报告。

取得AAALAC认证的实验动物管理与使用计划主要接受三方面的管理。首先，研究机构所在国家或地区的政府部门从法律法规的层面为实验动物管理与使用提供了规范并对其进行管理；其次，AAALAC认证后，研究机构有明确的责任对动物研究相关事宜进行全面而有重点的自我监督和管理；另外，与行政部门、经费机构和认证机构之间的互动也是对计划进行监督管理不可或缺的一部分。AAALAC认证后的监督主要有"动物管理与使用计划的监督"和"动物使用方案批准后的监督"（PAM）两种监督方式。IACUC的检查和半年审查主要倾向于设施和执行的文件证明，PAM倾向于关注动物管理和使用的程序和项目，将观察到的程序与已获批准方案和标准操作规程进行比较，并对方案的遵守提出一个彻底的评估，两者相互补充，进而对实验动物相关项目进行督导。

1. AAALAC认证的背景

AAALAC即国际实验动物评估和认证协会，于1965年成立于美国，主要从事实验动物管理与使用的评估和认证工作，以达到在研究过程中维护动物福利、保障人员安全的目的。为了保证动物实验的质量并推动科研的发展，美国食品药品监督管理局（FDA）和欧盟强力推荐在有AAALAC认证的实验室开展动物实验。同时，世界500强医药巨头联合申明，他们的医药产品的动物实验都将在AAALAC认证的单位完成，因而与之相关的全球生物医药单位纷纷加入申请AAALAC认证的行列。目前，全球已有850多家制药和生物技术公司、大学、医院和其他研究机构获得了AAALAC认证，这些机构自愿取得AAALAC认证，严格遵守实验动物管理与使用的相关标准，为实验动物领域树立了楷模。

2. AAALAC认证依据及主要内容

（1）认证依据：首先，AAALAC充分考虑申请机构所处国家或地区的法规和惯例，希望已取得认证的单位遵守该国或该地区涉及实验动物管理与使用的所有法规和政府规章。在此基础上，AAALAC依据其理事会推荐认定的动物管理与使用相关标准对申请机构进行审核。其次，AAALAC本身并不制定有关实验动物管理与使用的标准，在AAALAC成立后将近50年的时间里，AAALAC一直将《实验动物管理和使用指南》（*Guide for the Care and Use of Laboratory Animals*）（NRC，最新版于2011年出版）作为主要参考标准，同时AAALAC还将若干资料作为参考指南。随着众多来自美国以外的研究机构申请AAALAC认证，以及越来越多的农业动物被用于科学研究，AAALAC对《用于研究和教学农业动物管理与使用指南》（*Guide for the Care and Use of Agricultural Animals in the Research and Teaching*）（Ag Guide）和欧洲理事会颁布的《保护用于实验和其他科学目的脊椎动物的欧洲协定》（*European Convention for the Protection for Vertebrate Animals Used for Experimental and Other Scientific Purposes*）（ETS 123）进行了正式的评估并在认证过程中予以采纳，在过去的十年，它们在认证过程中的作用日益凸显。2010—2011年，相关方面对Guide、Ag Guide和ETS 123进行了修订，AAALAC对新版的内容进行了审查和分析，以确定他们在AAALAC认证过程中的作用，AAALAC已于2011年正式采用上述3个文件作为主要认证标准。针对AAALAC认证过程中可能出现的特定问题，AAALAC理事会批准修改了关于认证的规则，以第8版Guide作为建立特殊认证标准的基本指南，AAALAC可依据现行指令、国际协定和指南等，因地制宜地制定相关标准。

Guide、Ag Guide和ETS 123都是认证的主要参考标准，由于受法律和出资机构的制约，申请机构需要从中选择最为合适的参考标准。ETS 123的应用范围局限于欧洲理事会自愿签认这一协定的成员国。因此，它在美国及其他国家或地区的AAALAC认证中不是主导标准。如果研究机构资金来自美国公共健康卫生服务部门的组织机构，则实验动物管理与使用计划要符合Guide的规定。如果研究机构没有义务遵守Guide和ETS 123，那么研究机构可以从3个主要标准中选择，并在"计划描述"（2011年版的Program Description）中说明这一选择如何有助于完成研究机构的科研任务，以及执行相应的实验动物管理与使用计划将产生何种结果，能否令人满意。当AAALAC认证委员会执行认证审查时，会查阅相关先例，审查研究机构的决策产生过程并评估执行结果，如果对结果不满意，委员会将给予建议，以协助研究机构建立健全令人满意的实验动物管理与使用计划；将农业动物作为研究对象时，如果没有相关法律或出资机构的限制，同样要对标准进行选择。AAALAC认为研究机构选择最佳标准时，要兼顾自身科研的要求和动物福利。

3个主要标准在内容和细节上得到了很大的扩充，它们几乎体现了实验动物管理和使用计划在各方面所取得的进步，同时，AAALAC正努力协调并在全球认证工作中推行"绩效标准"。为了不给AAALAC认证机构保持认证带来过多障碍和负担，AAALAC宣布将Guide（2011年版）中新增加的"must"条款即强制性条款，作为临时的改进建议，为期1年，这期间，如果没有进一步的修订，那么将正式视其为强制性条款，并可能对研究机构的认证状态产生影响。唯一例外的是，重要设备更换的过渡期将延长至3年（40.64 cm高的兔笼和非人灵长类笼具）（至2014年9月），但是，如果为了达到认证标准而需要更新的笼具数量较大，那么研究机构可以延期完成更新，但要向AAALAC提交实施计划和最后期限。同时，AAALAC发展了（增加或修改）6项立场声明（PS）和18个频繁提问的问题（FAQ）以反映2011年版Guide的改变，它们将帮助取得认证的和即将申请认证的机构深刻理解AAALAC新认证标准的应用。目前，大多数取得AAALAC认证的单位已经以一种与新指南兼容的方式运行，应该可以在短时间内取得平稳过渡。

（2）认证的主要内容：AAALAC认证的审查范围包括评估实验动物管理和使用计划的各方面。根据AAALAC的定义，实验动物管理和使用计划是机构在研究、教育、测试或饲养中涉及实验动物管理和使用的各种程序和总体表现，主要包括（但不局限于）以下内容。

①实验动物管理与使用计划：包含研究机构内所有对动物的健康和福利有直接影响的活动，如动物及兽医护理、政策和规程、人员和计划的管理及监督、职业健康与安全、IACUC功能以及动物设施的设计和运行管理。

②动物环境、饲养及其管理：动物设施的合理营造和管理对于维护动物福利，保证工作人员的健康和安全以及保证科研数据、教学或测试的品质都是至关重要的。完善的管理计划可以为不同物种（品种或品系）的动物提供合理的环境和栖居场所，并考虑动物生理及行为需要，使其可以顺利生长、发育成熟及繁殖，从而保证动物的健康和福利。

③兽医护理：兽医护理是动物管理与使用计划的基础部分。兽医的首要职责是提供兽医护理并监督研究、实验、教学和生产过程中的动物福利。完善的兽医护理包括对以下各项的有效管理：a.动物采购和运输；b.预防医学（包括隔离检疫、动物生物安

全和监测）；c.临床疾病、伤残或相关健康问题；d.与研究方案相关的疾病、伤残或其他后遗症的管理；e.外科和手术期间护理；f.疼痛和痛苦控制；g.麻醉和镇痛；h.安乐死术。

④实验动物设施的总体规划：设施的规划、设计和建造以及完善的管理，是保证良好的动物管理与使用的关键要素，有利于其高效、经济和安全地营运。

3. AAALAC认证的过程

认证过程包括细致而广泛的内部审查和外部审查。内部审查即自查，由申请单位来界定和主导，在这一过程中，研究机构完成"计划描述"（program description），涉及动物管理与使用计划的各方面，例如，政策、动物饲养和管理、兽医护理和设施等。"计划描述"应在规定的日期前提交给AAALAC。

外部审查是由AAALAC的专家进行的一种同行评审。AAALAC评审人员（AAALAC认证委员会委员及其顾问专家）审查"计划描述"，对申请机构进行现场考察并起草考察报告。考察报告由区域性的AAALAC认证委员会集体审查、讨论并决定申请单位的认证状态。如果申请单位存在不足，认证委员将以信件的形式通知申请单位并针对不足进行详细的说明。申请单位将在规定时间内进行整改，如果能达到要求，认证委员会将给予其认证。整个认证过程严格遵守保密原则。

与国内其他的认证审查不同，AAALAC审查重视通过同行专家的审查发现问题，向申请单位解释界定问题的依据，介绍最新的观念和实践，并说明AAALAC的期望即整改后应达成的目标。当发现缺陷时，AAALAC虽然不会告知申请单位如何进行整改，但会提供相应信息来促进改善，使申请单位的整体水平得以提高。获得AAALAC认证后，研究机构必须每年提交一份年度报告。

（1）AAALAC计划状态评估：AAALAC还可提供"计划状态评估"（program status evaluation，PSE），该评估是完全保密的同行评审，对申请单位动物管理与使用的各方面进行评估，各机构在申请AAALAC认证之前，可以此作为预考核。PSE将对机构的计划是否满足AAALAC的期望以及存在的差距作出评判，其评判依据是Guide、Ag Guide、ETS123、研究机构所在国家或地区的法规和惯例以及其他被广泛采用的参考资源。该评估可帮助研究机构在正式申请前对认证程序和现场认证考察团队的期望有更好的理解，它还会指出现场考察团队和AAALAC认证委员会可能提请注意并认为需要改进才能获得认证的领域。

PSE虽然有别于AAALAC的正式认证，但程序相似。申请单位从AAALAC办公室或AAALAC网站获得申请资料，包括"认证申请"表，"计划描述"的指导说明和AAALAC认证委员会用于评估、认证动物管理与使用计划的关键性文件。完成"计划描述"是申请机构对其动物管理与使用计划进行全面描述的过程，申请机构将在"计划描述"中做深入细致的自我评估，弄清优势和弱点，从而提高对动物福利问题的认识。

完成"计划描述"后，申请机构向AAALAC办公室提交申请材料。

AAALAC办事处评审过申请材料后，将安排现场评估。评估团队由兽医学、实验动物科学或动物研究方面的专家组成，他们均致力于在科研中对动物的人道主义照顾和使用。

现场评审结束后，申请机构会收到一份详尽的书面报告，该报告将标明需要改进才能符合AAALAC期望的领域，以及其他需要修改以便进一步完善动物管理和使用计划的领域，同时还会就如何完善不足提出可行性建议。

（2）AAALAC认证过程：AAALAC接受所有将实验动物用于教学、科研或测试机构的申请，并予以评估，若其在实验动物管理和使用方面能达到高标准，即授予认证。

①下载表格：申请机构可以直接从AAALAC网站下载申请资料，或直接联系AAALAC办公室获得。申请材料包括"认证申请"表格、指导申请机构准备"计划描述"的说明、"计划描述"、AAALAC的背景材料和认证程序、标准或指南文件〔例如，Guide，Ag Guide，ETS 123和（或）其他适用法规、文件〕、该委员会用来评估动物管理与使用计划的其他材料（称为"参考材料"）清单。

②编写与提交"计划描述"：申请机构的"计划描述"应包括以下详细信息：动物管理与使用计划，动物环境、饲养及其管理，兽医护理，实验动物设施等。编写"计划描述"的过程可视为内部评审，可帮助申请机构查找并解决不足。提交申请材料后，申请机构将会收到AAALAC办事处确认收到申请材料的通知，随后，AAALAC办事处的工作人员将审查申请机构的申请，以安排认证。申请机构缴纳申请费用后，AAALAC办事处将指派2名或2名以上AAALAC代表（通常为1名认证委员和1~2名顾问专家）组成实地考察队以审查申请机构的动物管理和使用计划。在提交申请时，申请方可就现场考察时间和考察团队的人员组成（如专业领域、工作单位性质、语言能力等）提出适当的建议。如果对AAALAC拟指派的人员有异议，可提请更换。

③现场考察：AAALAC考察队将会全面审查申请机构的申请和"计划描述"。现场考察前，现场考察队将与申请机构的代表一起讨论认证程序并逐页审查"计划描述"，现场考察队将提出具体问题并要求予以说明或索要补充文件。随后，现场考察队将在申请机构人员陪同下现场考察，并要求申请机构提供相关信息。在现场考察队审查计划文件并对观察结果进行讨论后，举行考察情况简介会，介绍他们此次考察所发现的问题和得出的判断，其间申请方可就相关问题进行说明并在规定的时间内上交"现场评估后交流报告"。随后，现场考察报告将上传到AAALAC认证委员会的内部网站供指定的委员审阅和质询。

④认证评审过程：认证委员会委员审查、讨论申请机构的申请资料和现场考察报告，并由认证委员会开会作出最终决定。其间，参加现场考察的AAALAC委员会委员将就申请机构的动物管理与使用计划以及观察结果进行陈述，根据随后的讨论起草一封

说明认证状态的信函。申请机构应在会后的4～8周内收到有关认证的正式通知。如果某些领域完善后才能符合认证标准，AAALAC将在信函中明确列出需要改进的领域并给申请机构一定时间以采取相应补救措施。

以上4个过程即AAALAC认证的全过程。获得AAALAC认证之后，研究机构必须每年提交一份年度报告，该报告提供主要在职人员变动信息，并解释本年度对动物管理与使用计划所作的任何更改。如需保持认证资格，取得认证后每3年都将进行一次AAALAC复审，程序与以上描述相同。

4. AAALAC认证结果

对于首次申请的单位，认证结果分为4种，即完全认证（full accreditation）、有条件的认证（accreditation with condition）、临时认证（provisional status，可长达24个月）、不予认证（withhold accreditation）。前两种情况授予"认证牌"。如果研究机构取得有条件的认证，那么要在本年年度报告中对AAALAC要求进行的改进措施进行说明，由认证委员会裁决，以确定研究机构能否取得完全认证。当不予认证时，AAALAC将会提供上诉的机会。

对于已取得AAALAC认证的单位，再认证则有以下5种可能的结果：连续的完全认证（continued full accreditation）、有条件的认证（conditional accreditation）、延迟认证（deferred accreditation，2个月）、暂定临时认证（probation，可长达12个月）、撤销认证（revoke accreditation）等。前4种情况都保留"认证牌"，但是只有第一种是完全认证。如果取得有条件的认证，那么机构要在本年年度报告中对AAALAC要求进行的改进措施进行说明，由认证委员会裁决，以确定机构能否取得完全认证。如果机构不能改进AAALAC认证委员会所要求的相关内容，那么研究机构的认证资格将暂定临时认证，研究机构需要在规定时间内将AAALAC认证委员会强制执行的内容完成，否则将会被取消认证。一旦取消认证，AAALAC允许机构对这一决定提起上诉，但上诉期间仍保留其认证资格，如果上诉失败，认证将被正式取消。另外，如果理由充分，AAALAC可随时撤销认证。

在作出暂停、撤销或不予认证的任何决定前，AAALAC会书面通知该单位委员会拟议的决定和根据。该申请单位可以提供反驳该决定的书面证据或论据，此外还可书面申请口头听证。

申请单位在申请认证的同时要缴纳一定的费用。所有取得AAALAC认证的研究机构还需支付一定的年度费用，费用拖欠超过12个月的单位可能被撤销认证资格。

5. AAATAC认证后的管理

（1）动物与使用计划的管理：取得AAALAC认证的实验动物管理与使用计划主要接受三方面的管理。首先，研究机构所在国家或地区的政府部门从法律法规的层面为实验动物管理与使用提供了规范并对其进行管理，包括（但不限于）：环境卫生、健康、劳动力和安全的通行标准。其次，AAALAC认证后，研究机构有明确的责任对动物研究相关事宜进行全面而有重点的自我监督管理。机构负责人（IO）、主治兽医（AV）和动物管理与使用委员会（IACUC）应有效地发挥领导作用，他们彼此紧密合作，为动物使用者提供支持并对其进行监督管理。IO负责调配资源并确保动物管理与使用计划的目标和机构的使命一致，AV和IACUC以及其他相关人员应清楚且定期将计划的需求向IO反映；AV对机构内所有动物的健康和福利负责。机构必须赋予主治兽医足够的权威，包括有权接触所有的动物和资源以便于提供兽医护理，为确保计划遵守认证标准的要求，AV还要监督计划的其他方面，例如，动物饲养及管理；IACUC或类似的监督机构，受其单位的委托和授权，具体负责评估和监督计划的组成部分和动物设施。除此之外，与行政部门、经费机构和认证机构之间的互动也是对计划进行监督管理不可或缺的一部分。

（2）人员管理：

①培训和教育：研究机构有义务为员工培训创造条件，所有参加动物管理与使用计划的人员都必须经过充分的教育、培训并（或）了解实验动物科学的基本原理以保证高质量的科学研究和动物福利，IACUC对培训方案进行监督以评价其有效性。接受培训和教育的人员有兽医、动物饲养管理人员、研究小组成员、IACUC成员等。

兽医必须受过相应培训，具备一定经验和专业技术，能对机构内使用的动物健康和福利进行评价。另外，兽医必须经过培训并具备动物设施管理的相关经验，才能为计划实施提供指导。

动物饲养管理人员包括不同的专业技术人员，如动物饲养员、管理员、兽医技术员等。他们应接受适当的培训和教育，机构应为其提供正式的和（或）在职训练，以利于计划的有效开展，并确保人性化的饲养管理和动物使用。

研究机构应该为课题负责人、实验负责人、技术员、博士后、学生和访问学者等研究小组成员提供适当的教育和培训，以确保他们熟知实验中特殊的操作以及所使用的动物品系。培训内容包括：动物饲养管理与使用的法律法规、IACUC功能、动物使用的伦理和"3R"原则、与动物使用有关问题的汇报、员工职业健康和安全问题、动物操作处理、无菌外科手术、麻醉和镇静、安乐死等。

IACUC成员机构有责任对IACUC成员进行培训，以确保其了解IACUC的工作和职责。培训内容主要包括：向新成员介绍机构的计划、相关法律法规、指导方针和政策、动物设施、动物实验室和计划审核程序等，以增强其对动物管理与使用的理解。

②员工的职业健康和安全：每个机构都应建立一个职业健康和安全计划（OHSP）以作为动物管理与使用计划的一个重要组成部分。OHSP必须与国际、国家和地方法规一致，并以致力于创建和维持一个安全、健康的工作环境为目标。OHSP的性质和规模由动物设施、研究方向、危险性与所用动物品种和品系来决定。

除以上两点外，研究机构还应将具有危害性的刑事案件考虑进去，如人员骚扰和攻击、设施非法侵入、纵火以及对实验动物、研究人员、设备和设施、生物医学研究的恶意伤害和破坏等。同时，研究机构必须建立调查和汇报动物福利相关事件的制度，确保员工了解对相关事件进行汇报的重要性，并为保护动物福利尽到责任。

6. AAALAC认证后的监督

AAALAC认证后，研究机构有明确的责任对动物研究相关事宜进行全面而有重点的监督和管理，主要有"动物管理与使用计划的监督"和"动物使用方案批准后的监督（PAM）"两种监督方式。

（1）动物管理与使用计划的监督：研究机构取得认证后，机构内的动物管理与使用委员会（IACUC）或类似的监督机构，受单位的委托和授权，具体执行这些自我监管任务。

IACUC包括以下成员。

①1名兽医，取得兽医学位或已获得资格认证，或在实验动物科学和医学方面或在机构所使用物种的使用方面接受过培训并具有经验。

②至少1名在实验动物相关的科研方面具有实践经验的科研人员。

③至少1名没有科研背景的成员，可来自机构内部或机构外部。

④至少1名关注动物管理与使用的公众代表。

IACUC的职责是负责计划的监督和日常评估。根据Guide所述，IACUC负责监督和评定整个动物管理与使用计划及其各项内容。IACUC应该对提交的研究方案或正在研究项目的重大修订予以审查，以确保其符合相关法律法规、相关指南文件和参考资料等的要求。另外，IACUC应该至少每6个月对研究机构的动物管理与使用计划进行审查，并对动物设施（包括动物实验区域）以及动物管理与使用情况进行检查，IACUC作为机构负责人的咨询顾问，将通过半年检查，以监督者的身份向机构负责人提交动物管理与使用的检查报告，并就研究机构的动物实验计划、设施或者人员培训等相关事宜向机构负责人提出建议。被授权时，针对机构动物管理与使用事务，若有民众提出抱怨或由研究机构内部员工检举违规事件时，IACUC将予以调查。当计划执行与IACUC审查通过的计划内容有偏差时，IACUC有权终止该动物计划。

（2）动物使用方案批准后的监督：虽然研究机构有关动物管理与使用方案的各方面都必须经过评估，但是IACUC经常把这些任务作为半年审查的一部分来执行。对于大多数的研究方案，仅使用半年一次的审查是不够的，因此，将动物使用方案批准后监督（PAM）发展成为研究机构是增强IACUC监督能力的一种辅助措施。PAM是一种几乎利用所有监督措施对已批准方案进行监督的方法，既确保了动物福利，也有利于优化实验操作。PAM包括持续的动物使用方案评审，实验室检查（可在对设施进行常规检查时进行，也可单独进行），兽医或IACUC对某些程序有选择地进行观察，由动物饲养管理人员、兽医和IACUC成员对动物进行观察，外部管理部门的检查和评估。IACUC、兽医、动物饲养管理人员以及政策合规监督人员均可执行PAM，该过程注重更具同事氛围的工作环境、高质量的研究、合理的动物护理以及研究者和IACUC间的交流，有效的PAM是通过思想意识的改变促进了动物管理的改善和实践与标准的一致性，因此，这一过程也发挥了一定的教育功能。

尽管PAM和IACUC半年一次的审查是完全分开的，但是它们的目的（和实际过程）是相同且相互支持的。IACUC的检查和半年审查主要倾向于设施和执行的文件证明，期间将会对设施、环境、笼器具、制冷、受法律管制的药物和记录保存等进行检查。IACUC检查和半年审查的过程是必需的、专注的、例行的，尤其是审查按照约定涉及实验室参观时，通常情况下，时间太少不能对已批准方案的过程和结果进行审查，有时甚至没有机会对正在进行的研究进行检查。例如，IACUC很少关注啮齿类动物外科手术的过程，更不会去关注准备阶段、采取的手术方法和手术后的康复过程。PAM和IACUC检查同样的实验室，PAM更倾向于关注动物管理和使用的程序与项目，能花费时间去检查实验的各方面，把观察到的程序跟已经批准的方案和标准操作规程进行比较，并对方案的遵守提出一个完全的评估，进而对实验动物相关项目进行督导。汽车的制造和使用为IACUC半年审查和PAM的关系提供了类比：IACUC的半年审查是厂房里已完成产品的质量保证，而PAM是道路测试，是测试产品可行性的真正测验。

IACUC的计划监督以及PAM是互相补充的，它们通过发现处于较低风险水平的问题，并在其对方案产生影响之前将其解决，从而一起为研究的完整性、科学性提供坚实的保障。

（三）实验动物机构其他认证

实验动物机构认证体系中除国家认证和国际认证外，国内外与实验动物有关的认证认可体系还有：GLP认证、CNAS国家实验室认可、计量认证、GMP认证和加拿大CCAC认证等。以下重点介绍一下我国采用比较广泛也越来越受到业界重视的前两个认证体系：GLP认证和CNAS国家实验室认可。

1. GLP认证

GLP认证就是指药物非临床研究质量管理规范（Good Laboratory Practice，GLP），是药物进行临床前研究必须遵循的基本准则。其内容包括药物非临床研究中对药物安全性评价的实验设计、操作、记录、报告、监督等一系列行为和实验室的规范要求，是从源头上提高新药研究质量、确保人民群众用药安全的根本性措施。

（1）GLP认证体系背景：20世纪60年代震惊世界的"反应停"事件，德国、加拿大、日本、欧洲等17个国家的妊娠妇女用"反应停"治疗妊娠呕吐而造成12 000余例"海豹肢畸形"婴儿。该事件就是药物审批制度不完善的产物，这一悲剧增强了人们对药物不良反应的警觉，从而进一步完善了现代药物的审批制度。1972—1973年，新西兰、丹麦率先实施了GLP实验室登记规范。美国食品药品监督管理局（Food and Drug Administration，FDA）也于1976年11月颁布了GLP法规草案，并于1979年正式实施。1981年，国际经济合作与发展组织（Organization for Economic Cooperation and Development，OECD）制定了GLP原则。80年代中，日本、韩国、瑞士、瑞典、德国、加拿大、荷兰等国也先后实施了GLP规范。GLP逐渐成为国际通行的确保药品非临床安全性研究质量的规范。

（2）我国GLP认证的概况：我国的GLP工作起步较晚。1985年以前，我国的新药申报要求有毒理学实验资料，1985年7月1日，我国实施《中华人民共和国药品管理法》，对毒理学评价做出了要求。直至80年代末，GLP的概念才被引入中国。从1990年起，相关专家和政府官员开始了广泛讨论和进行了详尽的国际考察（欧、美、日），自1993年12月起，我国才开始起草、试点实施GLP规范，由原国家科委发布了《药品非临床研究质量管理规定（试行）》，并启动了政府支持项目基金，但由于种种原因，我国的GLP未能得到很好的推广和实施。

随着经济的发展和人民卫生意识的加强，国内对GLP的认识有了很大提高，在GLP体系的建立和完善上，也取得了一些可喜的进展，GLP规范的国际互认也逐渐受到了人们的重视。原国家食品药品监督管理局（SFDA）不断吸取总结我国试行GLP数年来的基本经验，并参照发达国家和世界卫生组织的GLP原则，对GLP规范进行了3次修订。1999年10月14日，SFDA首次修改发布《药品非临床研究质量管理规范（试行）》，明确了各层次人员的职责、质量保证部门的职责，明确了GLP的监督、检查及认证部门。2003年8月13日，经SFDA局务会审议通过，再次修订GLP规范。2007年4月16日，SFDA第三次修订GLP规范，将GLP规范由试行改为正式实施。由此可见，国家正逐步加大推进实施GLP的力度，我国的GLP规范正迈向正规化、国际化。

近年来，国内外医药市场上频频出现了许多药品安全性问题，在给制药公司带来巨大损失的同时，新药的安全性问题成为人们关注的热点。1996年，美国耶鲁大学研究发现：过量服用PPA会使患者血压升高、肾功能衰竭、心律失常，严重的可能导致中风、心脏病而丧生。2000年11月16日，中国政府宣布暂停销售含有PPA（苯丙醇胺）的15种药品。2004年8月，美国默沙东公司生产的治疗关节炎的良药——万络，被指大剂量服用可大大增加诱发心脏病和中风的发病概率。9月30日，美国默沙东公司将此药全球召回。2003年2月，我国同仁堂老药龙胆泻肝丸中的关木通成分含马兜铃酸，而马兜铃酸可导致肾病。这些药品安全问题的涌现进一步揭示，真正危害最大的不良反应其实不是药物本身，而是制度和监管的缺失。为此，我国政府出台了一系列的政策法规，完善新药审批、药品不良反应监测、药品说明书监管等一系列制度，最大限度地确保药物的安全性，提高我国药品研究质量和水平，参与国际合作和竞争，避免药害事件的发生。

2006年11月12日，SFDA在官方网站发布通知，要求从2007年1月1日起，所有的新药安全性评价研究必须在经过GLP认证的实验室进行，这无疑将从根本上推动我国GLP认证，保障GLP规范的顺利实施。2003年5月22日，SFDA公告了首批4家基本符合GLP要求的非临床研究机构的名单，由此开始了我国GLP认证的道路。截至2007年12月10日，已先后有28家安全性评价研究机构通过了SFDA的GLP认证。

（3）我国GLP认证流程：GLP认证是指国家食品药品监督管理总局对药物非临床安全性评价研究机构的组织管理体系、人员、实验设施、仪器设备、实验项目的运行与管理等进行检查，并对其是否符合GLP作出评定。

GLP认证分为申请与受理、资料审查与现场检查以及审核与公告三大环节。申请机构在按照规定提交申请资料后，经资料审查符合要求的，接受现场检查。GLP认证的现场检查时间一般为3～4 d，检查员为3～5人，机构的质量保证部门负责人应陪同检查组进行检查，负责检查组与机构间的沟通，能够回答或联系相关人员回答检查组提出的有关问题。GLP现场检查的方式包括实地查看实验设施设备，对研究人员GLP等相关非临床试验知识和实验技能的考核，对SOP等文件系统的审查，以及对所承担实验项目是否遵循GLP的检查等。

检查组严格按照《药物非临床研究质量管理规范认证标准》进行检查，该标准共有280项检查项目，并根据问题的重要程度分为关键项目、重点项目和一般项目，其中，关键项目6项，重点项目30项，一般项目244项。检查组对现场检查中发现的不符合GLP要求的问题进行评定，形成检查意见。经过分析汇总之后，由国家食品药品监督管理总局作出通过、不通过或整改的审批决定。

为积极配合现场检查，申请机构应预先了解现场检查的程序和要求，熟悉现场检查方案，将检查所需的材料准备齐全，并尽量由专人统一保管。准备检查的一个有效方法是在检查前由QA（质量保证）人员对机构进行模拟检查，可以使相关人员了解检查的流程，发现存在的不足，提高应对的能力。某些机构在现场检查时，由于不能提供需要的材料，或者相关被检查人员不能到场，延误了检查的顺利进行。还有些研究人员由于过分紧张，导致表现失常，无法完成实验技术考核项目。这些问题可以通过精心准备和反复练习得到解决。

（4）中外GLP认证的差异化特征：中外GLP理念上的差异，国外重体系、重效果、重管理、分级通过，允许小缺陷。国内重细节、重形式、重科学、单一通过，强调零缺陷。

中外GLP制度上的差异，国外无论是项目认证还是实验室认证都强调符合GLP要求，国内强调实验室通过GLP认证。国外有专职检查员队伍，向被服务的对象收取适当的费用，公正性有保证。国内均是兼职检查员，饮食方面与被服务方有经济牵扯，公正性受损害。

中外GLP标准上的差异，在仪器设备认证、供试品分析、垫料标准、饲料标准、动物饮水标准、LIMS的应用等方面存在差距。

执行力尚有差距，为进一步缩小差距，我们需要完善GLP认证体系，建立专职检查员队伍。改革GLP认证制度，采用项目认证或分级认证。提高GLP认证标准，推动GLP国际互认。

2. CNAS国家实验室认可

国家实验室认可是指由政府授权或法律规定的一个权威机构（中国合格评定国家认可委员会CNAS），对检测/校准实验室和检验机构有能力完成特定任务作出正式承认的程序，是对检测/校准实验室进行类似于应用在生产和服务中的ISO 9001认证的一种评审，但要求更为严格，属于自愿性认证体系，它由中国合格评定国家认可委员会组织进行。通过认可的实验室出具的检测、检验、校准报告/证书可以加盖（CNAS）和ILAC的印章，所出具的数据国际互认。

（1）CNAS认证的意义：表明实验室具备了按有关国际认可准则开展检测和（或）校准服务的技术能力；增强实验室的市场竞争能力、赢得政府部门及社会的信任；可获得与CNAS签署互认协议的国家与地区实验室认可机构的承认，有利于消除非关税贸易技术壁垒；参与国际上实验室认可双边、多边合作，促进工业技术、商贸的发展；可在认可的业务范围内使用"中国实验室国家认可"标志；列入《国家认可实验室名录》，提高实验室知名度；取得了占领检测和（或）校准市场的主动地位，获得更高的经济收益。

（2）CNAS认证的国际互认：我国的实验室认可机构是中国合格评定国家认可委员会（简称CNAS），是亚太实验室认可合作组织（APLAC）和国际实验室认可合作组织（ILAC）的正式成员。CNAS将依据CNAS-CL01：2006idt ISO/IEC 17025：2005《检测和校准实验室能力的通用要求》，按照科学、公正与国际通行准则相一致的原则运作中国实验室认可体系。CNAS与签署互认协议的国家、地区实验室认可机构之间互认，既通过我国国家实验室认可的实验室，在成员国之间得到互认。目前国际上与CNAS互认的组织有：国际认可论坛（International Accreditation Forum，英文缩写IAF），国际实验室认可合作组织（International Laboratory Accreditation Cooperation，英文缩写ILAC），太平洋认可合作组织（Pacific Accreditation Cooperation，英文缩写PAC），亚太实验室认可合作组织（Asia Pacific Laboratory Accreditation Cooperation，英文缩写APLAC）。

（3）CNAS认证认可方法：申请认可的实验室应依据CNAS-CL01：2018《检测和校准实验室能力的通用要求》（ISO/IEC 17025：2017）建立、实施和维持与其活动范围相适应的质量体系。应将其政策、制度、计划、程序和指导书制订成文件，并达到确保实验室检测和（或）校准结果质量所需的程度。这是一项系统工程，要经过标准的学习、质量体系策划。质量体系文件编制、质量体系运行、内审员的培训、质量体系内部审核、质量体系模拟评审等过程，确保质量体系持续有效地运行，最终通过实验室国家认可委的现场评审，获取实验室认可证书。

（4）CNAS颁布的与实验动物相关的规则和准则：2015年10月1日，颁布CNAS-CL58《检测和校准实验室能力认可准则在实验动物检测领域的应用说明》，开展实验动物检测的实验室在遵循CNAS-CL01《检测和校准实验室能力认可准则》的基础上，应遵循该准则。

2017年6月1日，颁布CNAS-RL08《实验动物饲养和使用机构认可规则》，该规则是实验动物机构取得CNAS认可应遵循的程序规则。

2017年6月1日，颁布CNAS-CL60《实验动物饲养和使用机构质量和能力认可准则》。该准则是CNAS对实验动物机构认可的要求，等同采用国家标准《实验动物机构质量和能力的通用要求》（GB/T 27416—2014）。同时，实验动物机构内部开展的检测活动应满足 CNAS-CL01《检测和校准实验室能力认可准则》的要求。

（5）CNAS认证必要性：为了满足社会对测试报告/证书的质量要求，实验室不仅要对测试报告/证书的校核和审定把关，而且要对影响测试报告/证书质量的各类因素进行全面控制，因此，实验室必须采取预防措施以减少或消除质量问题的产生，这就要求我们必须以管理体系的理念去处理好各项质量活动。

第四节　实验动物平台的硬件建设与管理

一、实验动物平台建筑环境设施

（一）建筑环境设施布局特点

一般来说，实验动物平台建筑设施基地的出入口不宜少于两处，人员出入口不宜兼做动物尸体和废弃物出口，应与洁物入口、污物出口分别设置；废弃物暂存处宜设置于隐蔽处；周围不应种植影响实验动物生活环境的植物。实验动物建筑设施应明确分为生产区、实验区、辅助区等，动物饲养间与实验操作间宜分开设置。屏障环境设施的净化区内不应设置卫生间、排水沟、地漏以及楼梯、电梯等设施。实验动物设施生产区（实验区）的平面布局可根据需要采用单走廊、双走廊或多走廊等方式。其人员流线之间、物品流线之间和动物流线之间应避免交叉污染。屏障环境设施净化区的人员入口应设置二次更衣室同时也更可兼做缓冲间。实验动物建筑设施宜设置检疫室或隔离观察室，或两者均设置。辅助区应设置用于储藏动物饲料、动物垫料等物品的用房。负压屏障环境设施应设置无害化处理设施或设备，废弃物品、笼具、动物尸体应经无害化处理后才能运出实验区。

（二）建筑环境设施构造要求

实验动物环境设施应满足空调机组送排风机等设备的空间要求，并应对噪声和振动进行处理。二层以上的实验动物设施宜设置电梯。楼梯宽度不宜小于1.2 m，走廊净宽不宜小于1.5 m，门洞宽度不宜小于1.0 m。屏障环境设施生产区（实验区）的层高不宜小于4.2 m。室内净高不宜低于2.4 m，并应满足设备对净高的需求。围护结构应选用无毒、无放射性材料。空调风管和其他管线暗敷时，宜设置技术夹层。当采用轻质构造顶棚做技术夹层时，夹层内宜设检修通道。墙面和顶棚的材料应易于清洗消毒、耐腐蚀、不起尘、不开裂、无反光、耐冲击、光滑防水。屏障环境设施净化区内的门窗、墙壁、顶棚、楼（地）面应表面光洁，其构造和施工缝隙应采用可靠的密闭措施，墙面与地面相交位置应做半径不小于30 mm的圆弧处理。地面材料应防滑、耐磨、耐腐蚀、无渗漏，踢脚不应突出墙面。屏障环境设施的净化区内的地面垫层宜配筋，潮湿地区、经常用水冲洗的地面应做防水处理。屏障环境设施净化区的门窗应有良好的密闭性，密闭门宜朝空气压力较高的房间开启，并宜能自动关闭，各房间门上宜设观察窗，缓冲室的门宜设互锁装置。设置外窗时，应采用具有良好气密性的固定窗，不宜设窗台，宜与墙面齐平。啮齿类动物的实验动物设施的生产区（实验区）内不宜设外窗。应有防止昆虫、野鼠等动物进入和实验动物外逃的措施。实验动物环境设施应满足生物安全柜、动物隔离器、高压灭菌器等设备的尺寸要求，应留有足够的搬运孔洞和搬运通道，以及应满足设置局部隔离、防震、排热、排湿设施的需要。屏障环境设施动物生产区（动物实验区）的房间和与其相通房间之间以及不同净化级别房间之间宜设置压差显示装置。

二、实验动物平台基本配套设施

（一）空调净化通风系统

空调系统的划分和空调方式选择应经济合理，并应有利于实验动物设施的消毒、自动控制、节能运行，同时应避免交叉污染。实验动物平台的净化通风系统一般采用全新风，新风口应采取有效的防雨措施；应安装防鼠、防昆虫、阻挡绒毛等的保护网，且易于拆装和清洗；新风口还应高于室外地面2.5 m以上，并远离排风口和其他污染源。屏障环境实验区应设有三级空气过滤装置，洁净度等级应达到万级，送风方式为上送下排。普通环境实验区可以安装两级空气过滤装置，可根据需要加装高效空气过滤器。室外新鲜空气经过空气处理机组初、中效过滤器处理后，通过风量分组调节控制阀和送风管道到达高效过滤送风口送入室内，污浊的空气通过排风口和排风管道排向室外。排风管道可按照送风的分组情况，进行分组调节控制。空调系统的设计应满足人员、动物、动物饲养设备、生物安全柜、高压灭菌器等的污染负荷及热湿负荷的要求。送、排风系统的设计应满足所用动物饲养设备、生物安全柜等设备的使用条件。隔离器、动物解剖台、独立通风笼具等不应向室内排风。屏障环境设施和隔离环境设施的动物生产区（动物实验区），应设置备用的送风机和排风机。当风机发生故障时，系统应能保证实验动物设施所需最小换气次数及温湿度要求。实验动物设施的房间或区域需单独消毒时，其送、回（排）风支管应安装气密阀门。

有正压要求的实验动物设施，排风系统的风机应与送风机连锁，送风机应先于排风机开启，后于排风机关闭。有负压要求实验动物设施的排风机应与送风机连锁，排风机应先于送风机开启，后于送风机关闭。有洁净度要求的相邻实验动物房间不应使用同一夹墙作为回（排）风道。屏障环境设施净化区的送、回（排）风口应合理布置，回（排）风口下边沿离地面不宜低于0.1 m；回（排）风口风速不宜大于2 m/s。

（二）空调恒温控制系统

实验动物平台一旦启用即每天24 h不间断运行，故对空调系统要求很高，通常采用两管制空调水系统，夏季供冷水，冬季供热水，供水、回水温度可通过空调集中控制器调节。对于寒冷地区和严寒地区，空气处理设备应采取冬季防冻措施。选用模块式空气源热泵机组分别供应屏障环境实验区和普通环境实验区等。两组空调系统通过旁通管道相连，配套变频水泵，一用一备。实验动物设施的空调系统应采取节能措施，整个系统可以根据负荷自动卸载或加载，并且某个模块损坏不影响其他模块的正常工作，达到屏障系统运行安全和节能的目的。实验动物设施的排风不应影响周围环境的空气质量。当不能满足要求时，排风系统应设置消除污染的装置，且该装置应设在排风机的负压段。屏障环境设施净化区的回（排）风口应有过滤功能，且宜有调节风量的措施。清洗消毒间、淋浴室和卫生间的排风应单独设置。高压蒸汽灭菌器宜采用局部排风措施。

（三）配电供给及照明系统

实验动物平台要求全天候不间断供风和供电，如果出现故障，不能及时发现和处理，就可能导致环境设施的污染、动物感染或死亡，造成严重后果。因此，应对动物实验平台使用独立稳定的供电系统，并配备有应急备用电源。在中央空调机房控制室安装风机故障警报系统，以便及时检修和维护，保证设施的安全运行。屏障环境设施的动物生产区（动物实验区）的用电负荷不宜低于2级。当供电负荷达不到要求时，宜设置备用电源。并设置专用配电柜，配电柜宜设置在辅助区。屏障环境设施净化区内的配电设备，应选择不易积尘的暗装设备，气管线宜暗敷，设施内电气管线的管口，应采取可靠的密封措施。实验动物设施的配电管线宜采用金属管，穿过墙和楼板的电线管应加套管，套管内应采用不收缩、不燃烧的材料密封。屏障环境设施净化区内的照明灯具，应采用密闭洁净灯。照明灯具宜吸顶安装；当嵌入安装时，其安装缝隙应有可靠的密封措施。灯罩应采用不易破损、透光好的材料。一更、淋浴、二更、气闸、清洁走道、洁物存放处、污物走道、缓冲间和清洗消毒间、动物饲养室、实验准备间、隔离观察室和功能实验室等安装手动和自动开关，根据实际需要，调节控制室内照明灯。其中，动物饲养室装有动物照明灯，调节动物的休眠周期。未启用房间、清洁走道、洁物存放处、污物走道等在每日定时开启紫外线灯照射1 h。

（四）自动控制系统

实验动物平台自控系统应遵循经济、安全、可靠、节能的原则，操作应简单明了，应满足控制区域的温度、湿度要求。缓冲间的门，宜采取互锁措施。当出现紧急情况时，所有设置互锁功能的门应处于可开启状态。屏障环境设施动物生产区（动物实验区）的送、排风机应设正常运转的指示，风机发生故障时应能报警，相应的备用风机应能自动或手动投入运行，必须可靠连锁，风机的开机顺序应符合相关国家标准的要求。净化空调系统的配电应设置自动和手动控制。空气调节系统的电加热器应与送风机连锁，并且应设置无风断电、超温断电保护及报警装置。电加热器的金属风管应接地。电加热器前后各800 mm范围内的风管和设有穿过火源等容易起火部位的管道和保温材料，必须采用不燃材料。屏障环境设施动物生产区（动物实验区）的温度、湿度、压差超过设定范围时，宜设置有效的声光报警装置、自控系统。屏障环境设施净化区的内外应有可靠的通信方式。屏障环境设施生产区（实验区）内宜设必要的摄像监控装置，随时监控特定环境内的实验、动物的活动情况等。

（五）门禁控制及报警系统

实验动物平台中由于屏障系统内环境要求高，而人是屏障系统内最活跃的因素，也可能是造成屏障系统最大的污染源头，因此，需要对进入屏障系统的人员严格控制，实验动物环境设施生产区、实验区等宜设门禁系统。在入口应该安装门禁控制器，只有经过授权的人员才能刷卡进入该区域。实验动物环境设施要求全天24 h不能停止送风，如果停电或出现故障，不能及时发现和处理，很可能造成设施污染和动物死亡等重大损失和事故。因此，在中央控制室应设置风机故障报警，温湿度、压差异常声光报警和远程电话报警，可以第一时间让多名工作人员发现问题并及时处理，保证实验动物环境设施运行的安全。

（六）视频监控及通信系统

实验动物平台对各级实验动物区的出入口、走廊、实验动物繁育生产室、饲养观察室以及实验室等重要位置应该安装视频探头，以便能够及时了解设施的运行状态，同时也能有效促进各实验区工作人员和科研实验操作人员按照操作规程进行规范操作，避免人为因素造成屏障环境设施内部污染。对动物实验操作和实验期间的动物反应进行观察和录像，也方便教学、学习和参观等。由于实验动物设施的特殊性，人员进入后内外联系非常重要。因此，一般来说，实验动物环境设施应该安装内部电话程控交换机，分设在实验动物生产区、实验区及各实验室、洁净走廊、污染走廊、办公室等，便于各生产区、实验区及办公区之间环境设施内外相互联系。

（七）水净化及供排水系统

实验动物平台中实验动物的饮用水应满足相关国家标准要求。普通动物饮水应符合现行国家标准《生活饮用水卫生标准》GB 5749的要求。屏障环境设施的净化区和隔离环境设施的用水应达到无菌要求。屏障环境设施生产区（实验区）的给水干管宜敷设在技术夹层内。管道穿越净化区的壁面处应采取可靠的密封措施。屏障环境设施净化区内的给水管道和管件，应选用不生锈、耐腐蚀和连接方便可靠的管材和管件。大型实验动物设施的生产区和实验区的排水宜单独设置化粪池。实验动物生产设施和实验动物实验设施的排水宜与其他生活排水分开设置。屏障环境设施的净化区内不宜穿越排水立管。排水管道应采用不易生锈、耐腐蚀的管材。

实验动物环境设施一般要求配套安装反渗透纯化水制水系统，采用双不锈钢管道循环式输送，输送管道安装紫外消毒和臭氧消毒设备定期消毒杀菌。将所制备的纯化水再经灭菌消毒后输送到屏障环境设施内准备室，在双不锈钢管道上作一"U"形接水点（确保管道内的水处于不断循环状态）和水槽。为实验动物供应符合国家标准的纯净无菌饮用水及屏障系统内用水。

三、实验动物平台常用仪器设备

（一）消毒灭菌设备

实验动物平台运行管理过程中，为防止外界物品进入屏障环境设施或隔离环境设施时所携带的细菌污染室内环境设施或造成动物交叉感染，因此，所有物品必须经过高压灭菌器、传递窗、渡槽等设备消毒灭菌后才能进入屏障环境设施净化区内。屏障环境设施的清洗消毒室与洁物储存室之间应设置高压灭菌器等消毒设备。按照不同物品的特性，可进行紫外线照射消毒、渡槽消毒液消毒或专用的机动门脉动真空灭菌器消毒。

脉动真空压力蒸汽灭菌器是通过多次交替对灭菌室抽取真空和充入蒸汽（使灭菌室达到一定的真空度后再充入饱和蒸汽），最终达到设定压力和温度，从而实现对耐高温耐湿物品进行灭菌处理的医疗器械。按照容积可分为大型脉动真空灭菌器和小型脉动真空灭菌器。脉动真空灭菌器是以饱和水蒸气作为灭菌介质，采用机械强制脉动真空的空气排除方式，经3～4次抽真空、注入蒸汽交替作用将内室空气强制排空，使空气排除量达到99%以上，彻底消除灭菌室内的冷点，完全排除温度"死角"，在高温和高压力的作用下使微生物蛋白质变性凝固、灭活从而达到灭菌的目的。通过真空抽湿再通过灭菌器夹套132～134℃的高温烘干，保证灭菌后的物品干燥爽洁，物品取出时不湿手不烫手。具有灭菌彻底；工作效率高，灭菌周期短；节约能源；温度均匀性好，对物品的损坏程度轻；节省能量、人力和物力等特点。但在实验过程中还应注意以下三点。

（1）须选择耐高温并且耐湿的物品。

（2）不能对油脂类、粉剂或液体进行灭菌，以免对灭菌器造成损伤。

（3）灭菌时首先应保持蒸汽灭菌器的干净、清洁，防止灭菌室内部附着污染物，影响物体的灭菌效果。

（二）实验动物饲养笼具

实验动物饲养笼具是实验动物的生活场所，动物的小环境质量取决于笼具、笼架。笼具的大小应方便动物调整姿势，符合其习惯，并确保其舒适和安全。笼具必须保证空气流通，并对环境参数如光照、噪声和有害气体浓度等无不利影响，还应方便动物取食和饮水，以及人对动物的观察。

（1）独立通风笼具（individually ventilated cage，IVC），一种以饲养盒为单位的实验动物饲养设备，空气经过初中高效过滤器处理后分别送入各独立饲养盒使饲养环境保持一定压力和洁净度，用以避免环境污染动物或动物污染环境。该设备用于饲养清洁、无特定病原体或感染动物。IVC系统组成：笼盒系统、笼架系统、主机系统。每个IVC笼盒带有终端过滤器，主机系统安装HEPA（初、中、高效过滤器）。IVC系统具有真正的可持续的SPF屏障环境，为啮齿类小动物提供SPF环境，防止交叉感染，有效保护实验动物；笼架上的进排风口的气流在同一水平，提供统一标准的通风，偏差小于0.5%。不同品系的实验动物可以在同一笼架进行饲养，但又可以在同一工作区内管理；为动物提供高标准的低NH_3、CO_2微环境，提供最适宜的湿度；减少动物饲养笼的垫料更换、灭菌次数；防止含有有害物质或被污染的气体在动物饲养笼间的传播、扩散；节约人工、节省资源，保障工作人员的健康与安全；设备设计合理，节省占地面积，轻便灵巧，带可方便移动的灵活滚轮。使笼具成为先进的IVC屏障系统，在普通环境、屏障环境、生物检疫设施、生物安全设施、环保监测设施中均可使用。

（2）隔离器（isolator），一种与外界隔离的实验动物饲养设备，空气经过高效过滤器后送入，物品经过无菌处理后方能进出饲养空间，该设备既能保证动物与外界隔离，又能满足动物所需要的特定环境，主要用于饲养无特定病原体、悉生、无菌或感染动物，方便动物的保种育种尤其适合SPF级或无菌级动物饲养。隔离器主要由架子、动力控制箱、隔离包和鼠笼架四部分组成。架子为不锈钢结构，起支撑隔离包和动力控制箱的作用。动力控制箱为隔离包提供洁净空气并将动物排放的气体经过过滤后排至室外。隔离包采用进口透明薄膜，使用寿命长；为动物提供洁净舒适的隔离环境。隔离器内的操作都要经过橡胶长袖手套进行，橡胶手套应根据使用者确定大、中、小不同型号，手套环应与手套和薄膜室连接紧密，不漏气。

隔离器一般具有以下结构特点。

①隔离包采用耐腐蚀、耐高温、易清洗、透明、柔软、无毒塑料经过热合密封而成。

②包体无毒无味，耐腐蚀，透明度高，柔软易操作。

③软包内笼盒架采用不锈钢材质，表面拉丝处理无清洗消毒死角，底部有脚轮推拉，操作方便。

④快速传递接口，双密封胶条密封，缩短传递时间，安全高效。

⑤框架整体快装接头连接，美观易组装。

（3）层流架（laminar flow cabinet），一种饲养动物的多层架式设备，洁净空气以定向流的方式使饲养环境保持一定压力和洁净度，避免环境污染动物或动物污染环境。该设备用于饲养清洁、有特定病原体动物。层流架是根据超净空气层流并维持正压的原理设计的。主要技术指标是提供一个可靠、洁净的实验动物生活环境；在一个不大的空间和风机动力允许的条件下，提供尽量多的饲育容量；提高第四层层间距离便于换笼具及其他洁净条件下的实验操作；组装式更易于运输和安放；各项物理参数不得影响实验动物的生长发育。层流架在噪声、组装技术和风速等方面，尚有待进一步改进。层流架是由初效、高效过滤器及风机、静压箱、饲育柜和各种控制电器组成的。柜架采用铝合金、不锈钢或其他适宜材料制作，柜体稳固平整，拆装方便，表面光洁，耐腐蚀。工作人员需消毒手臂，戴灭菌手套并配合使用超净工作台进行操作。层流架的工作流程：气流进入→鼓风机→中效过滤器→静压箱→高效过滤器→工作区→气流排出。层流架的结构及工作原理如下。

①中效过滤器和鼓风机：鼓风机是层流架的心脏，须长期连续运转，要求噪声小于60 dB，经中效过滤器滤去空气中部分颗粒及微生物，然后通过管道进入静压箱。中效过滤器一般需半年更换1次。

②静压箱和高效过滤器：静压箱是密闭的长方形金属箱体，经中效过滤器的气流从一侧进入箱内，再从另一侧经高效过滤器呈水平状态进入金属架工作区。

③金属架工作区：是由耐腐蚀的金属制成，室内分成4～6层，后壁与高效过滤器相连，前面分层装有玻璃拉门，工作区内维持20 Pa正压。

（4）家兔饲养笼具（Rabbit feeding cage）：家兔笼具目前主要采用的就是水冲洗式和干养式两种。冲洗式笼具在工作中存在着饲养室内相对湿度过高，冲水时水流分布不均，托盘的边缘冲刷不干净，使用一段时间后托盘尿碱较难清除，下水道容易堵塞等问题；干养式笼具每天须洗刷接粪盘，工作量较大。各有利弊，因此，为解决上述问题，降低湿度，减轻工作量，有的实验动物平台对实验家兔饲养笼具做了改进，采用塑料垫布法进行家兔饲养，实质上也是干养式法的升级并取得良好的效果。无论是湿养还是干养的兔笼具其笼架框架均应为全不锈钢材质，接缝处全部采用氩弧焊满焊并经打磨抛光处理，接缝处平滑无缝隙不易存污物，易清洁，不管是表面擦拭消毒，还是房间熏蒸消毒，保证缝隙消毒彻底。兔饲养笼架的设计充分考虑到实验动物福利，便于清洁消毒，减轻劳动强度等。

（5）豚鼠饲养笼具（Guinea pig feeding cage）：豚鼠活动性强，比其他啮齿类动物对生活空间的需求大。实验动物平台中常采用笼架或大塑料盒进行豚鼠的繁殖与饲养。笼盒内要求光滑、无死角，不易残留粪便，便于清洗；笼箱或托盘应采用碳酸酯材料；可耐高温高压灭菌。笼内空气畅通；相邻两笼互相隔离，有效防止交叉感染；不锈钢丝网格前门，配有饮水瓶及食盒；抽屉式笼箱及托盘，换笼方便；不锈钢笼架万向轮，方便移动。大塑料盒可以铺垫料，使豚鼠有在陆地的感觉，保温性也较好。但大塑料盒不易操作，清洁和保洁比较麻烦。用笼架进行分层饲养可以节省空间，可无须垫料，便于清洗，易于操作，也比较干净卫生。其缺点是保温差，豚鼠也容易担惊受怕。通常情况下，应用以上两种笼具饲养豚鼠，虽然其体重等生理状态并无明显差异，但是在频繁实施实验操作等应激的情况之下，使用大塑料盒饲养更有利于豚鼠由应激状态向正常生理状态的恢复。

（三）动物饲养和实验辅助设备

用作动物饲养或实验的辅助设备，除各种饲养笼架具外，主要包括饮水制水设备、超净工作台、笼盒垫料更换设备、废垫料倾倒处理设备、动物笼具清洗设备、生物安全柜和运输笼具工具等，它们对实验动物的饲养管理和实验结果影响最直接。

1. 反渗透纯化水制备系统

在饮水设备中主要包括饮水瓶、饮水碗和自动饮水装置等。大鼠、小鼠等小型实验动物多使用不锈钢或无毒塑料制造的饮水瓶，规格一般有250 mL和500 mL两种。大动物多使用饮水碗，这些饮水器具应定期清洗消毒。自动饮水装置具有节省劳力等优点。屏障环境设施或某些大型实验动物设施需用大量无菌纯化水，常安装有无菌纯化水生产系统。这种系统通常先以超滤膜滤去细菌和真菌，然后以紫外线照射，可杀灭病菌、病毒，或用臭氧、加氯等方式进一步杀灭细菌和真菌。

2. 超净工作台

在动物实验中超净工作台常与层流柜、独立通风笼具等设备配套使用。这种工作台操作简单，安装方便，占用空间小且净化效果很好，提供了良好的洁净操作环境。超净工作台的气流流动方式分为垂直式和水平层流式，基本原理大致相同，都是将室内的空气经初过滤器初滤，由鼓风机压入静压箱，经高效空气过滤器，送出的洁净气流从均匀的断面通过无菌区，从而形成无尘无菌的高洁净度工作环境。超净工作台是较为精密的设备，如果使用和维护得当，可以取得良好的效果并延长使用寿命。一般使用超净工作台需注意以下几点。

（1）超净工作台最好安装在清洁的房间内，以免尘土过多使过滤器阻塞，降低净化效果，缩短使用寿命。

（2）新安装的或长期未使用的工作台，启用前须对工作台和周围环境用吸尘器或不产生纤维的工具进行清洁，然后用药物擦拭或紫外线灯照射进行灭菌处理。

（3）每次使用前，应用75%乙醇擦拭台面，并提前30 min启动紫外线灯灭菌。关闭紫外线灯以后，启动送风机使之运转2 min后再进行操作。

（4）要定期将初效过滤器拆下清洗，时间应根据环境洁净程度而定，通常间隔3～6个月进行1次。一般情况下，高效过滤器3年更换1次。更换高效过滤器应请专业人员操作，以保持良好密封。

（5）净化工作区内不应存放不必要的物品，以保持洁净气流不受干扰。每次使用超净工作台都要注意及时清除工作台面上的物品，并用乙醇擦拭台面使之始终保持洁净。

3. 净化换笼工作站

实验动物平台中适用于SPF级动物房的动物饲养笼更替、垫料更换添加，可防止工作区域内的SPF级动物受到外界空气的污染，同时也可以防止操作人员受到有害物质的侵害。净化换笼工作站主要由顶部组件、连接件组件、台面板组件、底部框架组件等组成。要求具备以下功能特点。

（1）设备供、排风风机的风速可调，设备上方的供风风机一般具有三档调速的功能，下部的排风风机通过变频器来调节风量，可以满足不同需求。

（2）设备操作台面旁边安装有红外线感应自动给液消毒器，操作员操作完毕后，只需要将手放至红外线感应区就可以方便地给手进行消毒灭菌处理，防止污染，方便可靠。

（3）设备洁净度高，上方的送风系统有一个送风风机，在风机的后端安装有高效过滤器，能有效地过滤掉空气中的大颗粒污染物，防止内部环境受到污染，同理，在操作台下方，应该安装有中、高效过滤器，并在初效过滤器的后方配备有排风风机，整个送、排风系统构成一个循环气流模式，保证了操作区域和外界环境不相互污染。

（4）设备安放、就位方便，占用空间小，装有四个带有锁紧装置的万向脚轮，能方便地对设备进行移动与固定；可以将该设备轻松地安放在笼架旁边；紧凑的尺寸设计使设备占用更小的空间。

（5）设备在操作区的上方安装有可调亮度的日光灯管，满足了操作员在光线比较暗的环境下进行操作的要求；设备采用四周可见性好的亚克力导风板，能更好地观察工作区或非工作区的情况。

（6）独特的舒适、灵活性人性化设计，工作区域工作台面面积大，为一个或两个操作人员提供了一个较大的操作空间，便于快速将笼盒放入工作区或者取出，工作效率高。

（7）设备安全可靠，侧方装有两个压差表，用来检测高效过滤器两端的压差，观察过滤器是否堵塞，以免影响设备的使用寿命，有效的检测手段可以方便用户进行工作。

稳定的结构和外观设计，通常采用优质塑料及304不锈钢，强度大，完美的圆弧设计，平滑的表面以及边缘可以使设备更加美观。

4. 废垫料倾倒机

在清洁动物饲养笼盒时吸入经空气传播的污染物会严重影响动物房工作人员的身

体健康。新型的废垫料倾倒机能有效管理和控制在倾倒动物废弃垫料等垃圾时产生的污染物，对操作人员提供高效保护。通过控制进气通道的空气流入，形成平均流速为0.8 m/s的层流，达到保护工作人员的目的。同时也减少了垫料倾倒过程中产生的气体浮物和小尘埃颗粒对环境和工作区域的污染。操作区域为负压，有效吸附粉尘和异味，保护人员安全；有初效、高效两重过滤，污染气体通过HEPA filter（0.3 μm 99.99%的高效过滤器）过滤，可直接排放到室内或外接管道排出室外；304不锈钢倾倒台面，静电喷塑外罩，易于清洁；倾倒口呈喇叭状大角度倾斜，便于垫料收集；倾倒口处带有撞杆，笼盒磕碰撞杆，便于去除淤积垫料；设备两侧带有大玻璃视窗，顶部带有照明灯，增加透光性；两侧安装扶手，底部带有脚轮，便于设备移动；设备底部带有可移动大容量污物桶；可根据用户需求，提供自动化垫料处理方案。

5. 动物笼具清洗机

实验动物是在特殊洁净环境下繁育成长的医、药研究的特殊实验材料，其对环境设施的要求非常高，饲养环境的变化会不同程度影响实验动物正常生长发育及各项生理指标。同时，实验动物管理及科研人员要在相对密闭、环境特殊的条件下工作，受到动物饲养过程产生的大量排泄物及其分解产生有害气体的影响；动物笼器具、房间环境清洗和消毒过程中，实验动物皮毛或排泄物及各种消毒剂等也会对管理及科研人员造成职业安全侵害。高效的笼具清洗机可以提高清洗能力，有的每次最多可清洗180多个鼠笼，时间缩短；具有高度灵活性，可清洗多种动物笼具相关设备，如水瓶、托盘、动物饲养笼盒等；智能清洗，可预设喷淋系统覆盖范围、温度、时间等，并可通过观察窗观察检测清洗过程；采用高压喷淋清洗，可在最短的时间内达到最好的清洗效果。有的可以实现联机人工装载、自动化清洗、漂洗、干燥、自动分装和人工卸载等流程，可用于清洗大小鼠笼具等物品。对实验动物配套器械清洗仪器的引进，建立以服务于实验动物平台的配套器械清洗仪器，重点设计开发实验动物笼具清洗装置，无疑将能有效降低工作强度，增强实验动物管理和动物实验效果，提高实验动物管理和职业卫生防护水平。

6. 生物安全柜

生物安全柜是能防止实验操作过程中某些含有危险性或未知性生物微粒发生气溶胶散逸的箱型空气净化负压安全装置。生物安全柜的工作原理主要是将柜内空气向外抽吸，使柜内保持负压状态，通过垂直气流来保护工作人员；外界空气经高效空气过滤器（high-efficiency particulate air filter，HEPA过滤器）过滤后进入安全柜内，以避免处理样品被污染；柜内的空气也需经过HEPA过滤器过滤后再排放到大气中，以保护环境。

生物安全柜一般由箱体和支架两部分组成。箱体部分主要包括以下结构。

（1）空气过滤系统：这是保证生物安全柜性能最主要的系统，由驱动风机、风道、循环空气过滤器和外排空气过滤器组成。其最主要的功能是不断地使洁净空气进入工作室，使工作区的下沉气流（垂直气流）流速不小于0.3 m/s，保证工作区内的洁净度达到100级。同时使外排气流也被净化，防止污染环境。核心部件为HEPA过滤器，其采用特殊防火材料为框架，框内用波纹状的铝片分隔成栅状，里面填充乳化玻璃纤维亚微粒，其过滤效率可达到99.99%～100%。

（2）外排风箱系统：主要由外排风箱壳体、风机和排风管道组成。外排风机提供排气的动力，将工作室内不洁净的空气抽出，并由外排过滤器净化而起到保护样品和柜内实验物品的作用，由于外排作用，工作室内为负压，防止工作区空气外逸，起到保护操作者的目的。

（3）滑动前窗驱动系统：主要由前玻璃门、门电机、牵引机构、传动轴和限位开关等组成，主要作用是驱动或牵引各个门轴，使设备在运行过程中，前玻璃门处于正常位置。

（4）照明光源和紫外光源：位于玻璃门内侧以保证工作室内有一定亮度和用于工作室内台面及空气的消毒。

（5）控制面板：配有电源、紫外线灯、照明灯、风机开关、控制前玻璃门移动等装置，主要作用是设定及显示系统状态。

生物安全柜一般按照NSF49标准分级，生物安全等级1级（P1）的媒质是指普通无害细菌、病毒等微生物；生物安全等级2级（P2）的媒质是指一般性可致病细菌、病毒等微生物；生物安全等级3级（P3）的媒质是指烈性/致命细菌、病毒等微生物，但感染后可治愈；生物安全等级4级（P4）的媒质是指烈性/致命细菌、病毒等微生物，感染后不易治愈。此标准将生物安全柜分为Ⅰ、Ⅱ、Ⅲ级，可适用于不同生物安全等级媒质的操作。

生物安全柜的选用原则：当实验室级别为一级时一般无须使用生物安全柜，或使用Ⅰ级生物安全柜。实验室级别为二级时，当可能产生微生物气溶胶或出现溅出的操作时，可使用Ⅰ级生物安全柜；当处理感染性材料时，应使用部分或全部排风的Ⅱ级生物安全柜；若涉及处理化学致癌剂、放射性物质和挥发性溶媒，则只能使用Ⅱ-B级全排风（B2型）生物安全柜。实验室级别为三级时，应使用Ⅱ级或Ⅲ级生物安全柜；所有涉及感染材料的操作，应使用全排风型Ⅱ-B级（B2型）或Ⅲ级生物安全柜。实验室级别为四级时，应使用Ⅲ级全排风生物安全柜。当人员穿着正压防护服时，可使用Ⅱ-B级生物安全柜。

生物安全柜使用过程中的注意事项。

（1）为了避免物品间的交叉污染，整个工作过程中所需要的物品应在工作开始前一字排开放置在安全柜中，以便在工作完成前没有任何物品需要经过空气流隔层拿出或放入，特别注意：前排和后排的回风格栅上不能放置物品，以防止堵塞回风格栅，影响气流循环。

（2）在开始工作前及完成工作后，须维持气流循环一段时间，完成安全柜的自净过程，每次试验结束应对柜内进行清洁和消毒。

（3）操作过程中，尽量减少双臂进出次数，双臂进出安全柜时动作应该缓慢，避免影响正常的气流平衡。

（4）柜内物品移动应按低污染向高污染移动原则，柜内实验操作应按从清洁区到污染区的方向进行。操作前可用消毒剂浸湿的毛巾垫底，以便吸收可能溅出的液滴。

（5）尽量避免将离心机、振荡器等仪器安置在安全柜内，以免仪器震动时滤膜上的颗粒物质抖落，导致柜内洁净度下降；同时，这些仪器散热排风口气流可能影响柜内的气流平衡。

（6）安全柜内不能使用明火，防止燃烧过程中产生的高温细小颗粒杂质带入滤膜而损伤滤膜。

7.动物运输笼具与运输工具

（1）运输笼具：运输活体动物的笼具应适应动物特点，材质应符合动物的健康和福利要求，并符合运输规范和要求。运输笼具必须足够坚固，能防止动物破坏、逃逸或接触外界，并能经受正常运输。运输笼具的大小和形状应适于被运输动物的生物学特性，在符合运输要求的前提下要使动物感觉舒适。运输笼具内部和边缘无可伤害动物的锐角或突起。运输笼具的外面应具有适合于搬动的把手或能握住的把柄，搬运者与笼具内的动物不能有身体接触。在紧急情况下，运输笼具要容易打开门，将活体动物移出。

运输笼具应符合微生物控制的等级要求，并且必须在每次使用前清洗和消毒。可移动的动物笼具应在动物笼具顶部或侧面标上"活体实验动物"的字样，并用箭头或其他标志标明动物笼具正确立放的位置。笼具上应标明运输该动物的注意事项。

（2）运输工具：运输工具能够保证有足够的新鲜空气，以维持动物的健康、安全和舒适的需要，并应避免运输时运输工具的废气进入。运输工具应配备空调等设备，使实验动物周围环境的温度符合相应的等级要求，以保证动物的质量。运输工具在每次运输实验动物前后均应进行消毒。如果运输时间超过6 h，宜配备符合要求的饲料和饮水设备。

国际上常用的运输笼具有控温控湿和空气过滤通风系统，其内部已基本达到SPF级设施标准，实际上是一间特殊的、能移动的实验动物饲养设施。在我国，清洁级和SPF级实验动物多采用普通饲养盒外包无纺布的简易运输笼，具有粗过滤空气的作用，在一定程度上可保护内装动物不受外界微生物感染。

第五节　实验动物平台的软件建设与管理

一、实验动物平台标准管理程序

（一）标准管理程序（standard management procedure，SMP）

为确保实验动物平台隔离环境设施、屏障环境设施和普通环境设施在符合要求的状况下正常安全有效运行，参照国家和地方的有关法律法规以及相关的国家标准、地方标准或行业标准，从本单位实际情况出发，制定一系列科学有效的规章制度和管理措施，以规范日常的各项工作。

（二）实验动物平台制定的规章制度和管理措施包括的内容

（1）LAC-SMP-01实验动物平台岗位职责管理制度。

（2）LAC-SMP-02实验动物从业人员上岗培训管理制度。

（3）LAC-SMP-03实验动物从业人员健康体检管理制度。

（4）LAC-SMP-04实验动物平台动物实验人员管理制度。

（5）LAC-SMP-05实验动物平台人员进出屏障设施管理制度。

（6）LAC-SMP-06实验动物平台物品进出屏障设施管理制度。

（7）LAC-SMP-07实验动物购买运输接收进入屏障环境设施管理制度。

（8）LAC-SMP-08实验动物饲料管理制度。

（9）LAC-SMP-09实验动物饮用水管理制度。

（10）LAC-SMP-10实验动物物料洗消传递管理制度。

（11）LAC-SMP-11实验动物设施安全运行管理制度。

（12）LAC-SMP-12实验动物平台环境设施及设备检测管理制度。

（13）LAC-SMP-13实验动物平台空调、通风机组设备维护管理制度。

（14）LAC-SMP-14实验动物平台库房管理制度。

（15）LAC-SMP-15实验动物平台废弃物污秽垫料动物尸体处理管理制度。

（16）LAC-SMP-16实验动物福利伦理审查管理章程。

（17）LAC-SMP-17实验动物管理委员会章程。

（18）LAC-SMP-18实验动物平台消防安全管理制度。

（19）LAC-SMP-19实验动物平台应急预案管理制度。

二、实验动物平台标准操作程序

（一）标准操作程序（standard operation procedure，SOP）

标准操作程序通常也称标准操作规程（SOP）是由实验动物平台内部自行撰写的一

种工作准则，是将某一事件以文件的形式、统一的格式描述出来的标准操作步骤和要求。SOP主要描述操作人员日常的和重复性工作操作步骤和应遵守的事项，用来指导和规范日常工作，其目的在于让所有操作人员通过相同的程序完成操作程序或使得操作结果相一致。SOP是工作人员的操作指南，是质量体系中不可或缺的部分，是监督人员用于检查工作的依据。SOP的精髓是"写你所做，做你所写"，要求工作人员的操作必须按文件进行。SOP必须具有针对性、程序性、规范性和可操作性。SOP涉及设施管理的各个方面，各设施应根据自身的业务内容建立相应的SOP。

在实际工作中应对实验动物设施SOP进行定期复查，出现过时和不适应的SOP时，应及时组织人员进行更新和修订，确保SOP的良好执行。在日常管理工作中，坚持以人为本，充分提高从业人员的工作积极性和业务素质，变经验管理为制度管理、规范管理和素质管理，有效保证实验动物平台环境设施运行管理SOP顺利实施。

（二）实验动物平台常用标准操作规程包含的内容

（1）LAC-SOP-01实验动物平台屏障环境设施的消毒标准操作规程。

（2）LAC-SOP-02实验动物平台屏障环境设施人员进出标准操作规程。

（3）LAC-SOP-03实验动物平台屏障环境设施实验动物进出标准操作规程。

（4）LAC-SOP-04实验动物平台屏障环境设施物品消毒传递标准操作规程。

（5）LAC-SOP-05实验动物平台屏障环境设施传递窗标准操作规程。

（6）LAC-SOP-06实验动物平台屏障环境设施IVC系统标准操作规程。

（7）LAC-SOP-07实验动物平台屏障环境设施日常工作标准操作规程。

（8）LAC-SOP-08实验动物平台屏障环境设施高压灭菌器标准操作规程。

（9）LAC-SOP-09实验动物平台屏障环境设施实验动物饲料垫料贮存标准操作规程。

（10）LAC-SOP-10实验动物平台屏障环境设施空调机组的运行及维保标准操作规程。

（11）LAC-SOP-11实验动物平台屏障环境设施空调排风口过滤器更换标准操作规程。

（12）LAC-SOP-12实验动物平台屏障环境设施内部对讲系统标准操作规程。

（13）LAC-SOP-13实验动物平台屏障环境设施实验动物尸体和废弃物处理标准操作规程。

（14）LAC-SOP-14实验动物平台屏障环境设施电子天平使用标准操作规程。

（15）LAC-SOP-15实验动物平台屏障环境设施应急处置标准操作规程。

（16）LAC-SOP-16实验动物平台屏障环境设施制水系统标准操作规程。

（17）LAC-SOP-17实验动物平台屏障环境设施超净工作台标准操作规程。

（18）LAC-SOP-18实验动物平台普通环境设施人员进出标准操作规程。

（19）LAC-SOP-19实验动物平台普通环境设施家兔饲养管理标准操作规程。

（20）LAC-SOP-20实验动物平台普通环境设施豚鼠饲养管理标准操作规程。

（21）LAC-SOP-21实验动物平台普通环境设施饲养洗消间管理标准操作规程。

（22）LAC-SOP-22实验动物平台普通环境设施化学消毒药品配制和使用饲养管理标准操作规程。

（23）LAC-SOP-23实验动物平台普通环境设施实验动物尸体和废物处理管理标准操作规程。

（24）LAC-SOP-24实验动物平台普通环境设施应急处置标准操作规程。

三、实验动物平台记录控制程序

（一）记录控制程序（record control procedure，RCP）

通过实施记录控制程序，对管理制度落实和操作规程执行实施有效的控制。确保实验动物平台运行质量和技术指标的记录规范健全，以便客观地复现运行质量状况等技术活动，客观地证明质量管理体系运行的有效性和满足质量管理体系要求的程度，并使其具有可追溯性。本程序适用于实验动物平台与质量管理体系运行有关的所有质量和技术记录的格式制定、标识、备案、填写、归档、借阅、清理等环节的控制。各部门负责所用记录格式制定，部门负责人负责对其审核。质量部门负责记录格式的备案和记录的存档管理。各岗位人员负责记录的及时填写，授权审核人负责对填写内容的审核。规范实施记录控制程序并做好档案建设与管理工作，不但为单位高层管理人员及时了解整体状况，适时调整工作策略提供准确的支持性依据，而且有利于各方准确认定实验动物平台的经营运行成果，为其现有建设与长期发展奠定基础。应该以现代化的管理模式建设和管理实验动物档案记录，这是提高教学、科研服务水平的一项手段。要解决实验动物记录存档工作中存在的问题，充分发挥档案的优势和潜能，根本上是要增强管理意识、改进管理模式，使记录控制程序及档案建设和管理走上标准化、规范化、信息化的轨道。

（二）实验动物平台常用于控制程序的记录表包含的内容

（1）LAC001-1.0动物实验预约申请登记表。

（2）LAC002-1.0实验动物福利伦理审查申请表。

（3）LAC003-1.0人员进出屏障设施登记表。

（4）LAC004-1.0动物进入屏障设施登记表。

（5）LAC005-1.0传递窗使用记录表。

（6）LAC006-1.0传递窗清洁消毒记录表。

（7）LAC007-1.0脉动真空灭菌器使用记录表。

（8）LAC008-1.0实验动物动态记录表。

（9）LAC009-1.0实验动物健康监察记录表（哨兵鼠）。

（10）LAC010-1.0动物饲养室日常工作记录表。

（11）LAC011-1.0辅助用房日常工作记录表。

（12）LAC012-1.0实验室日常工作记录表。

（13）LAC013-1.0消毒液配置记录表。

（14）LAC014-1.0耗材记录表。

（15）LAC015-1.0物品消毒交接记录表。

（16）LAC016-1.0饲料进出记录表。

（17）LAC017-1.0垫料进出记录表。

（18）LAC018-1.0中控室巡查记录表。

（19）LAC019-1.0消毒剂管理记录表。

（20）LAC020-1.0超净台使用记录表。

（21）LAC021-1.0动物尸体暂存记录表。

（22）LAC022-1.0IVC使用记录表。

（23）LAC023-1.0过滤器换洗记录表。

（24）LAC024-1.0设备检修维护记录表。

（25）LAC025-1.0人员进出普通环境设施登记表。

（26）LAC026-1.0屏障环境检测报告记录表。

（27）LAC027-1.0动物饮用水细菌检测记录表。

（28）LAC028-1.0年度从业人员专业培训计划表。

（29）LAC029-1.0实验动物处理记录表。

（30）LAC030-1.0动物实验生物废弃物处理记录表。

（31）LAC031-1.0实验动物中心工作人员作息登记表。

第六节　实验动物平台运行管理

一、实验动物平台管理模式

（一）管理模式的构建

（1）通常应该以本单位与实验动物相关科室主管或骨干人员为主成立实验动物与生物安全管理委员会和实验动物福利伦理委员会。实验动物平台主任担任委员会主席、副主席也可以兼任办公室主任，全面负责实验动物平台的建设和发展规划，制定审查、组织实施实验动物平台的各项管理制度和操作规程以及实验动物平台日常运行管理工作。凡涉及人员上岗培训考核，经费预算支出，设备耗材购置等重要事务，都通过管理委员会集体讨论通过后方可实施。

（2）一般采取主任负责制，实行"人、财、物"统一管理，真正做到人尽其才、财尽其能、物尽其用。在管理模式创新上实现管理人员、饲养人员、实验人员培训上岗、责任到人，平台运行与开展动物实验项目相互促进平台融合，实现制度、智力、资源、技术和专业共享的目的。

（二）管理模式的内涵建设

（1）培训考核，持证上岗。实验动物平台全部工作人员（包括运行管理人员、设备维保人员、饲养管理人员、洗消灭菌人员、实验操作人员等）须经过理论培训考试和实操培训考核，合格后颁发实验动物平台上岗资格证书，持证上岗，无证禁入。

（2）伦理审查，预约登记。经过严格培训考核取得上岗资格证的实验人员，开展动物实验前首先要提交实验动物福利伦理审查，由本单位的实验动物福利伦理审查委员会依据2018版的国标GB/T 35892—2018《实验动物福利伦理审查指南》等主要法律法规进行审查。审查通过后才可以提交《动物实验预约申请登记表》预约动物饲养笼位，预约成功方可由动物平台代购或自行订购动物。

（3）人员、动物、物品三条路线，避免交叉逆行。

①人员出入应设置严格管理的门禁系统，一般有刷卡方式、密码方式以及卡密结合方式。根据本单位具体管理情况分别采用不同的进出方式，严格做到出入登记。一般按国标要求人员流线方向为：一更→一缓→二更→二缓→洁净走廊→动物饲养室、实验室、洁存室等→污物走廊→污物出口、退缓→退更→一更。严格按照SMP和SOP运行，避免逆行引发污染。

②动物购入时一般应该在检疫室隔离观察，根据动物来源的可靠性来确定观察时间和消毒方式，确认无传染性风险后方可按以下路线进入屏障环境设施。动物流线：动物接收→检疫室→传递窗（消毒通道、动物洗浴）→隔离观察室→洁净走廊→动物饲养

室、实验室→污物走廊→解剖室→（无害化消毒→）尸体暂存→生物废弃物回收公司→无害化处理。

③实验或饲养备品以及饲料垫料等一般能高压灭菌的原则上都要采用高压灭菌器灭菌后进入洁物储存室备用，如不能高压灭菌可采用紫外、臭氧或渡槽等其他方式消毒灭菌，确认可靠处理后方可进入屏障环境设施。物品流线：洗刷间（清洗消毒）→高压灭菌器（传递窗、渡槽）→洁物储存室→洁净走廊→动物饲养室、实验室→污物走廊→（解剖室→）（无害化消毒→）污物暂存。

（4）耗材管理，规范记录。实验动物平台日常运行用品耗材相对琐碎繁杂，其中主要包括个人防护用品，如无菌隔离服、一次性帽子、一次性口罩、一次性乳胶手套、胶皮手套、面罩、护目镜、防毒口罩等；消毒药品和试剂，如新洁尔灭、过氧乙酸、84消毒液、75%酒精等；废弃物处理备品，如大小黑色垃圾袋、生物废弃物黄色专业垃圾袋、饲料铲、垫料铲、毛刷、垃圾桶等以及其他诸如黑色中性笔、强力粘钩、记事本夹和各种记录用品等等。每次耗材申请采购入出库均应按要求规范记录。

（5）饲料垫料购入，规范管理。实验动物饲料垫料采购在动物饲养管理和平台的正常运行中是十分重要的环节。饲料垫料质量的好坏直接影响动物健康状况。有质量问题，如发霉的饲料垫料不仅违反实验动物福利伦理要求，甚至可能直接造成动物的死亡，严重影响动物实验的结果。因此，首先应该选择具有相关资质、信誉良好的正规大型企业来购入，而且每批都应提供质量合格证并确认在保质期之内。

（6）动物来源清晰，证件齐备。实验动物来源应从具有实验动物生产许可证资质的，质量和信誉良好的大公司购入，接收实验动物时，必须随动物一同提交实验动物质量合格证存档。此外，私人定制的基因编辑的实验动物或其他方式转赠的实验动物还必须提供相应级别实验动物的检测报告等相关证明材料，否则来路不明的实验动物坚决杜绝引入实验动物平台，尤其是屏障以上环境设施。

（7）环境设施监测、监控，信息化管理。实验动物平台一般要求应设立中控室，对于机组运行情况实行24 h远程室内全程监控、环境设施指标参数实时监测管理。监测的指标参数通常至少应包括：温度、湿度、压差、风速。不仅可以实时监测还应该能够设置范围参数，如运行参数超出所设范围自动实时报警。摄像监控系统可以直观地实时观察并录制动物实验平台尤其是屏障设施内的人员操作等全部情景，而且可保存2周以供回放查询。还应设置屏障内外通信系统，以便及时内外沟通，真正实现信息化管理。

（8）动物福利伦理，全程闭环管理。实验动物福利伦理不仅仅是申请动物实验前的审查，还应该是整个实验过程中的全程闭环管理。实验前购入动物开始饲养就必须关注福利伦理，从动物运输，环境设施设备使用，生活空间，环境丰富度，活动场地到饲养管理，实验操作，麻醉术后护理，以及实验结束动物的仁慈终点和安乐死都要遵从实验动物福利伦理审查指南要求。实验动物购入的数量和实验观察及饲养中数量与最后实施安乐死的数量应保持对应。

（9）废弃物处理，确保生物安全。实验动物平台实验废弃物主要应该包括三个部分。

①实验动物尸体或残体。

②动物排泄物及废弃垫料。

③用过的实验样品和废弃的实验器材。

原则上这三种实验动物平台产生的实验废弃物须由具备相关资质的生物或医疗废弃物回收处理公司集中回收统一进行无害化处理。最后一项则可根据具体情况如果无毒性感染性等危害性的可按常规垃圾处理，但对于注射器针头等锐利废弃实验器材应采用利器盒统一收集集中处理。

（10）制定应急预案，应对突发情况。实验动物平台应该制定切实可行的应急预案，目的是加强工作人员的应急处置能力，减小突发事件所造成的损失。其主要内容应该包括：突然停水停电；动物房空调机组故障；火灾消防；实验动物逃逸；实验动物传染性疾病；实验动物咬伤人以及其他意外事故包括灭菌柜爆炸或蒸汽泄露，人员触电、烫伤等突发事件。及时应对，妥善处置，把损失降到最低。

二、实验动物平台运行机制

为确保实验动物平台能够正常有效运行并实现可持续发展，一般都采取有偿服务的运行机制，通过收取部分动物实验费用来弥补运行经费不足的问题。所收费用主要用于如下几部分：正常使用的空调机组维修、维护和保养费；环境设施和仪器设备折旧费，维修、维护和保养费；实验耗材的需求：消毒器材、消毒药品和试剂、劳保用品、饲料、垫料、无菌服洗涤灭菌及日常耗材采购；动物饲养、环境清洁消毒、垃圾清运及日常管理人工费等，此外，还包括梯队的建立以及各种技能、上岗资格培训等。

实验动物平台高效运行应该包含：科学化建设、信息化管理、统一化保障、共享式使用、开放式运行等几个方面的有效机制。

（1）科学化建设，建设项目一般采取调研→申请→论证→审批→招标→实施→检测→验收→反馈等一整套科学完备的建设方案。在平台建设过程中，防止出现重申报轻建设、重硬件轻软件、重投入轻产出、重普遍轻特色等现象。

（2）信息化管理，需要开发或购买安装实验动物平台信息化管理系统，主要包括动物信息管理、监控管理、饲养管理、动物房管理、统计报表管理等模块。此外，还应包括实验材料管理、仪器设备管理、档案资料管理等内容，为实验动物平台的有序正常运行提供支撑。

（3）统一化保障，实验动物平台应实行"四统一"的保障机制，即统一建设、统一设置、统一管理和统一采供，最大限度地实现资源共享。在购买实验动物、实验耗材时，实行公开招标，达到价廉物美、降低成本之功效。

（4）共享式使用，实验动物平台按环境设施功能分类，成立本单位实验动物管理委员会并设立办公室，由实验动物平台负责人担任办公室主任，实现实验人员、实验场地、实验仪器设备等统一协调，综合利用，达到资源共享、协调发展之目的，并报批采取有偿收费使用方案。

（5）开放式运行，动物实验平台的饲养观察室、实验操作室，各种仪器设备等全面对导师和研究生等科研人员开放。在确保满足本单位科研工作的基础上，为全社会有相关需求企事业科研单位提供开放式优质的动物实验服务。不仅能提高本单位相关学科的科研水平和实践创新能力，还能取得广泛的社会效益和经济效益。

三、实验动物平台运行程序

实验动物平台的运行程序应该是简便易行，具备可操作性、规范性、流畅性等便于管理的特点。一般采取以下程序：提交伦理审查，预约申请，登记缴费，培训考试，实操考核，合格发上岗证，订购动物，进行实验，完成结算。开展动物实验一般须至少提前10个工作日认真详细填写《实验动物福利伦理审查表》和《动物实验预约申请登记表》报送到实验动物平台办公室审批。实验结束时，安乐死处理实验动物，取出全部个人自备实验用品，结算缴清动物实验费用，至此完成动物实验全部程序。

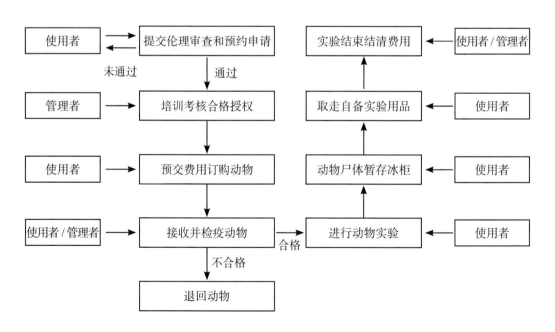

图8-2 动物实验全流程图

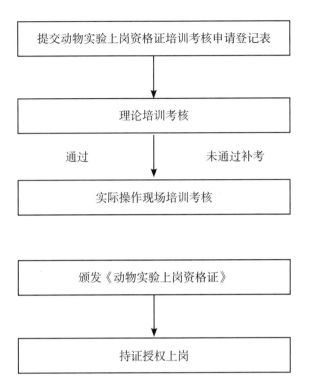

图8-3　实验动物平台上岗资格证书培训考试实操考核全流程图

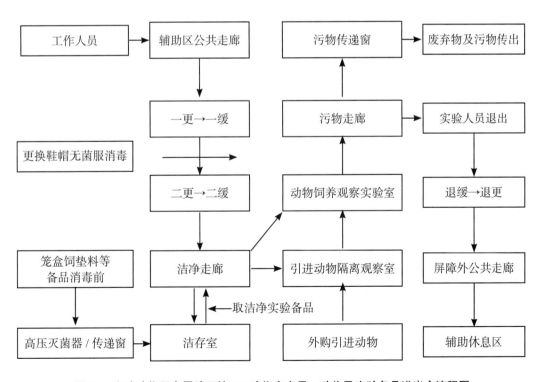

图8-4　实验动物平台屏障环境SPF动物房人员、动物及实验备品进出全流程图

附　　录

附录一　《实验动物管理条例》

（1988年10月31日国务院批准　1988年11月14日国家科学技术委员会令第2号发布　根据2011年1月8日《国务院关于废止和修改部分行政法规的决定》第一次修订　根据2013年7月18日《国务院关于废止和修改部分行政法规的决定》第二次修订　根据2017年3月1日《国务院关于修改和废止部分行政法规的决定》第三次修订）

第一章　总　　则

第一条　为了加强实验动物的管理工作，保证实验动物质量，适应科学研究、经济建设和社会发展的需要，制定本条例。

第二条　本条例所称实验动物，是指经人工饲育，对其携带的微生物实行控制，遗传背景明确或者来源清楚的，用于科学研究、教学、生产、检定以及其他科学实验的动物。

第三条　本条例适用于从事实验动物的研究、保种、饲育、供应、应用、管理和监督的单位和个人。

第四条　实验动物的管理，应当遵循统一规划、合理分工，有利于促进实验动物科学研究和应用的原则。

第五条　国家科学技术委员会主管全国实验动物工作。省、自治区、直辖市科学技术委员会主管本地区的实验动物工作。国务院各有关部门负责管理本部门的实验动物工作。

第六条　国家实行实验动物的质量监督和质量合格认证制度。具体办法由国家科学技术委员会另行制定。

第七条　实验动物遗传学、微生物学、营养学和饲育环境等方面的国家标准由国家技术监督局制定。

第二章　实验动物的饲育管理

第八条　从事实验动物饲育工作的单位，必须根据遗传学、微生物学、营养学和饲育环境方面的标准，定期对实验动物进行质量监测。各项作业过程和监测数据应有完整、准确的记录，并建立统计报告制度。

第九条　实验动物的饲育室、实验室应设在不同区域，并进行严格隔离。实验动物饲育室、实验室要有科学的管理制度和操作规程。

第十条　实验动物的保种、饲育应采用国内或国外认可的品种、品系，并持有效的合格证书。

第十一条　实验动物必须按照不同来源，不同品种、品系和不同的实验目的，分开饲养。

第十二条　实验动物分为四级：一级，普通动物；二级，清洁动物；三级，无特定病原体动物；四级，无菌动物。对不同等级的实验动物，应当按照相应的微生物控制标准进行管理。

第十三条　实验动物必须饲喂质量合格的全价饲料。霉烂、变质、虫蛀、污染的饲料，不得用于饲喂实验动物。直接用作饲料的蔬菜、水果等，要经过清洗消毒，并保持新鲜。

第十四条　一级实验动物的饮水，应当符合城市生活饮水的卫生标准。二、三、四级实验动物的饮水，应当符合城市生活饮水的卫生标准并经灭菌处理。

第十五条　实验动物的垫料应当按照不同等级实验动物的需要，进行相应处理，达到清洁、干燥、吸水、无毒、无虫、无感染源、无污染。

第三章　实验动物的检疫和传染病控制

第十六条　对引入的实验动物，必须进行隔离检疫。为补充种源或开发新品种而捕捉的野生动物，必须在当地进行隔离检疫，并取得动物检疫部门出具的证明。野生动物运抵实验动物处所，需经再次检疫，方可进入实验动物饲育室。

第十七条　对必须进行预防接种的实验动物，应当根据实验要求或者按照《中华人民共和国动物防疫法》的有关规定，进行预防接种，但用作生物制品原料的实验动物除外。

第十八条　实验动物患病死亡的，应当及时查明原因，妥善处理，并记录在案。实验动物患有传染性疾病的，必须立即视情况分别予以销毁或者隔离治疗。对可能被传染的实验动物，进行紧急预防接种，对饲育室内外可能被污染的区域采取严格消毒措施，并报告上级实验动物管理部门和当地动物检疫、卫生防疫单位，采取紧急预防措施，防止疫病蔓延。

第四章　实验动物的应用

第十九条　应用实验动物应当根据不同的实验目的，选用相应的合格实验动物。

申报科研课题和鉴定科研成果，应当把应用合格实验动物作为基本条件。应用不合格实验动物取得的检定或者安全评价结果无效，所生产的制品不得使用。

第二十条　供应用的实验动物应当具备下列完整的资料：（一）品种、品系及亚系的确切名称；（二）遗传背景或其来源；（三）微生物检测状况；（四）合格证书；（五）饲育单位负责人签名。无上述资料的实验动物不得应用。

第二十一条　实验动物的运输工作应当有专人负责。实验动物的装运工具应当安全、可靠。不得将不同品种、品系或者不同等级的实验动物混合装运。

第五章　实验动物的进口与出口管理

第二十二条　从国外进口作为原种的实验动物，应附有饲育单位负责人签发的品系和亚系名称以及遗传和微生物状况等资料。无上述资料的实验动物不得进口和应用。

第二十三条　出口应用国家重点保护的野生动物物种开发的实验动物，必须按照国家的有关规定，取得出口许可证后，方可办理出口手续。

第二十四条　进口、出口实验动物的检疫工作，按照《中华人民共和国进出境动植物检疫法》的规定办理。

第六章　从事实验动物工作的人员

第二十五条　实验动物工作单位应当根据需要，配备科技人员和经过专业培训的饲育人员。各类人员都要遵守实验动物饲育管理的各项制度，熟悉、掌握操作规程。

第二十六条　实验动物工作单位对直接接触实验动物的工作人员，必须定期组织体格检查。对患有传染性疾病，不宜承担所做工作的人员，应当及时调换工作。

第二十七条　从事实验动物工作的人员对实验动物必须爱护，不得戏弄或虐待。

第七章　奖励与处罚

第二十八条　对长期从事实验动物饲育管理，取得显著成绩的单位或者个人，由管理实验动物工作的部门给予表彰或奖励。

第二十九条　对违反本条例规定的单位，由管理实验动物工作的部门视情节轻重，分别给予警告、限期改进、责令关闭的行政处罚。

第三十条　对违反本条例规定的有关工作人员，由其所在单位视情节轻重，根据国家有关规定，给予行政处分。

第八章　附　　则

第三十一条　省、自治区、直辖市人民政府和国务院有关部门，可以根据本条例，结合具体情况，制定实施办法。军队系统的实验动物管理工作参照本条例执行。

第三十二条　本条例由国家科学技术委员会负责解释。

第三十三条　本条例自发布之日起施行。

附录二　《实验动物质量管理办法》

（1997年12月11日国科发财字〔1997〕593号发布）

第一章　总　则

第一条　为加强全国实验动物质量管理，建立和完善全国实验动物质量监测体系，保证实验动物和动物实验的质量，适应科学研究、经济建设、社会发展和对外开放的需要，根据《实验动物管理条例》，制定本办法。

第二条　全国执行统一的实验动物质量国家标准。尚未制定国家标准的，可依次执行行业或地方标准。

第三条　全国实行统一的实验动物质量管理制度。

第四条　本办法适用于从事实验动物研究、保种、繁育、饲养、供应、使用、检测以及动物实验等一切与实验动物有关的领域和单位。

第二章　国家实验动物种子中心

第五条　实验动物品种、品系的维持，是保证实验动物质量和科研水平的重要条件。建立国家实验动物种子中心的目的，在于科学地保护和管理我国实验动物资源，实现种质保证。

国家实验动物种子中心的主要任务是：引进、收集和保存实验动物品种、品系；研究实验动物保种新技术；培育实验动物新品种、品系；为国内外用户提供标准的实验动物种子。

第六条　国家实验动物种子中心是一个网络体系，由各具体品种的实验动物种子中心共同组成。

实验动物种子中心，从有条件的单位择优建立。这些单位必须具备下列基本条件：

1.长期从事实验动物保种工作；

2.有较强的实验动物研究技术力量和基础条件；

3.有合格的实验动物繁育设施和检测仪器；

4.有突出的实验动物保种技术和研究成果。

第七条　实验动物种子中心的申请、审批，按照以下程序执行。

凡经多数专家推荐的、具备上述基本条件的单位，均可填写《国家实验动物种子中心申请书》并附相关资料，由各省（自治区、直辖市）科委或行业主管部门，报国家科委。

国家科委接受申请后，组织专家组，对申请单位进行考察和评审。评审结果报国家科委批准后，即为实验动物种子中心。

实验动物种子中心受各自的主管部门领导，业务上接受国家科委的指导和监督。

第八条 国家实验动物种子中心，统一负责实验动物的国外引种和为用户提供实验动物种子。其国际交流与技术合作需报国家科委审批。其他任何单位，如确有必要，也可直接向国外引进国内没有的实验动物品种、品系，供本单位做动物实验，但不得作为实验动物种子向用户提供。

第三章 实验动物生产和使用许可证

第九条 实验动物生产和使用，实行许可证制度。实验动物生产和使用单位，必须取得许可证。

实验动物生产许可证，适用于从事实验动物繁育和商业性经营的单位。

实验动物使用许可证，适用于从事动物实验和利用实验动物生产药品、生物制品的单位。

第十条 从事实验动物繁育和商业性经营的单位，取得生产许可证，必须具备下列基本条件：

1.实验动物种子来源于国家实验动物保种中心，遗传背景清楚，质量符合国家标准；

2.生产的实验动物质量符合国家标准；

3.具有保证实验动物质量的饲养、繁育环境设施及检测手段；

4.使用的实验动物饲料符合国家标准；

5.具有健全有效的质量管理制度；

6.具有保证正常生产和保证动物质量的专业技术人员、熟练技术工人及检测人员，所有人员持证上岗；

7.有关法律、行政法规规定的其他条件。

第十一条 从事动物实验和利用实验动物生产药品、生物制品的单位，取得使用许可证必须具备下列基本条件：

1. 使用的实验动物，必须有合格证；

2. 实验动物饲育环境及设施符合国家标准；

3. 实验动物饲料符合国家标准；

4. 有经过专业培训的实验动物饲养和动物实验人员；

5. 具有健全有效的管理制度；

6. 有关法律、行政法规规定的其他条件。

第十二条　实验动物生产、使用许可证的申请、审批，按照以下程序执行。

各申请许可证的单位可向所在省（自治区、直辖市）科委提交申请书，并附上由国家认可的检测机构出具的检测报告及相关资料。检测机构，可由各申请单位自行选择。

各省（自治区、直辖市）科委负责受理许可证申请，并进行考核和审批。凡通过批准的，由国家科委授权省（自治区、直辖市）科委发给实验动物生产许可证或实验动物使用许可证。

实验动物生产许可证和实验动物使用许可证由国家科委统一制定，全国有效。

第十三条　取得许可证的单位，必须接受每年的复查。复查合格者，许可证继续有效；任何一项条件复查不合格的，限期三个月进行整改，并接受再次复查。如仍不合格，取消其实验动物生产或使用资格，由发证部门收回许可证。但在条件具备时，可重新提出申请。

第十四条　对实验动物生产、使用单位的每年复查，由省（自治区、直辖市）科委组织实施。每年的复查结果报国家科委备案。

第十五条　取得许可证的实验动物生产单位，必须对饲养、繁育的实验动物按有关国家标准进行质量检测。出售时应提供合格证。合格证必须标明：实验动物生产许可证号；品种、品系和确切名称；级别；遗传背景或来源；微生物及寄生虫检测状况，并有单位负责人签名。

第十六条　实验动物生产单位，供应或出售不合格实验动物，或者合格证内容填写不实的，视情节轻重，可予以警告处分或吊销许可证；给用户造成严重后果的，应承担经济和法律责任。

第十七条　未取得实验动物生产许可证的单位，一律不准饲养、繁育和经营实验动物。

未取得实验动物使用许可证的单位，进行动物实验和生产药品和生物制品所使用的实验动物，一律视为不合格。

第四章　检测机构

第十八条　实验动物质量检测机构，分国家和省两级管理。

各级实验动物检测机构以国家标准（GB/T 15481）"校准和检验实验室能力的通用要求"为基本条件。必须是实际从事检测活动的相对独立实体；不能从事实验动物商业性饲育经营活动；具有合理的人员结构，中级以上技术职称人员比例不得低于全部技术人员的50%；有检测所需要的仪器设备和专用场所。

实验动物质量检测机构必须取得中国实验室国家认可委员会的认可，并遵守有关规定。

第十九条　国家实验动物质量检测机构设在实验动物遗传、微生物、寄生虫、营养及环境设施方面具有较高技术水平的单位，受国务院有关部门或有关省（自治区、直辖市）科技主管部门领导，业务上接受国家科委指导和监督。

第二十条　国家实验动物质量检测机构是实验动物质量检测、检验方法和技术的研究机构，实验动物质量检测人员的培训机构和具有权威性的实验动物质量检测服务机构。其主要任务是：开展实验动物及相关条件的检测方法、检测技术研究；培训实验动物质量检测人员；接受委托对省级实验动物质量检测机构的设立进行审查和年度检查；提供实验动物质量检测和仲裁检验服务；进行国内外技术交流与合作。

第二十一条　国家实验动物质量检测机构申请、审批，按照以下程序执行。

符合上述基本条件的单位，均可填写《国家实验动物质量检测机构申请书》，并附相关资料，由各省（自治区、直辖市）科委或行业主管部门，报国家科委。

国家科委接受申请后，组织专家组对申请单位进行考核和评审，评审结果报国家科委批准后，即为国家实验动物质量检测机构。

第二十二条　省级实验动物质量检测机构主要从事实验动物质量的检测服务，依隶属关系受所属主管部门领导。

第二十三条　省级实验动物质量检测机构的申请、审批，按照以下程序执行。

符合上述基本条件的单位，可向省（自治区、直辖市）科委提出申请，填写《实验动物质量检测机构申请书》，并附相关资料。

省（自治区、直辖市）科委委托国家实验动物质量检测机构，对申请单位按实验动物质量检测机构基本条件进行审查（或考试），并提出审查报告。凡审查合格者，经省（自治区、直辖市）科委批准并报国家科委备案，即为省级实验动物质量检测机构。

第二十四条　国家实验动物质量检测机构每两年要接受国家科委组织的专家组的检查。省级实验动物质量检测机构每年要接受国家实验动物质量检测机构的检查（或考试）。检查不合格者，限期三个月进行整改，并再次接受复查，如仍不合格，则停止其实验动物质量检测资格。

第五章　附　　则

第二十五条　本办法由国家科委负责解释。

第二十六条　本办法自发布之日起生效实施。

附录三　《实验动物许可证管理办法（试行）》

第一章　总　则

第一条　根据《实验动物管理条例》（中华人民共和国国家科学技术委员会令第2号，1988）及有关规定，为加强实验动物管理，保障科研工作需要，提高科学研究水平，制定本办法。

第二条　本办法适用于在中华人民共和国境内从事与实验动物工作有关的组织和个人。

第三条　实验动物许可证包括实验动物生产许可证和实验动物使用许可证。

实验动物生产许可证，适用于从事实验动物及相关产品保种、繁育、生产、供应、运输及有关商业性经营的组织和个人。实验动物使用许可证适用于使用实验动物及相关产品进行科学研究和实验的组织和个人。

许可证由各省、自治区、直辖市科技厅（科委、局）印制、发放和管理。

同一许可证分正本和副本，正本和副本具有同等法律效力。

第四条　有条件的省、自治区、直辖市应建立省级实验动物质量检测机构，负责检测实验动物生产和使用单位的实验动物质量及相关条件，为许可证的管理提供技术保证。

省级实验动物质量检测机构的认证按照《实验动物质量管理办法》（国科发财字〔1997〕593号）和国家认证认可监督管理委员会的有关规定进行办理，并按照《中华人民共和国计量法》的有关规定，通过计量认证。尚未建立省级实验动物质量检测机构的省、自治区、直辖市，应委托其他省级实验动物质量检测机构负责实验动物质量及相关条件的检测，且必须由委托方和受委托方两省、自治区、直辖市科技厅（科委、局）签定协议，并报科技部备案。

第二章　申　请

第五条　申请实验动物生产许可证的组织和个人，必须具备下列条件：

1. 实验动物种子来源于国家实验动物保种中心或国家认可的种源单位，遗传背景清楚，质量符合现行的国家标准；

2. 具有保证实验动物及相关产品质量的饲养、繁育、生产环境设施及检测手段；

3. 使用的实验动物饲料、垫料及饮水等符合国家标准及相关要求；

4. 具有保证正常生产和保证动物质量的专业技术人员、熟练技术工人及检测人员；

5. 具有健全有效的质量管理制度；

6. 生产的实验动物质量符合国家标准;

7. 法律、法规规定的其他条件。

第六条　申请实验动物使用许可证的组织和个人，必须具备下列条件:

1. 使用的实验动物及相关产品必须来自有实验动物生产许可证的单位，质量合格;

2. 实验动物饲育环境及设施符合国家标准;

3. 使用的实验动物饲料、垫料及饮水等符合国家标准及相关要求;

4. 有经过专业培训的实验动物饲养和动物实验人员;

5. 具有健全有效的管理制度;

6. 法律、法规规定的其他条件。

第七条　申请实验动物生产或使用许可证的组织和个人向其所在的省、自治区、直辖市科技厅（科委、局）提交实验动物生产许可证申请书（附件1）或实验动物使用许可证申请书（附件2），并附上由省级实验动物质量检测机构出具的检测报告及相关材料。

第三章　审批和发放

第八条　省、自治区、直辖市科技厅（科委、局）负责受理许可证申请，并进行考核和审批。

各省、自治区、直辖市科技厅（科委、局）受理申请后，应组织专家组对申请单位的申请材料及实际情况进行审查和现场验收，出具专家组验收报告。对申请生产许可证的单位，其生产用的实验动物种子须按照《关于当前许可证发放过程中有关实验动物种子问题的处理意见》（国科财字［1999］044号）进行确认。

省、自治区、直辖市科技厅（科委、局）在受理申请后的三个月内给出相应的评审结果。合格者由省、自治区、直辖市科技厅（科委、局）签发批准实验动物生产或使用许可证的文件，发放许可证。

第九条　省、自治区、直辖市科技厅（科委、局）将有关材料（申请书及申请材料、专家组验收报告、批准文件）报送科技部及有关部门备案。

第十条　实验动物许可证采取全国统一的格式和编码方法（附件3、附件4）。

第四章　管理和监督

第十一条　凡取得实验动物生产许可证的单位，应严格按照国家有关实验动物的质量标准进行生产和质量控制。在出售实验动物时，应提供实验动物质量合格证（附件5），并附符合标准规定的近期实验动物质量检测报告。实验动物质量合格证内容应该包括生产单位、生产许可证编号、动物品种品系、动物质量等级、动物规格、动物数量、最近一次的质量检测日期、质量检测单位、质量负责人签字，使用单位名称、用途等。

第十二条　许可证的有效期为五年，到期重新审查发证。换领许可证的单位需在有效期满前六个月内向所在省、自治区、直辖市科技厅（科委、局）提出申请。省、自治区、直辖市科技厅（科委、局）按照对初次申请单位同样的程序进行重新审核办理。

第十三条　具有实验动物使用许可证的单位在接受外单位委托的动物实验时，双方应签署协议书，使用许可证复印件必须与协议书一并使用，方可作为实验结论合法性的有效文件。

第十四条　实验动物许可证不得转借、转让、出租给他人使用，取得实验动物生产许可证的单位也不得代售无许可证单位生产的动物及相关产品。

第十五条　取得实验动物许可证的单位，需变更许可证登记事项，应提前一个月向原发证机关提出申请，如果申请变更适用范围，按本规定第八条～第十三条办理。进行改、扩建的设施，视情况按新建设施或变更登记事项办理。停止从事许可范围工作的，应在停止后一个月内交回许可证。许可证遗失的，应及时报失补领。

第十六条　许可证实行年检管理制度。年检不合格的单位，由省、自治区、直辖市科技厅（科委、局）吊销其许可证，并报科技部及有关部门备案，予以公告。

第十七条　未取得实验动物生产许可证的单位不得从事实验动物生产、经营活动。未取得实验动物使用许可证的单位，或者使用的实验动物及相关产品来自未取得生产许可证的单位或质量不合格的，所进行的动物实验结果不予承认。

第十八条　已取得实验动物许可证的单位，违反本办法第十四条规定或生产、使用不合格动物的，一经核实，发证机关有权收回其许可证，并予公告。情节恶劣、造成严重后果的，依法追究行政责任和法律责任。

第十九条　许可证发放机关及其工作人员必须严格遵守《实验动物管理条例》及有关规定等以及本办法的规定。

第五章　附　则

第二十条　军队系统关于本许可证的印制、发放与管理工作，参照本办法由军队主管部门执行。

第二十一条　各部门和地方可根据行业或地方特点制定相应的管理实施细则，并报科技部备案。

第二十二条　本办法由科学技术部负责解释。

第二十三条　本办法自二〇〇二年一月一日起实施

附录四　《中华人民共和国生物安全法》

（2020年10月17日第十三届全国人民代表大会常务委员会第二十二次会议通过）

目　录

第一章　总　则

第一条　为了维护国家安全，防范和应对生物安全风险，保障人民生命健康，保护生物资源和生态环境，促进生物技术健康发展，推动构建人类命运共同体，实现人与自然和谐共生，制定本法。

第二条　本法所称生物安全，是指国家有效防范和应对危险生物因子及相关因素威胁，生物技术能够稳定健康发展，人民生命健康和生态系统相对处于没有危险和不受威胁的状态，生物领域具备维护国家安全和持续发展的能力。

从事下列活动，适用本法：

（一）防控重大新发突发传染病、动植物疫情；

（二）生物技术研究、开发与应用；

（三）病原微生物实验室生物安全管理；

（四）人类遗传资源与生物资源安全管理；

（五）防范外来物种入侵与保护生物多样性；

（六）应对微生物耐药；

（七）防范生物恐怖袭击与防御生物武器威胁；

（八）其他与生物安全相关的活动。

第三条　生物安全是国家安全的重要组成部分。维护生物安全应当贯彻总体国家安全观，统筹发展和安全，坚持以人为本、风险预防、分类管理、协同配合的原则。

第四条　坚持中国共产党对国家生物安全工作的领导，建立健全国家生物安全领导体制，加强国家生物安全风险防控和治理体系建设，提高国家生物安全治理能力。

第五条　国家鼓励生物科技创新，加强生物安全基础设施和生物科技人才队伍建设，支持生物产业发展，以创新驱动提升生物科技水平，增强生物安全保障能力。

第六条　国家加强生物安全领域的国际合作，履行中华人民共和国缔结或者参加的国际条约规定的义务，支持参与生物科技交流合作与生物安全事件国际救援，积极参与生物安全国际规则的研究与制定，推动完善全球生物安全治理。

第七条　各级人民政府及其有关部门应当加强生物安全法律法规和生物安全知识宣传普及工作，引导基层群众性自治组织、社会组织开展生物安全法律法规和生物安全知识宣传，促进全社会生物安全意识的提升。

相关科研院校、医疗机构以及其他企业事业单位应当将生物安全法律法规和生物安全知识纳入教育培训内容，加强学生、从业人员生物安全意识和伦理意识的培养。

新闻媒体应当开展生物安全法律法规和生物安全知识公益宣传，对生物安全违法行为进行舆论监督，增强公众维护生物安全的社会责任意识。

第八条　任何单位和个人不得危害生物安全。

任何单位和个人有权举报危害生物安全的行为；接到举报的部门应当及时依法处理。

第九条　对在生物安全工作中做出突出贡献的单位和个人，县级以上人民政府及其有关部门按照国家规定予以表彰和奖励。

第二章　生物安全风险防控体制

第十条　中央国家安全领导机构负责国家生物安全工作的决策和议事协调，研究制定、指导实施国家生物安全战略和有关重大方针政策，统筹协调国家生物安全的重大事项和重要工作，建立国家生物安全工作协调机制。

省、自治区、直辖市建立生物安全工作协调机制，组织协调、督促推进本行政区域内生物安全相关工作。

第十一条　国家生物安全工作协调机制由国务院卫生健康、农业农村、科学技术、外交等主管部门和有关军事机关组成，分析研判国家生物安全形势，组织协调、督促推进国家生物安全相关工作。国家生物安全工作协调机制设立办公室，负责协调机制的日常工作。

国家生物安全工作协调机制成员单位和国务院其他有关部门根据职责分工，负责生物安全相关工作。

第十二条　国家生物安全工作协调机制设立专家委员会，为国家生物安全战略研究、政策制定及实施提供决策咨询。

国务院有关部门组织建立相关领域、行业的生物安全技术咨询专家委员会，为生物安全工作提供咨询、评估、论证等技术支撑。

第十三条　地方各级人民政府对本行政区域内生物安全工作负责。

县级以上地方人民政府有关部门根据职责分工，负责生物安全相关工作。

基层群众性自治组织应当协助地方人民政府以及有关部门做好生物安全风险防控、应急处置和宣传教育等工作。

有关单位和个人应当配合做好生物安全风险防控和应急处置等工作。

第十四条　国家建立生物安全风险监测预警制度。国家生物安全工作协调机制组织建立国家生物安全风险监测预警体系，提高生物安全风险识别和分析能力。

第十五条　国家建立生物安全风险调查评估制度。国家生物安全工作协调机制应当根据风险监测的数据、资料等信息，定期组织开展生物安全风险调查评估。

有下列情形之一的，有关部门应当及时开展生物安全风险调查评估，依法采取必要的风险防控措施：

（一）通过风险监测或者接到举报发现可能存在生物安全风险；

（二）为确定监督管理的重点领域、重点项目，制定、调整生物安全相关名录或者清单；

（三）发生重大新发突发传染病、动植物疫情等危害生物安全的事件；

（四）需要调查评估的其他情形。

第十六条　国家建立生物安全信息共享制度。国家生物安全工作协调机制组织建立统一的国家生物安全信息平台，有关部门应当将生物安全数据、资料等信息汇交国家生物安全信息平台，实现信息共享。

第十七条　国家建立生物安全信息发布制度。国家生物安全总体情况、重大生物安全风险警示信息、重大生物安全事件及其调查处理信息等重大生物安全信息，由国家生物安全工作协调机制成员单位根据职责分工发布；其他生物安全信息由国务院有关部门和县级以上地方人民政府及其有关部门根据职责权限发布。

任何单位和个人不得编造、散布虚假的生物安全信息。

第十八条　国家建立生物安全名录和清单制度。国务院及其有关部门根据生物安全工作需要，对涉及生物安全的材料、设备、技术、活动、重要生物资源数据、传染病、动植物疫病、外来入侵物种等制定、公布名录或者清单，并动态调整。

第十九条　国家建立生物安全标准制度。国务院标准化主管部门和国务院其他有关部门根据职责分工，制定和完善生物安全领域相关标准。

国家生物安全工作协调机制组织有关部门加强不同领域生物安全标准的协调和衔接，建立和完善生物安全标准体系。

第二十条　国家建立生物安全审查制度。对影响或者可能影响国家安全的生物领域重大事项和活动，由国务院有关部门进行生物安全审查，有效防范和化解生物安全风险。

第二十一条　国家建立统一领导、协同联动、有序高效的生物安全应急制度。

国务院有关部门应当组织制定相关领域、行业生物安全事件应急预案，根据应急预案和统一部署开展应急演练、应急处置、应急救援和事后恢复等工作。

县级以上地方人民政府及其有关部门应当制定并组织、指导和督促相关企业事业单位制定生物安全事件应急预案，加强应急准备、人员培训和应急演练，开展生物安全事件应急处置、应急救援和事后恢复等工作。

中国人民解放军、中国人民武装警察部队按照中央军事委员会的命令，依法参加生物安全事件应急处置和应急救援工作。

第二十二条　国家建立生物安全事件调查溯源制度。发生重大新发突发传染病、动植物疫情和不明原因的生物安全事件，国家生物安全工作协调机制应当组织开展调查溯源，确定事件性质，全面评估事件影响，提出意见建议。

第二十三条　国家建立首次进境或者暂停后恢复进境的动植物、动植物产品、高风险生物因子国家准入制度。

进出境的人员、运输工具、集装箱、货物、物品、包装物和国际航行船舶压舱水排放等应当符合我国生物安全管理要求。

海关对发现的进出境和过境生物安全风险，应当依法处置。经评估为生物安全高风险的人员、运输工具、货物、物品等，应当从指定的国境口岸进境，并采取严格的风险防控措施。

第二十四条　国家建立境外重大生物安全事件应对制度。境外发生重大生物安全事件的，海关依法采取生物安全紧急防控措施，加强证件核验，提高查验比例，暂停相关人员、运输工具、货物、物品等进境。必要时经国务院同意，可以采取暂时关闭有关口岸、封锁有关国境等措施。

第二十五条　县级以上人民政府有关部门应当依法开展生物安全监督检查工作，被检查单位和个人应当配合，如实说明情况，提供资料，不得拒绝、阻挠。

涉及专业技术要求较高、执法业务难度较大的监督检查工作，应当有生物安全专业技术人员参加。

第二十六条　县级以上人民政府有关部门实施生物安全监督检查，可以依法采取下列措施：

（一）进入被检查单位、地点或者涉嫌实施生物安全违法行为的场所进行现场监测、勘查、检查或者核查；

（二）向有关单位和个人了解情况；

（三）查阅、复制有关文件、资料、档案、记录、凭证等；

（四）查封涉嫌实施生物安全违法行为的场所、设施；

（五）扣押涉嫌实施生物安全违法行为的工具、设备以及相关物品；

（六）法律法规规定的其他措施。

有关单位和个人的生物安全违法信息应当依法纳入全国信用信息共享平台。

第三章　防控重大新发突发传染病、动植物疫情

第二十七条　国务院卫生健康、农业农村、林业草原、海关、生态环境主管部门应当建立新发突发传染病、动植物疫情、进出境检疫、生物技术环境安全监测网络，组织监测站点布局、建设，完善监测信息报告系统，开展主动监测和病原检测，并纳入国家生物安全风险监测预警体系。

第二十八条　疾病预防控制机构、动物疫病预防控制机构、植物病虫害预防控制机构（以下统称专业机构）应当对传染病、动植物疫病和列入监测范围的不明原因疾病开展主动监测，收集、分析、报告监测信息，预测新发突发传染病、动植物疫病的发生、流行趋势。

国务院有关部门、县级以上地方人民政府及其有关部门应当根据预测和职责权限及时发布预警，并采取相应的防控措施。

第二十九条　任何单位和个人发现传染病、动植物疫病的，应当及时向医疗机构、有关专业机构或者部门报告。

医疗机构、专业机构及其工作人员发现传染病、动植物疫病或者不明原因的聚集性疾病的，应当及时报告，并采取保护性措施。

依法应当报告的，任何单位和个人不得瞒报、谎报、缓报、漏报，不得授意他人瞒报、谎报、缓报，不得阻碍他人报告。

第三十条　国家建立重大新发突发传染病、动植物疫情联防联控机制。

发生重大新发突发传染病、动植物疫情，应当依照有关法律法规和应急预案的规定及时采取控制措施；国务院卫生健康、农业农村、林业草原主管部门应当立即组织疫情会商研判，将会商研判结论向中央国家安全领导机构和国务院报告，并通报国家生物安全工作协调机制其他成员单位和国务院其他有关部门。

发生重大新发突发传染病、动植物疫情，地方各级人民政府统一履行本行政区域内疫情防控职责，加强组织领导，开展群防群控、医疗救治，动员和鼓励社会力量依法有序参与疫情防控工作。

第三十一条　国家加强国境、口岸传染病和动植物疫情联合防控能力建设，建立传染病、动植物疫情防控国际合作网络，尽早发现、控制重大新发突发传染病、动植物疫情。

第三十二条　国家保护野生动物，加强动物防疫，防止动物源性传染病传播。

第三十三条　国家加强对抗生素药物等抗微生物药物使用和残留的管理，支持应对微生物耐药的基础研究和科技攻关。

县级以上人民政府卫生健康主管部门应当加强对医疗机构合理用药的指导和监督，采取措施防止抗微生物药物的不合理使用。县级以上人民政府农业农村、林业草原主管部门应当加强对农业生产中合理用药的指导和监督，采取措施防止抗微生物药物的不合理使用，降低在农业生产环境中的残留。

国务院卫生健康、农业农村、林业草原、生态环境等主管部门和药品监督管理部门应当根据职责分工，评估抗微生物药物残留对人体健康、环境的危害，建立抗微生物药物污染物指标评价体系。

第四章　生物技术研究、开发与应用安全

第三十四条　国家加强对生物技术研究、开发与应用活动的安全管理，禁止从事危及公众健康、损害生物资源、破坏生态系统和生物多样性等危害生物安全的生物技术研究、开发与应用活动。

从事生物技术研究、开发与应用活动，应当符合伦理原则。

第三十五条　从事生物技术研究、开发与应用活动的单位应当对本单位生物技术研究、开发与应用的安全负责，采取生物安全风险防控措施，制定生物安全培训、跟踪检查、定期报告等工作制度，强化过程管理。

第三十六条　国家对生物技术研究、开发活动实行分类管理。根据对公众健康、工业农业、生态环境等造成危害的风险程度，将生物技术研究、开发活动分为高风险、中风险、低风险三类。

生物技术研究、开发活动风险分类标准及名录由国务院科学技术、卫生健康、农业农村等主管部门根据职责分工，会同国务院其他有关部门制定、调整并公布。

第三十七条　从事生物技术研究、开发活动，应当遵守国家生物技术研究开发安全管理规范。

从事生物技术研究、开发活动，应当进行风险类别判断，密切关注风险变化，及时采取应对措施。

第三十八条　从事高风险、中风险生物技术研究、开发活动，应当由在我国境内依法成立的法人组织进行，并依法取得批准或者进行备案。

从事高风险、中风险生物技术研究、开发活动，应当进行风险评估，制定风险防控计划和生物安全事件应急预案，降低研究、开发活动实施的风险。

第三十九条　国家对涉及生物安全的重要设备和特殊生物因子实行追溯管理。购买或者引进列入管控清单的重要设备和特殊生物因子，应当进行登记，确保可追溯，并报国务院有关部门备案。

个人不得购买或者持有列入管控清单的重要设备和特殊生物因子。

第四十条　从事生物医学新技术临床研究，应当通过伦理审查，并在具备相应条

件的医疗机构内进行；进行人体临床研究操作的，应当由符合相应条件的卫生专业技术人员执行。

第四十一条　国务院有关部门依法对生物技术应用活动进行跟踪评估，发现存在生物安全风险的，应当及时采取有效补救和管控措施。

第五章　病原微生物实验室生物安全

第四十二条　国家加强对病原微生物实验室生物安全的管理，制定统一的实验室生物安全标准。病原微生物实验室应当符合生物安全国家标准和要求。

从事病原微生物实验活动，应当严格遵守有关国家标准和实验室技术规范、操作规程，采取安全防范措施。

第四十三条　国家根据病原微生物的传染性、感染后对人和动物的个体或者群体的危害程度，对病原微生物实行分类管理。

从事高致病性或者疑似高致病性病原微生物样本采集、保藏、运输活动，应当具备相应条件，符合生物安全管理规范。具体办法由国务院卫生健康、农业农村主管部门制定。

第四十四条　设立病原微生物实验室，应当依法取得批准或者进行备案。

个人不得设立病原微生物实验室或者从事病原微生物实验活动。

第四十五条　国家根据对病原微生物的生物安全防护水平，对病原微生物实验室实行分等级管理。

从事病原微生物实验活动应当在相应等级的实验室进行。低等级病原微生物实验室不得从事国家病原微生物目录规定应当在高等级病原微生物实验室进行的病原微生物实验活动。

第四十六条　高等级病原微生物实验室从事高致病性或者疑似高致病性病原微生物实验活动，应当经省级以上人民政府卫生健康或者农业农村主管部门批准，并将实验活动情况向批准部门报告。

对我国尚未发现或者已经宣布消灭的病原微生物，未经批准不得从事相关实验活动。

第四十七条　病原微生物实验室应当采取措施，加强对实验动物的管理，防止实验动物逃逸，对使用后的实验动物按照国家规定进行无害化处理，实现实验动物可追溯。禁止将使用后的实验动物流入市场。

病原微生物实验室应当加强对实验活动废弃物的管理，依法对废水、废气以及其他废弃物进行处置，采取措施防止污染。

第四十八条　病原微生物实验室的设立单位负责实验室的生物安全管理，制定科学、严格的管理制度，定期对有关生物安全规定的落实情况进行检查，对实验室设施、设备、材料等进行检查、维护和更新，确保其符合国家标准。

病原微生物实验室设立单位的法定代表人和实验室负责人对实验室的生物安全负责。

第四十九条　病原微生物实验室的设立单位应当建立和完善安全保卫制度，采取安全保卫措施，保障实验室及其病原微生物的安全。

国家加强对高等级病原微生物实验室的安全保卫。高等级病原微生物实验室应当接受公安机关等部门有关实验室安全保卫工作的监督指导，严防高致病性病原微生物泄漏、丢失和被盗、被抢。

国家建立高等级病原微生物实验室人员进入审核制度。进入高等级病原微生物实验室的人员应当经实验室负责人批准。对可能影响实验室生物安全的，不予批准；对批准进入的，应当采取安全保障措施。

第五十条　病原微生物实验室的设立单位应当制定生物安全事件应急预案，定期组织开展人员培训和应急演练。发生高致病性病原微生物泄漏、丢失和被盗、被抢或者其他生物安全风险的，应当按照应急预案的规定及时采取控制措施，并按照国家规定报告。

第五十一条　病原微生物实验室所在地省级人民政府及其卫生健康主管部门应当加强实验室所在地感染性疾病医疗资源配置，提高感染性疾病医疗救治能力。

第五十二条　企业对涉及病原微生物操作的生产车间的生物安全管理，依照有关病原微生物实验室的规定和其他生物安全管理规范进行。

涉及生物毒素、植物有害生物及其他生物因子操作的生物安全实验室的建设和管理，参照有关病原微生物实验室的规定执行。

第六章　人类遗传资源与生物资源安全

第五十三条　国家加强对我国人类遗传资源和生物资源采集、保藏、利用、对外提供等活动的管理和监督，保障人类遗传资源和生物资源安全。

国家对我国人类遗传资源和生物资源享有主权。

第五十四条　国家开展人类遗传资源和生物资源调查。

国务院科学技术主管部门组织开展我国人类遗传资源调查，制定重要遗传家系和特定地区人类遗传资源申报登记办法。

国务院科学技术、自然资源、生态环境、卫生健康、农业农村、林业草原、中医药主管部门根据职责分工，组织开展生物资源调查，制定重要生物资源申报登记办法。

第五十五条　采集、保藏、利用、对外提供我国人类遗传资源，应当符合伦理原则，不得危害公众健康、国家安全和社会公共利益。

第五十六条　从事下列活动，应当经国务院科学技术主管部门批准：

（一）采集我国重要遗传家系、特定地区人类遗传资源或者采集国务院科学技术主管部门规定的种类、数量的人类遗传资源；

（二）保藏我国人类遗传资源；

（三）利用我国人类遗传资源开展国际科学研究合作；

（四）将我国人类遗传资源材料运送、邮寄、携带出境。

前款规定不包括以临床诊疗、采供血服务、查处违法犯罪、兴奋剂检测和殡葬等为目的采集、保藏人类遗传资源及开展的相关活动。

为了取得相关药品和医疗器械在我国上市许可，在临床试验机构利用我国人类遗传资源开展国际合作临床试验、不涉及人类遗传资源出境的，不需要批准；但是，在开展临床试验前应当将拟使用的人类遗传资源种类、数量及用途向国务院科学技术主管部门备案。

境外组织、个人及其设立或者实际控制的机构不得在我国境内采集、保藏我国人类遗传资源，不得向境外提供我国人类遗传资源。

第五十七条　将我国人类遗传资源信息向境外组织、个人及其设立或者实际控制的机构提供或者开放使用的，应当向国务院科学技术主管部门事先报告并提交信息备份。

第五十八条　采集、保藏、利用、运输出境我国珍贵、濒危、特有物种及其可用于再生或者繁殖传代的个体、器官、组织、细胞、基因等遗传资源，应当遵守有关法律法规。

境外组织、个人及其设立或者实际控制的机构获取和利用我国生物资源，应当依法取得批准。

第五十九条　利用我国生物资源开展国际科学研究合作，应当依法取得批准。

利用我国人类遗传资源和生物资源开展国际科学研究合作，应当保证中方单位及其研究人员全过程、实质性地参与研究，依法分享相关权益。

第六十条　国家加强对外来物种入侵的防范和应对，保护生物多样性。国务院农业农村主管部门会同国务院其他有关部门制定外来入侵物种名录和管理办法。

国务院有关部门根据职责分工，加强对外来入侵物种的调查、监测、预警、控制、评估、清除以及生态修复等工作。

任何单位和个人未经批准，不得擅自引进、释放或者丢弃外来物种。

第七章　防范生物恐怖与生物武器威胁

第六十一条　国家采取一切必要措施防范生物恐怖与生物武器威胁。

禁止开发、制造或者以其他方式获取、储存、持有和使用生物武器。

禁止以任何方式唆使、资助、协助他人开发、制造或者以其他方式获取生物武器。

第六十二条　国务院有关部门制定、修改、公布可被用于生物恐怖活动、制造生物武器的生物体、生物毒素、设备或者技术清单，加强监管，防止其被用于制造生物武器或者恐怖目的。

第六十三条　国务院有关部门和有关军事机关根据职责分工，加强对可被用于生物恐怖活动、制造生物武器的生物体、生物毒素、设备或者技术进出境、进出口、获取、制造、转移和投放等活动的监测、调查，采取必要的防范和处置措施。

第六十四条　国务院有关部门、省级人民政府及其有关部门负责组织遭受生物恐怖袭击、生物武器攻击后的人员救治与安置、环境消毒、生态修复、安全监测和社会秩序恢复等工作。

国务院有关部门、省级人民政府及其有关部门应当有效引导社会舆论科学、准确报道生物恐怖袭击和生物武器攻击事件，及时发布疏散、转移和紧急避难等信息，对应急处置与恢复过程中遭受污染的区域和人员进行长期环境监测和健康监测。

第六十五条　国家组织开展对我国境内战争遗留生物武器及其危害结果、潜在影响的调查。

国家组织建设存放和处理战争遗留生物武器设施，保障对战争遗留生物武器的安全处置。

第八章　生物安全能力建设

第六十六条　国家制定生物安全事业发展规划，加强生物安全能力建设，提高应对生物安全事件的能力和水平。

县级以上人民政府应当支持生物安全事业发展，按照事权划分，将支持下列生物安全事业发展的相关支出列入政府预算：

（一）监测网络的构建和运行；

（二）应急处置和防控物资的储备；

（三）关键基础设施的建设和运行；

（四）关键技术和产品的研究、开发；

（五）人类遗传资源和生物资源的调查、保藏；

（六）法律法规规定的其他重要生物安全事业。

第六十七条　国家采取措施支持生物安全科技研究，加强生物安全风险防御与管控技术研究，整合优势力量和资源，建立多学科、多部门协同创新的联合攻关机制，推动生物安全核心关键技术和重大防御产品的成果产出与转化应用，提高生物安全的科技保障能力。

第六十八条　国家统筹布局全国生物安全基础设施建设。国务院有关部门根据职责分工，加快建设生物信息、人类遗传资源保藏、菌（毒）种保藏、动植物遗传资源保藏、高等级病原微生物实验室等方面的生物安全国家战略资源平台，建立共享利用机制，为生物安全科技创新提供战略保障和支撑。

第六十九条　国务院有关部门根据职责分工，加强生物基础科学研究人才和生物领域专业技术人才培养，推动生物基础科学学科建设和科学研究。

国家生物安全基础设施重要岗位的从业人员应当具备符合要求的资格，相关信息应当向国务院有关部门备案，并接受岗位培训。

第七十条　国家加强重大新发突发传染病、动植物疫情等生物安全风险防控的物资储备。

国家加强生物安全应急药品、装备等物资的研究、开发和技术储备。国务院有关部门根据职责分工，落实生物安全应急药品、装备等物资研究、开发和技术储备的相关措施。

国务院有关部门和县级以上地方人民政府及其有关部门应当保障生物安全事件应急处置所需的医疗救护设备、救治药品、医疗器械等物资的生产、供应和调配；交通运输主管部门应当及时组织协调运输经营单位优先运送。

第七十一条　国家对从事高致病性病原微生物实验活动、生物安全事件现场处置等高风险生物安全工作的人员，提供有效的防护措施和医疗保障。

第九章　法律责任

第七十二条　违反本法规定，履行生物安全管理职责的工作人员在生物安全工作中滥用职权、玩忽职守、徇私舞弊或者有其他违法行为的，依法给予处分。

第七十三条　违反本法规定，医疗机构、专业机构或者其工作人员瞒报、谎报、缓报、漏报，授意他人瞒报、谎报、缓报，或者阻碍他人报告传染病、动植物疫情或者不明原因的聚集性疾病的，由县级以上人民政府有关部门责令改正，给予警告；对法定代表人、主要负责人、直接负责的主管人员和其他直接责任人员，依法给予处分，并可以依法暂停一定期限的执业活动直至吊销相关执业证书。

违反本法规定，编造、散布虚假的生物安全信息，构成违反治安管理行为的，由公安机关依法给予治安管理处罚。

第七十四条　违反本法规定，从事国家禁止的生物技术研究、开发与应用活动的，由县级以上人民政府卫生健康、科学技术、农业农村主管部门根据职责分工，责令停止违法行为，没收违法所得、技术资料和用于违法行为的工具、设备、原材料等物品，处一百万元以上一千万元以下的罚款，违法所得在一百万元以上的，处违法所得十倍以上二十倍以下的罚款，并可以依法禁止一定期限内从事相应的生物技术研究、开发与应用活动，吊销相关许可证件；对法定代表人、主要负责人、直接负责的主管人员和其他直接责任人员，依法给予处分，处十万元以上二十万元以下的罚款，十年直至终身禁止从事相应的生物技术研究、开发与应用活动，依法吊销相关执业证书。

第七十五条　违反本法规定，从事生物技术研究、开发活动未遵守国家生物技术研究开发安全管理规范的，由县级以上人民政府有关部门根据职责分工，责令改正，给予警告，可以并处二万元以上二十万元以下的罚款；拒不改正或者造成严重后果的，责令停止研究、开发活动，并处二十万元以上二百万元以下的罚款。

第七十六条　违反本法规定，从事病原微生物实验活动未在相应等级的实验室进行，或者高等级病原微生物实验室未经批准从事高致病性、疑似高致病性病原微生物实验活动的，由县级以上地方人民政府卫生健康、农业农村主管部门根据职责分工，责令停止违法行为，监督其将用于实验活动的病原微生物销毁或者送交保藏机构，给予警告；造成传染病传播、流行或者其他严重后果的，对法定代表人、主要负责人、直接负责的主管人员和其他直接责任人员依法给予撤职、开除处分。

第七十七条　违反本法规定，将使用后的实验动物流入市场的，由县级以上人民政府科学技术主管部门责令改正，没收违法所得，并处二十万元以上一百万元以下的罚款，违法所得在二十万元以上的，并处违法所得五倍以上十倍以下的罚款；情节严重的，由发证部门吊销相关许可证件。

第七十八条　违反本法规定，有下列行为之一的，由县级以上人民政府有关部门根据职责分工，责令改正，没收违法所得，给予警告，可以并处十万元以上一百万元以下的罚款：

（一）购买或者引进列入管控清单的重要设备、特殊生物因子未进行登记，或者未报国务院有关部门备案；

（二）个人购买或者持有列入管控清单的重要设备或者特殊生物因子；

（三）个人设立病原微生物实验室或者从事病原微生物实验活动；

（四）未经实验室负责人批准进入高等级病原微生物实验室。

第七十九条　违反本法规定，未经批准，采集、保藏我国人类遗传资源或者利用我国人类遗传资源开展国际科学研究合作的，由国务院科学技术主管部门责令停止违法行为，没收违法所得和违法采集、保藏的人类遗传资源，并处五十万元以上五百万元以下的罚款，违法所得在一百万元以上的，并处违法所得五倍以上十倍以下的罚款；情节严重的，对法定代表人、主要负责人、直接负责的主管人员和其他直接责任人员，依法给予处分，五年内禁止从事相应活动。

第八十条　违反本法规定，境外组织、个人及其设立或者实际控制的机构在我国境内采集、保藏我国人类遗传资源，或者向境外提供我国人类遗传资源的，由国务院科学技术主管部门责令停止违法行为，没收违法所得和违法采集、保藏的人类遗传资源，并处一百万元以上一千万元以下的罚款；违法所得在一百万元以上的，并处违法所得十倍以上二十倍以下的罚款。

第八十一条　违反本法规定，未经批准，擅自引进外来物种的，由县级以上人民政府有关部门根据职责分工，没收引进的外来物种，并处五万元以上二十五万元以下的罚款。

违反本法规定，未经批准，擅自释放或者丢弃外来物种的，由县级以上人民政府有关部门根据职责分工，责令限期捕回、找回释放或者丢弃的外来物种，处一万元以上五万元以下的罚款。

第八十二条　违反本法规定，构成犯罪的，依法追究刑事责任；造成人身、财产或者其他损害的，依法承担民事责任。

第八十三条　违反本法规定的生物安全违法行为，本法未规定法律责任，其他有关法律、行政法规有规定的，依照其规定。

第八十四条　境外组织或者个人通过运输、邮寄、携带危险生物因子入境或者以其他方式危害我国生物安全的，依法追究法律责任，并可以采取其他必要措施。

第十章　附　则

第八十五条　本法下列术语的含义：

（一）生物因子，是指动物、植物、微生物、生物毒素及其他生物活性物质。

（二）重大新发突发传染病，是指我国境内首次出现或者已经宣布消灭再次发生，或者突然发生，造成或者可能造成公众健康和生命安全严重损害，引起社会恐慌，影响社会稳定的传染病。

（三）重大新发突发动物疫情，是指我国境内首次发生或者已经宣布消灭的动物疫病再次发生，或者发病率、死亡率较高的潜伏动物疫病突然发生并迅速传播，给养殖业生产安全造成严重威胁、危害，以及可能对公众健康和生命安全造成危害的情形。

（四）重大新发突发植物疫情，是指我国境内首次发生或者已经宣布消灭的严重危害植物的真菌、细菌、病毒、昆虫、线虫、杂草、害鼠、软体动物等再次引发病虫害，或者本地有害生物突然大范围发生并迅速传播，对农作物、林木等植物造成严重危害的情形。

（五）生物技术研究、开发与应用，是指通过科学和工程原理认识、改造、合成、利用生物而从事的科学研究、技术开发与应用等活动。

（六）病原微生物，是指可以侵犯人、动物引起感染甚至传染病的微生物，包括病毒、细菌、真菌、立克次体、寄生虫等。

（七）植物有害生物，是指能够对农作物、林木等植物造成危害的真菌、细菌、病毒、昆虫、线虫、杂草、害鼠、软体动物等生物。

（八）人类遗传资源，包括人类遗传资源材料和人类遗传资源信息。人类遗传资源材料是指含有人体基因组、基因等遗传物质的器官、组织、细胞等遗传材料。人类遗传资源信息是指利用人类遗传资源材料产生的数据等信息资料。

（九）微生物耐药，是指微生物对抗微生物药物产生抗性，导致抗微生物药物不能有效控制微生物的感染。

（十）生物武器，是指类型和数量不属于预防、保护或者其他和平用途所正当需要的、任何来源或者任何方法产生的微生物剂、其他生物剂以及生物毒素；也包括为将上述生物剂、生物毒素使用于敌对目的或者武装冲突而设计的武器、设备或者运载工具。

（十一）生物恐怖，是指故意使用致病性微生物、生物毒素等实施袭击，损害人类或者动植物健康，引起社会恐慌，企图达到特定政治目的的行为。

第八十六条　生物安全信息属于国家秘密的，应当依照《中华人民共和国保守国家秘密法》和国家其他有关保密规定实施保密管理。

第八十七条　中国人民解放军、中国人民武装警察部队的生物安全活动，由中央军事委员会依照本法规定的原则另行规定。

第八十八条　本法自2021年4月15日起施行。

附录五　实验动物常用的各种生物学数据与参数

表1　常用实验动物中外文名称对照表

中文名	学　名	英　文	日　文	德　文	俄　文
牛	*Bos taurus*	cattle	ウシ	Rind	скот
马	*Equus caballus*	horse	ウマ	Pferd	лощадь
山羊	*Capra hircus*	goat	ヤギ	Ziege	коэёл♂коза♀
绵羊	*Ovis aries*	sheep	ヒツヅ	Schat	коён♂овча♀
猴	*Macaca mulatta*	monkey	アカゲザル	Rhesusaffe	обезьяна
狗	*Canis familiaris*	dog	イヌ	Hund	собака
猫	*Felis catus*	cat	ネコ	Katze	ког
兔	*Oryctolagus cuniculus*	rabbit	ウサギ	Kaninchen	кролік
猪	*Sus scrfa*	swine	ブタ	Schwein	свйнья
豚鼠	*Caria porcellus*	guinea pig	モルモツト	Meerschweinchen	морскаясвйнка
大鼠	*Rattus noivegicus*	rat	ラツト	Ratte	крыса
小鼠	*Musmusculus*	mouse	マウス	Maus	мышь
金地鼠	*Mesocricetus aurasus*	golden hamster	ゴルデリハムスタ	Gloden Hamster	зоотойхомяк
鸽	*Columba livia*	pigeon	ハト	Taube	голубь
鸡	*Callus domesticus*	chicken	ニワトリ	Hahn 雄鸡 Huhn 雌鸡	цышленок
鸭	*Anas platyrhynchos*	duck	ヒルダヅケ	Ente	утка
蟾蜍	*Bufo bufo*	toad	ガマ	Krot	жаба
青蛙	*Rana nigromculata*	frog	カエル	Frosch	лягушка

表2　实验动物染色体数目

实验动物	染 色 体 数 目		性染色体
	二 倍 体	单 倍 体	
牛	60 m	-	♂：XY
马	64 m	-	♂：XY
猪	38 m	-	♂：XY
狗	78 m	-	♂：XY
猕 猴	42 m	-	♂：XY
猫	38 m	-	♂：XY
兔	44 s. m	22 ♂（Ⅰ）	♂：XY
山 羊	60 s	30 ♂（Ⅰ、Ⅱ）	♂：XY
绵 羊	54 m	-	♂：XY
豚 鼠	64 m	-	♂：XY
大白鼠	43 m	-	♂：XY
小白鼠	40 s. m	20 ♂（Ⅰ、Ⅱ）	♂：XY
金地鼠	44 m	-	♂：XY
鸽 子	Ca.80	-	♂：XX；♀：XY
鸡	Ca.78	-	♂：XX；♀：XY
鸭	Ca.78；Ca.80 m	-	♂：XX；♀：XY
蟾 蜍	22 m	-	-
青 蛙	26 s	13 ♂（Ⅰ、Ⅱ）	-

注：s精子内染色体数目；o卵子内染色体数目；m体细胞内染色体数目；♂（Ⅰ）初级精母细胞内染色体数目；♂（Ⅱ）次级精母细胞内染色体数目。

表3 常用实验动物生理指标

动物种	体温 /℃	呼吸数（1 min）	脉数（1 min）	血压 /mmHg	红细胞数 / 百万	血红素 / g/100 mL	血细胞容量值 /%	红细胞直径 /ū
小鼠	38.0 37.7 ~ 38.7	128.6 118 ~ 139	485 422 ~ 549	147 133 ~ 160	9.3 92 ~ 118	12 ~ 16	54.6	5.5
大鼠	38.2 37.8 ~ 38.7	85.5	344 324 ~ 341	107 92 ~ 118	8.9 7.2 ~ 9.6	15.6	50	6.6
豚鼠	38.5 38.2 ~ 38.9	92.7 66 ~ 120	287 297 ~ 350	75 ~ 90	5.6 4.5 ~ 7.0	11 ~ 15	33 ~ 44	7.0
家兔	39.0 38.5 ~ 39.5	51 38 ~	205 123 ~ 304	89.3 59 ~ 119	5.7 4.5 ~ 7.0	110.4 ~ 15.6	33 ~ 44	7.0
地鼠	37.0（颊囊）直肠低 1 ~ 2 夏天 38.7（±0.3）	74 33 ~ 127	450 300 ~ 600	90 ~ 100	7.4	17.6	47.9	6.2 ~ 7.0
犬	38.5 37.5 ~ 39.0	10 ~ 30	70 ~ 120	155	6.3 6.0 ~ 9.5	8 ~ 13.8	40.8	6.0
猫	39.0 38.0 ~ 39.5	20 ~ 30	120 ~ 140	140 ~ 170	8.0 6.5 ~ 9.5	8 ~ 13.8	40.8	6.0
日本猴	38.0 37.7 ~ 38.6	45 ~ 50	75 ~ 130		4.84	11 ~ 14	44.9	
猕猴	37 ~ 40	39 ~ 60	175 ~ 253	140 ~ 176	5.4 ~ 6.1	13 ~ 15	44 41 ~ 47	6.7
绵羊	39.1 38.3 ~ 39.9	12 ~ 20	70 ~ 80	110 90 ~ 140	8.0	9 ~ 14.5	41.7	4.53
山羊	39.9 38.7 ~ 40.7	12 ~ 20	70 ~ 80	120	13.0	9 ~ 14	38.6	4.2

表4　常用实验动物饲料量、饮水量、产热量表

动物种	饲料量 /g/d	饮水量 /mL/d	热量 /cal/h
小鼠（成）	2.8 ~ 7.0（4 ~ 6）	4 ~ 7（6）	2.34
大鼠（50 g）	9.3 ~ 18.7（12 ~ 15）	20 ~ 45（35）	15.60
豚鼠（成）	14.2 ~ 28.4	85 ~ 150（145）	21.81
兔（1.36 ~ 2.26 kg）	28.4 ~ 85.1/kg（150）	60 ~ 140/kg（300）	132.60/9.75
金黄地鼠（成）	2.8 ~ 22.7（10 ~ 15）	8 ~ 12	
沙鼠（成）	8.5 ~ 14.2	10 ~ 15	15.60
猪（成）	1, 8 ~ 3.6 kg	3.8 ~ 5.7 L	
犬（4.5 kg）	300 ~ 500	350	312 ~ 585
猫（2 ~ 4 kg）	113 ~ 227	100 ~ 200	97.5 ~ 117
黑猩猩（成）	0.9 ~ 1.8 kg	600 ~ 1 000	156 ~ 858
猕猴（成）	113 ~ 907	200 ~ 950（450）	253.5 ~ 780
牛（成）	7.0 ~ 12.7 kg	38 ~ 83 L	3 120
牛（仔）	1.8 ~ 6.8 kg	7.6 ~ 15 L	1 365
绵羊（成）	0.9 ~ 2.0 kg	0.5 ~ 1.4 L	3 120
山羊（成）	0.7 ~ 4.5 kg	1 ~ 41	1 365 ~ 2 145
鸡（成）	96.4		117
鸽（成）	28.4 ~ 85.1		3.9 ~ 7.8

表5　实验动物排便排尿量表

动物种	排便量 /g/d	排尿量 /mL/d	动物种	排便量 /g/d	排尿量 /mL/d
小鼠（成）	1.4 ~ 2.8	1 ~ 3	猫（2 ~ 4 kg）	56.7 ~ 227	20 ~ 30/kg
大鼠（50 g）	7.1 ~ 14.2	10 ~ 15	黑猩猩（成）	140 ~ 410/kg	0.5 ~ 11
豚鼠（成）	21.2 ~ 85.0	15 ~ 75	猕猴（成）	110 ~ 300/kg	110 ~ 550
兔（1.36 ~ 2.26 kg）	14.2 ~ 56.7/kg	40 ~ 100/kg	牛（成）	27.0 ~ 60.8 kg	11.4 ~ 19.0 L
金黄地鼠（成）	5.7 ~ 22.7	6 ~ 12	牛仔	1.4 ~ 6.4 kg	3.8 ~ 11.4 L
沙鼠（成）		2 ~ 3 滴	绵羊（成）	1.4 ~ 2.7 kg	0.9 ~ 1.9 L
猪（成）	2.7 ~ 3.2 kg	1.9 ~ 3.8 L	山羊（成）	1.4 ~ 2.7 kg	0.7 ~ 2.0 L
犬（4.5kg）	113 ~ 340	65 ~ 400	鸡（成）	113 ~ 227	
			鸽（成）	170	

表6 实验动物生殖生理指标值表

动物种	始发情期(生后)/d	繁殖适龄期(生后)	成熟体重/g	性周期/d	发情持续时间/h	发情性质	由发情开始至排卵	妊娠期/d	产仔数	新生体重/g	哺乳时间	离乳体重/g	成年体重/g
小鼠	30~40	8周	20 g 以上	5(4~7)	12(8~20)	全年	2~3 h	19(18~20)	6(1~18)	1.5	21 d	10~12	25~30
大鼠	50~60	3个月	♂250 g 以上 ♀150 g 以上	4(4~5)	13.5(8~20)	全年	8~10 h	20(19~22)	8(1~12)	5~6	21 d	35~40	250~400
豚鼠	45~60	4个月	500 g 以上	16.5(14~17)	8(1~18)	全年	10 h	68(62~72)	3.5(1~6)	85~90	21 d	250 160~170	500~800
家兔	150~240	4个月	2.5 kg 以上			全年	交配后 10.5 h	30(29~35)	6(1~10)	100 70~80	45 d	1000	1 000~7 000 2 900
金黄地鼠	20~35	8周	♂70 g ♀70 g 以上	4(4~5)	4(4~5) 6(12)	全年	8~12 h	16(15~19)	7(3~14)	1.3~3.2	21 d	37~42	110~125
狗	180~240	12个月	5~20 kg	180 (126~240)	9(4~13) d	春秋2次	1~3 h	60(58~63)	7(1~20)	200~500	60 d		10~30 kg
猫	180~240	12个月	2~3 kg	4(3~21)	4(3~10) d	每年2季,每季发情数次	交配后 24 h	63(60~68)	4	90~130	60 d		
猕猴	36~40月	48个月	♂5 kg 以上 ♀4 kg 以上	28(23~33)	4~6 d	11月—3月发情1次	月经开始第 11~15 日	164 (149~180)	1	300~600	6~8个月		
绵羊	180~240	12个月	♂80 kg ♀55 kg	16(14~20)	1.5(1~3) d	秋	12~18 h	150 (140~160)	1~2		4个月		
山羊	180~240		♂75 kg ♀45 kg	21(15~24)	2.5(2~3) d	秋	9~19 h	151 (140~160)	1~3		3个月		

表7 实验动物血清生化指标值表

动物		胆红素/mg%	胆固醇/mg%	肌酐/mg%	葡萄糖/mg%	尿素氮/mg%	尿酸/mg%	钠/mEq/L	钾/mEq/L	氯/mEq/L	重碳酸盐/mEq/L	无机磷/mg%	钙/mg%	镁/mg%
小鼠	均值1	0.75±0.05	63.3±11.8	0.84±0.19	92.2±10.5	20.8±5.86	4.12±1.10	138±2.90	5.25±0.13	108±0.60	26.2±2.10	5.60±1.61	5.60±0.40	3.11±0.37
	均值2	0.70±0.04	65.5±21.1	0.67±0.17	85.0±9.50	17.9±4.50	3.90±0.95	134±2.60	5.40±0.15	107±0.55	24.8±2.30	6.55±1.30	7.40±0.50	1.38±0.28
	范围	(0.10~0.90)	(26.0~82.4)	(0.30~1.00)	(62.8~176)	(13.9~28.3)	(1.20~5.00)	(128~145)	(4.85~5.85)	(105~110)	(20.2~31.5)	(2.30~9.20)	(3.20~8.50)	(0.80~3.90)
大鼠	均值1	0.35±0.02	28.3±10.2	0.46±0.13	78.0±14.0	15.5±4.44	1.99±0.25	147±2.65	5.82±0.11	102±0.85	24.0±3.80	7.56±1.51	12.2±0.75	3.12±0.41
	均值2	0.24±0.07	24.7±9.62	0.49±0.12	71.0±16.0	13.8±4.15	1.79±0.24	146±2.50	6.70±0.12	101±0.95	20.8±3.60	8.26±1.41	10.6±0.89	2.60±0.21
	范围	(0.00~0.55)	(10.0~54.0)	(0.20~0.80)	(50.0~135)	(5.0~29.0)	(1.20~7.50)	(143~156)	(5.40~7.00)	(100~110)	(12.6~32.0)	(3.11~11.0)	(7.20~13.9)	(1.60~4.44)
豚鼠	均值1	0.30±0.08	32.0±10.5	1.38±0.39	95.3±11.9	25.2±6.37	3.45±0.40	122±0.98	4.87±0.84	92.3±1.04	22.0±4.00	5.33±1.15	9.60±0.63	2.35±0.25
	均值2	0.32±0.07	26.8±11.1	1.40±0.35	89.0±9.60	21.5±5.84	3.38±0.41	125±0.96	5.06±0.93	96.5±1.19	20.9±3.80	5.30±1.10	10.7±0.58	2.46±0.27
	范围	(0.00~0.90)	(16.0~43.0)	(0.62~2.18)	(82.0~107)	(9.00~31.5)	(1.30~5.60)	(120~146)	(3.80~7.95)	(90.0~115)	(12.8~30.0)	(3.00~7.63)	(8.30~12.0)	(1.80~3.00)
兔	均值1	0.32±0.04	26.7±12.9	1.59±0.34	135±12.0	19.2±4.93	2.65±0.88	146±1.15	5.75±0.20	101±1.45	24.2±3.15	4.82±1.05	10.1±1.11	2.52±0.24
	均值2	0.30±0.04	24.5±11.2	1.67±0.38	128±14.0	17.6±4.36	2.62±0.87	141±1.40	6.40±0.16	105±1.22	22.8±3.20	5.06±0.93	9.50±1.10	3.20±0.22
	范围	(0.00~0.74)	(10.0~80.0)	(0.50~2.65)	(78.0~155)	(13.1~29.5)	(1.00~4.30)	(138~155)	(3.70~6.80)	(92.0~122)	(16.2~31.8)	(2.30~6.90)	(5.60~12.1)	(2.00~5.40)
地鼠	均值1	0.42±0.12	54.8±11.9	1.05±0.28	73.4±12.6	23.4±6.74	4.85±0.45	128±1.90	4.66±0.40	96.7±1.19	37.3±2.20	5.29±0.96	9.52±0.98	2.54±0.22
	均值2	0.36±0.11	51.5±11.0	0.98±0.30	65.0±10.5	20.8±5.64	4.36±0.50	134±2.30	5.30±0.50	93.8±1.20	39.1±2.30	6.04±1.10	10.4±0.92	2.20±0.14
	范围	(0.20~0.74)	(10.0~80.0)	(0.35~1.65)	(32.6~118)	(12.5~26.0)	(1.80~5.30)	(106~146)	(4.00~5.90)	(85.7~112)	(32.7~44.1)	(3.40~8.24)	(7.40~12.0)	(1.90~3.50)
狗	均值1	0.25±0.11	211±32.0	1.35±0.35	132±16.4	15.0±4.90	0.55±0.11	147±2.20	4.54±1.10	114±1.15	21.8±3.60	4.40±1.00	10.2±0.42	2.10±0.30
	均值2	0.21±0.10	150±17.0	1.08±0.15	110±12.5	13.9±3.20	0.42±0.10	146±1.90	4.42±0.20	111±1.20	22.2±2.91	3.70±0.50	9.40±0.50	2.20±0.28
	范围	(0.00~0.50)	(137~275)	(0.8~2.05)	(80.0~165)	(5.00~23.9)	(0.20~0.90)	(139~153)	(3.60~5.20)	(103~121)	(14.6~29.4)	(2.70~5.70)	(9.30~11.7)	(1.50~2.80)
猫	均值1	0.18±0.05	1.50±0.50	1.50±0.50	120±14.0	25.0±5.00	1.45±0.22	150±1.15	4.25±0.24	120±1.10	20.4±2.40	6.20±1.07	10.1±0.85	2.64±0.25
	均值2	0.15±0.04	1.40±0.45	1.40±0.45	114±15.0	27.5±4.50	1.30±0.20	152±1.20	5.30±0.31	112±1.00	21.8±2.80	6.40±1.17	11.2±0.92	2.54±0.21
	范围	(0.10~1.89)	(0.40~2.60)	(0.40~2.60)	(60.0~145)	(14.0~32.5)	(0.00~1.85)	(147~156)	(4.00~6.00)	(110~123)	(14.5~27.4)	(4.50~8.10)	(8.10~13.3)	(2.00~3.00)
猕猴	均值1	0.38±0.28	1.50±0.09	1.50±0.09	91.0±14.0	12.3±19.0	0.90±0.11	153±7.50	4.70±0.80	115±12.5		5.16±1.00	9.61±0.33	
	均值2	0.51±0.60	1.28±0.06	1.28±0.06	71.8±10.6	13.0±1.10	1.29±0.14	150±6.30	4.08±0.65	110±27.6		5.25±1.20	10.9±0.70	
绵羊	均值1	0.29±0.09	1.56±0.36	1.56±0.36	96.0±17.0	24.0±2.55	1.22±0.70	149±4.25	4.70±0.91	120±0.60	26.2±1.80	5.90±0.11	11.4±0.32	2.27±0.25
	均值2	0.15±0.05	2.20±0.40	2.20±0.40	80.8±18.0	28.0±4.10	1.15±0.72	155±3.56	5.40±0.62	116±0.74	27.1±2.20	4.40±0.21	12.2±0.28	2.50±0.30
	范围	(0.00~0.10)	(0.70~3.00)	(0.70~3.00)	(55.0~131)	(15.0~36.0)	(0.00~1.90)	(140~164)	(4.40~6.70)	(115~121)	(21.2~32.1)	(4.00~7.00)	(10.4~14.0)	(1.80~2.40)
山羊	均值1	0.05±0.01	1.36±0.46	1.36±0.46	83.5±15.0	20.5±3.80	0.67±0.33	147±3.52	3.61±0.18	103±0.52	24.6±2.10	10.9±0.98	10.3±0.70	2.50±0.36
	均值2	0.05±0.01	1.15±0.42	1.15±0.42	72.0±16.5	17.4±3.60	0.60±0.30	149±4.10	2.95±0.24	106±0.46	26.1±2.20	7.87±1.42	10.7±0.62	3.20±0.35
	范围	(0.00~0.10)	(0.20~2.21)	(0.20~2.21)	(43~100)	(13.0~44.0)	(0.20~1.10)	(141~157)	(2.45~4.11)	(98.0~111)	(19.6~31.1)	(5.00~13.7)	(8.80~12.2)	(1.80~3.95)
鸡	均值1	0.10±0.02	1.38±0.27	1.38±0.27	162±15.1	1.95±0.75	5.28±1.20	153±2.35	5.06±0.38	119±1.38	23.0±2.1	7.05±0.80	14.4±5.20	2.58±0.27
	均值2	0.05±0.049	1.10±0.30	1.10±0.30	167±16.2	1.80±0.80	5.30±1.40	158±2.46	5.63±0.41	117±1.26	24.6±2.30	6.85±0.91	19.6±4.86	1.70±0.30
	范围	(0.00~0.20)	(0.90~1.85)	(0.90~1.85)	(152~182)	(1.50~6.30)	(2.47~8.08)	(148~163)	(4.60~6.50)	(116~140)	(17.6~29.8)	(6.20~7.90)	(9.0~23.7)	(1.30~3.80)

注: mg%每100 mg血清中所含的mg数, mEq/L 每1 L血清中所含的mg当量数

表8　常用实验动物白细胞正常指标值表

动物种	白细胞数	白细胞分类 /%					血液比重	血量/体重
		嗜碱	嗜酸	中性	淋巴细胞	单核细胞		
小鼠	8.0 4.0～12.0	0.5 0～1.0	2.0 0～5.0	25.5 12.0～44.0	68.0 54.0～85.0	4.0 0～15.0		1/5
大鼠	14.0 5.0～25.0	0.5 0.0～1.5	2.2 0.0～0.6	46.0 36.0～52.0	73.0 65.0～84.0	2.3 0.0～5.0		1/20
豚鼠	10.0 7.0～19.0	0.7 0.0～2.0	4.0 2.0～12.0	42.0 22.0～50.0	9.0 37.0～64.0	4.3 3.0～13.0		1/20
家兔	9.0 6.0～13.0	5.0 2.0～7.0	2.0 0.5～3.5	46.0 36.0～52.0	39.0 30.0～52.0	8.0 4.0～12.0	1.050	1/20
地鼠	7.0	0	0.6	24.5	73.9	1.1		1/20
狗	12 8.0～18.0	0.7 0.0～2.0	5.1 2.0～14.0	68 62.0～80.0	21 10.0～28.0	5.2 3.0～9.0	1.059	1/13
猫	16 9.0～24.0	0.1 0.0～0.5	5.4 2.0～11.0	59.5 44.0～82.0	31.0 15.0～44.0	4.0 0.5～7.0	1.054	1/20
日本猴	15.6 10.2～24.0	0.6	1.0	35.3	57.9	5.0		
猕猴	7.2～14.4	0.2±0.6 0.2±0.6	4.9±3.9 5.1±6.2	20.9±11.1 23.7±10.9	70.8±12.3 67.8±11.3	3.5±2.5 4.3±2.9		1/15
绵羊	6.0～12.0	0	3.0	34.7	60.3	2.0	1.042	1/12
山羊	6.0～15.0	0.2	4.2	38.4	55.1	2.1	1.062	1/12

实验动物学教程

表9 实验动物脏器重量值表（脏器均为%）

动物种	平均体重	肝脏	脾脏	肾脏	心脏	肺	脑	甲状腺	肾上腺	下垂体	眼球	睾丸	胰脏
小鼠♂	20 g	5.18	0.38	0.88	0.5	0.74	1.42	0.01	0.016 8	0.007 4		0.598 0	0.34
大鼠	201 ~ 300 g	4.07	0.43	0.74	0.38	0.79	0.29	0.009 7	♂ 0.015 ♀ 0.023	0.002 5 0.004 1	0.12	0.87	0.39
豚鼠	361.5 g	4.48	0.15	0.86	0.37	0.67	0.92	0.016 1	0.051 2	0.002 6		0.525 5	
家兔♂	2 900 g	2.09	0.31	0.25	0.27	0.60	0.39	0.031 0	0.011	0.001 7	0.210	0.174	0.106 ~ 0.171
家兔♀	2 975 g	2.52	0.30	0.25	0.29	0.43	0.35	0.020 2	0.008 9	0.001 0	0.171		
金黄地鼠	120 g	5.16	0.46	0.53	0.47	0.61	0.88	0.006	0.02	0.003	0.18	0.81	
狗	13 kg	2.94	0.54	0.30	0.85	0.94	0.59	0.02	0.01	0.000 7 0.000 8	0.10	0.2	0.2
猫	3.3 kg	3.59	0.29	1.07	0.45	1.04	0.77	0.01	0.02		0.32		
猕猴♂	3.3 kg	2.66	0.29	0.61	0.34	0.53	2.78	0.001	0.02	0.001 4		0.542 2	
猕猴♀	3.6 kg	3.19		0.70	0.29	0.79	2.57		0.03				
山羊	28 kg	1.90		0.35			0.41				0.11		

· 346 ·

附录六　实验动物遗传控制标准

1. 中华人民共和国国家标准GB/T 14927.1—2008 实验动物 近交系小鼠、大鼠生化标记检测法
2. 中华人民共和国国家标准GB/T 14927.2—2008 实验动物 近交系小鼠、大鼠免疫标记检测法
3. 中华人民共和国国家标准GB 14923—2022 实验动物 遗传质量控制
4. 中华人民共和国国家标准GB/T 39647—2020 实验动物 生殖和发育健康质量控制

附录七　实验动物微生物与寄生虫等级标准

中华人民共和国国家标准GB 14922—2022 实验动物 微生物、寄生虫学等级及监测

附录八　实验动物营养控制标准

1. 中华人民共和国国家标准GB/T 14924.1—2001 实验动物 配合饲料通用质量标准
2. 中华人民共和国国家标准GB/T 14924.2—2001 实验动物 配合饲料卫生标准
3. 中华人民共和国国家标准GB 14924.3—2010 实验动物 配合饲料营养成分
4. 中华人民共和国国家标准GB/T 34240—2017 实验动物 饲料生产

附录九　实验动物环境控制标准

1. 中华人民共和国国家标准GB 50447—2008 实验动物 设施建筑技术规范
2. 中华人民共和国国家标准GB 14925—2023 实验动物 环境及设施
3. 中华人民共和国国家标准GB 19489—2008 实验室 生物安全通用要求
4. 中华人民共和国国家标准GB 50346—2011 生物安全实验室建筑技术规范

附录十　实验动物管理类国家标准

1. 中华人民共和国国家标准GB/T 27416—2014 实验动物机构 质量和能力的通用要求
2. 中华人民共和国国家标准GB/T 35823—2018 实验动物 动物实验通用要求

3. 中华人民共和国国家标准GB/T 35892—2018 实验动物 福利伦理审查指南

4. 中华人民共和国国家标准GB/T 39760—2021 实验动物 安乐死指南

5. 中华人民共和国国家标准GB/T 34791—2017 实验动物 质量控制要求

6. 中华人民共和国国家标准GB/T 39646—2020 实验动物 健康监测总则

参考文献

[1] 秦川. 医学实验动物学 [M]. 北京: 人民卫生出版社, 2018.

[2] 邵义祥等. 实验动物学基础 [M]. 南京: 东南大学出版社, 2018.

[3] 陈洪岩, 夏长友, 韩凌霞. 实验动物学概论 [M]. 长春: 吉林人民出版社, 2016.

[4] 邵义祥等. 医学实验动物学教程 [M]. 南京: 东南大学出版社, 2016.

[5] 魏泓. 医学动物实验技术 [M]. 北京: 人民卫生出版社, 2016.

[6] 秦川. 实验动物学 [M]. 北京: 中国协和医科大学出版社, 2016.

[7] 汤宏斌. 实验动物学 [M]. 武汉: 湖北人民出版社, 2016.

[8] 秦川, 魏泓. 实验动物学 [M]. 北京: 人民卫生出版社, 2015.

[9] 周光兴. 医学实验动物学 [M]. 上海: 复旦大学出版社, 2012.

[10] 秦川. 医学实验动物学 [M]. 北京: 人民卫生出版社, 2008.

[11] 刘福英, 刘田福. 实验动物学 [M]. 北京: 中国科学技术出版社, 2005.

[12] 杨萍. 简明实验动物学 [M]. 上海: 复旦大学出版社, 2003.

[13] 邵义祥. 医学实验动物学教程 [M]. 南京: 东南大学出版社, 2003.

[14] 罗满林, 顾为望. 实验动物学 [M]. 北京: 中国农业出版社, 2002.

[15] 陈主初, 吴端生. 实验动物学 [M]. 长沙: 湖南科技出版社, 2001.

[16] 郝光荣. 实验动物学 [M]. 上海: 第二军医大学出版社, 1999.

[17] 魏泓. 医学实验动物学 [M]. 成都: 四川科学技术出版社, 1998.

[18] 史光华, 贺争鸣, 李根平等. 我国实验动物机构认可制度的建立与实施 [J]. 实验动物科学, 2020, 37 (6): 53-59.

[19] 王训立, 谢金东, 周建华. 动物实验室引入认证评价体系初探 [J]. 实验室研究与探索, 2015, 34 (12): 245-248.

[20] GB/T 14927. 1—2008. 实验动物 近交系小鼠、大鼠生化标记检测法 [S]. 中华人民共和国国家质量监督检验检疫总局、中国国家标准化管理委员会, 2008.

[21] GB/T 14927. 2—2008. 实验动物 近交系小鼠、大鼠免疫标记检测法 [S]. 中华人民共和国国家质量监督检验检疫总局、中国国家标准化管理委员会, 2008.

[22] GB 14923—2022. 实验动物 遗传质量控制 [S]. 国家市场监督管理总局、国家标准化管理委员会, 2022.

[23] GB/T 39647—2020. 实验动物 生殖和发育健康质量控制 [S]. 国家市场监督管理总局、中国国家标准化管理委员会, 2020.

[24] GB 14922—2022. 实验动物 微生物、寄生虫学等级及监测 [S]. 国家市场监督管理总局、国家标准化管理委员会, 2022.

[25] GB 14924.1—2001. 实验动物 配合饲料通用质量标准 [S]. 中华人民共和国国家质量监督检验检疫总局, 2001.

[26] GB 14924.2—2001. 实验动物 配合饲料卫生标准 [S]. 中华人民共和国国家质量监督检验检疫总局, 2001.

[27] GB 14924.3—2010. 实验动物 配合饲料营养成分 [S]. 中华人民共和国国家质量监督检验检疫总局、中国国家标准化管理委员会, 2010.

[28] GB/T 34240-2017. 实验动物 饲料生产 [S]. 中华人民共和国国家质量监督检验检疫总局、中国国家标准化管理委员会, 2017.

[29] GB 50447—2008. 实验动物 设施建筑技术规范 [S]. 中华人民共和国住房和城乡建设部、中华人民共和国国家质量监督检验检疫总局, 2008.

[30] GB 14925—2023. 实验动物 环境及设施 [S]. 国家市场监督管理总局、国家标准化管理委员会, 2023.

[31] GB 19489—2008. 实验室 生物安全通用要求 [S]. 中华人民共和国国家质量监督检验检疫总局、中国国家标准化管理委员会, 2008.

[32] GB 50346—2011. 生物安全实验室建筑技术规范 [S]. 中华人民共和国住房和城乡建设部、中华人民共和国国家质量监督检验检疫总局, 2011.

[33] GB/T 27416—2014. 实验动物机构 质量和能力的通用要求 [S]. 中华人民共和国国家质量监督检验检疫总局、中国国家标准化管理委员会, 2014.

[34] GB/T 35823—2018. 实验动物 动物实验通用要求 [S]. 中华人民共和国国家质量监督检验检疫总局、中国国家标准化管理委员会, 2018.

[35] GB/T 35892—2018. 实验动物 福利伦理审查指南 [S]. 中华人民共和国国家质量监督检验检疫总局、中国国家标准化管理委员会, 2018.

[36] GB/T 39760—2021. 实验动物 安乐死指南 [S]. 国家市场监督管理总局、中国国家标准化管理委员会, 2021.

[37] GB/T 34791—2017. 实验动物 质量控制要求 [S]. 中华人民共和国国家质量监督检验检疫总局、中国国家标准化管理委员会, 2017.

[38] GB/T 39646—2020. 实验动物 健康监测总则 [S]. 国家市场监督管理总局、中国国家标准化管理委员会, 2020.